모양

SHAPES: Nature's Patterns – A Tapestry in Three Parts
by Philip Ball

Copyright © 2009 by Philip Ball
All rights reserved.

SHAPES: Nature's Patterns – A Tapestry in Three Parts
was originally published in English in 2009.

Korean Translation Copyright © 2014 by ScienceBooks

Korean edition is published by arrangement with
Oxford University Press through EYA.

이 책의 한국어판 저작권은 EYA를 통해
Oxford University Press와 독점 계약한 (주)사이언스북스에 있습니다.

저작권법에 의해 한국 내에서 보호를 받는 저작물이므로
무단 전재와 무단 복제를 금합니다.

모양

무질서가 스스로 만드는 규칙

Shapes

필립 볼 형태학 3부작 조민웅 옮김

사이언스
SCIENCE BOOKS 북스

모양

동일 요소가 반복되는 기하학적 질서, 즉 규칙성에서 발견되는 아름다움이 있다. 완벽한 육각형이 경이롭기까지 한 벌집보다 나은 예는 없을 것이다. 이런 패턴은 하나의 격자이다. 표범의 털가죽에서 격자는 사라졌지만 패턴은 남아 있는데, 얼룩무늬가 어느 정도 일정한 간격을 두고 자리를 잡지만 더 이상 반듯하게 줄을 맞춰서 배열되지는 않는다. 줄무늬와 동심원을 그리는 띠에서 이에 견줄 만한 질서가 있는데, 에인절피시의 연속된 줄무늬에서는 다소 엄격하게, 얼룩말이나 모래 물결에서는 보다 느슨하게 나타난다. 이런 자연의 패턴 형성 방법은 훨씬 더 복잡한 형태의 동식물이 어떻게 간단한 물리적인 힘만으로 조정되는 점진적인 공간의 분할과 재분할로 구성되는지 알려 준다.

서문과 감사의 말

내가 1999년에 낸 책 『스스로 짜이는 융단: 자연의 패턴 형성(The Self-Made Tapestry: Pattern Formation in Nature)』이 절판된 뒤, 가끔 그 책을 읽고 싶어 하는 사람들이 어디에서 구할 수 있느냐고 묻고는 했다. 그 책이 헌책방에서 원래 정가보다 상당히 더 비싼 가격에 거래된다는 사실을 안 것은 그 때문이었다. 그것은 그것대로 고마운 일이었지만, 그보다도 원하는 사람은 누구나 책을 구할 수 있으면 더 좋을 것 같았다. 그래서 옥스퍼드 대학교 출판부의 라타 메논에게 재판을 찍으면 어떻겠느냐고 물었다. 그러나 라타는 좀 더 근본적인 계획을 품고 있었고, 그 덕분에 새로운 3부작이 나오게 되었다. 라타는 『스스로 짜이는 융단』의 구성과 포장이 내용에 최선으로 어울리는 형태는 아니라고 보았는데, 일리가 있었다. 부디 새로운 형태가 내용을 더 잘 담아냈기를 바란다.

처음에는 세 권으로 나누자는 제안이 꽤 도전적인 과제로 느껴졌지만, 일단 어떻게 해야 할지를 깨달으니 이렇게 해야만 좀 더 주제를 부각한 구성이 되리라는 판단이 들었다. 각 권은 자기 완결적이므로, 다른 권들을 꼭 읽을 필요는 없다. 그러나 물론 불가피하게 상호 참조를 한 대목들이 있다. 『스스로 짜이는 융단』을 읽었던 독자라면 익숙한 이야기들을 만나겠지만, 새로운 이야기도 많이 만날 것이다. 나는 새로운 내용을 더하는 과정에서 많은 과학자의 도움을 얻었다. 그들은 사진, 자료, 의견을 아낌없이 제공해 주었다. 특히 새 원고의 일부를 읽고 의견을 준 숀 캐럴, 이언 쿠진, 안드레아 리날도에게 고맙다. 라타는 예상했던 것보다 더 많은 일을 내게 안겼지만, 3부작에 대한 그녀의 구상과 그 구상을 실현하는 과정에서 그녀가 내게 보낸 격려에 더없이 감사할 뿐이다.

2007년 10월
런던에서
필립 볼

차례

서문과 감사의 말 7

1장	세상의 모든 모양: 패턴과 형태	11
2장	벌집의 교훈: 거품으로 집짓기	57
3장	파동 만들기: 시험관 안의 줄무늬	145
4장	문신: 숨기기, 경고하기, 모방하기	207
5장	야생의 리듬: 군집 형성의 규칙	267
6장	정원의 식물은 어떻게 자랄까?: 데이지의 수학	301
7장	배아의 전개: 생명 탄생의 패턴	339

부록 1	비누 막 구조	377
부록 2	진동하는 화학 반응	379
부록 3	BZ 반응의 화학적 파동	382
부록 4	리제강 띠	385

후주 387
참고 문헌 394
옮긴이의 글 405
도판 저작권 408
찾아보기 414

세상의 모든 모양: 패턴과 형태

심리학자가 생각하는 패턴의 의미와 벽지 디자이너가 생각하는 그것은 전혀 다르다.

1장

지구에 도착한 외계인이 처음 본 물체에 다가가 귀에 익은 말을 주절거린다. "나를 너희 지도자에게 데려가라." (그림 1.1 참조) 많은 우스갯소리처럼 여기에도 비판거리가 있다. 이것은 외계 생명체를 찾는 유서 깊고 진지한 과학적 여정을 과소평가한다고 해야 할까. "외계 생명체를 발견했는지 아닌지를 어떻게 **알 수 있는가?**"라는 질문에 대해 "그들도 우리처럼 생겼겠지요."라고 대답하는 경우인 셈이다.

이제 천문 생물학자들(astrobiologists, 외계 생명체(aliens)를 연구하는 과학자를 요즘 그렇게 부르므로)이 정말로 그렇게 어리석지 않다는 것을 확인해 보자. 그들은 또 다른 생명체가 사는 곳에 도착했을 때, 레너드 사이먼 니모이(Leonard Simon Nimoy, 1931년~, 영화 「스타 트렉(Star Trek)」

그림 1.1
당연하게 우리와 '닮은' (외계) 생명체를 예상하고 있습니까?

시리즈에서 귀가 뾰족한 외계인 스폭 역을 맡은 배우 — 옮긴이)처럼 생긴 사절들의 환영을 받을 것이라고 조금도 생각하지 않는다. 태양계 안에서 생명체가 살 수 있는 곳, 여하간 그렇게 보이기는 하는 곳(예를 들면 목성의 얼음 위성인 유로파(Europa)의 표면 아래 바다)에 생명체가 존재한다 해도, 그것이 결코 '지적인' 생명체의 존재를 보장하지는 않기 때문이다. 또한 외계 생명체를 찾으려면 열심히 한참을 들여다봐야만 할지 모른다. 왜냐하면 우리가 찾고 있는 것이 정확히 무엇인지 모르기 때문이다. 더구나 그것이 스폭과 같은 존재가 아니라면 이제까지 봐 왔던 생명체의 형태와 유사하리라는 확신이 흔들릴 것이다.

그렇다면 지구 밖 생명체를 판별하는 것은 이미 충분히 어려운 도전이라고 할 수 있겠다. 오늘날 지구상의 생명체를 살펴보자. 어떤 것을 상상해도 다 가능하다고 말해도 될 만큼 당황스러울 정도로 다양한 모양과 형태를 볼 수 있다. (그림 1.2 참조) 한편 과학자들은 생명체에 대해 좀 더 정교한 관점을 가지고 있는데, 비록 여전히 생명체에 대한 보편적인 정의를 도출하지는 못하고 있지만 그것은 생명체를 무기 환

그림 1.2
당황스러울 정도로 다양한 모양과 크기를 가진
지구상에 살아 있는 생명체들

경(inorganic context)과 구분할 수 있다는 희망을 준다. 과학자들은 단지 물리적인 겉보기를 넘어서 살아 있는 계가 보이는 속성을 파악하는데, 그것은 흔히 생명체가 주변 환경과 화학적 평형 상태를 깨는 경향이 있다는 사실이다. 뒤에 가서 그 의미를 좀 더 살펴보겠지만, 일단 그것이 여러 개의 공이 공중에서 저글링되는 영화의 한 장면과 같다고 치면, 공들이 계속 움직이기 위해 그 장면 밖에 무엇인가가 있어야 함을 알 수 있다. 물론 생명 현상과 전혀 관련이 없는 지질학이나 천체물리학적인 과정도 이러한 비평형 상태를 가져올 수 있다. 그럼에도 생명 현상의 지문이라고 할 만한 비평형 상태를 찾는 것이, 어슬렁거리며 "나를 너희 지도자에게 데려가라!"라고 말할 수 있는 인간과 닮은 외계인을 찾는 것보다 훨씬 나은 것 같다.

그렇지만 오래된 습관은 좀체 바뀌지 않는다. 운석 ALH84001은 감자 모양을 한 화성의 파편인데, 수십억 년 전에 화성이 소행성 또는 운석과 충돌할 때 떨어져 나와 우주를 가로질러 지구에 이르렀다. 그것은 1984년 남극 대륙의 눈 속에서 발견되었다. 이 우주의 침입자를 상세히 연구했던 과학자들은 1996년에 이 운석이 화성에 생명체가 존재할 '가능성을 보여 주는 흔적'을 가진다고 주장했다. 그리고 이런 주장을 뒷받침하는 한 장의 사진이 전 세계로 방송되었는데, 마치 광물 표면을 가로질러 우글우글 기어 다니는 벌레처럼 보이기도 한다. (그림 1.3 참조) 이 '벌레들' 또한 무기물로 밝혀졌고 너무 작아서 전자 현미경으로만 볼 수 있었다. 하지만 과학자들은 이것들이 한때 이 돌덩이에 만연했던 화성 세균이 화석화된 것일 수 있다고 제안했다.

ALH84001을 조사했던 연구원들은 이 결론이 잠정적인 것이라고 인정했는데 그렇다고 그들이 무턱대고 그런 주장을 펴지는 않았다. 이 벌레 같은 형태가 결코 유일한 증거는 아니었지만 결국 과학자들은 이것들이 통상 지구의 세균 크기보다 훨씬 더 작다는 것을 알게 되었다. 그럼에도 그 모양이 무기물처럼 보이지는 않았다. 즉 단순히 물리적인 힘만으로 형성된 아주 작은 암석이라고 보기는 어려웠다. 그래서

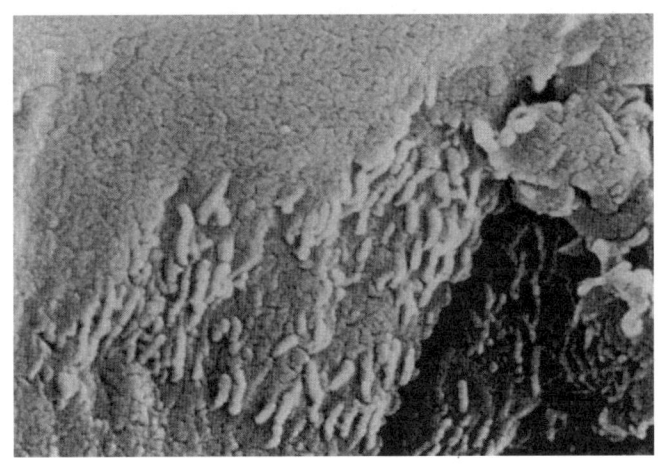

그림 1.3
화성의 운석 ALH84001에서 발견된 미세 구조는 아주 오래된 세균의 증거로 여겨졌다. 그것들은 작은 생물이 화석화된 흔적일까?

그 연구원들은 위험을 무릅쓰고 (과학자들이 흔히 **형태학**(morphology)이라고 부르는) 모양, 패턴, 형태를 가능성 있는 생명의 증거를 추정하는 데, 부분적인 근거로 이용했다.

비합리적인 방식은 아니지 않은가? 당연히 우리는 생명체와 고체 결정을, 바위와 곤충을 구분할 수 있을 테니 말이다.

어쩌면 그럴 수도 있다. 하지만 그림 1.4를 보라. 그림 1.4a는 규조류(diatom)로 불리는 바다 생물의 껍데기다. 그림 1.4b는 어떤 생명 작용도 전혀 없는 시험관 안에서 만들어지는 미세 무기물 구조들이다. 어떤 것이 '살아 있는' 형태이고 어떤 것은 아닌지 자신 있게 말할 수 있는가? 이제 그림 1.5를 보자. 이 미세 패턴은 그림 1.4b의 그것을 만

a

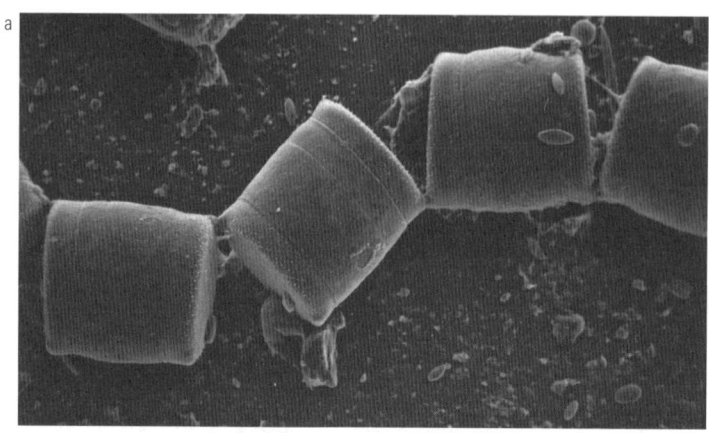

b

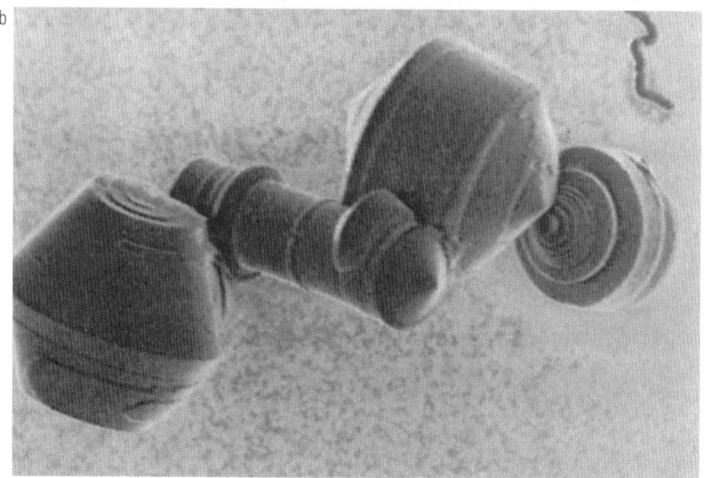

그림 1.4
화학적으로 만들어진 무기물 구조와 생물학적으로 만들어진 것을 서로 구분할 수 있을까? 그림 (a)의 모양은 규조류라고 불리는 바다 미생물의 껍데기다. 한편 그림 (b)의 여러 모양도 생명체의 상호 작용으로 만들어진 것이라고 말할 수 있을 만큼 비슷한 수준으로 복잡하지만 순전히 화학적인 방법으로 만들어진 것이다.

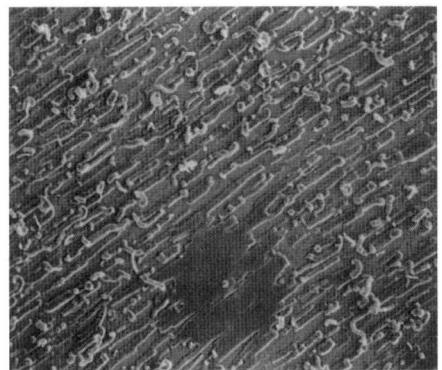

그림 1.5
화학적 방법만으로도 운석 ALH84001에서 발견한 것(그림 1.3 참조)과 매우 유사한 미세 표면 패턴을 만들 수 있다.

들었던 똑같은 화학적인 과정의 산물이다. 이것을 보고 무엇이 떠오르지 않는가?

어떤 형태는 생명체가 만든 것이고, 다른 형태는 무생물계에 속한다고 무엇이 정할까? 나무, 토끼, 거미는 단지 그 모양만 고려했을 때 공통점이 없다. 그래도 우리는 이것들 모두 생명체의 형태의 예로 드는 데 조금도 주저하지 않을 것이다. 왜 그럴까? 어쩌면 우리는 이런 형태 속에서 그 목적이나 설계라고 할 만한 어떤 것을 감지하는 것은 아닐까? 그것들은 확실히 '복잡'하다. 그렇다면 이것은 무엇을 의미하는가? 그들은 몇 가지 규칙성과 대칭성(예를 들면 동물의 좌우 대칭성과 나무의 반복되는 가지 치기)을 가지고 있을지 모른다. 하지만 그것이 전부라고 할 수 없는데 왜냐하면 생명을 전혀 찾아볼 수 없는 무기물의 결정 구조가 형성되기 시작할 때도 종종 그와 같은 고도의 규칙성과 대칭성을 찾아볼 수 있기 때문이다. 사람들은 무엇이 생명의 형태인지 정확하게 말할 수는 없어도 보면 알 수 있다고 생각한다. 그런데 정말 그럴까?

1990년대 말 한 무리의 미국 항공 우주국(NASA, 나사) 연구원들은 이 문제가 다른 여러 문제들처럼 컴퓨터에 맡기는 것이 가장 좋은 문제 중 하나라고 판단했다. 그들은 인공 지능이 생물과 무생물을 사람보다 더 잘 구분할 수 있을 것으로 생각했다. 그래서 그들은 지구에서 수집할 수 있는 모든 사례를 가지고, 오직 형태만으로 생명체를 인식할 수 있도록 컴퓨터를 '훈련'시키기를 희망했다. 이 기계는 생명체의 형태가 갖는 미묘한 특징을 탐지해 그것을 학습하게 될 것이다. 그 다음에 화성 또는 잠재적으로 생명체가 살 수 있는 환경을 가진 행성들에서 생명체의 흔적을 찾는 임무를 맡게 될 것이다. 나사의 연구원들은 외계 지적 생명체의 흔적[1]을 찾기 위해 전파 신호를 분석하는 것처럼 이것을 또 다른 계산 집약 프로젝트로 만들 작정이었으며, 여기서 이 프로젝트 지원자의 가정에 있는 컴퓨터는 여가 시간에 데이터를 분석하게 되는데 이 경우, 계산 집약적인 학습을 실행한다. 이렇게 분산된 시스템은 그 분석 결과를 작동 중추인, 나사 연구원들이 다시 머신(D'Arcy Machine)으로 부르기로 한 컴퓨터에 입력할 것이다.

그런데 내가 보기에 정말 역설은 그 이름이 생물은 무생물계와 구별되는 특징적인 형태를 가진다는 개념을 누구보다 약화시킨 사람에게서 유래되었다는 것이다. 그는 바로 스코틀랜드 출신의 동물학자 다시 웬트워스 톰프슨(D'Arcy Wentworth Thompson, 1860~1948년, 영국의 생물학자. 생물의 형태를 수학적으로 처리하는 독창적인 견해를 내놓았다. — 옮긴이)이다. 1917년 출판된 그의 유명한 책 『성장과 형태(On Growth and Form)』는 처음으로 자연의 패턴과 형태에 관해 제대로 된 분석을 했다. 톰프슨의 책은 깊이 있고, 해박하고, 아름답게 써졌으며, 전에 이와 같은 책을 찾아볼 수 없을 정도로 참신했다. 또 당시로부터 수십 년 앞을 내다본 것이었는데 이런 예측은 명백히 특이한 그 성향과 결부되어, 『성장과 형태』가 과학의 한 분야로 형태학의 출현을 촉발하지는 않았음을 의미하기도 한다. 오랫동안 어느 누구도 무엇이 이 톰프슨의 대작을 만들게 했는지 정말로 알지 못하였으니 말이다.

『성장과 형태』는 무생물계가 오직 '단순한', 흔히 말하는 고전적인 기하학적 모양과 형태만(말하자면 고체 결정의 프리즘 같은 모양 또는 행성 궤도가 만드는 무미건조한 타원) 만들 수 있다는 순진한 시각에 의문을 제기한다. 물리학은 분명 자연의 기본 법칙이 단순하며 대칭적임을 가르쳐 준다. 따라서 이러한 물리 법칙의 발현이 그 (단순하고 대칭적인) 특징을 공유한다고 예상하는 것은 당연하게 보인다. 마찬가지로 생명은 복잡한 동시에 한없이 유연하게 영향을 끼침으로써, 기하학적으로 규정하거나 묘사하기 어려운 복잡한 모양을 발현시킨다고 생각된다.

이와 달리 톰프슨은 생명의 형태는 종종 무생물계의 형태를 그대로 모방하기도 하며, 이 둘은 매우 단순하거나 반대로 아주 세밀하다고 주장했다. 게다가 그 대부분이 부정할 수 없는 아름다움이 있다. 우아함이든지, 대칭성과 규칙성으로 인지할 수 있는 관념적인 아름다움이든지, 아니면 자연계의 역동적이고 유기적인 아름다움이든지 무엇인가가 있다. 야심찬 '다시 머신'이 있었지만 생명은 그 고유한 특징을 자연의 형태 속에 남기지 않았다.

톰프슨의 책이 특별히 인상적인 이유는 그가 말하는 것에 난해한 점이 전혀 없다는 것이다. 모두 우리 주변에서 볼 수 있는 형태들이다. 예를 들면 달팽이 껍데기, 해바라기 머리의 나선, 흐르는 물의 바로크 양식 같은 소용돌이, 구름이 만드는 레이스, 얼룩말의 줄무늬, 질서 정연한 벌집 등이다. 앞으로 세 권의 책에서 톰프슨이 거의 손대지 않은,

그렇더라도 아주 드물게 다루었던 다른 많은 예를 다룰 것이다. 즉 나비 날개의 디자인, 모래 언덕의 물결 모양, 나무나 강이 그 가지나 지류를 분기하는 것 등이다. 현재의 과학은 이들을 만들어 내는 과정을 밝힐 수 있는 도구와 개념을 가지고 있다. 이런 과학은 패턴과 질서를 가져오는 보편적인 물리적 인자를 찾고자 한 톰프슨의 접근 방식을 정당화할 것이다. 또 온 세계를 구성하며 도처에 스며들어 있는 자연의 조화를 일견 제공할 것이다.

이러한 구조들이 어떻게 생겨날까? 이 퍼즐에 놀랍고도 영감을 주는 해결책이 있다. 그것은 또한 복잡한 형태와 패턴이 어떻게 만들어지는가에 대한 우리의 직관을 돋보이게 할 것이다. 주변에서 접하는 가장 인상적인 예들은 대부분 인간의 노력과 정신의 산물이다. 지능과 목적이 반영된 **디자인**에 따라 만들어진 패턴들이 그렇다. 예를 들면 벽돌을 쌓아 올리는 방식, 수평으로 펼쳐진 아시아의 계단형 무논, 건축물의 단조로운 규칙성, 미세 전자 회로의 복잡한 그물 무늬 등이다. (그림 1.6 참조) 이 각각은 그것을 만든 사람의 고유한 특징을 품고 있다. 이 모든 발명은 잘 의식하지는 못하지만, 세상을 패터닝(patterning)하는 것, 즉 우리를 기쁘게 하는 형태나 유용한 것을 만드는 것이 어려운 일임을 보여 준다. 그것은 헌신적인 노력과 기술 개발이 필요하다. 그림의 각 부분들이 공들여 제자리를 지켜야 하기 때문이다. 우리가 하든지 아니면 더 넓은 세상에 있는 자연의 힘들(가령 둥지를 짓는 참새와 한 울타리를 만들며 함께 엮인 식물)이 하든지 말이다. 이것이 우리가 믿고 있는, 어떤 복잡한 형태를 만드는 방법이다.

그래서 과거에 자연 철학자들이 자연에서 복잡성을 발견했을 때, 대부분 신의 솜씨와 예술성을 응시하고 있다고 결론 내린 것은 놀랍지

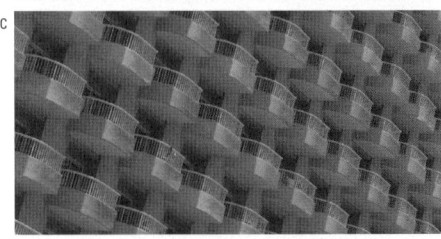

그림 1.6
사람이 만든 복잡한 패턴은 대부분 고통을 감수한 노동의 산물이다. 패턴의 각 요소를 '손수' 제자리에 배열해야 하기 때문이다. (a) 한국의 궁궐 벽에 새겨진 패턴, (b) 중국의 무논, (c) 스페인의 베니돔에 있는 아파트, (d) 마이크로 프로세서 칩의 회로도.

않다. 가장 유명한 사례는 영국의 성공회 신부 윌리엄 페일리(William Paley, 1743~1805년)가 그의 책 『자연 신학(Natural Theology)』에서 주장한 것이다. 그는 생물계의 동물과 식물의 형태에서 발견되는 설계는 너무나 정교하고 아름다워서 뛰어난 지능(guiding intelligence, 창조주)의 산물일 수밖에 없다고 주장했다. 이러한 생각의 고색창연함은 오늘날 지적 설계(Intelligent Design) 운동에 살아남아 있다. 하지만 페일리의 주장은 당시에는 훨씬 더 옹호할 만하고, 지적 설계 운동보다 확실히 더 일관성이 있었다. 19세기 후반에 와서야 다윈의 진화론(Darwin's theory of evolution)이 어떻게 설계자 없이 돌연변이와 자연 선택으로 자연에 명백한 '설계'가 생기는지 설명을 제공했다.

일반적인 인식과 달리 다윈주의(Darwinism)는 페일리의 질문에 전부 대답하지는 못했다. 왜냐하면 페일리는 천문학 원리들도 신의 지혜를 나타낸다고 생각했기 때문이다. 예를 들면 태양계의 물리적인 설계와 항성 궤도의 안정성, 단순성, 그 육중한 움직임 등이다. 비록 현대 우주론이 신이 설계했다는 증거를 찾으려는 사람들에게 더욱더 행복한 사냥터가 되고 있음을 인정할지라도, 여기서 페일리의 주장은 그다지 설득력 있지 않다. 페일리는 생물계로부터 유래하지 않은 자연 속에서, 시사하는 바가 많은 '설계'의 예를 들 수도 있었는데 놀랍게도 그렇게 하지 않았다. 조물주에 대한 페일리의 신념을 가지고 세상을 바라보는 사람이라면 확실히 신은 (당신의) 아름다움 때문에 아름다움을 창조할 수밖에 없는 추진력을 가졌다고 결론 내릴 것이다. 예를 들면 단지 얼음 결정일 뿐인 눈이 왜 그렇게 사치스럽게 만들어졌겠는가? 왜 구름은 하늘에 질서 있게 점점이 혹은 띄엄띄엄 줄지어 있는가? 살아 있지도 않고 공통점이 전혀 없는, 두 장소에서 똑같은 형태와 패턴을 보는 것은 단지 우연의 일치일까? 왜 강의 연결망은 정맥, 동맥과 닮았으며 소용돌이가 은하수처럼 생겼을까? 이 모든 것들이 신이 택한 모티브가 아닐까?

　오직 다원주의를 타파하려는 의도로 페일리에 찬성하는 새 주장을 펴는 것은 정당하지 않다. 그것은 정말 내가 의도하는 바가 아니다. 내 생각에는 이러한 패턴이 출현하며 특정 요소를 공유하고 있다는 사실, 특히 어떤 위대한 패턴 설계자의 존재 없이도 그럴 수 있다는 사실이 더 주목할 만하고 흥미롭다고 생각한다. 그것이 단지 자연의 융단을 직조하는 어떤 우주적인 장인의 작품이라는 생각에 비해서 말이다. 왜냐하면 그것이 실제로 일어나고 있기 때문이다. 가령 염료가 자발적으로 섞이지 않고 미로를 연상시키는 패턴을 만들거나, 흙과 자갈이 스스로 알아서 배열되어 물을 주고 씨앗을 뿌릴 수 있는 테라스로 바뀌어 그림 1.6 같은 패턴을 만들 수 있다고 기대하지는 않는다. 하지만 그에 못지않은 일이 정말 일어나며, 그런 방식으로 자연은 고유의 디자인을 엮어 간다. 더욱이 자연의 패턴 중 어떤 것은 전혀 다른 상황에서도 등장한다. 마치 이 융단이 하나의 원형이 될 만한 디자인 책에서 나와, 그 주제가 직물의 곳곳에 반영되는 듯하다. 자연의 예술은 자발적이지만 제멋대로는 아님을 보게 될 것이다.

진화의 언저리

　『성장과 형태』에 돈키호테와 같은 공상적인 특성이 엿보이는 것은 톰프슨이 적절한 도구 없이 많은 것을 설명하려 한 사실 때문만은 아니다. 그는 20세기 초 생명계의 형태와 패턴을 설명하려 애쓴 많은 사람들이 부여한 이론을 숨 막히는 통설로 간주했고, 이것에 반대 입장을 취했기 때문이기도 하다. 비록 다윈주의가 페일리의 자연 신학을 필요 없게 만들었지만, 그것은 때때로 다른 이름으로 같은 속임수를 행하는 위험성이 있는 것처럼 보인다. 모든 자연의 명백한 디자인에 대해 '하느님이 하신 일'이라고 선포하는 대신 '진화가 한 일'이라고 외치는 경향이 있기 때문이다.

다윈은 충분한 시간이 주어지면 생명체의 형태에서 작은 무작위적 변이가 생명체가 처한 환경의 요구에 가장 잘 적응하는 모양으로 생명체를 이끌 수 있다고 주장했다. 왜냐하면 생존 경쟁이 생존을 더 힘들게 하는 변이를 제거하고, 반면 순전히 운으로 유익한 변이를 취한 개체는 살아남아서 번식할 수 있는 기회를 주기 때문이다.

이것은 생물학적으로 형태는 기능을 따른다는 예상이 자연스럽다는 의미이다. 즉 생물학적 존재(하나의 분자가 될 수도 있고, 팔다리가 될 수도 있고, 하나의 개체, 심지어 그 군집이 될 수도 있다.)의 모양과 구조는 생존을 위해 구성된 기관을 가장 잘 갖추고 있다는 것이다. 생물학자들은 다음에 대해 여전히 둘로 나뉜다. 형태를 이끄는 선택적 압력이 고유한 특성을 만들어 내는 개별 유전자 수준에서 중요한 역할을 하는 것인지, 아니면 개체 전체 수준에서 어떤 역할을 하는 것인지에 대해서 말이다. 하지만 어느 쪽이든 그 함의는 형태가 가능성의 팔레트에서 **자연적으로 선택**된다는 것이다. 그리고 진화적 우위를 부여하는 형태는 지속되는 경향이 있다.

이것은 획기적이며 강력한 아이디어다. 어느 진지한 생물학자도 생물이 시간이 가며 어떻게 진화하고 적응해 가는가를 설명하는 데 있어서, 이 이론이 기본적으로 옳다는 것을 의심하지 않는다. 하지만 생물의 형태에 대한 설명으로는 썩 만족스럽지 않다. 그것이 틀렸기 때문이 아니다. 진화의 기간이 아니라, 바로 지금 개개의 생명체들이 모양을 이루는 데 작용한 원인들에 대한 직접적인 메커니즘에 대해 어떤 것도 말해 주지 않기 때문이다. 과학이 물질세계의 모든 질문에 대답한다고 자랑스럽게 생각하는 경향이 있다. 하지만 사실은 많은 질문은 다른 여러 **종류**의 답이 있을 수 있다. 이것은 마치 자동차로 런던에서 에든버러까지 어떻게 가는지 묻는 것과 같다. 한 가지 답은 "차에 타서, 엔진을 켜고, M1 고속도로를 달리세요."이다. 여기에 그렇게 많은 설명이 담기지 않은 것처럼 다윈의 진화론도 오늘날 우리가 어떻게 여기 이르게 되었는지 합리화할 뿐이다. (미래에 어디로 가게 될지는 거의 아무것도 말해 주지 않는다.) 화학 공학자는 다른 시나리오를 제시할 수 있다. 휘발유의 화학적 에너지가 상당한 열과 소리 에너지를 수반하며 자동차의 운동 에너지로 전환되었기 때문에 차가 에든버러에 도착할 수 있다는 것이다. 이것 또한 맞는 답이지만 어떤 면에서는 모호하고 추상적일 수도 있다. 왜 자동차의 바퀴가 돌아가는가? 이 질문에 답을 얻으려면 기계 공학자에게 가야 한다. 그는 바퀴가 크랭크축을 통해 어떻게 엔진과 연결되는지를 설명하고 …… 머지않아 당신은 내연 기관의 역학에 대한 설명을 듣게 될 것이다.

그러면 생물학적인 형태를 만드는 역학은 무엇일까? 톰프슨이 적응주의자(adaptionist)라고 불렀을지 모르지만, 표준적인 대답은 관찰한 바를 그 기능적인 효율성, 즉 적응력의 관점에서 이해하려면 사후적(a posteriori)으로 추론해야 한다는 것이다. 그는 원칙적으로는 이것에 반대하지 않았지만, 다윈주의자들이 그 신념을 끝까지 따르지 않았다고 불평했는데, 다윈주의자들은 어떤 특별한 형태가 가장 효율적이라고 **가정**하는 것으로 행복해하고, 이것이 실제로 그러함을 **보여 주**

는 데는 신경을 쓰지 않는다는(혹은 그 방법을 모른다는) 것이다. 이런 이유로 톰프슨은 다윈의 진화론에 입각한 형태학자(morphologist)들이 역학을 잘 잊어버리는 경향이 있으며, 생명체 전체에서 각 기관의 형태가 갖는 역학적 기능을 고려하지 않고, 서로 다른 기관 사이의 이런 저런 특징을 비교하는 데만 사로잡혀 있다고 말했다. 그는 전체 기능면에서 어떻게 뼈대가 효율적인 역학 구조(공학자들이 다리를 설계할 때의 원리와 같은 것으로 이해할 수 있는)인가가 중요해질 때, 비교 해부학자들처럼 각각의 뼈들이 진화적인 힘으로 독자적으로 만들어졌다고 생각하는 것은 터무니없다고 주장했다.

하지만 이것은 단지 다윈주의 형태학자들이 놓치기 쉬운 하나의 비난에 불과하다. 『성장과 형태』의 대부분은 다윈주의자의 '유전 원리(principle of heredity)'에 대한 훨씬 더 근본적인 문제에 많은 부분을 할애하고 있다. 톰프슨을 옹호하는 현대 동물학자들은 생물학적인 형태를 설명하기 위해 물리학과 역학을 동원하는 생각에 반대하지 않을 것이다. (적어도 그러길 바란다.) 그들은 물리학과 역학을 이용해, 효율성과 그에 따른 적응 우위의 측면에서 생물학적인 형태를 합리적으로 설명하고자 할 것이다. 여기에는 어떤 특정한 환경에서 '최적'으로 입증할 수 있는 모양이나 구조가 있으며, 생물학은 항상 그것을 만들어 내는 방법을 찾을 수 있다는 가정이 깔려 있다. 극단적으로 보면 이러한 시각은 단순히 모든 것이 가능하다고 생각한다. 즉 자연은 자기 마음대로 쓸 수 있는 무한한 팔레트를 갖고 있으며, 여러 옵션을 갖고 임의로 장난을 치는데 간혹(정말 드물게!) 성공의 공식을 건드려, 한 주제에 대한 작은 변화를 만들어 낸다. 말하자면 어뢰 모양과 지느러미의 주제는 물고기에서 작동하고, 네 다리와 근육의 디자인은 바로 지상의 포식 동물에 적합한 주제인 것이다.

오늘날 생물의 형태가 얼마나 다양한지 명확하게 볼 수 있고(그림 1.2 참조), 이것은 결국 지질학적 연대기를 따라가 보는 것의 일부에 불과하므로 자연의 무한한 팔레트를 가정하는 것도 이해가 된다. 한편 톰프슨은 독자들에게 상기시킨다. "세포와 조직, 껍데기와 뼈, 잎과 꽃은 물질의 상당 부분을 이루며, 이것을 구성하는 입자들은 물리 법칙에 순응하여 이동하고, 모양을 만들고, 적응한다." 진화는 물리적인 구속 조건하에서 일어나며 모든 것이 실제로 가능하지는 않다. 얼룩말의 줄무늬가 정말 위장을 위한 '최적의' 형태인가, 아니면 단지 물리 법칙이 부여하는 한계 안에서 자연이 취할 수 있는 최선일 뿐인가?

이것은 사소한 트집 잡기처럼 보일지 모르겠다. 자연 전체가 똑같은 구속 조건하에서 움직인다면, 다윈의 진화는 현재 취할 수 있는 모양 중 가장 유리한 것을 선택하는 문제일 것이 분명하기 때문이다. 하지만 톰프슨은 이상의 한계를 강력히 주장함으로써, 정확히 **어떻게** 그런 형태가 물리적인 힘의 작용으로 생겨났는지에 대한 쟁점을 수면 위로 떠오르게 했다. 이것은 단순히 진화 생물학이 물리와 화학 법칙을 따르는가에 대한 물음이 아니다. 톰프슨은 그러한 법칙이 모양과 형태를 결정하는 데 **직접적이며 원인이 되는** 역할을 한다고 생각했다. 따라서 그는 자연계의 많은 형태에 대해 진화가 물질을 그렇게 만들었다고 주장하는 대신, 성장 조건 또는 환경 안의 여러 힘의 직접적인 결과로서 이해할 수 있고, 실제로 그래야 한다고 주장했다.

톰프슨은 뿔이나 껍데기의 곡선 모양을 설명하는 데 있어서, **근접적이며 물리적인** 원인에 기초해 수학적으로 간단한 성장 법칙을 떠올릴 수 있는데도 수백만 년에 걸친 선택적인 미세 조정에 의존하는 것이 얼마나 불필요한지 물었다. 군도(軍刀)처럼 생긴 산양 뿔의 곡선은 기괴하고 장식적인 뿔 모양을 가질 것으로 추정되는 어떤 미술품들에서 선택될 필요가 없다. 일단 뿔 원주의 한 쪽이 다른 쪽보다 점점 더 느리게 성장한다고 가정해 보자. 그러면 호가 나타난다. 이 경우 진화론은 불필요하거나 기껏해야 보조 수단이다. 왜냐하면 뿔의 형태가 **필연적이기** 때문이다. 뿔이 원주 주위로 같은 속도로 자라 직선형 원뿔이 되거나 한 쪽이 다른 쪽과 다른 불균형 때문에 곡선형 원뿔이 되거나 둘 중 하나이다. 다른 모양을 끌어들이는 것은 말이 되지 않는다. 자연의 팔레트는 단지 이 둘만 가진다. 더 공들인 나선형 산양 뿔(그림 1.7 참조)도 단순히 비대칭적인 성장 속도가 커지며, 뿔의 끝을 여러 바퀴 완전히 회전시키면 나타난다. 마찬가지로 아메바 모양과 비슷한 생물학적 형태는 구형의 물방울이 '목적을 가지고 선택된' 것이 아니듯이 선택된 것이 아니라, 물리적, 화학적인 힘으로 결정된 것이다.

처음의 격렬했던 다윈주의는 페일리의 목적론을 유사 과학의 쓰레기통으로 추방시키고, 생물학적 운명이 물리 법칙으로 좌우된다고 설득하는 톰프슨의 생각을 이단에 가까운 위험한 것으로 비춰지게 했다. 톰프슨은 『성장과 형태』가 때때로 "의심의 여지없이 전통적인 다윈주의에 반대"한다고 인정했으며 이런 점을 의식했다. 그러한 부분에서 그는 말했다. "나는 이것을 되뇌지 않고, 분명한 이성적 판단을 끌어내는 것은 독자 스스로에게 맡긴다."

그들은 그렇게 했고 대개는 비판적이었다. 스코틀랜드의 던디 대학교에서 톰프슨은 소외되고 무시당했고, 60대가 될 때까지 어떤 노트도 출판할 수 없었다. 1894년 영국 과학 발전 협회(British Association for the Advancement of Science) 학회에서 '다윈주의에 몇 가지 이의'를 감

그림 1.7
예를 들면 사진의 산양처럼, 많은 동물이 나선형 뿔을 가진다. 이것은 간단한 성장 법칙으로 설명할 수 있다.

히 제안했는데, "지각 있는 사람에게는 …… 다윈주의는 어떤 이의도 **없다**."라는 반응에 맞닥뜨리게 된다. 그럼에도 1910년대에 그는 '작은 책'에 그의 생각을 담기 시작한다. 마침내 1917년 그의 책이 세상에 나왔을 때는 그것만이 아니었고 놀라운 『성장과 형태』가 크게 호평을 받으면서 톰프슨은 명성을 확고히 한다. 하지만 1920년대 개정판을 내려는 계획은 톰프슨이 출판사의 마감 시한을 계속 맞추지 못해 농담거리가 되었다. 두 권으로 나눠야만 하는 대작인 제2판은 1942년이 되서야 세상에 나왔다. 어떤 면에서 이런 지연은 그를 가난하게 했고, 때문에 그의 책은 진정한 빅토리아 시대의 학문적 소산으로 여겨진다. 물리학자 에르빈 슈뢰딩거(Erwin Schrödinger, 1887~1961년)의 혁신적인 책 『생명이란 무엇인가?(What is Life?)』는 좋은 대조를 이룬다. 『생명이란 무엇인가?』는 1944년 출판되었고, 혹자는 분자 유전학을 예언하고 생물학을 정보 과학의 하나로 본 점에서 완전히 미래 지향적인 책으로 보기도 한다. 반면에 톰프슨의 전시(戰時)판은 30년의 세월이 흘렀지만 전작과 구별된 인상을 주지 못했다.

또한 『성장과 형태』의 일부는 허술하고 일부는 명백히 틀렸다. 그럼에도 그 핵심 메시지는 타당하며 그 폭과 담대함 그리고 야망에 있어서, 세대를 걸쳐 계속해 과학자들에게 (다른 사람들에게도) 자연계의 경이로움과 신비함을 환기시키고 있다. 그 책은 너무나도 훌륭하게 써졌다고 말하는 데 조금도 부족함이 없다. 영국의 생물학자 피터 브라이언 메더워(Peter Brian Medawar, 1915~1987년)는 "영어로 기록된 모든 과학 기록 중 가장 훌륭한 작품을 능가하는" 것으로 평가했다. 『성장과 형태』는 앞으로 이 책에서 살펴볼 풍경을 한눈에 제공한다. 오늘날 우리는 그 지형을 훨씬 더 분명히 볼 수 있게 되었다. 왜냐하면 그것의 지도를 만들고, 관찰을 해석할 수 있는 도구가 있기 때문이다. 하지만 우리는 후발 주자이고 톰프슨은 선구자였다.

유전의 블랙박스

톰프슨의 논문은 생물학이 물리학, 그중에서도 특히 역학을 다루는 분야를 무시할 수 없다고 주장한다. (그가 보기에 자연 과학의 또 다른 기둥인 화학은 충분히 수학적이지 않기 때문에 크게 고려하지 않았다. 앞으로 보겠지만 오늘날은 그를 도와줄 화학의 분야들이 많다.) 그가 못마땅해 하는 것은 생물학의 여러 질문에 대한 막강한 대답인 선택적인 힘의 도그마다. 그에게 있어서 이것은 원인을 묻는 질문에는 대답하지 않고 단지 그것을 재배치할 뿐이었다. 한편 물리학자들은 "물질과 에너지의 변치 않는 법칙 …… 또는 근본적인 성질로 인정할 수 있다고 배운 것에서 '원인'을 찾는다."

톰프슨은 생물학에서 물리학을 등한시한 것이 현대 다윈주의자들에게 생기론(vitalism)에 가까운 성향을 주었다고 본다. 그는 다음과 같이 쓰고 있다.

> '동물학자 또는 형태론자'는 좀처럼 …… 물리학 또는 수학에 도움을 요청하지 않아 왔다. 그 이유는 깊다. 일부는 오랜 전통에, 일부는 사람의 다양한 정신과 기질에 뿌리박고 있다. 블레즈 파스칼(Blaise Pascal, 1623~1662년)은 생명체를 하나의 메커니즘으로 취급하는 것에 반대하며, 그것을 심지어 바보스럽게 여겼다. 또 있는 모습 그대로의 자연을 사랑하는 사람이었던 요한 볼프강 폰 괴테(Johann Wolfgang von Goethe, 1749~1832년)는 자연의 역사에서 수학의 자리를 배제했다. 지금까지도 동물학자들은 가장 간단한 형태의 생물도 수학의 언어로 정의하는 것을 꿈조차 꾸지 못한다. 간단한 기하학적 구조물, 예를 들어 벌집에 맞닥뜨렸을 때 그들은 그것을 기꺼이 정신적인 본능 또는 독창적인 솜씨로 생각하지, 물리적인 힘이나 수학 법칙의 작용이라고 생각하지는 않는다. 달팽이나 앵무조개 또는 유공충이나 방산충 껍데기가 구형 혹은 나선형에 가까운 것을 볼 때, 그것은 결국 구형이나 나선형 이상의 어떤 것이며, 그 '이상의 어떤 것'은 수학이나 물리학으로도 설명할 수 없는 것이라고 오랜 습관처럼 믿기 일쑤다. 한마디로 살아 있는 것을 죽은 것과 비교하는 것이나 생명의 신비에 속한 것을 기하학이나 역학으로 설명하기를 매우 꺼려한다. 게다가 그러한 설명이나 생각의 폭을 확장할 필요성을 조금도 느끼지 않는다.

이상하게도 이 글이 거의 한 세기 전에 써졌지만 이런 '형태학자'를 만났고, 그와 오랜 시간 답답한 토론을 한 것처럼 느껴진다. 그의 핵심은 이렇다. 생명의 메커니즘은 좀처럼 간단하지 않고, (일반적인 믿음과는 달리) 생물학은 항상 우리가 생각할 수 있는 가장 경제적인 방법으로 일하지 **않으며**, 물리학이 침묵해야만 하는 역사의 유산 속에 가둘 수 있다는 것이다. 게다가 생물학자가 완고한 것처럼 물리학자는 오만할 수 있다. 일단 '이론 생물학'을 거의 남용되는 듯한 단어로 만든 전통은 그 대상을 (묘사한다기보다) 설명하는 매우 생산적인 이론으로 보이지는 않는다.

물론 오늘날 생물학자들은 생물의 형태에 대한 물음에 항상 통하는 마법의 단어인 '적응(adaptation)' 대신 보다 정교한 대답을 한다. 그들은 다윈주의의 '미시적(microscopic)' 근간이 되는 유전학에 도움을 구할 것이다. 유전자에 대해 지금껏 알려진 대로, 그것은 현재 모든 생물학적 질문이 끝나는 곳에 있다고 생각하는 경향이 있다. 사람들은 이 병 저 병 또는 생물학적 형질 또는 특성(예를 들면 암, 지능, 파리의 날개 또는 푸른 눈의 형성)을 초래한 유전자에 대해 듣는다. 분자 생물학이 만든 문화적 풍토에서는 (분자 생물학을 배우는 모두가 표출하는 믿음은 아니지만) 여러 유전자의 역할과 그것이 부호화하고 있는 단백질 분자 간의 상호 작용을 파악함으로써 생명 현상을 이해하게 될 것으로 본다.

이러한 태도가 인간 유전체(genome) 프로젝트의 토대가 된다. 인간 유전체 프로젝트는 인간 세포의 23쌍 염색체의 3만 개쯤 되는 유전자 각각을 모두 분류하려는 국제적인 노력이다. 이 유전자 지도의 초안은 2000년에 완성되었다. (빠진 부분 중 대부분이 후에 채워졌다.) 그리고 여기서 이끌어 내는 일부 과장들로 생각해 보면, 이것은 하나의 완전한 인체 매뉴얼을 제공한다고 생각하게 될 것이다. 하지만 결코 그렇지 않다. 인간 유전체 프로젝트는 무한한 의학적 가치가 확실한 유전 정보 은행을 만들었고, 거기에는 우리 몸의 세포들이 어떻게 일하는

지에 대한 어마어마한 양의 정보가 있다. 하지만 유전적 요인이 있는 생물학적인 질문에 대해 (모두가 그런 것은 아니지만) 개별 유전자들은 단지 해답을 찾는 과정의 시작일 뿐이다. 이런 유전자들의 대부분은 단백질의 화학적인 구조, 즉 화학적 기능이 부호화되어 있다. 문제는 특정 단백질의 생산(또는 부재)이 세포의 생화학적 과정의 연결망에 어떻게 영향을 끼치는가, 그리고 그것이 어떻게 우리가 연구하는 특정 생리학적 결과를 가져오는가 하는 것이다. 이런 저런 형질을 '초래한' 유전자를 식별하는 것은 마치 이러한 연결망으로 우리를 안내해 주는 문을 찾는 것과 같다. (그리고 대부분의 답은 여러 개의 문으로 접근할 수 있다.)

유전자가 어떻게 작동하는지 정확히 밝히는 것은 정말 어려운 문제다. 그래서 유전학의 많은 부분이 '블랙박스' 수준에서 작동한다. 유전체에서 한 유전자의 존재 또는 부재는 전체 생물 수준에서 특정한 발현과 연결되어 있는데 우리는 그 이유를 모른다. 마찬가지로 컴퓨터는 (블랙보다 더 품위 있는 색을 낼 수 있는) 빈 상자이다. 우리 대부분 이유는 전혀 모르지만 그것을 눌러 보면 어떤 방식으로 반응할지 알고 있다.

어떤 경우에도 생물은 단지 유전자도 또는 그로부터 만들어진 단백질도 **아니다**. 세포에는 온갖 종류의 다른 물질이 있다. 당류, 지방산, 호르몬, 산화질소나 산소 같은 작은 무기 분자들, 소금, 뼈와 치아를 형성하는 미네랄 등이 있다. 이런 물질은 그 어느 것도 유전자에(즉 우리 DNA 구조에) 부호화되어 있지 않고, 유전자를 아무리 들여다봐도 이것들이 무슨 역할을 하는지는 차치하고 왜 필요한지 결코 알아낼 수 없을 것이다. 이러한 물질은 세포 수준에서 (더 큰 수준에서도) 그 상호작용과 구조가 매우 조직화되어 있음에도 말이다. 그러한 구조는 어디서 나오는가? 단백질이 흔히 구조를 만드는 역할을 한다. 하지만 표면 장력, 전기적 인력, 유체의 점성과 같은 물리적 힘도 한 몫을 한다. 유전자 사냥은 여기에 대해서 침묵한다.

한마디로 "어떻게?" 자연에 유전학 이상의 것(종종 환원주의자의 접근 그 이상의 것)이 필요한지에 대한 생물학의 질문이다. 자연이 어쨌든 경제적이라면(항상 그렇지는 않더라도 종종 그렇게 가정할 만한 적절한 이유가 있다.) 적어도 한 부분 한 부분 수고스럽게 만드는 대신 무생물계에서 보이는 조직적인 패턴 형성 현상을 이용하여 복잡한 형태를 만드는 것을 택할 것이라 생각해 볼 수 있다. 진화는 유전학을 매개로 그런 현상을 이용하고, 길들이고, 조절할 수 있지만 필연적으로 그 현상을 만들지는 않는다. 그렇다면 생물계와 순수한 무기물계의 형태와 패턴에서 유사성을 찾을 수 있을 것이다. 또한 둘 다 같은 방식으로 설명할 수 있을 것이다.

여기서 한 가지 주의할 것이 있다. 생물학은 때로는 정제되지 않은 일반적인 물리 원리만으로도 생물학적 형태의 여러 측면을 설명할 수 있을 것이라는 생각에 다소 저항적이었다. 생물학자들에게 이 생각은 너무 위험하고 통제할 수 없는 것처럼 보인다. 마치 자동차 핸들에서 손을 떼고 운전하면서, 마찰과 공기 저항이 서로 잘 협력해, 자동차를 굽은 길에서 잘 이끌 것이라는 희망과 같다. 하지만 한쪽으로 너무 멀리 가면 다른 곤경에 처하게 된다. 이른바 분자 생물학의 환원주의 과학을 비난하는 것이 누군가에게는 인기가 있다. 그들은 환원주의 대신, 우주가 '전체를 아우르는' 방식으로 작동하는 어떤 창조적 잠재력이 있다고 생각한다. 복잡한 형태와 패턴이 광범위한 상호 작용에서 자발적으로 출현할지 모른다는 '복잡성(complexity)' 개념의 일시적 유행이 때로는 우주적 창조성을 상기시키는 방식을 통해 일종의 신생기론으로 전환될지도 모르겠다. 더욱 나쁜 것은 '전체를 아우르는(총체적 혹은 전일적) 과학'은 선하고 '환원론적 과학'은 저속하다고 도덕적인 차이를 두는 경향이 있다는 점이다. 나는 '블랙박스' 생물학의 지평을 넓힌다는 시각에 찬성하며 생물계의 자발적인 패턴 형성의 역할을 주장하지만, 대부분의 생물학이 특히 분자 수준에서 끔찍하게 **복잡하다**(complicated)는 사실에서 벗어날 수 없다. 이것은 **콤플렉스**(complex)와 구별되게 세부 정보(details)가 정말로 중요하다는 것이다. 일련의 사건 중 한 부분을 빼 놓으면 전체가 멈춰 서 버린다. 이런 경우 현미경의 배율을 높이면 이해를 못하는 것이 아니라 이해하게 된다. 환원론적이지 않으면, 예를 들면 에이즈 같은 병적인 기능 장애를 치료할 방법은 차치하고도 몸의 면역 반응에 대해서 별로 알아내지 못할 것이다. 환원론자의 시각이 어떻게 작동하는지에 대한 설명을 반드시 제공하지는 않지만 그것 없이는 정말로 설명이 필요한 것이 무엇인지 모를 수 있다. 환원주의(Reductionism)는 심미적인 매력은 없을 수 있지만 환상적으로 유용하다.

패턴은 무엇이고 형태는 무엇인가?

이것은 궁극적으로 이 책에서 다루려는 주제이다. 하지만 둘 중 어느 하나도 엄밀히 정의를 내리거나 서로를 구별하기가 쉽지 않다. 위로가 될지 모르겠지만 과학자들도 생명의 엄밀한 정의를 제공할 수 없음을 떠올려 보라. (사실 과학자들은 충분히 자주 시도했지만, 그 순수한 시도는 사려 깊지 못하고 무분별했다. 왜냐하면 용어 자체가 과학적이라기보다 일상적이기 때문이다. '사랑'이란 단어의 정의를 한번 내려 보면 공감이 될 것이다.)

분명한 것은 '패턴'은 매우 유연한 단어라는 점이다. 이를테면 심리학자가 생각하는 패턴의 의미와 벽지 디자이너가 생각하는 그것은 전혀 다르다. 변변치 못하지만 나의 정의는 전자보다 후자에 훨씬 더 가깝다. 내가 내릴 수 있는 최선의 정의는 패턴이란 개별적인 특징이 인식 가능하며 규칙적으로(꼭 동일하거나 대칭적이지 않더라도) 반복되는 어떤 형태(form)다. 이따금 시간적인 속성이 있는 패턴, 가령 심장 박동처럼 거의 규칙적으로 반복하는 사건을 언급하기도 할 것이다. 하지만 대체로 공간적인 용어로서 패턴을 사용할 것이다. 따라서 벽지나 양탄자 위 패턴의 형상을 유념하는 것이 도움이 된다. 한편 벽지나 카펫의 경우 반복 단위가 일반적으로 같다. 하지만 나의 '패턴' 개념은 꼭 그럴 필요는 없다. 반복하는 요소가 꼭 똑같지 않고 단지 비슷해도 된다. 또 완전히 대칭적일 필요는 없지만 규칙적이라고 부를 만한 방식으로 반복될 것이다. 그렇다. 나도 애매모호하다는 것을 안다. 하지만 그런 패턴을 볼 때 우리는 보통 그것을 분간한다. 그것 중 하나는 파도가 부딪히는 해변 모래사장에 형성된 물결무늬(ripple) 또는 강한 바람을 맞으며 형성된 사막의 물결무늬가 있다. (그림 1.8 참조) 이 둘의 물결무늬는 서로 동일하지 않으며, 정확한 간격을 두고 반복하지도 않는다. 하지만 공간을 가로질러 반복되는 기초 단위(리플)가 있음을 즉시 알 수 있다. 패턴을 인식하고 있는 것이다. 실제로 수학적으로 완벽하지 않아서, 기계로는 통상 인식하기 어려운 패턴도 우리는 놀랄 만큼 **잘** 인식한다. 사람의 뇌는 패턴 인식 도구이고 컴퓨터는 정보 처리 도구라는 말은 이제 틀에 박힌 진부한 표현이 되었다. 하지만 대부분의 진부한 표현이 그렇듯 여기에도 타당한 이유가 있다. 모래 리플은 상대적으로 단순한 패턴이지만, 산의 정상과 골짜기 또는 동절기 나무의 골격 등 다소 불규칙적인 구조에서도 우리는 패턴과 유사한 것을 구분

그림 1.8
사막의 물결무늬는 분명 반복된 패턴으로 구성된다. 비록 그 패턴을 구성하는 요소의 어느 두 부분도 정확히 똑같지는 않지만 말이다.

할 수 있기 때문이다.

그렇다면 패턴은 특징이 모여 만들어진다. 형태는 보다 개별적이다. 형태를 같은 부류의 사물이 가지는 고유한 모양으로 느슨하게 정의한다고 했다. 우리의 뇌는 비슷한 모양들이 펼쳐진 데서 우리로 하여금 하나의 패턴을 조직할 수 있게 한다. 다양한 사물에서 형태의 공통성을 어떻게든 구분하는 데 능숙하다. 비록 그 정확한 이유를 설명하기 어렵기는 마찬가지지만 말이다. 같은 형태를 가지는 사물이 꼭 똑같을 필요는 없다. 심지어 꼭 크기가 비슷하지 않아도 된다. 단지 전형적인 혹은 틀에 박힌 것으로 인식할 수 있는 분명한 특징이 있으면 된다. 해양 생물의 껍데기가 그러하다. 훈련받지 않은 눈으로 봐도 같은 종의 껍데기는 서로 동일하게 여겨질 만큼 유사하다. 꽃이나 광물 결정의 모양도 그렇다. 이러한 사물의 '형태'란 다소 관념적인 어떤 것(개체 간 사소한 차이를 평균 내어 없애고 남은 것)이라고 할지 모르겠다.

패턴은 전형적으로 공간에 끊임없이 펼쳐져 있다. 반면에 형태는 경계가 있고 유한하다. 그러나 이것을 법칙(rule)이 아닌 하나의 지침(guideline) 정도로 여겨야 한다.

우리는 패턴과 형태의 일반적인 또는 가족적인 유사성을 찾아내는 능력이 있음에도, 비슷해 보이는 두 사물이 정말로 같은 부류에 속한다고 항상 확신하기는 어렵다. 어떤 면에서는 그런 평가는 결코 정확한 과학일 수 없다. 왜냐하면 이 문제는 우리가 찾는 것이 무엇이냐에 따라 달라질 수 있기 때문이다. 인간과 침팬지를 문어의 형태와 비교해 볼 때, 둘은 서로 같은 형태를 공유한다고 말할 수 있다. 하지만 인간과 체계적으로 다른 침팬지의 특징들도 (가령 팔과 다리의 비율) 확인할 수 있다. 다른 비교는 훨씬 덜 명확하다. 예를 들면 어떻게 구름과 같은 무정형 물체들 사이의 유사성을 의미 있게 평가할 수 있을까? 이제 명백히 '일정한 형태가 없는(shapeless)' 패턴과 형태가 수학적으로 정확한 특성을 가지는 것을 보게 될 것이다. 이것을 통해 사물 간의 잠재적인 유사성을 객관적으로 평가할 수 있다. 서로 다른 구조를 비교하는 과학적인 기준을 찾든지, 패턴 형성 이론의 예측이 맞는지 평가하려면 때때로 그러한 도구들이 없어서는 안 된다.

앞으로 패턴과 형태에 대해서 "질서 있고 규칙적이다." 또는 "무질서하고 무정형이다."라는 표현을 종종 할 것이다. 이러한 표현도 일반적으로 정확한 정의가 없는 꽤 포괄적인 단어들이다. 예를 들어 체스판을 매우 질서 있는 패턴이라고 한다면 테이블 위에 던져진 한 움큼의 동전은 무질서하다고 말할 수 있다. (그림 1.9 참조) 그런데 어떻게 이 표현을 날카롭게 할 수 있을까? 한 가지 분명한 방법은 대칭성을 고려하는 것이다. 정사각형 격자는 여러 면에서 대칭적이다. 전문적으로 말해서 **대칭 연산**(symmetry operation), 즉 모양을 변화시키지 않는 조작을 가진다. 예를 들면 어느 방향으로든지 90도 돌리는 것이다. 또한 전체를 폭과 똑같은 거리만큼 격자의 전후좌우로 이동하는 경우들이다. (체스판 사각형의 색깔이나 가장자리에 대해서는 걱정하지 않아도 된다고 하자.) 또 다양한 방향을 따라 거울을 붙여 반사된 것이 원래 판과 똑같아 보이게 할 수 있다. (그림 1.10 참조) 이런 대칭 조작을 각각 회전(rotation), 병진(translation), 반사(reflection)라고 부른다. 물론 다른 종류의 것들도 있다.

따라서 대칭성이 질서와 관련이 있다고 이해할 수도 있다. 하지만 이 둘의 관계는 그리 간단하지 않다. 아마도 우리의 직관은 예를 들어 그림 1.11a의 모양이 그림 1.11b의 모양보다 더 대칭적이라고 제안할지 모른다. 하지만 수학적으로 이 둘은 정확히 같은 정도의 대칭성을 가진다. 그래도 그림 1.11a가 그림 1.11b보다 더 **질서 있다고** 제안하는 것

그림 1.9
(a) 체스판은 질서정연한 배열을 보여 준다. (b) 반면 동전 무더기는 무질서하다.

그림 1.10
체스판의 거울 대칭은 원래의 패턴을 정확하게 재현한다. 이런 방법으로 그 둘은 포개질 수 있다.

은 의미가 있을 수 있다. 비록 그것을 수학적으로 정의할 방법을 찾기는 어렵지만 말이다. 아마도 질서는 그 구성에 반드시 어떤 논리를 수반한다. 공식적으로 말해서 참나무는 대칭성이 없다. 단지 아무것도 하지 않는 것 말고는 (이른바 동등 조작(identity operation)) 원래 모양과 완벽하게 포개져서 모양 변화가 없게 하는 대칭 조작이 없다. 그런데 참나무가 완전히 무질서하고 무조직적인가? 그렇지 않다고 생각한다. 아마도 참나무 구조의 논리는 줄기를 타고 위로 올라갈 때 대략 일정한 각도로 가지가 반복해서 뻗어 나가고 그 폭은 각 분기점에서 줄어드는 것이라고 말할 수 있을지 모르겠다.

'대칭적인(symmetrical)' 것과 '매우 질서 있는(highly ordered)' 것을 혼동하는 바로 그 사실이 질서를 재는 하나의 기준으로서 대칭성의 제한된 효용성을 가리킨다. 그림 1.11의 어느 쪽 모양이든 원보다는 더

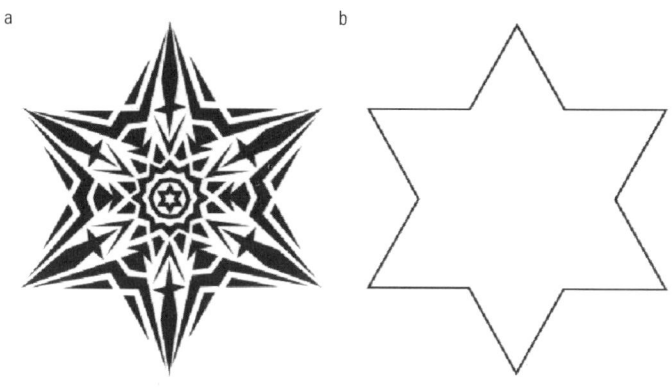

그림 1.11
두 모양 중 어느 것이 가장 대칭적일까? 수학적인 정의로 보면 이 둘은 정확하게 같은 정도의 대칭성을 가지고 있다.

대칭적이라고 생각하는가? 대부분의 사람들은 그렇다고 대답할 것이다. (이것은 대칭성 강연에서 인기 있는 청중 테스트다.) 하지만 사실 원은 2차원(평평한) 대상이 가질 수 있는 가장 높은 대칭성을 가진다. 원의 모양을 바꾸지 않고 그대로 두는 무한한 회전각과 반사면이 존재한다. 따라서 우리가 직관적으로 예상하는 것과는 정반대로, 고도의 대칭성은 특징이 없고 개성이 없는 것처럼 보일 수 있다.

예를 들어 비누 거품을 생각해 보자. 이것은 실질적으로 완벽한 구형 액체막이다. 원과 마찬가지로 거품도 고도로 대칭적이다. 이리저리 돌려 봐도 여전히 똑같게 보인다. 그렇지만 거품을 액체 벽과 거기에 갇힌 기체, 그 각각의 원자와 분자를 분간할 수 있을 때까지 거품을 확대하는 경우를 생각해 보자. 이제 어떤 대칭성도 없는 것 같다. 분자가 여기저기로 휙휙 지나가고 모든 것이 무질서의 혼란(ramdom disorder) 속에 있다. 균일성(uniformity)과 고도의 대칭성은 오직 계의 **평균적인** 특징을 고려할 때만 확실히 보이게 된다. 무질서도(randomness)와 균일성을 막론하고 똑같이 계의 한 부분은 다른 부분과 대등하고, 모든 방향에서 (평균적으로) 똑같게 보인다. 거품의 완벽한 구형 대칭성은 그 안의 기체가 가지는 평균적인 균일성에 기인한다. 이것은 기체가 거품 벽에 미치는 압력이 모든 방향에 대해 같다는 것을 의미한다.

따라서 패턴과 모양을 만드는 데 있어 문제는 (그렇게 인식하는 경향이 있는데) 패턴과 모양이 흔히 가지는 대칭성을 어떻게 생성하는가의 문제가 아니라, 패턴에 보다 낮은 대칭성을 주기 위해 총무질서도가 발생하는 완전한(평균적으로 생각했을 때) 대칭성을 어떻게 **줄이는가**의 문제다. 어떻게 대기 중에 무질서하게 움직이는 물 분자들이 합쳐져서 6개 꽃잎이 있는 눈송이를 만들까? 이런 패턴은 **대칭성 깨짐**(symmetry breaking)의 결과이다.

균일한 기체의 대칭성은 그것을 구성하는 기체 분자의 배치를 바꾸는 힘을 걸었을 때 깨질 수 있다. 중력이 그렇다. 중력장 안의 기체는 중력이 센 (지면에 가까운) 곳에서 더 빽빽할 것이다. 따라서 지구의 대기 밀도는 지표면에 가까이 갈수록 꾸준히 증가한다. 그렇다면 대기는 더 이상 균일하지 않고, 대기의 밀도를 재서 고도를 측정할 수 있다. 여기서 힘의 대칭성이 물질 분포의 대칭성을 가져왔다. 중력은 아래로 작용하고, 대칭성은 오직 아래 방향에 대해서만 깨진다. 지상의 수평면 안에서만 (더 적절하게 말하면 지구를 감싸는 동심 구형 껍데기 안에서만) 대기 밀도는 일정하다. (더 정확히 말해서 지구가 완벽한 구형이고 바람이나 날씨가 없다면 말이다.) 직관적으로 항상 이런 방식일 것으로 예상할지 모르겠다. 즉 계의 최종적인 대칭성이 처음 계가 가진 균일한 상태를 무너뜨리며 대칭을 깨뜨리는 힘이 가진 대칭성에 좌우되리라는 것이다. 다시 말하면 물질이 서로 밀고 잡아 당겨 패턴을 형성하게 하는 힘의 '모양'을 모방하게 되는 방향으로만 스스로를 재배열할 것이라고 기대하는 것이다. 이런 구도 아래서 살펴보면 모래를 쌓아 사각형이나 체스판 배열처럼 정렬된 둔덕을 만들기 원한다면, '4방 대칭성'이 있는 힘을 가해 주어야만 할 것이다.

그런데 항상 그렇지 않다는 것이 패턴 형성 과학의 놀라움, 그 중심에 있다. 대칭을 깨는 힘으로 형성된 패턴의 대칭성이 항상 그 힘의 대칭성을 반영하지 않는다는 것이다. 이것이 무엇을 의미하는지 그리고 왜 첫눈에 보기에 놀랍게 보이는지 이 책을 통해 설명할 많은 예들 중에서 하나를 살펴보자. 프라이팬에 얇게 두른 기름을 (실제로 쉬운 실험이 아니므로 매우 조심스럽게) 가열하면, 어떤 문턱값(threshold)을 넘는 가열 속도에서는 대략 육각형 모양의 순환하는 방들이 나타날 것이다. (그림 1.12 참조) 기름은 처음에는 균일했고, 대칭을 깨는 힘(기름의 위아래 온도차)은 수평으로 변하지 않았다. 따라서 기름의 작은 부분이 서로 다르게 약간 좌나 우로 이동하게 할 것이 없다. 하지만 이런 균일성은 갑자기 깨지고, 6방 대칭성(hexagonal symmetry)이 있는 패턴으로 바뀐다. 어디서 이 6겹 패턴(sixfold pattern)이 나왔을까?

여기서 한 가지 분명한 것은 '저절로 출현하는 질서(질서를 집어넣는 것이 아니라 질서를 이끌어 내는 것, 질서를 세우지 않으면서 질서가 잡히도록 함)'이다. 비록 앞에서 말한 대로 대칭은 질서를 얻기보다는 잃는 것이지만 말이다. 어떻게 대칭이 **자발적으로**(spontaneously) 깨질 수 있을까? 어떻게 결과의 대칭성이 원인의 대칭성과 다를 수 있을까? 그리고 대칭성은 명백히 전혀 다른 계에서도 왜 그렇게 자주 비슷한 방식으로

그림 1.12
가스레인지 위에 올려놓은 얇은 냄비 안의 물처럼, 액체가 밑에서부터 균일하게 가열될 때, 액체는 자발적으로 순환하는 대류 낱칸(circulating convection cell)이 만드는 패턴으로 발전한다. 잘 통제된 상황에서 낱칸은 정육각형이다. 여기서는 액체에 떠 있는 금속 조각으로 패턴이 보이게 된다.

깨지는가? 다시 말해 왜 어떤 패턴은 보편적인가? 이러한 질문이 패턴 형성의 핵심 질문이며, 이것은 충분히 심오해서 형태학 3부작 세 권에 걸쳐 계속된다.

왜 수학을 이용할까?

대칭 자체에 대해 이 이상 말하지는 않겠다. 왜냐하면 끊임없이 매혹적인 이 주제를 다루는 훌륭한 책이 많이 있기 때문이다. 그중에서 헤르만 클라우스 후고 바일(Hermann Klaus Hugo Weyl, 1885~1955년)의 『대칭성(Symmetry)』은 고전이고, 이언 스튜어트(Ian Stewart, 1945년~)

와 마틴 골루비츠키(Martin Golubitsky, 1945년~)의 『두려운 대칭(Fearful Symmetry)』은 최근에 나온 가장 명쾌한 책 중 하나이다.

또 수학에 대해 더 일반적이며 방대하게 말할 생각도 없다. 생색내려는 것은 아니지만 일부 독자들은 틀림없이 안도할 것이다. 하지만 수학이 패턴과 형태를 표현하는 자연스러운 언어라는 사실을 외면할 수 없다. 과학의 보편적인 도구인 수학과 한번도 친구로 사귀어 본 적 없는 사람들에게 이것은 실망스러울지도 모르겠다. 왜냐하면 패턴은 굉장히 아름다운 것일 수 있지만 반면에 수학은 종종 차갑고, 낭만적이지 않으며, 계산된 기술로 보이기 때문이다. 톰프슨도 "많은 사람들에게 자연 과학에 수학적인 개념을 도입하는 것이 단지 길 위의 걸림돌이 아니라 길을 떠나게끔 하는 것처럼 보인다."라고 인정했다. 하지만 수학도 고유의 아름다움을 가진다. 그 아름다움의 일부는 명백히 복잡한 것을 정제해, 명료하고 단순한 본질을 뽑아내는 데 있다. 이것이 바로 수학이 우리를 패턴과 형태의 핵심에 이르게 할 수 있는 이유다. 수학은 가장 근본적인 수준에서 패턴과 형태를 설명하고 그 관념적인 핵심을 드러내기 때문이다. 이것은 단순한 편리성의 차원을 뛰어넘는 것이다. 수학은 일시적이거나 부수적인 데에 주의를 돌리지 않고, 무엇이 진실로 설명이 필요한지 보여 준다. 조개껍데기의 형태가 어떻게 생겨나는지 설명하기 위해 모든 작은 혹(bump, 볼록하게 솟은 자리)과 홈(groove, 오목하게 패인 자리)을 설명할 필요는 없다. 왜냐하면 이것들은 아마도 이 껍데기와 바로 옆 다른 껍데기가, 즉 껍데기마다 혹과 홈이 서로 다를 것이기 때문이다. 대신에 우리는 '이상적인' 껍데기의 수학적 형태에 집중해야 한다.

수학과 기하학은 일상에서 사용하는 단어로 설명할 수 없는 것

그림 1.13
조약돌은 무슨 모양일까?

을 설명한다. "무엇이 원의 모양입니까?"라는 물음에 "원은 원이다."와 같은 동어 반복을 피하려고 하면 난처해질 것이다. "모든 점에서 둥글다."라고 하는 것은 적절한 말이 아니다. 왜냐하면 계란도 그렇기 때문이다. 하지만 기하학적으로 원은 '한 점에서 거리가 같은 평면위의 선'이라고 말할 수 있다. 이 문장은 원이 무엇인지 모호함 없이 정확하게 표현하는 데 도움을 줄 뿐만 아니라 어떻게 원을 작도하는지에 대해서도 말해 주고 있다. 한 고정된 점에서 거리가 같은 선을 그리기 위해 나무판에 못을 박고, 그것을 이용해 한쪽 끝에 펜을 묶은 실을 고정하면 된다. 기하학적인 설명은 그 안에 대상을 '성장시키는' 처방전을 갖고 있다. 그것은 원의 경우 자명해 보인다. 그러면 조약돌의 모양에 대해서는 어떠한가? 어느 두 점도 같지 않은 '조약돌 모양'에 관해서도 무언가를 말할 수 있을까? (그림 1.13 참조) 곧 그런 모양이 무엇과 같은지 그림이 그려질 것으로 생각한다. 놀랍게도 2006년에 물리학자로 구성된 한 연구팀이 이러한 모양을 수학적으로 설명하는 방법을 발견했다.[2] 침식으로 조약돌이 형성된다는 이 이론에 따르면 초기 바위 모양이 어떻든 간에 이상적인 조약돌로 수렴하는 형태를 만들지 않으면 안 된다. 수학적인 모양은 어떻게 조약돌이 만들어지는가에 대한 이론을 평가하기 위한 기준을 제공한다.

톰프슨은 특히 한 기하학적 형태에 많이 매달렸다. 이른바 로그 나선(그림 1.14a 참조)이다. 이것은 영국 던디 근처 세인트앤드루스에 있는 그가 살았던 집을 기념하는 석판에서도 찾아볼 수 있다. 이 형태는 1638년 르네 데카르트(René Descartes, 1596~1650년)가 처음 수학 방정식으로 기술했다. 이 방정식은 매우 단순하면서 압축적인 형태이나 비수학자에게는 아무 의미를 주지 못할 것이다. 대략적으로 말해 (평평하게 감긴 로프는 연속된 고리 사이의 거리가 같은 것과 달리) 나선은 중심에서부터 선을 따라가면서 넓어진다.

톰프슨은 이런 나선 모양을 자연에서 흔히 볼 수 있다고 했다. 특히 바다 앵무조개 껍데기의 단면 윤곽[3](그림 1.14b 참조)과 비슷한 조개

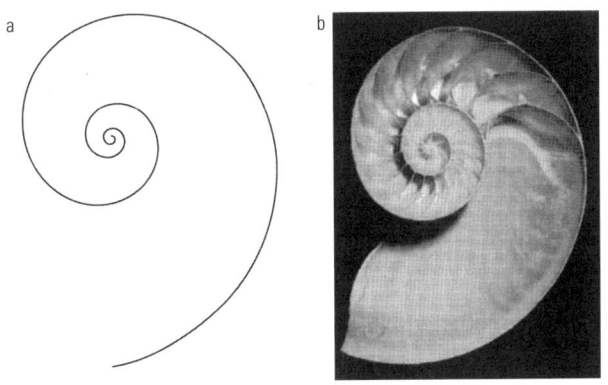

그림 1.14
(a) 로그 나선은 자연에서 흔히 볼 수 있다. (b) 앵무조개(Nautilus) 껍데기의 단면에서 로그 곡선이 우아하게 나타난다.

류(mollusc)의 껍데기 모양과 동물의 뿔 모양에서 살펴볼 수 있다. 이러한 보편성은 일단 로그 나선이 가지는 중요한 특징을 인식하면 전혀 놀라운 것이 아니라고 톰프슨은 말했다. 바로 그 모양이 성장하면서 바뀌지 않는다는 것이다. 따라서 큰 앵무조개 껍데기는 단지 작은 앵무조개 껍데기를 확대한 것처럼 보인다. 이것이 바로 끊임없이 모든 방향으로 점점 더 커져 가는 생명체를 수용하기 위해 필요한 것이다. 앵무조개 자신은 맨 나중에 만든 방보다 더 크게 매번 새롭게 만들어지는 일련의 방에 머문다. 이는 비례적으로 더욱 커지는 개개의 연속적인 방이 필요할 뿐이다. 각각의 방은 이전 방의 테두리 위에 지어지고, 원뿔형 껍질은 이 기준을 만족할 수 있다. 실제로 일부 조개류는 이런 껍데기를 만든다. 하지만 앵무조개는 한쪽 가장자리가 다른 쪽보다 더 빨리 성장해서 원뿔을 나선으로 감기게 한다. "앵무조개 껍데기"는 "단지 말린 원뿔"이라고 톰프슨은 말했다.

따라서 앵무조개 껍데기의 수학적인 아름다움은 이 연체동물이 어떤 기하학적인 선견지명을 가지고 있어서도 아니고 로그 나선이 그 유전자에 어떤 식으로든 새겨져 있어서도 아니다. 일찍이 살펴본 동물의 뿔처럼 형태는 성장 방식(꾸준히 커지는 일정한 모양을 유지하기 위해 필요한 조건)을 가장 직접적으로 따른다. 그렇다면 왜 로그 나선이 진화론적인 관점에서 다른 모양들보다 더 우월한지 논쟁하는 것은 의미가 없다. 단지 그것은 성장을 설명하는 수학의 결과이다.

이러한 관점을 앵무조개 껍데기의 나선보다 훨씬 더 복잡한 나선형까지 확장해 볼 수 있다. 톰프슨은 다른 껍데기도 후에 '생성 곡선'이라 불리는 특정한 테두리로 만들 수 있음을 인식하고 다음과 같이 말했다.

어떤 껍데기의 표면도 닫힌 곡선을 고정된 축 주위로 회전시켜서 만들 수 있을 것이다. 그것은 항상 기하학적으로 그 자신과 유사하며 계속해서 크기가 커진다. …… 그림의 척도는 기하급수적(각 성장 단계마다 일정한 비율이 곱해지는 것)으로 증가한다. 반면 회전각은 산술급수적(일정한 비율로)으로 증가한다.

이 과정을 그림 1.15a에서 볼 수 있다. 그리고 이런 방법으로 생성할 수 있는 형태를 캐나다 레지나 대학교의 데보라 파울러(Deborah R. Fowler)와 프제미슬라브 프루신키윅츠(Przemyslaw Prusinkiewicz)는 컴퓨터 모형을 만들어 연구했다. (그림 1.15b 참조) 톰프슨은 생성 곡선의 모양이 "좀처럼 쉬운 수학적 표현으로 알려져 있지는 않지만" 고정축 주변의 나선의 경계를 훑고 지나가면서 껍데기를 형성하는 방법은 수학적으로 잘 정의되어 있고, 단순한 성장 법칙의 결과로 볼 수 있다고 했다.

톰프슨은 자연의 유기적 형태를 기술하는 수학적 표현을 찾는 것은 일반적으로 쉬운 일이 아님을 인정했고 대체로 그의 생각은 옳았다. 하지만 이러한 예에서 보여 주듯 그것이 정말로 나아가야 할 바른 길은 아니다. 그림 1.15b에서 껍데기 표면을 기술하는 방정식은 실제로 찾기 어려우며, 아마도 몰랐던 것을 환히 밝혀 주는 것은 아니리라. 오히려 형태를 만드는 **알고리듬**(algorithm, **형태가 성장하는 방법에 대한 수학적인 기술**)을 찾는 편이 훨씬 더 유익하다. 알고리듬은 차례로 수행되는 일련의 단계들이다. 이 경우에는 다음과 같다.

1단계: 생성 곡선을 선택하라.

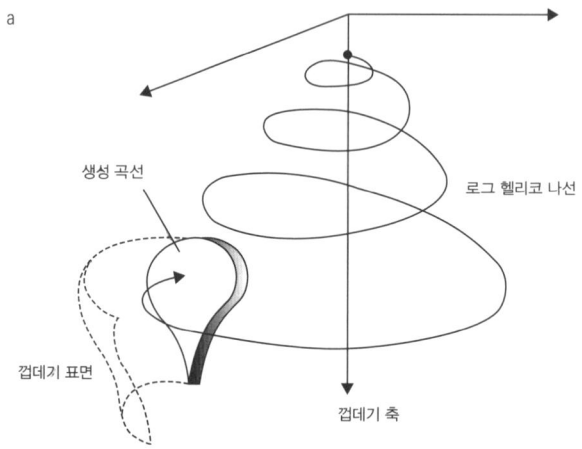

그림 1.15

(a) 껍데기의 표면은 2차원 '생성 곡선'으로 로그 나선을 훑고 지나감으로써 만들 수 있다. (b) 이 과정은 생성 곡선에 따라 많은 다른 형태의 껍데기 표면을 만들 수 있다. 여기서 인공적으로 만든 껍데기를 더 사실적으로 보이게 하기 위해 표면 착색 패턴을 이용했다.

2단계: 선택한 생성 곡선을 로그 나선을 따라서 이동하라. 그것이 일정한 비율로 점점 커지도록 하고 필요하다면, 동시에 수직축을 내려간다.

3단계: 지나가면서 생성 곡선의 가장자리에 재료를 붙여라.

이 책에서 다루는 복잡한 모양과 패턴은 종종 '무엇이 어디로 가는가'가 아니라 생성 알고리듬으로 매우 쉽게 설명된다. 일단 올바른 모양을 만드는 알고리듬이 밝혀지면 어떤 물리적인 프로세스가 그런 알고리듬을 만들 수 있는지 물을 수 있다. 알고리듬이 올바른 모양을 제공한다고 해서 꼭 그것이 실제로 일어나는 어떤 것에 대응된다는 의미는 아니다. 단지 적어도 **그럴 수 있다**는 의미이다.

모형 세우기

과학자들은 이와 같은 알고리듬을 개발할 때, 흔히 연구하는 계의 '모형'이라고 부르는 한 예를 취한다. 그들은 '여기에 껍데기 성장 모형이 있습니다.'라고 말하고, 성장 프로세스의 일련의 단계를 설명할 것이다. 이것은 아마도 일상적인 용례와 다른 (하지만 관련이 있는) 의미를 부여해, 다소 생소하고 전문적인 용어로 사용하는 것이며 모형을 실제 대상의 축소판으로 생각하는 경향이 있다. (그런 정의는 패션 모형에 적당하다.) 하지만 과학자에게 모형이란 하나의 특별한 현상 속에서 일어날 것으로 생각하는 상황을 단순화하고 추상화한 기술(description)이다. 모형은 기본적으로 무엇이 프로세스에 관여하는지에 대한 일련의 가정이다. 이것은 과학자들이 정성적인 용어를 수학적인 용어로 옮긴 것이다. 이후에 그들은 모형이 실제 관찰과 같은 결과를 예측할 수 있는지 확인하는 계산을 수행한다.

여기서 핵심은 '단순화'에 있다. 모형은 일반적으로 프로세스에서 일어날 수 있는 모든 현상을 완벽하게 설명하지 않는다. 좋은 모형은 기본적인 현상을 만들어 내는 데 필수적인 측면만 포함한다. 먼저 기본 프로세스를 이해하고 세부적인 것은 나중에 덧붙여 나가도 된다. 과학자들이 모형을 단순화하는 것을 선호하는 다양한 이유가 있다. 첫째, 때로는 현재 연구하는 계에서 일어날 모든 일을 알지 못한다. 예를 들면 살아 있는 계는 거의 예외 없이 그렇다. 아니면 몇몇 요인은 분명히 사소한 영향만 주므로, 그것을 포함시키는 것은 해답을 크게 변화시키지 않으면서, 방정식을 풀기 훨씬 어렵게 할 것이다. 피사의 사탑에서 떨어뜨린 대포알의 속력을 계산하고자 한다면, 공기 저항을 수학적으로 기술해 계산에 집어넣는 것을 별로 걱정할 필요가 없다. 대신에 시럽 속에서 떨어지는 작은 볼베어링을 보고 있다면, 이 운동에서 유체 저항은 매우 중요하다. 공학의 많은 분야가 이런 식으로 수행된다. 중요한 것은 남겨 두고, 나머지는 (적어도 처음에는) 잊어버려라. 한편 모형을 단순화시키는 세 번째 이유는 다음과 같다. 알고 있고 아마도 중요할 것으로 여겨지지만, 단지 그것을 모형에 포함시키는 방법을 모르거나 혹은 방정식을 푸는 방법을 모를 때이다. 따라서 때로는 모형의 예측이 관찰과 잘 부합하지 않음을 받아들이면서, 적절한 근사치를 찾아 문제를 푸는 법을 배우게 될 것이다. 예를 들면 유체의 흐름(『흐름』의 주제)에 관심이 많은 과학자들은 보통 이런 상황에서 큰 근사치를 취하고, 그 결과를 감수해야만 하는 경우를 볼 수 있다.

요점은 현상의 과학적인 기술이 실제를 다 포착할 수 없으며, 그것을 지향하지도 않는다는 것이다. 그것이 모형이다. 이는 과학의 결점이 아니라 강점이다. 왜냐하면 이러한 모형은 과학자들이 난해한 세부 사항들에 교착되지 않고, 유용한 예측을 할 수 있도록 허용하기 때문이다. 과학자의 기술(art)은 상당 부분이 한 모형 안에 무엇을 넣거나 뺄지를 알아내는 데 있다.

무수한 자연 현상들에 대해 단 하나의 '정확한' 모형은 없다. (모든 현상들에 대해 사실로 적용되는 한 가지 사례를 만들 수는 있다.) 이것은 무엇을 넣고 뺄지의 선택에 따라 달라지는 모형의 문제 그 이상의 것이다. 오히려 일부 현상은 여러 개의 전혀 다른 이론적 관점에서 성공적으로 다룰 수 있다. 예를 들면 교통의 흐름을, 마치 관을 흘러내리는 액체로 생각하여 방정식을 세울 수 있다. 또는 각 자동차의 개별적인 이동을 고려하여 마치 컴퓨터 게임처럼 그 흐름을 표현하는 컴퓨터 프로그램을 짤 수 있다. 두 모형 모두 어느 정도 예측력이 있다. 그러면 둘은 타당한 모형이다. 이는 이 책에서 논의할 여러 현상들에서도 마찬가지다. 또 이것은 특정 모형의 상대적인 장단점을 결정하는 것 혹은 우열을 가리는 것이 어려울 수 있음을 의미한다. 보기에 서로 다른 두 모형이 둘 다 연구하는 실제 계의 여러 측면을 포착한다면 둘 중 어느 것이 나은가? 여기에는 정답이 없을 것이다. 아마도 이 모형은 이 점에서 낫고, 다른 모형은 다른 측면을 이해하는 데 더 낫다. 이것은 다음을 상기시킨다. 과학은 실제를 어느 정도 이해하기에 충분한 근사를 찾는 것이 중요하지, 절대 '진리(truth)'의 획득은 중요하지 않다.

일부 모형은 수학 방정식을 빌어 표현된다. 예를 들면 (역제곱으로 표현된 뉴턴의 중력 법칙처럼) 작용하는 힘을 기술하는 것이다. 모형을 세우는 사람이 운이 좋다면 심지어 종이와 연필(지금부터 반세기 전까지도 모든 이론가들이 사용했던 것)을 가지고 그와 같은 모형을 풀 수 있을지 모른다. 계산이 너무 어렵다면 컴퓨터로 할 수 있다. 하지만 다른 계는 그런 식으로 다룰 수 없을지도 모른다. 구성 요소들이 어떻게 상호 작용하는지는 알지만, 그것을 풀 수 있는 방정식으로 기술하는 방법을 모르기 때문이다. 그런 경우는 컴퓨터상에서 그 계를 시뮬레이션한다. 위에서 교통 흐름에 대해 설명한 것처럼 말이다. (이 경우) 예상되는 동작은 방정식을 풀어서가 아니라, 시뮬레이션을 돌리고 어떤 일이 일어나는지를 지켜봄으로써 드러난다.

현재 맥락에서 모형에 대해 가장 강조하고 싶은 점은 아마도 모형이 종종 자연의 복잡한 패턴을 놀랍게도 몇 개의 성분(그 자체도 눈에 띄게 간결한)만으로도 생성할 수 있다는 것이다. 이것은 우리에게 무엇을 말하는가? 이것은 단순히 성장과 형태가 신비적일 필요가 없다는 것을 의미한다. 꽃의 모양은 영원히 우리가 설명할 수 있는 능력 밖의 것이라고, 또는 그것을 (일정 수준으로) 설명하려면 여러 해 식물 유전학을 헌신적으로 연구해야 할 것이라고 체념할 필요도 없다. 한편 모형은 적어도 특정 계의 세부 사항에 둔감한 보편적인 패턴과 형태가 존재함을 암시한다. 이런 아이디어를 염두에 두고, 앞으로 형태학 3부작에 있는 기이하고 때로는 아름다운 일련의 패턴과 형태를 자세히 살펴보면 여느 예술가와 같이 자연이 창조해 내는 형상에도 주제와 선호가 있음을 알게 되고 때로는 적어도 자연이 왜 그러는지를 이해할 수 있을 것이다.

지도가 영토는 아니다

모형은 현실의 지도이다. 연구에 필요한 특징만 담고, 그 외의 것은 무시해 버린다. 지도는 나름 매력이 있지만 실제(예를 들면 숲과 산속을 걷는 것)와 비교하면 아무것도 없는 셈이다. 그래서 여러분 스스로

이 책의 부록에 실린 방법으로 몇몇 패턴을 만들어 보기를 권한다. 가장 흥미 있고 뜻 깊은 경험은 직접 맞닥뜨릴 때 얻어진다는 것을 깨닫기 바란다. 이것은 그리 어렵지 않다. 왜냐하면 스스로 만든 패턴은 어디에나 있기 때문이다. 야채 조각에도, 커피 잔에도, 산꼭대기에도, 도심 거리에도 있다. 그것을 즐기기 바란다.

벌집의 교훈: 거품으로 집짓기

"벌들은 경제적이지 않다. 이론적인 건축물이 가지는 경제성이 무엇이든지 벌의 수작업은 그것을 이용할 만큼 훌륭하지도 정교하지도 않다."
— 다시 웬트워스 톰프슨

2장

1866년 스페인의 란자로테(Lanzarote, 모로코 해안에 흩어진 스페인령 카나리아 제도의 한 섬으로, 유럽의 인기 휴양지 — 옮긴이)에서 현장 연구를 수행하는 에른스트 하인리히 필리프 아우구스트 헤켈(Ernst Heinrich Philipp August Haeckel, 1834~1919년)의 사진은 독일 낭만주의의 전형을 보여 준다. 윤기 흐르는 풍부한 곱슬머리, 턱을 완전히 뒤덮은 수염, 꿈꾸는 듯 먼 곳을 응시하는 눈으로 말이다. 이런 모습은 당시 예나 대학교 동물학과 교수였던 헤켈이 이듬해 초 이 섬에서 부모님에게 쓴 편지에 더욱 잘 드러난다. 그는 이 편지에서 관해파리(siphonophore)로 총칭하는 해파리를 다음과 같이 묘사했다.

섬세하고 가느다란 꽃 장식을 상상해 보십시오. 그 잎과 밝게 채색된 꽃은 유리같이 투명하며, 한껏 우아하고 생동감 넘치게 물속에서 하늘거립니다. 동물의 장식이 얼마나 유쾌하고, 아름답고, 섬세할 수 있는지 느끼게 해 줍니다.

이 '아름다운 장식'이 헤켈에게 준 충격은 1899년 시작해, 5년 동안 10회에 걸쳐 출간한 작품집 『자연의 예술적 형태(Art Forms in Nature)』에서 눈부실 정도로 풍부하게 나타나게 된다. 이 책은 얼핏 보면 커피테이블 책(coffee-table book, 커피를 마시며 부담 없이 볼 수 있는 도판이 많은 책을 일컫는다. ─ 옮긴이)처럼 보인다. 헤켈이 직접 그린 100개의 빛나는 전면 삽화가 한데 모여 있으며, 여기서 그는 생물 가운데 발견되는 수많은 경이로운 형태를 묘사했다. 영양과 새, 거북이와 게, 지의류와 솔방울뿐만 아니라 대부분의 사람들이 그 존재조차 몰랐고 지금도 여전히 잘 모르는 수많은 생물이 들어 있다. 메두사 해파리(관해파리의 한 종류, 그림 2.1 참조), 또 초현실주의자의 지극히 호화로운 발명품처럼 보이는 온갖 종류의 괴상한 산호와 고동 그리고 해양 생물의 잘게 갈라진 잎 형태가 있다. 정말 놀랍게도 전혀 생명체로 보이지 않는 형태도 있다. 누군가는 이것을 보고 정교하게 장식한 방패와 판, 돌기로 덮인 미래형 우주선, 특이한 왕관처럼 생긴 머리쓰개, 희한한 전시관을 상상할지도 모르겠다. (그림 2.2 참조)

여기서 이런 사물의 척도에 대한 단서는 어디에도 없다. 이 주목할 만한 가시 돋친 우리와 돔 구조가 사실은 현미경으로만 볼 수 있는 단세포 생물의 '껍데기'임을 알려 주는 것은 아무것도 없다. 이들을 방산충이라 하며 1850년대 베를린의 생리학자 요하네스 페터 뮐

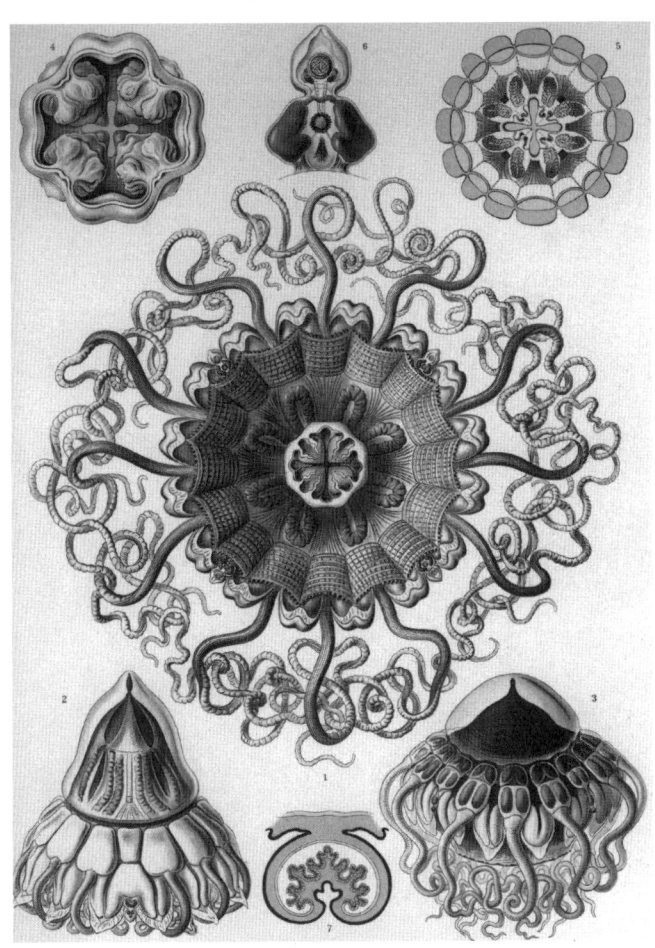

그림 2.1
헤켈이 그린 메두사 해파리

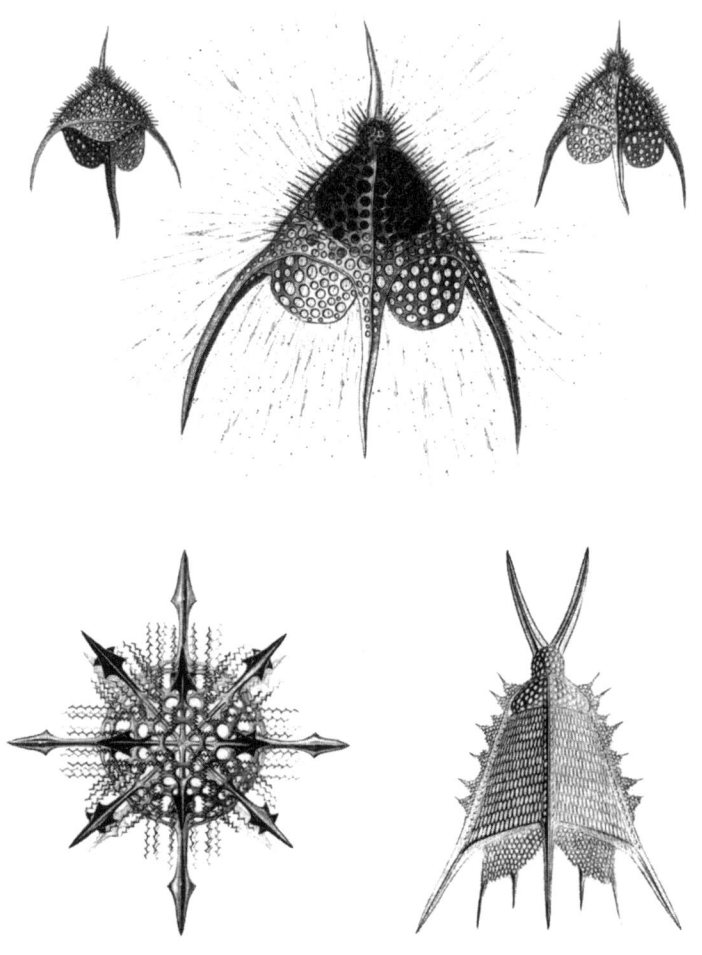

그림 2.2
헤켈이 묘사한 방산충 중 일부는 바로크적 상상의 산물처럼 보인다.

러(Johannes Peter Müller, 1801~1858년)의 지도 아래 방산충 연구를 수행한 헤켈은 1862년에 『방산충에 대한 소고(Monograph on Radiolarians)』를 출간했고, 이 책은 그가 예나 대학교에 자리를 잡는 데 도움을 주었다. 1879년 책에서 헤켈은 해파리에 관해 다음과 같이 기록하고 있다.

> 25년 전 처음으로 바다에 갔을 때, 1854년 8월 나의 잊지 못할 스승인 뮐러 선생님은 헬리고란트(Heligoland, 독일 북서부의 섬 — 옮긴이)에서 고갈되지 않는 경이로운 해양 생태계를 소개해 주었다. 그때껏 보지 못한 살아 있는 표본들의 수많은 형태 중 메두사 해파리만큼 나를 강렬하게 사로잡는 것은 없었다. 나는 결코 그 환희를 잊지 않을 것이다. 20세의 학생으로서 해파리 종인 티아라와 아이린, 크리사오라와 키아네아를 처음으로 관찰하고, 그 화려한 형태와 색깔을 붓으로 그려 내던 그때의 기쁨을 말이다.

중력에서 어느 정도 자유로운 해양 생물은 이런 바로크 양식으로 무성하게 자라는 것 같다. 또 괴테의 숭배자이며 낭만주의 정신에 열광한, 게다가 화가를 평생의 직업으로 삼고자 했을 만큼 타고난 예술가인 한 젊은이가 수많은 시간 동안 그것을 응시한 후, 가장 기본적인 생명체도 '예술혼'이 있다는 결론에 어떻게 도달하는지 지켜보는 것은 어렵지 않다. 그가 왜 그렇게 화려하고 넋을 빼놓는 그림들로 자연의 예술적 능력을 광범한 청중들에게 전하지 않을 수 없었는지 이해할 수 있다. 그러나 헤켈은 거기에 안주하는 사람이 아니었다. 여러 면에서 그는 독일의 톰프슨에 가장 가까운 사람이다. 종합주의자이며 풍부한 자연의 융단에 퍼진 공통된 맥락을 찾으려 한 사람이다. 하지만 어떤 면에서 그는 톰프슨과 전혀 달랐다. 톰프슨은 스코틀랜드 합리주의의 화신이었고, 자연의 형태를 근인적(近因的), 역학적으로 설명하고자 했던 공학자였다. 헤켈은 자연에 두루 퍼진 창조적이며 조직화하는 힘의 증거를 방산충의 장식적인 무늬 안에서 찾으려 했고, 또한 그렇게 작은 석화된 골격에 의지해 미학과 사회학 그리고 종교에 관한 논문을 써낸 신비로운 인물에 가까웠다.

이런 점을 염두에 두고 『자연의 예술적 형태』를 살펴보는 것이 필요하다. 그것은 무심코 조립한 호기심 상자가 아니라 의제를 제시한 소논문이다. 헤켈은 주의 깊게 무엇을, 어떻게 보여 줄지 선택했다. 그것은 단순히 감각을 충족시키는 그림이 아니다. (확실히 그렇기는 하지만) 헤켈이 생각하기에는 그것은 세계의 형태, 대칭성, 아름다움에 대한 그의 포괄적 이론을 확신시켜 줄 자료였다.

헤켈은 다윈주의의 신봉자였다. 다윈은 헤켈을 독일에 자기의 진화론을 퍼뜨리는 도구로 생각했다. 하지만 헤켈의 신조가 꼭 정통 다윈주의에 맞는다고 할 수는 없다. 그는 생물이 점차로 진화하고, 그 때문에 계통수에 가지를 치며 다양화되므로 갈수록 복잡한 형태를 얻는다고 확신했다. 그러나 그는 자연 선택만을 그것의 유일한 메커니즘으로 생각하지 않았다. 오히려 환경이 생명체가 형태를 만드는 것을 돕는다는 그의 주장은 라마르크주의(Lamarckism, 환경 변화가 동식물의 구조 변화를 가져온다는 설. 즉 획득 형질이 세대를 거치는 동안 유전되어 오늘날의 동물이 되었다고 보는 것. — 옮긴이), 즉 획득 형질이 유전한다는 개념과 비슷하다. 더구나 헤켈의 진화론은 다윈 이론의 임의성과 우발성을 전적으로 신뢰하지 않는다. 왜냐하면 헤켈은 그 모든 것의 근본에 있는, 보다 결정론적인 무엇인가를 인식했기 때문이다. 영적인 운명으로 역사를 보는 독일의 철학자 게오르크 빌헬름 프리드리히 헤겔(Georg Wilhelm Friedrich Hegel, 1770~1831년)의 영향을 받아, 헤켈은 원형질(protoplasm)에서 인간에 이르기까지 자연을 형성하는 어떤 조직화하는 힘이 있다고 생각했다. 실제로 그는 우리의 정신과 영적인 상태조차도 진화의 직접적 산물이라고 생각했다. 즉 존재의 이 위대한 연결고리를 따라 어딘가에서 영혼을 얻게 된다고 생각했다. 헤켈은 우리의 아름다움에 대한 인식과 수학적 추상화 능력은 대칭과 패턴에 기초해서 더욱더 복잡한 형태로 자신을 조직화하는 자연의 경향성에서 등장한다고 생각했다. 따라서 헤켈은 아름다움에 대해 다소 관념적인 입장을 고수했다. 아름다움은 보는 이의 눈마다 다르게 보이는 것이 아니라, 자연계의 객관적인 형태에 길들여진 방식의 결과라는 것이다. 그의 베스트셀러인 『우주의 수수께끼(The Riddle of the Universe)』(1899년)에서 헤켈은 유기물과 무기물 사이에 근본적인 통합이 있다고 강조했다. 그 이유는 단지 (일부 화학자들이 이전에 주장했던 것처럼) 그 둘이 똑같은 기본 재료로 만들어졌기 때문이 아니라 모든 물질에 조직화하는 따라서 생명으로 이끄는 추진력이 내재해 있기 때문이라고 했다. 오스트리아의 식물학자 프리드리히 리하르트 라이니처(Friedrich Richard Reinitzer, 1857~1924년)가 1888년에 처음 액정(liquid crystal, 강 위에 떠 있는 통나무들처럼, 분자들이 액체 상태에서 자발적으로 정렬하는 화합물)을 발견했을 때, 헤켈은 이것이 바로 자연이 조직화하는 원리를 보여 주는 증거가 되는 간단한 물질이라고 믿었으며, 헤켈의 마지막이자 아마도 가장 이상한 책인 『결정체 영혼: 무기 생명에 대한 고찰(Crystal Souls: Studies on Inorganic life)』(1917년)에서 액정은 진짜 생명이라고 주장했다.

이 모든 것이 다윈의 위대한 발상을 조금 이상하게 왜곡한다. 그러나 『우주의 수수께끼』가 거슬리는 것은 단지 목적론 때문만은 아니다. 그것은 또한 독일 낭만주의의 어두운 면을 보여 주는 예로 가득 차 있다. 케임브리지 대학교의 진화 생물학자 사이먼 콘웨이 모리스(Simon Conway Morris, 1951년~)는 그 책을 가리켜 다음과 같이 말했다.

> 대단히 인기 있고 끊임없이 재판되고 번역되었지만 그럼에도 그것은 "사이비 교육을 받은 사람의 관심을 끌 뿐이다. 현대 과학에 권위가 있으면서도 단순한 설명과 아울러 세계에 대해 이해할 수 있는 관점을 찾고자 했던 자들에게는 그다지 어필하지 않았다." 작은 마을 예나의 턱수염을 기른 현자이자 귀의자 정도로 보이던 그의 이면에는 인종 차별주의와 반유대주의에 단단히 붙잡힌 편협한 생각이 있었다. 사실 헤켈의 위와 같은 아이디어는 …… 나치에게 따뜻한 환대를 받았다. 히틀러가 얼마나 헤켈의 실제 연구를 알았는지는 분명하지 않지만 그의 철학에 영향을 받은 것은 분명하다.

헤켈의 **사이비** 다윈주의 사상과 헤켈이 1906년에 설립한 이른바 일원주의 연맹(Monist League)[4]이 유럽 파시즘의 등장에 끼친 역할을 미국의 역사가 대니얼 개스먼(Daniel Gasman)이 조사했다. 그것은 초기 영국 다윈주의자들의 우생학적인 열정을 비교적 온화해 보이게 하며, 과학을 이데올로기로 바꾸는 위험에 대해 경고한다.

자연을 예술로

따라서 『자연의 예술적 형태』의 멋진 삽화들은 '자연이 아름답다.'라는 사실을 보여 주는 단순한 전시가 아니라 생명계에서 자발적인 형태, 대칭성, 질서의 출현은 피할 수 없는 과정이라는 헤켈의 논점을 뒷받침하는 **자료**로 의도된 것이었다. 이런 점은 보다 비판적인 시각으로 그의 그림을 보게 한다. 헤켈이 이 그림을 통해 자연의 조직화하는 힘을 보여 주고자 할 때, 그가 어느 정도 주관적으로 구성하고 있는 것은 아닌지 우리는 반드시 의심해 봐야 한다. 마치 설계자의 청사진대로 만들어진 제품처럼 메두사의 엽상체(frond)와 공 모양의 방이 정말로 그렇게 완벽한 형태와 대칭성을 가지는가? 헤켈이 그린 거북복(cofferfish, 복어와 유사한 물고기 — 옮긴이)은 다각형의 비늘을 가진 이상적인 생물이고, 헤켈은 그러한 비늘의 일부를 떼어 내서 추상적이며 기하학적인 디자인으로 내놓았다. 헤켈이 그린 박쥐의 머리는 로르샤흐 무늬(스위스의 정신 의학자인 헤르만 로르샤흐(Hermann Rorschach, 1884~1922년)가 개발한 인격 진단 검사법에서 이용하는 잉크 무늬 — 옮긴이)의 섬뜩한 좌우 대칭성이 있다. 바다능금류(cystids)로 불리는 화석화된 해양 생물은 은 세공사가 환상적으로 정밀하게 정성을 다해서 만든 보석 상자처럼 보인다. 헤켈은 특히 데생에 뛰어난 훌륭한 화가이기는 했지만 정말 자신이 보고 있는 것을 그린 것일까, 아니면 저급하고 세속적인 실제 너머에서 그가 직감해서 봐야 한다고 생각한 이상화된 형태를 그린 것일까?

무엇보다 헤켈의 삽화는 지금도 흔히 볼 수 있는 무늬들처럼 장식적인 특징이 있다. 디스코메두사(*discomedusae*, 해파리의 한 분류)의 엽상체(그림 2.3 참조)는 윌리엄 모리스(William Morris, 1834~1896년)의 꽃무늬 장식에 나오는 잎과 줄기와 많이 닮았다. 그 빙빙 도는 무성한 덩굴은 헤켈이 이러한 작품을 만들 당시 매우 성행했던 예술 운동을 생각나게 하는데, 바로 아르누보(Art Nouveau, 19~20세기 초의 장식 미술 양

그림 2.3
헤켈이 그린 디스코메두사. 분명 아라베스크풍의 아르누보 양식에서 영감을 받은 것으로 보인다.

식 — 옮긴이)와 독일의 아르누보인 유겐트슈틸(Jugendstil)이다. 이런 연상은 우연이 아니다. 헤켈은 이런 예술 운동에 영향을 받았고 또 차례로 영향을 주었다. 헤켈의 해파리 그림은 아르누보풍 가구들과 완벽하게 조화를 이루며 메두사 빌라로 불리는 그의 집 천장 장식으로 사용되었다. (그림 2.4 참조) 헤켈의 그림은 헤르만 오브리스트(Hermann Obrist, 1862~1927년)와 루이스 컴포트 티파니(Louis Comfort Tiffany, 1848~1933년) 같은 예술가에게 영향을 주었고, 그들의 영향력은 프랑스의 건축가이면서 디자이너인 르네 비네(René Binet, 1866~1911년)의 작품에서 매우 뚜렷하게 나타난다. 비네는 1900년 파리 만국 박람회의 출입구를 만드는 작업을 하면서, 1899년 헤켈에게 다음과 같은 편지를 썼다.

> 6년 전쯤, 저는 파리 박물관 도서관에서 챌린저호 탐사에 대해 (아래를 보십시오.) 쓴 많은 책을 공부하기 시작했습니다. 그리고 당신의 책 덕분에 상당한 분량의 미시 세계에 대한 자료를 축적할 수 있었습니다. 방산충, 태형동물, 히드라충류 등은 …… 제가 건축 양식과 장식에 관심을 두고 예술적인 견지에서 심혈을 기울여 살펴보았습니다. 현재 저는 당신의 연구에서 영감을 받아, 1900년에 열리는 전시회를 위한 기념비적인 출입문과 그에 관련된 모든 것, 즉 전체 구성부터 아주 작은 세부 사항까지 구현하기 바쁩니다.

그 결과를 보면 이런 점을 확실히 알 수 있다. 비네가 만든 문은 헤켈의 방산충을 독창적으로 적용한 것이다. (그림 2.5 참조) 2년 후 비네는 이 주제를 확장해 『장식 도안(Decorative Sketches)』이라는 제목이 붙은 아르

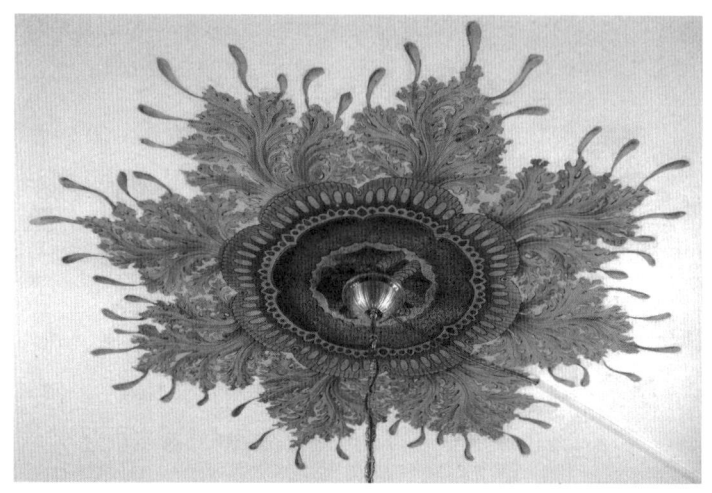

그림 2.4
예나에 있는 헤켈의 집, 빌라 메두사의 연회장 천장은 그의 그림의 장식적인 스타일을 잘 보여 준다.

그림 2.5
비네가 디자인한 1900년 파리 만국 박람회 출입문. 헤켈의 방산충 스케치에서 영감을 받았다.

누보 양식 디자인 책을 냈다. (그림 2.6 참조) 이것은 그가 헤켈에게 다음과 같이 말한 것으로 알 수 있다. "제가 곧 출간할 책은 당신의 작품이 지닌 높은 가치를 여실히 보여 주게 될 것이며, 이처럼 몹시도 작은 피조물의 내력에 대해 잘 모르는 사람들에게 그 '예술적 형태'의 중요성을 이해시키는 데 도움을 줄 것입니다."

비네에게는 헤켈의 아라베스크 장식이 줄 수 있는 영감이 '중요한 의미'가 있는 것처럼 보인다. 그러나 헤켈은 그러한 모양을 자연의 형태에 관한 이론에 끼워 맞추는 데 더 많은 관심이 있었다. 헤켈은 자연의 무수한 형태 가운데서 질서를 찾는 과학자, 즉 원조 '형태학자'였다. 그의 이론의 중심에는 체계적 발달 개념이 있었다. 이 개념은 단순한 데서 복잡한 데로 물질이 적응하며 구조가 발달할 때, 항상 이를테면 고체 결정에서 명백히 되풀이 되는 듯한 기하학적 원리의 안내를 받는다는 것이다. 다윈의 이론은 이런 형태학 이론에 딱 들어맞는다. (차라리 헤켈이 딱 들어맞게 했다고 말할 수도 있을 것이다.) 왜냐하면 다윈의 이론은 정확히 이런 종류의 계보적인 '전개(unfolding)'를 내포하며 이것을 통해 자연이 조직화하는 원리를 자세히 설명했기 때문이다. 헤켈은 이러한 전개 규칙이 보편적이라 가정했고 이런 가정은 깜짝 놀랄 만한 발상을 가져왔다. 바로 지질학의 가장 큰 연대 단위인 이언(eon)에 해당하는 광대한 시간에 걸쳐 일어나는 연속적인 진화 단계에서 원형질을 낳은 동일한 힘이 또한 개체 발생(ontogeny)으로 불리는 과정, 즉 단세포의 난자(egg)가 성장하면서 복잡한 기관으로 조직화하는 과정도 초래한다는 것이었다. 헤켈의 말을 빌리면 "개체 발생은 계통 발생을 초래한다."라는 것이다. 이런 관점에서 인간 배아가 거치는 발생의 단계들은 진화를 빠르게 되돌려 보는 일종의 다시보기(replay)로 볼

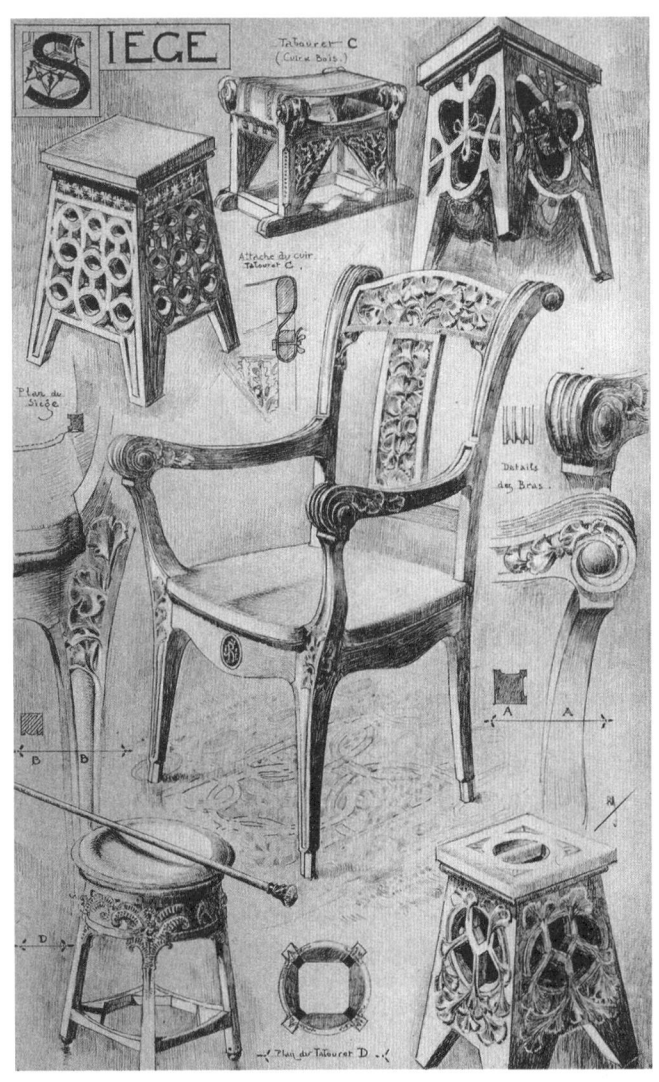

그림 2.6
비네의 책 『장식 도안』에 실린 디자인 역시 헤켈의 시각적 언어를
바탕으로 그려졌다.

수 있다. 이를테면 태아가 인간이 되는 과정 중에 아가미가 있는 물고기와 유사한 상태를 보인다. 따라서 헤켈은 모든 복잡한 생물의 원시 배아 단계는 본질적으로 동일하다고 주장했다. 이것은 당시 입수할 수 있었던 증거에 기초해서 그린 여러 장의 그림에서 헤켈이 주장했던 제안 중 하나이다. 다시 헤켈은 조심스럽게 말을 꾸미고 이런 시각적 증거를 그의 이론에 들어맞게 한 것처럼 보인다. 이 때문에 헤켈은 데이터를 고친, 누가 보아도 명백한 사기꾼이라는 큰 불명예를 후대에 얻게 되었다.[5]

헤켈이 때때로 그 증거에 대해 자유로웠든 아니든 간에 계통 발생과 개체 발생에 대한 그의 '발생 법칙'은 생물의 성장과 형태에 패턴을 각인하는 일반적인 구성 원리를 찾는 가장 초기의 탐구 중 하나라는 점에서 그는 선견지명이 있었다. 이것은 책의 마지막에서 다시 살펴봐야 할 주제이다. 지금은 헤켈이 초기에 열정을 쏟은 방산충을 살펴보고자 한다. 이 단세포 해양 생물의 기하학적인 껍데기 골격은 수학적 정렬 원리가 작동하는 것을 보여 주는 가장 구체적인 예로 보인다. 사실 헤켈은 결정 형태를 기술하는 데 사용하는 일종의 대칭성 체계에 기초해 방산충 껍데기를 분류하려 했고, 그의 책 『일반 생물 형태학(General Morphology of Organisms)』의 한 쪽을 보면 헤켈의 생각이 얼마나 관념적이며 기하학적이었는지 잘 드러난다. (그림 2.7 참조) 이런 '유기 결정학(organic crystallography)'은 형태의 기하학적 특징을 이용해 모든 생물을 분류하고자 했던 시도, 즉 헤켈이 유기 입체 측정법으로 명명한 방법의 토대가 되었다.

그러나 일종의 '정렬하려는 의지'에 기초해 생명 대통합 이론을 제창한 헤겔 철학의 선지자인 헤켈은 톰프슨에게 그 무엇보다 시급하

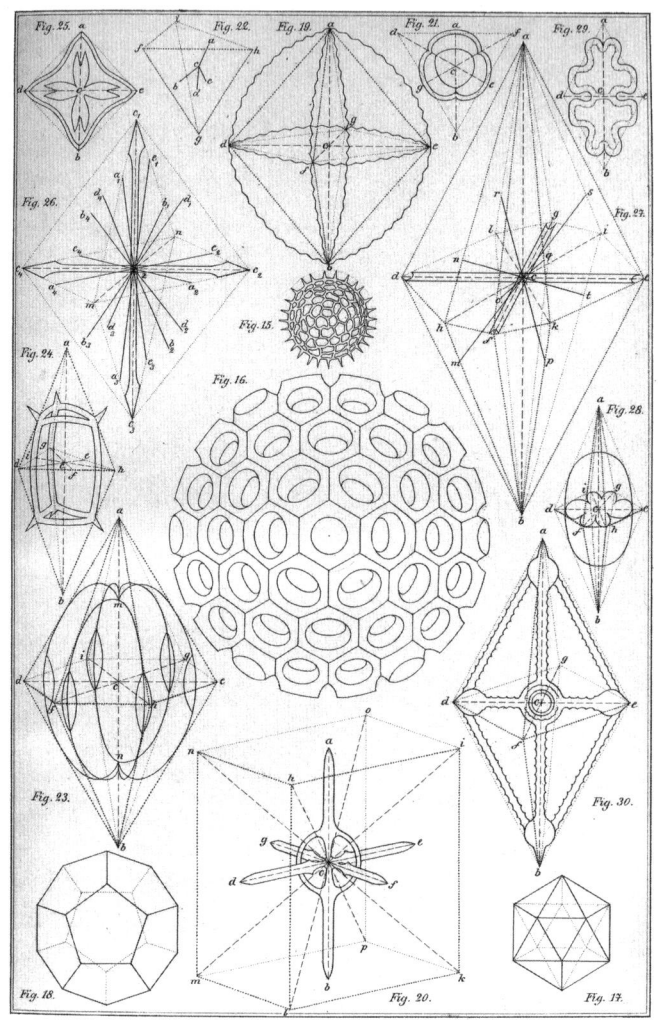

그림 2.7
헤켈은 결정 모양을 구분하는 대칭성 원리를 적용해 방산충을 기하학적으로 분류하고자 했다.

고 중요했던 질문에는 별로 관심이 없었다. 그 질문은 바로 "어떤 역학적인 과정이 이처럼 복잡한 패턴의 구조를 형성하는가?"라는 것이다.

바다의 벌집

미세 해양 생물의 복잡한 껍데기가 처음 발견되었을 때 이렇게 규칙적이고 기하학적인 형태가 생물계의 소산이라는 것이 전혀 믿기지 않았다. 오직 방산충만 섬세한 패턴이 새겨진 껍데기(좀 더 적절하게 말해서 외골격(exoskeleton, 표피와 그 바로 밑의 결합 조직으로 되어 있고 절지동물의 키틴질이나 연체동물의 석회질 조개껍데기 등이 여기에 속한다. — 옮긴이))가 있는 것은 아니다. 규조류(diatoms), 규질편모조류(silicoflagellates), 와편모조류(dinoflagellates), 인편모조류(coccolithophores) 등도 있다. (그림 2.8 참조) 1703년《왕립 학회 철학회보(*Philosophical Transactions of the Royal Society*)》에 익명으로 실린 글에서는 이렇게 묘사되었다. "길게 늘어진 직사각형과 정사각형들로 구성된 예쁜 가지들"은 가래(pond weed) 뿌리에 붙어 살고 현미경으로만 볼 수 있다. 이것은 규조류이고 훨씬 더 많은 종류가 18세기 후반에 밝혀졌다. 그러나 어느 누구도 규조류를 동물로 분류할지 식물로 분류할지 몰랐다. 사실 규조류는 와편모조류와 인편모조류처럼 미세 수생 식물인 식물 플랑크톤의 일종이다. 한편 방산충은 원생동물로 불리는 원시 단세포 동물이다. 이들 모두 방어를 위해 무기질 외골격을 만드는데, 이러한 외골격이 종종 매우 작은 해양 고슴도치처럼 가시와 뾰족한 스파이크로 정성 들여 만들어진 이유가 그것 때문이다.

방산충, 규조류, 와편모조류, 규질편모조류는 실리카(silica, 이산화규소, 석영(quartz)과 창문 유리의 섬유)로 자신을 보호하는 껍데기를 만든

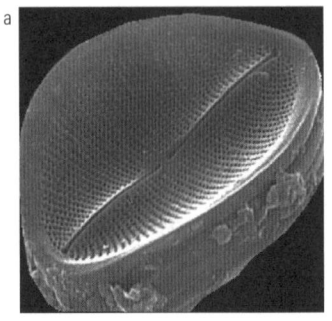
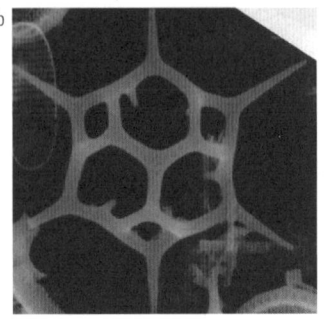
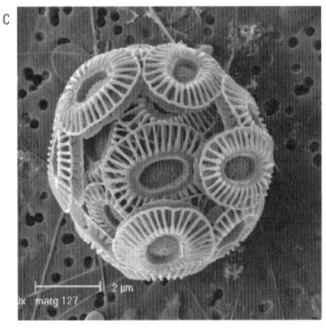

그림 2.8
해양 미세 생물에서 장식적인 화려한 외골격을 흔히 볼 수 있다. (a) 규조류, (b) 규질편모조류, (c) 인편모조류.

다. 반면 따뜻한 열대 바다에 많이 사는 인편모조류는 분필과 대리석의 재료인 탄산칼슘으로 패턴이 형성된 판과 껍데기를 만든다. 실제로 분필과 대리석 둘 다 이런 미생물의 껍데기에서 온 것이다. 미생물이 죽을 때 그 껍데기는 해저에 침전물로 쌓인다. 그 부드러운 조직은 사라지지만 '뼈'는 남는다. 이 껍데기의 다수는 아직도 현미경으로 조사해 봐야 분필 조각과 구분될 수 있다.

그것이 바로 독일의 생물학자 크리스찬 고트프리드 에렌베르크 (Christian Gottfried Ehrenberg, 1795~1876년)가 1830년대 인편모조류를 연구했던 방법이다. 발틱 해에 위치한 한 섬의 석회석에서 인편모조류를 처음 보았을 때, 그는 방사상으로 뻗은 규칙적인 패턴을 가진 타원형 판(그림 2.8c 참조)이 생명체가 만든 것이라고는 믿을 수 없었다. 에렌베르크는 그것은 무기물로 합성된 것이어야 한다고 생각했다. 예를 들면 구결정(spherulite)으로 알려진 결정의 예이다. 그는 이것을 '석회질 모양돌'로 불렀고, 헤켈처럼 섬세한 그림으로 관찰을 남겼다. 이 그림들은 에렌베르크의 대작 『마이크로 지질학(Micro-geology)』(1854년) 1권의 5,000개쯤 되는 삽화 가운데 등장한다. 거기서 인편모조류는 여전히 무기질 결정으로 소개된다. 또한 에렌베르크는 퇴적암에 나타난 방산충과 편모류의 화석 형태를 조사하면서, 이에 대한 중요한 초기 연구를 대부분 수행했다.

다윈의 절대적인 지지자였던 토머스 헨리 헉슬리(Thomas Henry Huxley, 1825~1895년)는 1857년 북대서양에서 준설한 퇴적 토사에서 '둥그런 물체'를 보았을 때 인편모조류에 대해 같은 결론에 이르렀다. 헉슬리는 그것이 해조류의 일종인 식물성 녹조류 프로토코쿠스속(Protococcus)의 단세포와 다소 흡사하게 보인다고 말했다. 그러나 그럼에도 헉슬리는 이것이 무기물 구조일 것이라 추정했고 코콜리스(coccolith, 구균 돌(coccus stones)이라고도 불리며 단세포 부유 생성물에서 발견되는 석회질 판이다. — 옮긴이)라고 불렀다. 다른 사람들은 그렇게까지 확신하지는 못했다. 에렌베르크와 헉슬리는 껍데기를 형성하기 위해 포개져 있는 분리된 석회질의 미소판(platelet)만을 보았다. 한편 1860년에 자연주의자 조지 찰스 월리치(George Charles Wallich, 1815~1899년)는 영국 군함 HMS('여왕 폐하의 해군'이라는 의미로 영국 군함의 이름 앞에 붙이는 이니셜 — 옮긴이) 불도그호가 수집한 대서양의 진흙을 조사했고 그 가운데 그가 코코스피어(Coccospheres, 원생동물 또는 해초로 분류되는 특정 생물이 분비하는 것으로 그 생물의 세포막에 침착하는 작은 탄산칼슘

판 — 옮긴이)라고 불렀던 공 모양으로 조립된 코콜리스를 확인했다. 그는 이러한 껍데기가 유공충으로 불리는 해양 플랑크톤의 유생형(幼生形)을 감싸고 있을 것으로 생각했다. 동시에 영국의 지질학자 헨리 클리프턴 소르비(Henry Clifton Sorby, 1826~1908년)도 영국의 석회석에서 잘 조립된 코코스피어를 발견했고 그 석회질 미소판은 판판하지 않고 한쪽은 볼록하고, 다른 쪽은 오목하다고 기록하면서 단순한 결정화 과정의 결과로 보이지 않았고, 코콜리스는 구형에 가깝다고 가정했다. 소르비는 이것이 생물의 껍데기라고 결론 내렸다. 헉슬리는 코콜리스의 생물학적 기원을 확신했고 해양 퇴적층에서 코콜리스는 종종 유기 점액질 속에 박혀 있다고 계속해서 주장했다. 그는 헤켈이 전에 설명했던 원형질로 불리는 근본적인 생명 물질과 그 유기 점액질을 동일시했다. 이런 인식 가운데 헉슬리는 이 새로운 종을 배시비우스 헤켈리(*Bathybius haeckelii*)로 이름 붙였다. 헤켈은 당연히 이 발견을 기뻐했고, 배시비우스가 가장 근본적인 생명의 형태여서 그로부터 모든 다른 것들이 나온다고 발표했다. 즉 배시비우스를 다양한 모양과 형태를 품고 있는 최초의 원시 생명 물질(Ur-matter of life)이라고 했다. 안정하고 변화가 없는 해저에서 배시비우스 슬라임은 시간의 여명기부터 본질적으로 변하지 않은 채로 있다고 헤켈은 말했다.

    그러나 이 원형질은 실제로는 전혀 새로운 생물 종이 아니었다. 헉슬리의 젤리는 바닷물과 그 종을 보존하기 위해 사용한 알코올과 단순한 화학 반응 생성물임이 드러났다. 헉슬리는 이 소식을 듣자마자 배시비우스는 "그 신생성(新生性)에 대한 가능성을 실현시키지 못했다."라고 애처롭게 말했다. 그래도 부드러운 생물을 보호하기 위한 껍데기로써 코콜리스 개념은 옳았다. 1898년에 조지 로버트 밀른 머리

(George Robert Milne Murray, 1858~1911년)와 버넌 허버트 블랙먼(Vernon Herbert Blackman, 1872~1967년)이 그것을 인편모조류(coccolithophores)로 명명할 것을 제안했다. 하지만 에렌베르크 자신은 이 모든 것에 저항했다. 그에게 코콜리스는 그저 무기물이었을 뿐이었다. 그는 1876년 죽을 때까지 이러한 입장을 확고히 지켰다.

과학자들과 자연주의자들은 1872~1876년에 해양학 사상 하나의 이정표가 되는 영국 해양 탐사선 HMS 챌린저호의 전 세계에 걸친 항해 결과로 해양 외골격의 엄청난 다양성을 충분히 인식하게 되었다. 챌린저호의 승무원들은 대서양과 태평양을 가로지르는 약 11만 킬로미터의 항해를 통해 해양의 온도와 깊이를 재고 해저 지도를 그렸다. 또 다른 임무는 심해 생물 조사였다. 온갖 종류의 방산충, 인편모조류, 기타 생물을 밝히기 위해 바다 밑바닥을 준설했다. 헤켈은 이런 (챌린저호의) 아낌없는 혜택을 잘 이용해 방산충의 외골격 형태를 목록화해서 하나의 방대한 도감으로 만들었다.[6] (그림 2.9 참조)

이것은 톰프슨에게 풍부한 소재를 제공했다. 그는 헤켈의 방산충 목록에서 숨겨진 보물을 발견했는데, 그것은 바로 애타게 설명을 기다리는 자연의 구조적 독창성의 압도적인 행렬이었다. 톰프슨의 관심을 끈 형태 중 하나는 어떤 면에서 공을 가장 덜 들인 형태인데, 가시가 없으며 겉보기에 완벽한 공 모양인 아우로니아 헥사고나(*Aulonia hexagona*)의 껍데기는 기하학적 정확함을 보여 주는 구조며(그림 2.10 참조), 톰프슨의 말을 빌면 "상상할 수 있는 가장 정교한 중국의 상아 구슬" 같다.

헥사고나는 전체가 육각형 그물로 구성된 것처럼 보이는 무기질 우리 때문에 그렇게 명명했다. 하지만 자세히 들여다보면 오각형도 여

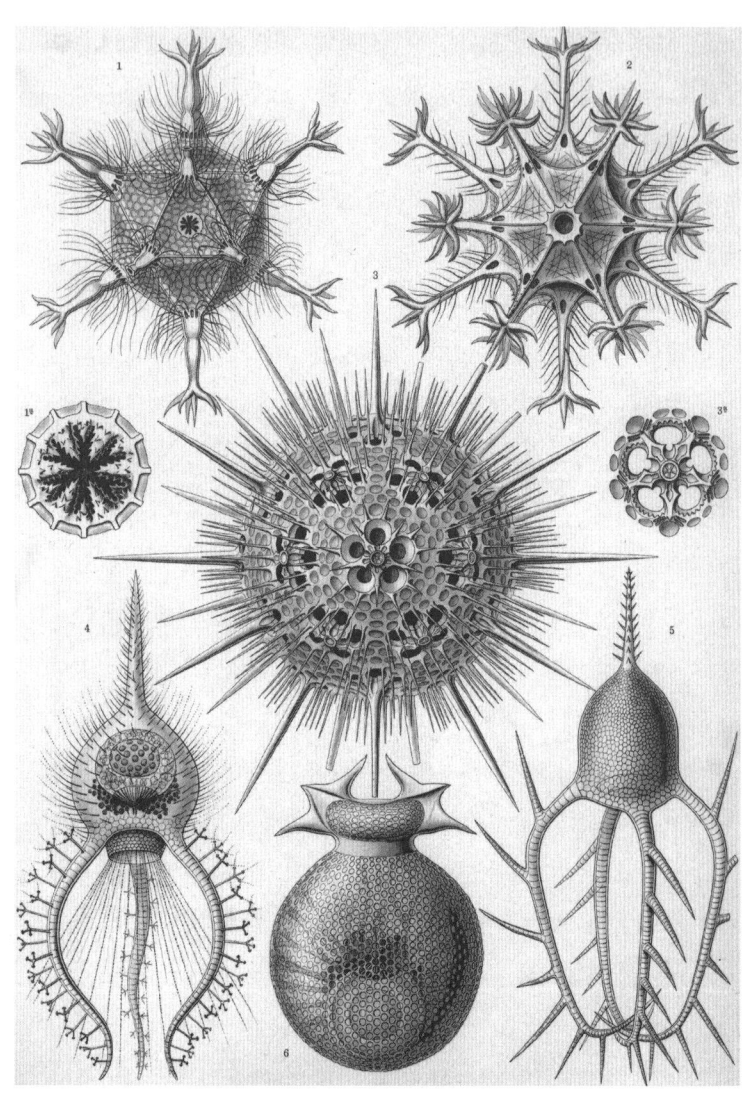

그림 2.9
헤켈의 도감에는 아름다운 방산충 외골격이 방대하게 펼쳐진다.

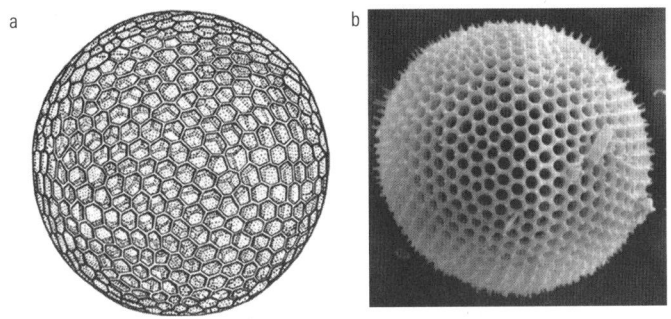

그림 2.10
(a) 헤켈이 그린 방산충 아우로니아 헥사고나. (b) 전자현미경에서 보이는 그대로의 사진.

기저기서 볼 수 있다. 톰프슨이 설명했듯이 이런 오각형들은 돔 구조를 만드는 생명체가 잘못 만든 것이 아니라, 돔을 만들기 위해 제일 필수적인 것이다. 그는 다음과 같이 쓰고 있다. "레온하르트 오일러(Leonhard Euler, 1707~1783년)에게 배운 대로 육각형이 만드는 배열은 만족할 만큼 얼마든지 멀리 펼칠 수 있다. 평면 위든지 곡면 위든지 상관없다. 하지만 결코 닫히지 않는다." 육각형으로만 구성된 어떤 연결망도 결코 이러한 닫힌 껍데기를 만들 수 없다. 이것이 18세기 스위스 수학자인 오일러가 유도한, 임의의 닫힌 다면체의 면, 모서리, 꼭지점 수의 관계를 기술하는 오일러 공식의 의미다. 오일러 공식은 육각형만으로는 그런 다면체를 만들 수 없다고 말한다. 한 장의 치킨 와이어(chicken wire, 닭장 창살로 구멍이 육각형인 철조망을 의미 — 옮긴이)를 구부려 돔을 만들려 해도 소용없다. 절대 성공할 수 없을 것이다. (일부 육각형을 구성하는 요소를 심하게 변형시키지 않는 한 말이다.) 하지만 몇 개의 오각형을 도입하면 문제는 쉽게 풀리기 시작한다. 왜냐하면 오각형은 판

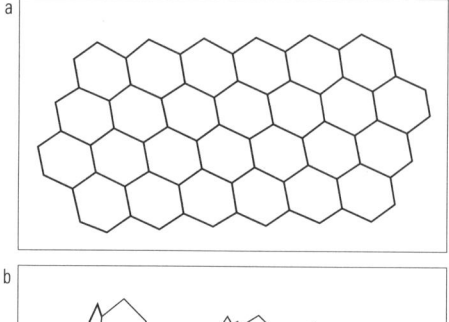

그림 2.11
(a) 육각형만으로 만든 판은 평평하다. (b) 하지만 오각형이 끼어들면 휘게 된다.

을 휘게 하기 때문이다. (그림 2.11 참조) 톰프슨이 지적한 대로 헤켈은 이 사실을 어렴풋이 아는 듯했다. 헤켈은 아우로니아 헥사고나를 설명하면서 방산충 껍데기에는 오각형뿐만 아니라 사각형 면도 있다고 언급했다.

육각형으로 구성된 판을 구부려 닫힌 껍데기를 만들기 위해 필요한 오각형의 수는 임의적이지 않다. 오일러 공식은 몇 개의 오각형이 필요한지 말해 준다. 그 답은 정확하게 12개이다. 판에 들어 있는 육각형의 수는 중요하지 않다. 12개의 오각형만 있으면 흔히 하는 표현으로 '종결될' 것이다.

미국의 건축가인 리처드 버크민스터 풀러(Richard Buckminster Fuller, 1895~1983년)는 이 사실을 알았다. 이것이 1950~1960년대 그의 유명한 건축물인 지오데식(geodesic) 돔에서 육각형으로 만들어진 그 물망 중간에 전략적으로 놓인 오각형이 있는 이유이다. (그림 2.12 참조)

하지만 오일러 공식은 자연 과학에서 잘 알려져야 하는 만큼 알려져 있지 않다. 1985년 화학자로 구성된 한 연구팀은 탄소 원자(흑연에서 육각형의 평면으로 연결되는) 60개로 안정된 나노 입자를 형성할 것이라고 유추했다. 실망스러운 시행착오를 겪은 후 그들 중 하나가 풀러의 작품을 염두에 두었고 거기서 오각형이 어떻게 평평한 판을 말아 텅 빈 공이 되게 하는지 발견했다. 그리고 그들은 이 건축가의 공을 기려 그 탄소 분자를 버크민스터 풀러린(Buckminster fullerene, 탄소 원자 60개를 가진 공 모양의 물질 — 옮긴이)으로 명명했다.

헤켈과 달리 톰프슨에게 방산충이 제시한 문제는 모든 물질에 담겨 있는 어떤 모호한 정렬 원리로 설명될 수 없는 것이었다. 게다가 아

그림 2.12
미국의 건축가인 풀러는 육각형과 오각형을 사용해서 사진과 같은 지오데식 돔을 만들었다. 사진은 1967년에 몬트리올에서 열린 엑스포의 미국관이다.

우로니아 헥사고나가 자연 선택으로 정확히 12개의 오각형을 집어넣는 지침을 갖고 있는, 일종의 '육각형 그물을 만드는 기계'라고 가정하는 것도 썩 만족스럽지 않았다. 문제는 다름 아니라 어떻게 개별 생명체(바닷물 속에 용해된 성분에서 무기물을 응축하는 능력이 있는)가 그렇게 단단한 (무기물) 물질을 배열해 짜여진 패턴을 만들 수 있는가 하느냐다.

이런 형태를 만드는 역학적 과정은 과연 무엇일까? 톰프슨은 이 같은 구조가 자연에서 결코 전례 없지 않다며 다음과 같이 논했다. 벌집에서 가장 분명하게 찾아볼 수 있다. 그리고 벌집을 꼭 **생물학적인** 어떤 것으로 취급할 필요는 없다. 왜냐하면 무생물로도 그런 패턴을 만드는 것은 세상에서 가장 쉬운 일이기 때문이다. 이를 위해 단지 **거품**이 필요할 뿐이다.

물의 표면

『성장과 형태』는 6방 대칭성이 있는 낱칸 패턴(cellular pattern)에 많은 페이지를 할애했다. 거기서 톰프슨은 "모든 6방 구조 중에서 가장 유명하고 가장 아름다운 것 중 하나가 벌집"이라고 주장했다. 벌집은 실로 끊임없는 동경을 불러일으키는 자연의 패턴이다. 5,000년 전 기하학에 능통한 이집트 인들은 벌을 길렀고 벌들이 채취한 꽃가루, 알, 꿀을 저장하는 다각형 배열의 이 낱칸 공간에 틀림없이 넋을 잃었을 것이다. (그림 2.13 참조) 벌들이 벌집을 어떻게 만드는지 기록은 없다. 하지만 『아라비안 나이트(*Arabian Nights*)』에 따르면 이집트 인들에게 기하학적인 예술을 가르친 유클리드(Euclid, 기원전 330~기원전 275년) 자신도 "벌집의 기하학적 구조에 감탄하게 되었다."라고 한다. 기원전 3세기경 이집트 알렉산드리아에서 태어난 그리스 수학자 파푸스

그림 2.13
육각형의 꿀벌 벌집은 확실히 자연에서 찾을 수 있는 기하학적 패턴의 대표적인 예다.

(Pappus, 290?~350년?)는 다음과 같이 설명했다. 공간을 어떤 틈도 없이, 똑같은 완벽한 다각형 단면들로 채울 수 있는 벌집의 구멍을 만들기 위해 벌은 단지 정삼각형, 정사각형, 정육각형의 세 가지 선택밖에 없다고 했다. 또한 이들 중에서 "벌은 현명하게도 가장 큰 각을 가져 다른 둘 중 어느 것보다 꿀을 많이 담을 수 있을 것 같은 구조를 골랐다." 라고 했다. 따라서 파푸스는 벌이 '어떤 기하학적 선견지명'이 있다고 결론 내렸다.

그러나 파푸스의 설명은 그다지 명쾌하지 않다. 왜냐하면 더 많은 꿀을 담는 구멍을 원하면 그냥 크게 만들면 되기 때문이다. 육각형이든 사각형이든 심지어 별모양이든 상관없이 말이다. 18세기 프랑스 과학자 르네 앙투안 페르숄 드 레오뮈르(René Antoine Ferchault de Reaumur, 1683~1757년)는 이 문제를 좀 더 꼼꼼하게 기술했다. 그는 중요한 것은 빈 구멍의 체적이 아니라 벽의 면적임을 지적했다. 즉 주어진 공간을 육각형 구멍으로 채우면 같은 단면적이 있는 정삼각형이나 정사각형 구멍보다 구멍 벽의 총길이가 더 짧아진다는 것이다. 노동

비용을 절약하기 위한 이러한 필요는 다윈의 선택압(selective pressure, 자연 선택을 당할 압력)이 지배하는 세계 안에서 완벽하게 말이 된다. 실제로 다윈은 벌집이 "노동과 밀랍을 절약하는 데 있어서 정말 완벽하다."라고 단언했다.

그러나 이것은 톰프슨을 화가 치밀어 오르게 만든, 일종의 다윈식 논리를 표명한 우화에 불과했다. 그 필연적 결과가 무엇인지를 생각해 보자. 첫째로 오늘날 꿀벌의 조상들은 벌집의 모든 가능한 기하학적 모양들(삼각형, 사각형, 누가 알겠는가? 직소 퍼즐 조각 모양이었을지)에 대해 시험해 봤을 것이라고 가정해야만 한다. 육각형을 만드는 벌들은 일을 신속히 끝내고 다른 벌들이 벌집의 원료인 밀랍을 충분히 만들려고 애쓰는 동안 꽃가루를 모으기 위해 곧 다시 나가야 했다. 하지만 이 육각형 생산자는 육각형이 가지는 기하학적 이점을 그 자손에게 건네주어야 한다. 아마도 유클리드 기하학 책이나, 컴퍼스, 각도기의 도움 없이 이상적인 육각형을 만들기 위해 복잡한 측량 도구가 부호화된 유전자를 이용했으리라.

톰프슨은 굳이 다윈 이론을 들먹이지 않고 물리 법칙만으로도 육각형 벌집에 대해 훨씬 더 간단한 설명을 할 수 있는데, 이렇게 복잡하고 검증 받지 않은 가정들의 조합을 수용하는 이유에 대해 의문을 제기했다. 17세기 덴마크 수학자 에라스무스 바르톨린(Erasmus Bartholin, 1625~1698년)은 이런 종류의 물음에 중요한 무언가를 제안했던 첫 번째 사람일지 모른다. 그는 벌의 큰 무리가 제각각 자신의 벌집을 만들고, 가능한 크게 만들기 위해 고군분투하는 것을 상상해 보라고 말했다. 그러면 각각의 낱칸은 서로 밀어내는 많은 거품들과 흡사하게 그 이웃한 벌의 방을 서로 밀어낸다. 빨대와 비눗물을 가지고 비눗방울

그림 2.14
똑같은 크기의 거품들로 이루어진 거품 뗏목은 벌집의 육각형 패턴을 채택했다. 이것은 우연의 일치인가?

놀이를 해 본 사람이라면 누구나 알고 있듯 거품 뗏목은 6방 배열이다. (그림 2.14 참조) 톰프슨은 다음과 같이 제안했다. 각 거품의 '압력'은 꼭 벽을 미는 벌들에 기인할 필요는 없다. 오히려 벌들의 합쳐진 체열이 밀랍을 부드럽게 한다면 그 벌집은 정말로 천천히 흐르는 액체 벽이 있는 거품과 같다. 그리고 결국 표면 장력으로 잡아당겨져 6방 배열을 하게 될 것이다.

이상의 설명은 충분히 그럴듯하게 들린다. 하지만 육각형의 패턴 형성을 근본적으로 완벽히 설명하지 못한다. 단지 벌집이 거품 뗏목과 비슷하고 거품 뗏목은 6방 배열을 한다고 말하는 것과 같다. 왜 사각형이나 마구잡이로 배열된 다각형이 아닌 육각형일까? 보다 완전한 설명을 원한다면 거품이란 무엇이고, 무엇이 그 모양을 제어하는지 알 필요가 있다.

거품은 액체로 둘러싸여 유한한 부피를 갖는 기체라고 할 수 있다. 샴페인의 경우 거품은 액체 속에 들어 있지만 비누 거품은 얇은 액체 막을 가진다. 두 경우 모두 거품은 구형이고 전에 말한 대로 이것은 거품 안의 기체가 모든 방향으로 똑같이 액체 막을 밀어낸 결과로 볼 수 있다. 하지만 여기에는 그 이상의 의미가 있다. 구형이 튼튼하다는 것이다. 만약 그것을 조금 일그러뜨리면 곧 다시 구형이 된다. 이렇게 모양을 되돌려 놓는 힘이 바로 표면 장력이다.

액체의 표면 장력은 표면이 액체가 멈추는 곳이라는 단순한 사실에서 비롯된다. 여러 개의 원자들 또는 분자는, 머리를 빗었을 때 머리카락을 빗으로 잡아당기는 힘과 매우 유사한, 상대적으로 약한 전기적 인력으로 서로 응집한다. 액체 내 깊은 곳에 있는 물 분자는 그것을 둘러싼 분자들 때문에 모든 방향에서 이런 인력을 느낀다. 그러나 수면에 있는 분자의 경우 인력이 위 방향으로는 없고 오직 아래와 옆 방

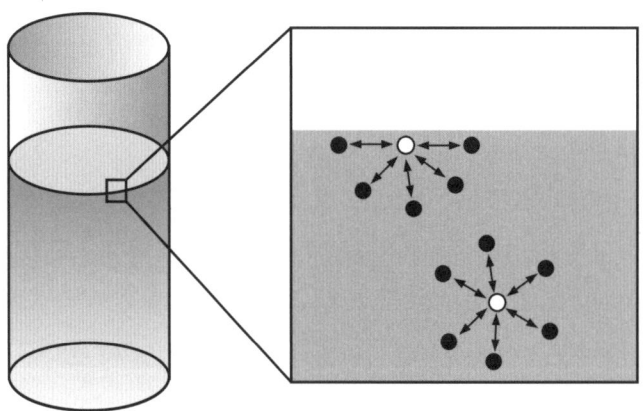

그림 2.15
표면 장력은 액체 표면의 분자들이 느끼는 비대칭적인 인력에 기인한다. 액체 속의 분자는 이웃 분자들로부터 사방에서 평균적으로 똑같은 인력을 느낀다. 하지만 표면에서는 '아래쪽'으로 잡아당기는 알짜 힘이 있다. 이 힘은 표면의 '작은 언덕들'을 제거하려 하므로 액체 표면을 평평하게 만든다.

향에서만 발생한다. (그림 2.15 참조) 따라서 표면 분자들은 전체적으로 안쪽으로 작용하는 힘을 받는데 그 힘이 표면 장력을 야기한다.

이러한 분자 간 인력은 분자의 에너지를 낮춰서 에너지 측면에서 분자를 안정하게 만든다. 하지만 액체 표면의 분자는 더 작은 인력을 느끼기 때문에 보다 덜 안정적이다. 즉 표면의 물은 액체 속 깊은 곳에 있는 물보다 더 큰 에너지를 가진다. 달리 말하면 물과 공기 사이에 경계면을 만드는 데 지불해야만 하는 에너지 비용이 있으며 표면을 만드는 데 에너지가 든다.

언덕 아래로 물이 흐르는 것처럼 모든 물리계는 가장 낮은 에너지 상태를 찾으려 한다.[7] 표면은 추가로 에너지가 필요하기 때문에, 이것은 가능한 한 표면적을 작게 만드는 원동력이 있음을 의미한다. 안개 속의 물방울처럼 공간에 자유롭게 떠 있는 액체는 구형을 취할 텐데, 구형의 표면적이 가장 작기 때문이다. 다시 말해 표면 장력이 물방울을 잡아당겨 구형이 되게 한다. 표면 장력과 표면을 만드는 데 드는 에너지 비용은 표면 분자가 덩어리(bulk) 속에 있는 분자보다 인력으로 덜 안정화되어 있다는 기본적인 사실과 동일한 표현이다.

표면 장력이 어떻게 구형의 액체 방울을 만드는가를 이해하기는 어렵지 않다. 하지만 원통형 기둥의 액체에서 표면 장력은 규칙적인 패턴을 만든다. 물방울을 유도하는 힘은 액체 기둥을 불안정하게 만들고 원통형 액체 기둥을 같은 크기의 물방울로 나뉘게 할지 모른다. 거미줄 가닥에서 종종 파리를 잡는 접착제가 같은 간격을 두고 진주알처럼 코팅된 것을 보게 된다. (그림 2.16a 참조) 거미는 주의를 기울여 간격을 재고 방울 각각을 공들여 배치한 것이 아니고 거미줄을 끊지 않고 얇게 풀칠을 했을 뿐인데 표면 장력 때문에 나뉜다. 기둥 표면의 아주 작은 마구잡이 요동은 표면 장력이 오목한 면을 '안쪽으로' 잡아당겨 액체 기둥에 일련의 좁은 목을 갖게 할 때 두드러져 보인다. 이와 같은 '진주 만들기' 현상은 19세기 말 영국의 과학자 존 윌리엄 스트럿 레일리 경(Lord John William Strutt Rayleigh, 1842~1919년)이 연구한 이후 레일리 불안정성으로 불린다. 패턴 형성 과정의 측면에서 레일리 불안정성의 특징은 단순한 분절화라기보다 구슬이 서로 비슷한 크기와 간격을 가진다는 것이다. 이것은 비록 레일리 불안정성이 액체 기둥의 모든 파형의 간섭에 대해 작동하지만, **가장** 불안정한 하나의 특정 파장

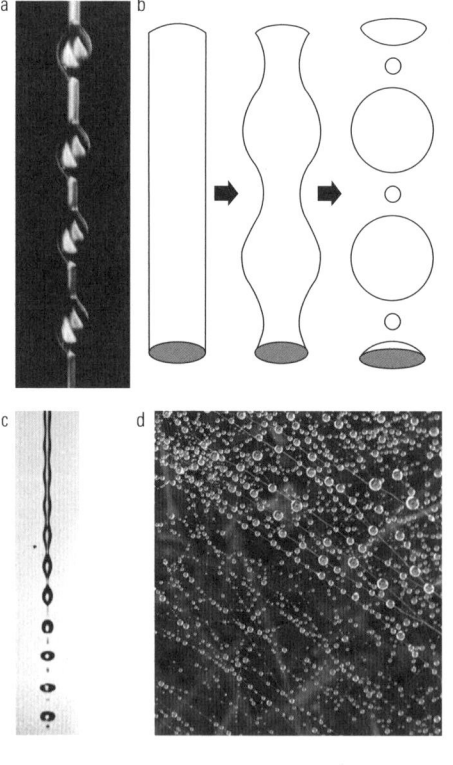

그림 2.16

(a) 거미줄의 '풀'칠은 자발적으로 진주 구슬을 한 줄로 늘어놓은 모양으로 바뀐다. 이렇게 구슬이 되는 과정은 레일리 불안정성이라고 불리는데, 얇은 원통형 액체 기둥의 기본적인 성질이다.
(b) 그 결과 방울은 특정한 크기를 갖게 된다. (c) 이 현상은 좁은 제트 수류가 분해되는 것에서도 찾아볼 수 있다. (d) 이슬이 진주알처럼 맺힌 거미줄.

이 있기 때문이다. 그리고 그 파장이 결과적으로 물방울의 크기와 간격을 결정한다. 실은 좁은 목에서 만들어지는 훨씬 더 작은 물방울로 분절된 액체 기둥의 물방울 쌍이 보통 관찰된다. (그림 2.16b 참조) '풀칠하지 않은' 거미줄 가닥에서 공기와 거미줄 사이에 끼어든 액체는 단지 균일하게 코팅이 되어서 레일리 불안정성이 보이지 않는다. 하지만 레일리 불안정성은 가는 제트 물기둥이 분절되는 데서 찾아볼 수 있다. (그림 2.16c 참조) 또한 이 레일리 불안정성이 이른 아침에 이슬이 맺힌 거미줄에서 반짝이는 '진주 목걸이' 장식을 만들어 내는 것이다. (그림 2.16d 참조)

풍선 놀이

표면 장력이 액체를 잡아당겨 극소 면적의 모양이 되게 한다면 비누 거품은 어떻게 존재할 수 있는 것일까? 여기 동일한 체적의 액체로 구형 방울을 만들었을 때보다 훨씬, 훨씬 더 큰 표면적이 있는 얇은 막으로 펴진 액체가 있다. 무엇이 겉보기에 표면 에너지를 낭비하는 이런 상태를 유지하게 할까?

짐작대로 답은 비누에 있다. 불순물이 포함되지 않은 순수한 물을 불어서는 거품을 만들 수 없다.[8] 하지만 약간의 비누와 세제를 넣으면 액체는 표면적이 늘어나는 데 대한 반감을 잊어버린 것처럼 보인다. 이유는 비누 막 표면이 에너지 비용을 피할 수 있기 때문이 아니라 그 비용이 훨씬 덜 들기 때문이다. 비누에는 계면 활성제(surfactant, surface-active agents의 약어)로 불리는 분자들이 있다. 계면 활성제 분자는 수면에 모여 있고 표면 장력을 현저히 줄인다. 이것은 비누 거품이 물보다 다소 '더 강한 표면'일 것이라는 우리의 직관과 정반대다. 표면

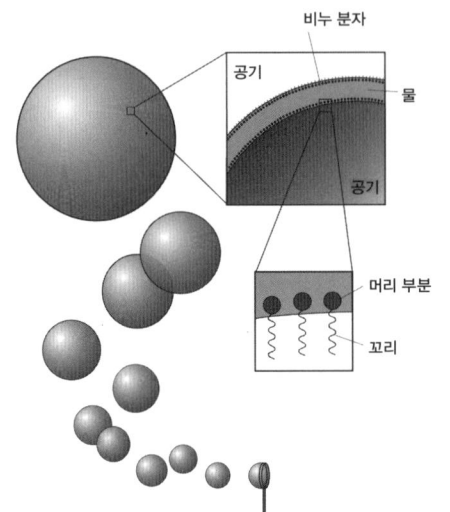

그림 2.17
비누 거품 막 안에 있는 액체의 표면 장력은 표면의 비누 분자 때문에 줄어든다. 이른바 계면 활성제의 한 예인 이 분자들은 물에 녹는 머리와 물에 녹지 않는 꼬리로 되어 있고, 이 꼬리 부분이 수면에서 바깥으로 튀어나오게 된다.

장력이 줄어들었기 때문에 실제로는 더 안정하다.

계면 활성제의 핵심은 분할되는 특성에 있다. 일부는 물에 녹는 수용성이고 다른 부분은 물에 녹지 않는 불용성이다. 물에 녹는 부분은 일반적으로 전기적으로 전하를 띠는(이온성) '머리 부분'이며, 탄화수소 오일과 윤을 내는 그리스와 같은 화학적 구조로 된 불용성 '지방질' 꼬리가 붙어 있다.

이런 양면성이 있는 분자를 양친성 분자(amphiphilic, 둘 모두를 좋아하는 성질)라고 부른다. 비누와 세제 속의 양친성 분자들은 물을 좋아하는 친수성(hydrophilic)부분과 물을 싫어하는 소수성(hydrophobic, 물 분자에 대한 친화력이 없거나 거의 없는 성질. 표면이 물에 녹지 않거나, 표면에서 물을 밀어냄. ─옮긴이) 부분으로 형성된다. 이런 양친성 분자는 소수성 꼬리가 물 밖에 있을 때 가장 안정적이다. 따라서 양친성 분자는 수면에 자리하여, 머리 부분은 물에 잠기고 꼬리 부분은 물 밖으로 돌출되어서 표면을 한 분자 두께로 코팅한 얇은 막을 만들게 된다. (그림 2.17 참조) (꼬리 부분을 물에서 차단하는 또 다른 방법은 계면 활성제가 서로 엉겨서 머리 부분이 밖으로 감싸고 꼬리가 안쪽에 묻혀 있는 것이다. 마이셀(micelle)로 불리는 이러한 구조는 앞으로 살펴보겠지만 패턴 형성에 큰 잠재력이 있다.) 꼬리 부분이 드러나게 계면 활성제로 덮인 물의 표면은 더 작은 표면 장력을 가지며 아무것도 덮이지 않은 물의 표면보다 더 (에너지적으로) 안정하다.

그래도 표면 장력은 여전히 비누 거품을 잡아 당겨서 오그라들게 한다. 하지만 거품 안에 갇힌 공기의 압력이 이 수축에 저항한다. 그래서 언젠가 표면 장력의 안쪽으로 작용하는 힘이 공기의 압력과 정확하게 균형을 이뤄 거품은 평형 상태의 크기에 도달하게 된다.

비누 거품은 또한 중력이 당기는 힘을 느낀다. 중력은 막 안의 물을 거품의 밑바닥으로 잡아당겨 보다 위쪽에 있는 막을 점점 얇게 한다. 너무 얇아져 안정된 상태로 있을 수 없을 때까지 그렇게 하면 결국 막은 파열되고 거품은 뻥하고 터진다. 이러한 비누 막의 앞면과 뒷면에서 반사된 빛의 간섭은 막의 두께에 따라 다른 색깔을 만든다. 이는 비누 거품에서 색깔이 빙빙 도는 패턴을 갖게 할 수 있다. 처음에는 은백색이었다가 막이 터질 만큼 얇아지면 검정색으로 바뀌는 것이다.

비누 막의 표면 장력은 상대적으로 작을지 모르지만 0은 아니다. 여전히 거품이 주어진 기체 부피를 감싸면서 표면적을 최소화하는 모양으로 가게끔 하는 원동력이 있다. 닫히고 고립된 막의 경우 '극소 곡면'은 구이다. 그러나 철사 틀 위에 얹어진 막의 경우 그 극소 곡면은 복잡할 수 있다. 그러나 어떤 경계의 배치에도 적응할 수 있는 우아한 곡선은 도리어 아름다울 수도 있다. 비누 막이 가장 경제적으로, 최소한의 재료로 주어진 면적을 덮을 수 있음을 인식한 독일 건축가 프라이 파울 오토(Frei Paul Otto, 1925년~, 독일의 건축가, 막 구조 전문가로 뮌헨 올림픽 경기장을 설계 — 옮긴이)는 경량의 막 구조물을 디자인하는 데 비누 막을 이용했다. 뮌헨 올림픽 주경기장에서 보듯이 천막 같은 모양이 오토의 여러 디자인의 특징을 이룬다. (그림 2.18a 참조) 이런 모양이 어떻게 나오게 되었는지 알아보기 위해, 오토는 막이 매달리게 될 철사로 된 틀 모형을 만들어 그것을 비누 용액에 담가 비누 막을 틀에 입혔다. (그림 2.18b 참조) 극소 모양을 수학적으로 계산하는 것은 힘든 문제다. 하지만 비누 막은 오토에게 즉시 실험적인 답을 찾아 주었다.

거품 쌓기

비누 거품 둘이 모일 때 둘은 합쳐지고 교차점에서 평평하게 된다. 두 거품이 같은 크기라면 이 칸막이벽은 완전히 평평하게 된다. 왜냐하면 거품 내부의 공기 압력은 그 반지름에 의존하기 때문이다. 반지름이 작을수록 압력은 커진다. 따라서 조그만 거품이 커다란 거품보다 큰 내부 압력을 가진다. 그리고 이 둘이 합쳐질 때 그 사이의 경계는 크기가 더 큰 거품 쪽으로 볼록하게 튀어나온다. (그림 2.19a 참조)

3개의 거품은 어떻게 합쳐질까? 둘일 때와 똑같은 원리가 적용된다. 크기가 같지 않으면 경계에 돌출부가 생기고, 반면 크기가 같으면 잘 들어맞는 대칭 3각축을 형성하며 그 내부 벽은 평평하고 서로 120도로 만난다. (그림 2.19b 참조) 이제 4개의 거품을 생각해 보자. 마찬가지로 이 거품들이 정사각형의 대칭성이 있는 하나의 무더기가 될 수 있을까? 아마도 매우 어색할 것이다. (그림 2.19c 참조) 크기가 같은 4개의 거품이 그렇게 배열되는 것은 네 잎 클로버보다 훨씬 드문 일이다. 간

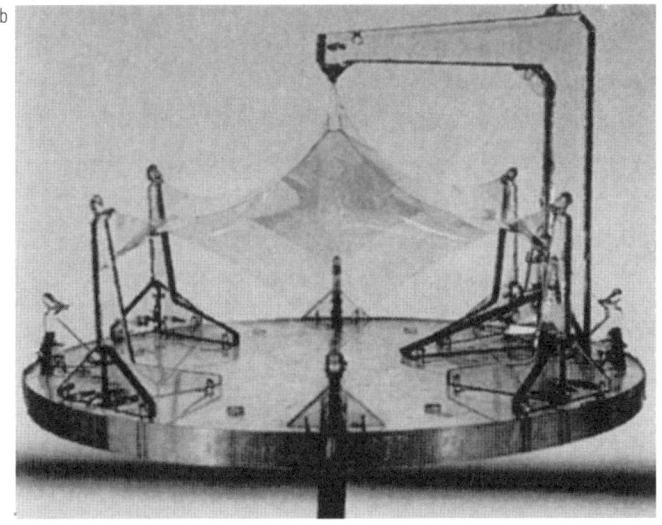

그림 2.18
(a) 우아하게 표면을 극소화하는 비누 막 모양이 오토와 같은 건축가에게 영감을 주었고, 1972년 뮌헨 올림픽 주경기장을 설계하는 데 도움을 주었다. (b) 오토는 비누 막을 철사 틀로 잡아당겼을 때 생기는 모양을 그의 막 구조물의 곡선을 그리는 데 사용했다.

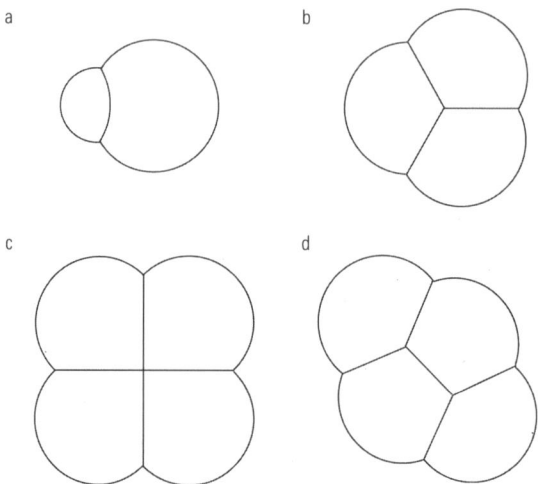

그림 2.19
거품은 어떻게 서로 합쳐질까? (a) 서로 다른 크기의 두 거품이 하나로 합쳐질 때 거품 내부의 기압차 때문에 경계면은 크기가 작은 쪽에 볼록하게 생긴다. (b) 거품 3개로 형성하는 트리오의 경계면은 약 120도로 만난다. 4개의 거품 벽이 (c)처럼 교차하는 것은 불안정하다. (d) 이러한 접합은 곧 재배열해 교차점에서 단지 3개의 벽이 만나게 된다.

단히 말해서 사실은 존재하지 않는다. 왜냐하면 거품들은 바로 재배열해, 그림 2.19d처럼 어느 점에서도 3개 이상의 거품이 만나지 않는 무더기를 이룰 것이기 때문이다.

톰프슨은 이런 일이 살아 있는 세포들의 집합체에서도 일어난다고 언급했다. 그는 다음과 같이 말했다. "발생학에서 넷 혹은 그 이상의 분절이 있는 수정란의 분열을 살펴볼 때, 전부 그런 것은 아니지만 대부분의 경우 비슷한 방식으로 동일한 원리가 확인된다." 톰프슨도 인정했듯이 이것이 보편적으로 옳은 것은 아니다. 예를 들면 4개의 세

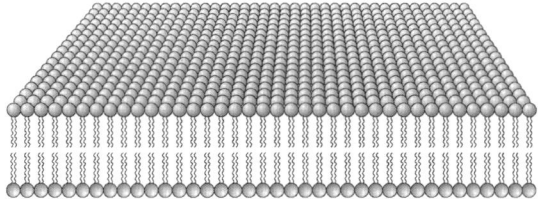

그림 2.20
세포막은 인지질(phospholipids, 생체막의 주요 구성 성분으로 지질에 인산기가 결합한 물질—옮긴이)로 불리는 계면 활성제 분자의 이중층으로 이루어진다. 이 '이중층(bilayer)'은 단백질 분자와 같은 다른 막 성분들이 점점이 박혀 있고, 때로는 세포 골격(cytoskeleton)으로 불리는 단백질 필라멘트로 만들어진 연결망으로 견고해진다.

포로 된 인간 배아는 통상 비누 거품에서는 불안정했던 네 겹의 접점이 있다. 이것은 살아 있는 세포가 비누 거품보다 훨씬 더 복잡하다는 사실을 상기시켜 준다. 세포막은 지질로 불리는 양친성 분자로 만들어진다. 비누 막을 구성하는 분자는 공기로 향해 있는 소수성 꼬리를 갖고 있는 반면, 세포막은 물 같은 유체로 둘러싸여서 분자들이 정반대로 배열되어 있다. 즉 친수성 머리 부분이 막의 양면에서 바깥을 가리키고 소수성 꼬리는 이 이중층 안에 있어서 물로부터 차단된다. (그림 2.20 참조) 또한 이러한 세포막은 세포가 환경과 어떻게 반응하는지 결정하는 갖가지 생체 분자로 채워져 있다. 예를 들면 단백질 분자가 있다. 단백질 분자는 세포가 서로 달라붙는 방법을 조절해서 단순히 많은 거품이 한 덩어리로 뭉쳐 있는 것과 같지 않은 정교하게 구조화된 조직과 기관을 형성한다. 이런 관점에서 보면 살아 있는 세포의 집합체가 비누 거품의 그것과 꼭 닮지 않은 것이 조금도 놀랍지 않다. 놀라운 것은 때로는 그들이 서로 **닮았다**는 것이다.

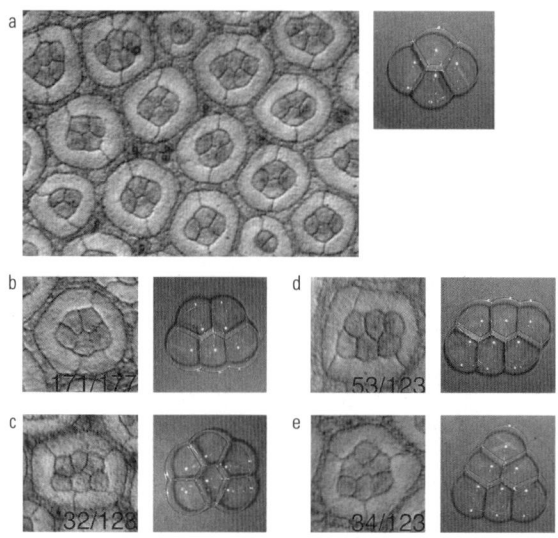

그림 2.21
(a) 파리 겹눈의 각 낱눈은 비누 거품(오른쪽)과 똑같은 방식으로 정렬된 4개의 원뿔 세포의 집합체이다. (b)~(e) 일부 돌연변이 파리는 더 많은 원뿔 세포를 가지며 이 경우에도 대응되는 거품 집합에서 발견되는 배열을 채택한다.

예를 들면 파리 겹눈의 구획된 부분 구조에서 볼 수 있다. 각 렌즈 모양의 낱눈은 빛에 민감한 4개의 원뿔 세포(cone cell) 집합체를 비롯해 많은 세포들로 이루어진다. 세포 생물학자 하야시 다카시(林貴史)와 리처드 카튜(Richard W. Carthew)는 이러한 집합체가 4개의 비누 거품이 배열하는 것과 같은 배열을 하는 것을 발견했다. (그림 2.21a 참조) 원뿔 세포 수의 변화를 가져오는 유전적 돌연변이가 있는 파리에서 더 크거나 더 작은 원뿔 세포 집합체 모두 비누 거품과 같은 패턴을 보여준다. (그림 2.21 b~e 참조) 이것은 이러한 원뿔 세포들의 상호 결합이 비록 접착 단백질(adhesion protein)로 조절되지만 집합체의 모양을 결정하는 기준은 비누 거품과 똑같다는 것을 암시한다. 바로 표면적의 극소화이다.

이런 비누 거품 집합체를 주의 깊게 들여다보면, 어떤 점에서도 셋 이상의 거품 벽이 만나지 않는 것을 다시 보게 될 것이다. 세 벽이 만나는 곳은 메르세데스 벤츠의 상징처럼 120도로 만난다. 그렇다면 비누 거품이 합쳐지는 방법을 지배하는 **규칙**이 있어 보인다. 19세기 말 벨기에 물리학자 조셉 안토니 퍼디난드 플래토(Joseph Antoine Ferdinand Plateau, 1801~1883년)가 처음으로 그 규칙을 유도했다. 그는 접합에서 만나는 비누 막은 항상 역학적으로 가장 안정한 배열을 찾을 것이고, 그 경우 막에 작용하는 힘은 서로 균형을 이룰 것으로 추론했다. 그 배열이 무엇인지를 계산하는 것은 사소한 문제가 아니지만 플래토는 계산했고, 역학적인 안정성에 근거하여 접합이 항상 120도를 이루며 세 부분이 되어야 함을 밝혔다. 그러한 접합은 오늘날 플래토 경계로 알려져 있다. 플래토 경계의 '코너'에서 막의 급격한 굴곡은 이 지점에서 막 내부의 압력이 평평한 영역보다 조금 더 낮음을 의미하고 따라서 물이 접합 속으로 밀려 들어가 접합을 두껍게 한다. 그러므로 거품 집합체 속의 대부분의 액체는 거품들이 서로 만나는 플래토 경계에 위치한다.

플래토 법칙은 동일한 거품으로 된 거품 뗏목이 6방 밀집하는 이유를 설명한다. 6방 밀집이 바로 거품 벽 사이의 모든 접합이 120도의 각을 이루며 세 겹으로 구성되게 하는 방법인 것이다. 그 결과 벌집 모양의 배열이 나타난다. 따라서 동일한 거품을 2차원 평면에 배열하는 경우 이것이 최적의 패턴이다. 그런데 많은 거품들이 모여 있는 폼(foam)처럼 거품을 3차원에서 쌓으면 어떻게 될까?

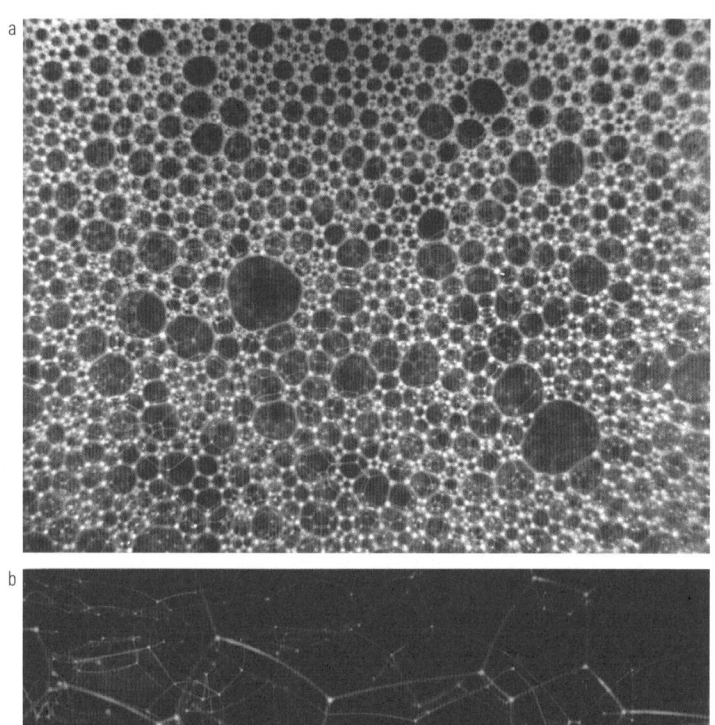

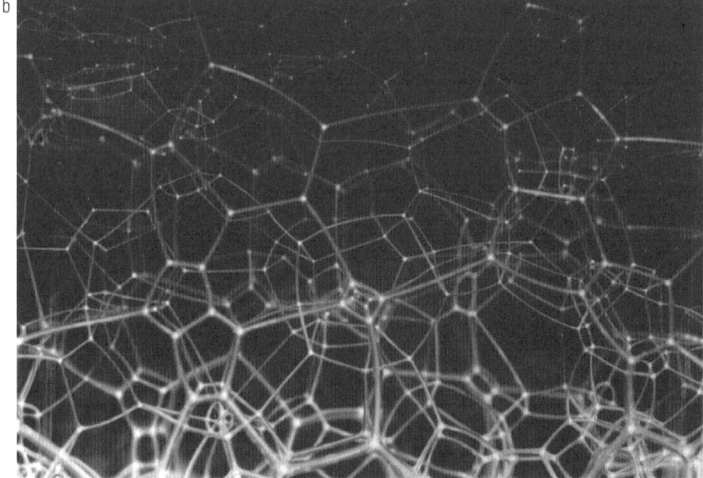

그림 2.22

(a) 젖은 폼은 물로 두꺼워진 벽이 있는, 거의 구형에 가까운 거품들로 구성된다. (b) 중력 때문에 물이 빠져나가면 거품은 더욱 다면체에 가깝게 된다. 이것이 '마른(dry)' 폼이다.

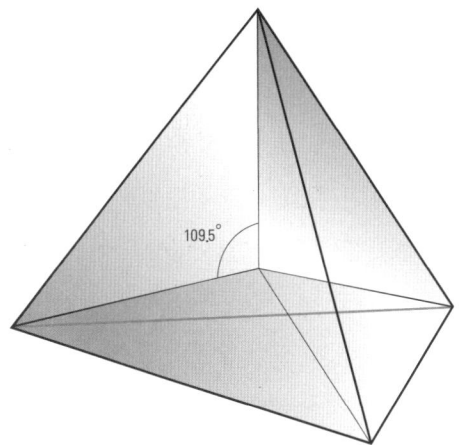

그림 2.23
플래토는 정확하게 네 비누 막이 한 점에서 서로 약 109.5도를 이루며 만날 것이라고 추론했다. 이 각도는 정사면체 '중심'의 각도이다.

공학자들은 오랫동안 무엇이 폼의 구조를 결정하는지 관심을 가져왔다. 왜냐하면 폼이 여러 가지로 유용하기 때문이다. 예를 들면 폼은 가볍고 충격에 강한 플라스틱 포장재로, 단열재로, 불을 덮어 끄는 용도로, 또는 한 파인트 맥주에 구미를 당기게 하는 데 이용한다. 폼은 생물계에서도 쓰인다. 거품벌레는 포식자로부터 애벌레를 감추기 위해 폼 거품을 뿐다.

갓 부풀어 오른 폼은 많은 양의 액체를 품고 있다. 폼을 구성하는 거품들은 사이에 두꺼운 액체 벽을 이루며 밀집되어 있다. 한마디로 폼은 거의 구형인 기공이 아무렇게나 쌓인 집합체다. (그림 2.22a 참조) 그러나 시간이 지나며 중력 때문에 액체는 빠져나가고 벽은 점점 더 얇아진다. 그러면 폼은 일련의 대체로 편평한 면들로 이루어진 다면체로 공간을 분할하는, 3차원 접합 연결망(플래토 경계)이 되는 것이다. (그림 2.22b 참조) 플래토는 이러한 3차원 거품 배열을 지배하는 규칙을 찾고자 했고 비누 막이 한 꼭짓점에서 만날 때 항상 더도 덜도 아닌 4개의 비누 막이 만나는 것을 발견했다. 비누 막은 109.5도, 이른바 '정사면체' 각도로 서로 만난다. 이것은 정사면체의 모서리에서 중심으로 뻗은 선들이 이루는 각도이다. (그림 2.23 참조) 플래토는 다시 계산했고 이것이 거품 벽의 역학적 안정성을 보장하는 배열이었다.

플래토 규칙은 기하학적인 철사 틀에 갇힌 비누 막이 왜 자발적으로 이상적인(플라토닉 혹은 '플래토닉') 간결성과 우아함이 있는 구조를 만드는지 설명한다. (그림 2.24 참조) 그런 구조들이 경계에 부여된 구속 조건에 맞춰 플래토 규칙을 가장 가깝게 따르는 모양에 해당된다. 매우 많은 거품으로 이루어진 폼도 이런 기하학적 규칙을 공유할까? 동일한 크기의 거품을 한 번에 하나씩 조심스럽게 더해서 폼을 만들 수 있다고 가정해 보자. 과연 이 거품 다면체 그물의 기하학은 어떻게 될까?

여기서 작동하는 두 요인이 있다. 거품들 사이의 꼭짓점과 경계가 이루는 각을 지배하는 플래토 규칙을 만족하는 다면체를 반드시 찾아야 한다. 또 그 결과로 형성된 기공은 자기들의 총표면적을 극소화해야 한다. 이러한 기준에 부합하면서 공간을 분할하는 단 하나의 잘 정의된 방법이 존재할까? 이것은 1887년 9월의 어느 날 아침, 침대에 누워 있는 윌리엄 톰프슨 켈빈 경(Lord William Thomson Kelvin, 1824~1907년)을 생각에 잠기게 한 문제다. 그것이 바로 이 위대한 빅토리아 시대의 과학자가 애착을 갖고 연구했던 종류의 문제였다. 쉽게 제기할 수 있는 문제이면서 일상생활과 관련이 있고 집에서도 실험하기 용이한 것이었다. 그 해 11월 초 조카딸 아그네스가 켈빈을 찾아왔고 다음과 같이 기록했다.

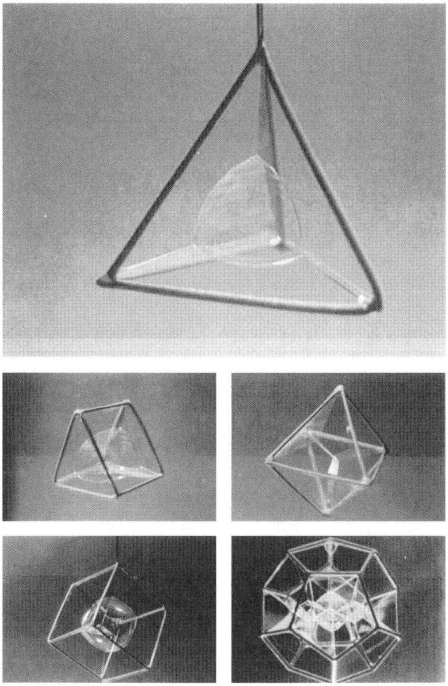

그림 2.24
비누 막의 교차에 대한 플래토 법칙은 기하학적인 철사 틀 안에서 규칙적이고 대칭적인 모양이 있는 막과 거품으로 명확하게 설명된다.

어제 여기 도착했을 때 윌리엄 삼촌과 패니 숙모가 현관에서 맞아주었는데, 삼촌은 비누 거품을 불기 위해 비누와 글리세린 한 통과 수학적 모양으로 된 철사 한무더기가 담긴 쟁반을 들고 있었다. 삼촌이 비누 혼합액에 잠깐 담가 만든 막은 매우 아름답고 완벽하게 규칙적으로 철사에 붙어 있다. 삼촌은 과학적인 목적으로 이런 막을 연구하고 있다.

켈빈이 이 퍼즐의 답으로 생각한 것을 공책에 적은 때는 전날 저녁이었다. 퍼즐은 (어느 정도) 플래토 규칙을 따르면서, 최소한의 분할된 면적을 가지고 같은 부피로 공간을 나누는 낱칸 모양을 찾는 것이다. 켈빈의 답을 보기 전, 그가 맨 처음 이런 질문을 생각한 사람은 아님을 알아야 할 것이다.

18세기 영국의 성직자 스티븐 헤일스(Stephen Hales, 1677~1761년)는 완두콩이 서로 압착되었을 때 나타나는 모양을 조사했다. 그는 '꽤 규칙적인 정십이면체'가 답이라고 말했다. 왜냐하면 짓눌린 완두 가운데 오각형 면이 많이 발견되었기 때문으로 보인다. (그림 2.25a 참조) 완벽한 정십이면체는 전체 공간을 완전히 채울 수 없다. 즉 약간의 틈이 있게 된다. 하지만 변이 이루는 각도는 플래토가 말한 대로 사면체 각과 꽤 비슷하다. 즉 면들이 서로 이루는 각도는 (120도가 아니라) 116도이고 꼭짓점 사이에 이루는 각도는 (109.5도가 아니라) 108도이다. 또 정십이면체를 조금 변형하기만 하면 공간의 틈을 메울 수 있다. 따라서 헤일스의 답은 타당한 추측처럼 보인다.

그러나 1753년 프랑스 동물학자 조르주루이 르클레르 드 뷔퐁 (George-Louis Leclerc, Comte de Buffon, 1707~1788년)은 헤일스가 낱칸 형태로 마름모꼴의 면 12개로 된 도형인 **마름모** 십이면체를 의미하였을 것으로 판단했다. (그림 2.25b 참조) 이것은 1887년 말 켈빈이 새로운 낱칸 모양을 발표할 때까지, 짓눌린 공 채우기의 해로 받아들여졌다. 극소 표면적을 가지는 낱칸은 정팔면체(regular octahedron)의 꼭짓점을 쳐내 만들어지는 6개의 사각형, 8개의 육각형 면으로 만들어지는 14면이 있는 다면체라고 말했다. (그림 2.25c 참조)

켈빈의 낱칸은 완벽하게 쌓여 공간을 채운다. 그런데 이것이 어떻게 플래토 규칙을 만족하는 것일까? 한 점에서 세 변이 만나고, 이들 중 2개는 120도를 이루는 반면 세 번째 각은 90도로 둘 다 사면체각과는 전혀 다르다. 그러나 켈빈은 육각형면의 작은 곡률만으로도 모

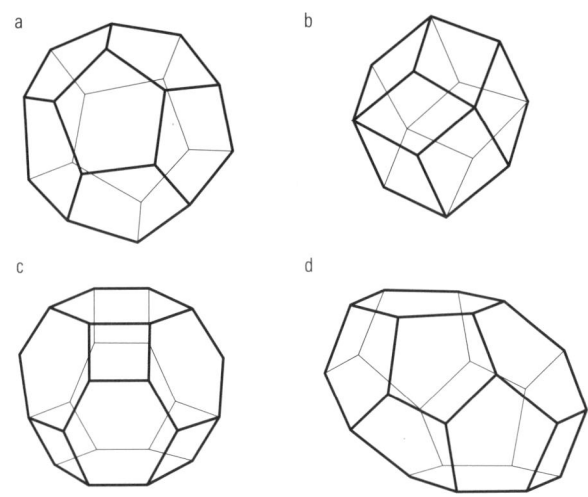

그림 2.25
'완벽한' 폼을 만들기 위한 후보 낱칸 모양들. (a) 오각 십이면체, (b) 마름모 십이면체, (c) 켈빈이 제안한 깎은(모서리가 제거된) 팔면체, (d) 베타 십사면체.

든 꼭짓점이 가져야 하는 109.5도를 충분히 이룰 수 있다는 것을 보여주었다. 켈빈의 해는 오랫동안 표면적에서 가장 경제적인 해로 받아들여졌지만(톰프슨은 감탄하면서 이것을 언급한다), 켈빈은 그것이 정말 최적인지에 대해 엄밀한 수학적 증거를 갖고 있지는 않았다. 톰프슨은 부드러운 점토로 된 작은 알갱이는 압축하게 되면 헤일스의 완두콩처럼 마름모 십이면체에 가까운 형태를 만들겠지만, 만약 처음에 젖어 있어서 서로 미끄러질 수 있었다면 켈빈의 십사면체처럼 사각형과 육각형 면들이 형성된다고 말했다. 하지만 톰프슨은 켈빈의 해가 이론적으로는 최적이더라도 실제로는 부드러운 구체를 압축해서 형성되는 다면체는 압축 조건에 따라 달라질 수 있다고 충고했다. 또한 마빈(J. W.

Marvin)이라는 식물학자가 수행한 납으로 만든 공 압축 실험을 언급했다. 처음에 과일가게 상인이 쌓아 놓은 오렌지처럼 정렬된 방식으로 쌓으면 명백하게 마름모 십이면체가 형성되었다. 하지만 압축기에 마구잡이로 부어 넣으면 평균 14개의 면이 있는 불규칙한 다면체가 형성되었다.

이 모든 것이 실제 폼에 대해서 무엇을 의미하는 것일까? 폼은 켈빈의 이론을 따르는가, 뷔퐁 아니면 헤일스의 이론을 따르는가, 이들 중 어느 누구의 이론도 따르지 않는가? 1946년 식물학자 에드윈 버나드 매츠케(Edwin Bernard Matzke, 1902~1969년)가 동일한 거품들(또는 하나의 크기로 분산된 폼으로 불리기도 함)로부터 섬세하게 만들어진 폼의 낱칸 모양에 대해 정밀한 조사를 수행했을 때, 이상적인 기하학 모형 중 그 어느 것도 필요 조건에 딱 들어맞지 않음을 발견했다. 매츠케의 폼은 상이한 모양의 많은 낱칸을 포함하고 있다. 단지 8퍼센트의 낱칸만이 정십이면체에 근접한 모양이었음에도 절반 이상의 면은 5개의 변을 가졌다. 켈빈의 낱칸의 경우 단지 10퍼센트의 면이 4개의 변을 가졌고 어떤 낱칸도 십사면체와 닮지 않았다. 대신 대부분이 마빈의 마구잡이로 쌓여진 납공과 비슷했다. 각각의 낱칸은 평균 14면을 가지는 다소 불규칙한 모양을 가졌다. 매츠케는 이러한 모양들이 베타 십사면체로 불리는 (켈빈을 존중하여) 육각형과 오각형 면들로 이루어진 다면체에 가장 근접한다고 제안했다. (그림 2.25d 참조) 매츠케의 결과는 단순 분산 폼(monodisperse foam, 같은 크기의 거품들로 된 폼)일지라도 어떤 규칙적인 낱칸 모양을 가질 수 있을 것이라는 생각이 잘못임을 여실히 보여 준 듯하다.

그래도 이것이 켈빈이 제안한 낱칸 모양, 즉 역학적으로 안정하며

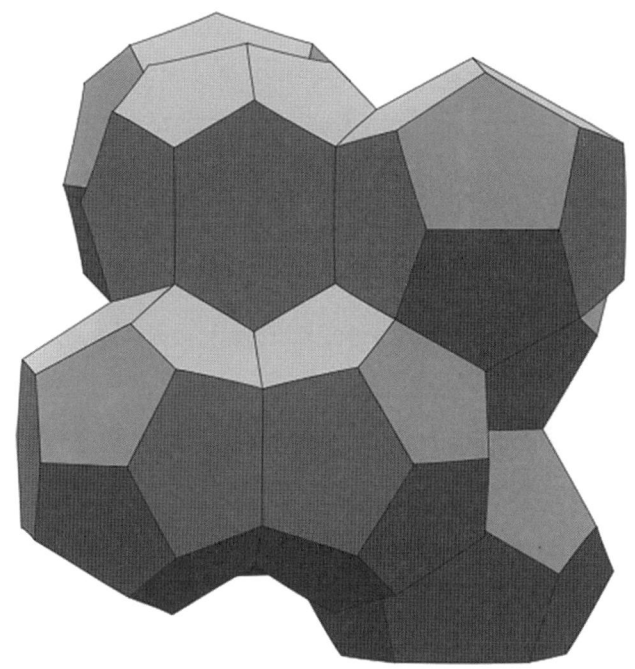

그림 2.26
웨이어와 랭랜즈가 제안한 이 낱칸 구조는 같은 부피의 켈빈이 제안한 낱칸들이 가지는 표면적보다 약간 더 작은 표면적을 가진다. 전체가 하나의 단위로서 공간에서 주기적으로 쌓이고 이 단위는 8개의 다소 불규칙한 낱칸으로 구성된다.

폼의 표면적을 극소화하는 **이론적** 모양을 반박하지 않았다. 켈빈이 비눗물이 담긴 접시로 물장난을 한 지 100년이 지나서야 더 나은 해가 발견되었다. 1993년 아일랜드 더블린에 있는 트리니티 대학교의 물리학자 데니스 로런스 웨이어(Denis Lawrence Weaire, 1942년~)와 로버트 펠란 랭랜즈(Robert Phelan Langlands, 1936년~)는 훨씬 더 경제적으로 다면체 모양의 낱칸을 질서 있게 밀집시킬 수 있는 방법을 발견했다. 그러나 짚고 넘어가야 할 것은 그들의 구조가 켈빈의 구조보다 표면적이 덜 필요하면서 또한 훨씬 덜 우아하다는 사실이다. 웨이어와 랭랜즈가 설명한 폼은 정다각형 면들로 된 하나의 낱칸이라기보다는 무려 8개의 다면체로 이루어진 하나의 반복 단위(unit)이다. 그 8개의 다면체 중 여섯은 14면(2개의 육각형과 12개의 오각형으로 이루어짐)을 가지고 나머지 둘은 12면(모두 오각형으로 이루어짐)을 가진다. (그림 2.26 참조) 오직 육각형 면들만 규칙적(즉 같은 변과 각도를 가짐)이다. 오각형 면은 변의 길이가 서로 다르고 모서리에서 각도가 다르다. 놀랍게도 이 복잡한 도형이 폼으로 쌓일 수 있다. 그 폼은 같은 부피 대비 '켈빈의 폼'보다 0.3퍼센트 작은 표면적을 가진다. 면들이 아주 조금 굴곡져 있다면, 플래토 규칙을 유지하면서 말이다.[9]

오스트레일리아의 건축 디자인 회사인 PTW(1889년 오스트레일리아 시드니에 설립된 건축 회사 — 옮긴이) 소속의 한 팀은 2008년 베이징 올림픽 대회 수영장의 디자인을 찾는 중에 웨이어와 랭랜즈의 이상적인 폼 모양 앞에서 말문이 막혔다. 이 프로젝트는 영국의 구조 설계 컨설팅 전문 업체인 아룹(Arup)이 이끌었고, 설계 디자이너들은 벽과 지붕이 '폼'으로 만들어진 건물은 경량이면서 견고하고, 햇빛에 반투명하며 거대한 온실처럼 자가 난방을 할 수 있다고 판단했다. 디자이너들이 처음에 검토한 켈빈의 폼의 고체 결정 같은 규칙성에는 그들이 찾는 '유기적인' 특성이 결여되어 있었다.

웨이어와 랭랜즈의 폼은 특히 구조를 회전시킨 다음 평판 형태로 자르면 질서와 불규칙이 매력적으로 섞인 모습을 보여 준다. 이렇게 100개가 넘는 서로 다른 '조각 거품'들이 형성된다. 이 낱칸들 각각은 장식적인 강철 버팀목 망에 장착되어 있는 투명한 플라스틱 필름으로

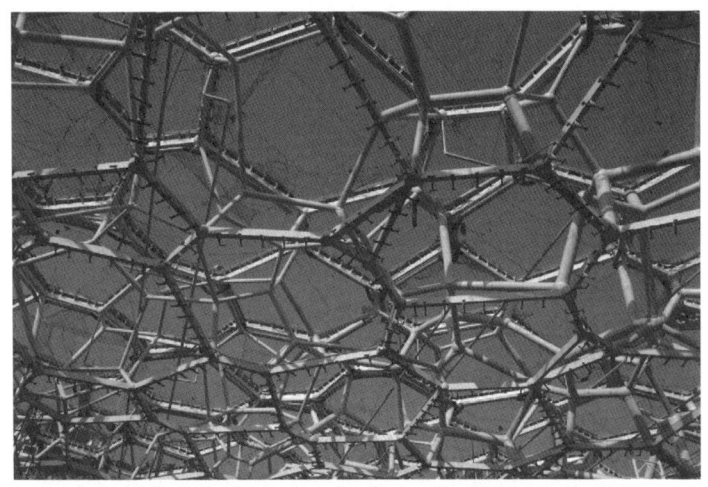

그림 2.27
웨이어와 랭랜즈의 이상적인 폼 구조에 기초한 2008년 베이징 올림픽 수영 경기장의 골격과 준공된 모습

만들어졌다. (그림 2.27 참조) 그 결과 베이징 '워터 큐브(water cube)'라는 별명이 붙은 이 건축물(베이징 올림픽 수영 경기장 — 옮긴이)은 베이징 올림픽을 위해 시작된 멋진 건축물 캠페인의 가장 주목할 만한 건축물 중 하나가 되었다. 이론적으로 이 디자인은 폼의 낱칸을 만드는 데 필요한 재료의 양을 최소한으로 한다. 하지만 많아야 단지 0.3퍼센트의 절약으로는 제조와 조립 과정의 복잡성을 상쇄하기 어렵다. 따라서 이 건축물을 경제학보다는 미학의 승리로 보는 편이 맞을 것이다. 실제로 PTW사의 건축가 크리스 보세(Chris Bosse, 1971년~)는 이 새로운 폼 구조가 갖는 시각적 특성을 취해, 학생들과 함께 시드니에서 그것을 설치 예술로 재창조했다. (그림 2.28 참조)

하지만 실제 폼이 이런 복합체를 해로 찾을 것이라 믿기 어려워 보인다. 웨이어와 랭랜즈는 이를 확인해 보기로 마음먹었다. 그들은 한 종류로 분산된 폼을 만들기 위해 한 가지 단순한 방법을 개발했다. 그 방법은 물속에서 거품을 부는 '빨대' 기술에 지나지 않는 것이다. 그리고 이런 방법으로 만들어진 폼은 매츠케가 전에 발표했던 것처럼 반드시 불규칙하고 무질서할 필요가 없음을 발견했다. 용기 벽에 가까이 있는 거품의 일부에서 켈빈의 다면체처럼 사각형과 육각형 면을 가지는 규칙적인 낱칸을 흔하게 관찰했다. (그림 2.29a 참조) 한편 그 폼 내부의 더 깊은 쪽에서 육각형과 오각형의 면을 가진 낱칸이 마치 '극소면적 폼'에서 발견되는 것과 매우 비슷한 방식으로 서로 잘 들어맞는 것을 관찰했다. (그림 2.29b~c 참조) 아마도 조건이 맞으면 폼은 정말로 역학적 안정성을 추구하면서 표면을 극소화하는 관념적 이상형에 가까운 무엇인가가 될 것이다.

그림 2.28
웨이어와 랭랜즈의 폼이 시드니의 한 건축 박람회에 설치되었다.

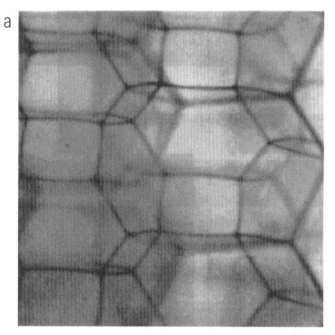
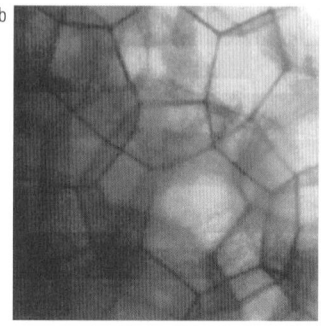
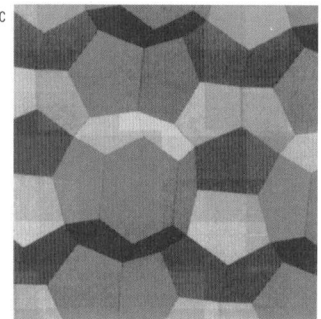

그림 2.29
실제 물기 없는 '이상적인' 폼은 무엇처럼 보이는가? (a) 그 경계에서 낱칸은 켈빈의 낱칸처럼 보인다. (b), (c) 하지만 안쪽 깊은 곳에서 웨이어와 랭랜즈의 '극소 면적 폼'의 낱칸을 닮았다.

면 대 면

벌은 '밀랍 폼(wax foam)'을 만드는 데 있어서 좀 더 수월한 도전에 직면한다. 밀랍 폼은 본질적으로 2차원이기 때문이다. 즉 낱칸은 일정한 단면적의 균일한 각기둥이다. 하지만 여기서도 낱칸이 육각형 모양으로 배열하는 것이 벽의 면적을 최소화하는 배열이라는 수학적인 증거는 없다. 만약 체적 대비 면적 비율이 더 나은 복잡한 낱칸 모양이 존재한다면 거품 뗏목은 찾아볼 수 없을 것이다.

하지만 벌이 직면한 도전은 그렇게 간단하지 않다. 벌집은 잇따라 결합된 육각형 낱칸들로 이루어진 **2개의** 배열로 구성된다. 그러면 각

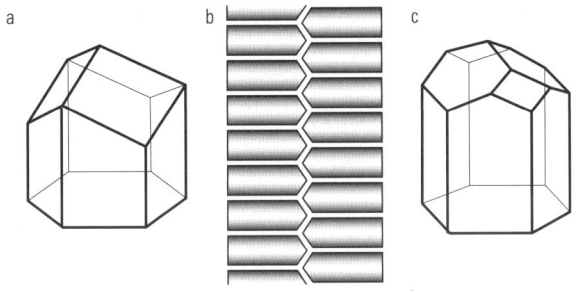

그림 2.30
(a) 벌집 낱칸의 끝부분은 3개의 마름모 면으로 이루어진 마름모 십이면체의 일부분이다. (b) 이런 끝 마개를 가진 두 층의 낱칸은 지그재그 단면을 이루면서 결합한다. 이것이 극소 해일까? (c) 끝 마개가 켈빈의 깎은 정팔면체의 일부분인 경우 표면적이 더 작아진다.

층이 어떻게 잘 결합하는지 의문이 생긴다. 이것은 3차원의 문제이고 무엇이 가장 경제적인 해인지 분명하지 않다. 꿀벌은 다소 정교한 구조를 채택했는데 각 낱칸은 3개의 마름모꼴 면으로 이루어진 마개로 끝난다. (그림 2.30a 참조) 이것은 마름모 십이면체의 구성 요소이고, 그런 끝 마개와 결합하는 낱칸은 지그재그 단면이다. (그림 2.30b 참조) 그렇다면 이것이 밀랍을 가장 절약하는 방법일까?

프랑스의 물리학자인 레오뮈르는 18세기에 이 질문을 깊이 생각했다. 벌들이 같은 길이의 변으로 된 마름모꼴의 끝 마개를 만드는 것을 관찰하면서 레오뮈르는 표면적을 극소화하는 이러한 다각형의 각도를 알고 싶어 했다. 수학은 그의 능력 밖이었다. 그래서 그는 스위스의 수학자 요한 사무엘 쾨닉(Johann Samuel König, 1712~1757년)에게 이 퍼즐을 풀어 주도록 청했다.

쾨닉은 이상적인 각도는 약 109.5도와 70.5도임을 보였다. 이 각도는 마름모 정십이면체에서 찾아볼 수 있고 또한 실제 벌집에서도 관찰된다. 이러한 답을 찾기 위해서 쾨닉은 17세기 영국의 물리학자인 아이작 뉴턴(Isaac Newton, 1642~1727년)과 독일의 수학자 고트프리트 빌헬름 라이프니츠(Gottfried Wilhelm Leibniz, 1646~1716년)가 고안한 미적분학이 필요했다. 도대체 벌들이 어떻게 그 새로운 수학의 단편에 관해 '알' 수 있을까? 프랑스 과학원 원장이었던 베르나르 르 보비에 시외르 드 퐁트넬(Bernard Le Bovier Sieur De Fontenelle, 1657~1757년)은 벌이 미적분학을 할 수 있는 능력이 있다고 믿을 수 없었다. 왜냐하면 그는 말하기를, 그렇다면 곧 "결국 벌들이 지나치게 많이 알게 될 것이고, 그 주제넘은 영광은 자신을 망치게 될 것"을 의미하기 때문이다. 따라서 이러한 수학적 원리들은 '신의 지시와 명령'에 따라 곤충이 수행한 것이어야만 한다고 말했다. 다윈은 신이 개입할 필요성을 제거했다. 선택압(selective pressure, 자연 돌연변이체를 포함하는 개체군에 작용해 경쟁에 유리한 형질을 가진 개체군의 선택적 증식을 촉진하는 생물학적, 화학적, 물리적 요인 — 옮긴이)이 벌들로 하여금 시행착오를 거친 후 최적의 답을 찾게 했을 것이라고 말이다.

그런데 벌집 낱칸의 마개는 정말 최적화되어 있을까? 레오뮈르는 3개의 동일한 마름모를 사용한다는 구속 조건을 가정해 더 나은 기하학적 구조를 발견할 가능성을 배제시켰다. 1964년 헝가리의 수학자 페예스 토트 라슬로(Fejes Tóth László, 1915~2005)는 가능한 해의 범위를 넓혔다. 사각형과 육각형 면으로 만들어진 보다 정교한 마개 구조가 부피 대비 표면적이 더 작다는 것을 발견했다. (그림 2.30c 참조) 마름모꼴 마개가 마름모 십이면체의 일부분인 것처럼 토트의 마개는 켈빈의 십사면체의 일부분이다. 하지만 토트는 그의 마개가 더 복잡해져

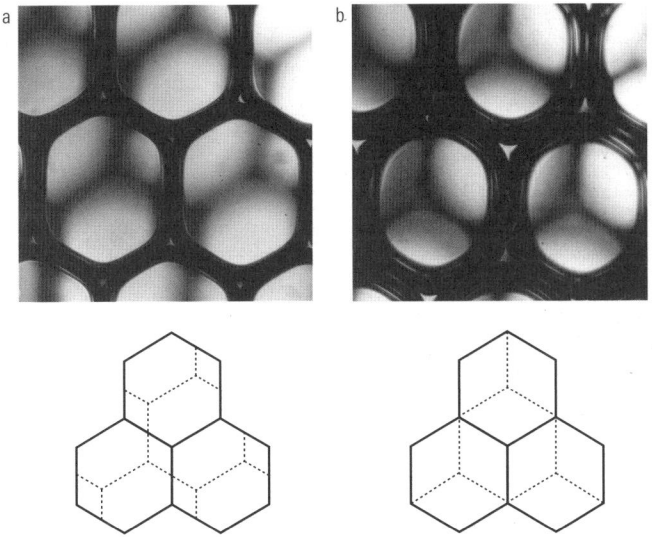

그림 2.31
(a) 토트의 구조는 육각형 거품의 이중층 계면에서 볼 수 있다. (b) 하지만 거품이 벽에 보다 많은 액체를 담고 있다면 계면에서 면들은 마름모꼴로 바뀌고 실제 벌집에서 보는 것과 매우 유사한 결합을 하게 된다.

서 벌들이 그것을 만드는 데 더 많은 노력을 들여야 할지 모르므로, 그의 마개 구조가 생물학적으로 우월하다는 보장은 없다고 인정했다.

웨이어와 랭랜즈는 벌집의 낱칸 구조를 모방하기 위해, 2개 유리판 사이 공간에 육각형으로 밀집된 거품의 이중층을 만들어 이러한 추측을 시험했다. 그들은 거품 이중층 사이의 계면이 토트의 구조를 채택한다는 사실을 발견했다. 이는 거품들의 결합으로 만들어지는 투사 패턴에서 확인할 수 있었다. (그림 2.31a 참조) 그런데 만약 거품 벽에 액체를 좀 더 넣어 두껍게 된다면 계면은 갑자기 다른 구조로 바뀐다. 실제 벌집에서 보이는 세 마름모 패턴으로(그림 2.31b 참조) 말이다. 이런 전환은 분명 거품 벽이 더 넓어지고 더 굴곡져서 표면 에너지의 균형이 달라지는 것에 기인한다. 벌들이 정말 그렇게 주어진 환경에서 가장 효율적인 구조를 만드는 것일까?

톰프슨은 거품 역학, 즉 표면 힘들의 상호 작용이 벌집의 모양을 결정한다고 믿었고 이것을 기뻐했다. 표면 힘들이 낱칸을 잡아당겨 극소 표면적을 가지며, 등이 맞닿은 2개의 육각형 배열을 만든다는 것이다. 그렇다면 밀랍을 절약하기 위해 벌들이 진화해 왔다는 다윈의 '그럴듯한' 이야기 따위도 필요 없게 된다. 그 절약은 대신 순전히 역학적인 힘과 표면 에너지에서 나온다. 그것은 또한 매우 훌륭하고 질서 있는 자연의 패턴을 만든다. 톰프슨은 주장했다. "벌들은 경제적이지 않다. 이론적인 건축물이 가지는 경제성이 무엇이든지 벌의 수작업은 그것을 이용할 만큼 훌륭하지도 정교하지도 않다."

뷔르츠부르크 대학교의 크리스찬 피어크(Christian W. W. Pirk) 교수가 이끄는 독일과 남아프리카 연구원들은 최근 톰프슨의 가설이 이론적으로 부합하는 것을 보였다. 그들은 녹인 밀랍을 원통형 고무마개가 육각형으로 배열된 낱칸 상자에 부었다.

밀랍은 처음에 마개 사이의 공간을 완전히 채웠다. 얇은 밀랍 벽으로 나뉜 일련의 원통형 구멍을 만들었다. 하지만 밀랍이 식고 딱딱해지면서 표면 장력이 벽을 육각형 모양으로 잡아당겼다. 그 결과 변은 편평해지고 모서리는 두꺼워져 실제 벌집과 흡사하게 되었다. 피어크와 동료들은 이것이 정말 벌집에서 일어나는 일일지 모른다고 생각했다. 벌들은 대략 원통형의 틀 같은 역할을 하고, 그 몸은 육각형으로 질서 있게 서로 밀집되며, 체온이 밀랍을 부드럽게 만들어 흘러내릴 정도가 되게 한다고 생각했다.

하지만 벌집이 그렇게 충분히 따뜻해지는지 분명하지 않고, 또 왜 떼 지어 모이는 생물의 몸이 형태 틀의 역할을 하면서 완벽한 육각형 배열로 정렬해야만 하는지 이해하기 어렵다. 이 놀라울 정도로 규칙적인 패턴을 설명하기 위해 톰프슨은 표면 장력에 의존했는데, 그것은 벌집을 짓는 암컷 일벌의 능력을 매우 과소평가한 것으로 보인다. 벌집 짓기는 자발적으로 일어나는 물리학보다 고된 노동에 가깝다. 암컷 일벌은 얇은 조각의 밀랍을 복부 아래쪽 샘에서 분비한다. 뒷다리로 끌어낸 다음 그것을 씹어 부드럽게 하고 변형이 가능하게 한다. 부드럽게 된 각각의 얇은 조각은 하나씩 제자리에 놓이고, 따라서 벌집은 벽돌을 쌓아 올린 벽처럼 만들어진다. 그리고 정확히 120도에서 만나는 벽을 만들기 위해 일벌은 아직도 완전히 이해되지 않고 있는 생리학적 측정 도구를 사용한다. 암컷 일벌은 연직선(수평면에서 수직으로 그은 선)으로써 머리를 사용해서 중력으로 정의되는 수직 방향을 감지할 수 있다. 그 방향은 자기 목 위의 기관에서 잰다. 이 수직선이 낱칸 열의 방향을 정의하는 데 도움을 주어 각 낱칸들의 마주 보는 두 면들이 수직이나 수평으로 놓이게 했을 것으로 생각되고는 했다. 그러나 최근 실험에 따르면 낱칸의 방향은 그 첫 열이 세워진 표면의 방향으로 정해지는 것처럼 보인다. 따라서 벌들은 어떤 임의의 방향에 대해서도 120도의 각도를 잴 수 있는 것처럼 보인다.

벌들은 그 이상이다. 벌집의 낱칸은 수평에 대해 약 13도 위를 향해 약간 기울어 있다. 그래서 끈적끈적한 꿀이 흘러나오지 않도록 한다. 낱칸 벽의 두께는 1밀리미터의 2,000분의 1이라는 믿기지 않을 정도로 미세한 허용 오차로 가공되어 있다. 벽의 유연성을 감지해 벽의 두께를 잴 수 있는 벌의 촉각 기관 덕분에 가능하다. 그리고 정말로 대단한 것은 많은 일벌들이 만들었음에도, 각 타일공이 서로 다른 지점에서 일을 시작할 때 있을 법한 불일치 없이 각각의 벌집이 규칙적인 배열로 나온다는 것이다. 심지어 벌집은 전체적으로 지구 자기장에 정렬되어 있어서 어두침침한 가운데서도 여러 층의 벌집을 효율적으로 쌓는다. 다음으로 벌은 어떻게 해서든, 유전을 통해 획득한 잘 연마된 공구 세트를 갖는다. 그리고 이러한 공구들은 유전적으로 프로그램화되어 있는 본능이 허용하면 벌들로 하여금 상당히 다른 패턴의 벌집도 가능하게 할 것이다. 벌들이 그렇게 하지 않는 데는 틀림없이 수학적인 상황이 있다. 육각형 형태의 벌집은 표면적의 극소화와 밀랍을 다지는 효율성을 충족시키기 위한 기하학적 구조를 **따른다**. 비록 그것이 수학적으로 완전한 최적의 해를 나타내는지는 확신할 수 없지만 말이다. 그래도 톰프슨은 벌이 그런 구조를 실현하기 위해 어떠한 수작업이나 세심한 측정도 필요 없으며 단지 물리적으로 조직화하는 힘에만 의존할 것으로 잘못 생각했다.

    비록 톰프슨이 생물학적 구조를 지배하는 물리적 힘을 찾으려는 자신의 결의에 대해 조금 지나칠 정도로 열정적이었음에도, 다윈주의 또는 그것의 현대적 후예인 유전학의 다소 안이한 대답에 도전한 것은 여전히 옳다고 알려져 있다. 왜냐하면 이 끝에서 저 끝까지 꿀벌의 유전체를 해석할 수 있지만, 그 안에 어디서도 벌집의 청사진을 찾을 수 없다는 것이다. 그것은 생명체(암컷 일벌)가 일을 열심히 할 때만 드러나는 어떤 것이다. 단지 한 생명체가 아니라 꿀벌 떼가 그래야 한다. 이 육각형의 저장소는 집단의 노력으로 생긴다. 때로는 무엇을 보고 있는지 알기 위해 자세히 들여다보기보다 한 발 뒤로 물러날 필요가 있다. 톰프슨도 그 점에는 분명 이의가 없었을 것이다.

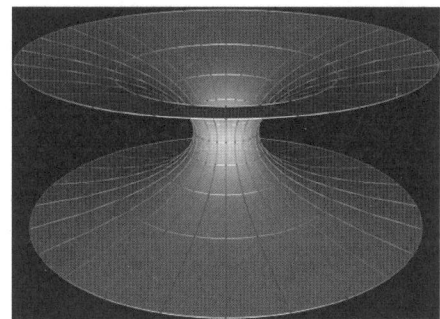

그림 2.32
2개의 동심 원형 후프를
연결하는 극소 곡면을
현수면이라고 부른다.

공간을 채우는 값싼 방법

오토가 언급했듯이 임의로 주어진 경계 사이에서 극소 면적의 표면을 찾는 것은 이보다 더 간단하기도 어려울 것이다. 즉 철사로 틀을 만들어 비눗물에 담그면 된다. 하지만 수학적으로 이 문제는 굉장히 무시무시한 문제다. 오일러가 이 문제에 큰 진척을 가져온 첫 번째 사람이다. 1744년에 그는 2개의 동심 원형 후프를 연결하는 최소 곡면이 현수면(catenoid)라고 불리는 꽃병 모양 형태라는 것을 보였다. (그림 2.32 참조) 이것은 손가락을 물에 살짝 담갔다가 천천히 뺄 때 들러붙는 초승달 모양(meniscus)이다. 1760년대에 조제프 라그랑주(Joseph Lagrange, 1736~1813년)는 이 '극소 곡면'을 미적분학을 이용해 연구했다. 하지만 1776년이 되어서야 프랑스 수학자 장 바티스트 마리 샤를 뫼니에(Jean Baptiste Marie Charles Meusnier, 1754~1793년, 군인이며 기구 항공학의 전문가 — 옮긴이)가 이러한 표면의 명확한 특징을 밝혔다. 근본적인 특징은 그 모양이 표면적을 극소화하는 것이 아니라 표면의 모든 점에서 **0의 평균 곡률**을 가진다는 점이다. 표면의 곡률은 표면의 반지름과 관련이 있다. 즉 반지름이 작을수록 곡률은 커진다. 마치 언덕

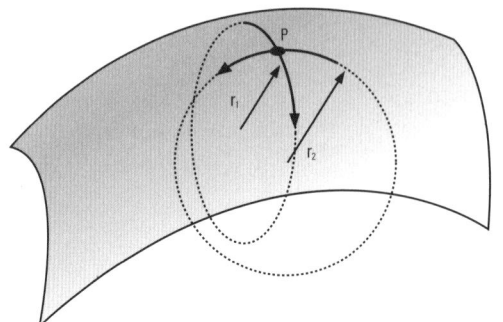

그림 2.33
한 점 P에서 표면의 평균 곡률은 그 점을 지나는 두 수직 방향 곡률의 합이다. 각 곡률은 그 점의 표면 윤곽과 들어맞는 원의 반경으로 계산된다.

이나 사발처럼 2차원에서 구부러진 표면의 경우 평균 곡률은 두 수직 방향의 곡률을 더해서 얻는다. (그림 2.33 참조) 오일러 현수면 같은 모양의 경우 표면은 한 방향으로는 한 방식으로 (언덕 같은 또는 '아래쪽'으로) 휘어지고, 그 수직 방향으로는 반대 방식으로 (사발 같은 또는 '위쪽'으로) 휘어진다. 따라서 한 곡률은 양의 값, 다른 곡률은 음의 값이다. 이런 표면의 어느 부분도 말안장 모양이다. 평균 곡률이 0인 표면은 어느 지점에서도 이 두 곡률 값이 완벽하게 서로 상쇄된다. 이상하게 생각될지 모른다. 왜냐하면 현수면은 분명 **상당히** 휘어져 있는데 그럼에도 **평균 곡률**은 0이기 때문이다. 비누 막의 경우를 생각한다면 막의 두 면 사이의 압력 차가 벽의 곡률과 관련이 있다는 것을 일찍이 살펴보았다. 압력 차가 없다면 막은 단지 평평할 것이다. 현수면 모양은 평평하지 않지만 그럼에도 0의 평균 곡률이 의미하는 바는 양쪽 면에서 압력이 같다는 것이다.

1834년에 수학자 하인리히 페르디난트 셰르크(Heinrich Ferdinand Scherk, 1798~1885년)는 경계 없는 극소 곡면을 만들 수 있음을 발견했다. 즉 이 극소 곡면은 공간에 끝없이 펼쳐질 수 있다. 셰르크는 안장 모양의 '벽돌'이 다른 동일한 단위체와 그 경계에서 결합해 끝없이 반복되는 격자를 만들 수 있음을 보였다. (그림 2.34 참조) 이것을 **주기 극소 곡면**(periodic minimal surface)이라 하고 3차원 공간을 2개의 상호 관통하지만 독립적인 미로로 나누는 성질이 있다. 즉 한 미로에서 다른 미로로 가려면 둘 사이의 표면을 통과하지 않고는 갈 수 없다. 이런 이유로 이 구조를 **이중 연속**(bicontinuous)이라고 말한다.

또 다른 독일인[10] 카를 헤르만 아만두스 슈바르츠(Karl Hermann Amandus Schwarz, 1843~1921년)는 이어서 플래토가 제안한 문제, 즉 정사면체 틀 안에서 펼쳐져 네 모서리에 닿는 비누 막의 모양이 무엇인지를 연구하는 중에 또 다른 이중 연속 주기 극소 곡면(bicontinous periodic minimal surfaces)을 발견했다. 슈바르츠가 유도한 안장 모양의 해(그림 2.35a 참조)는 셰르크처럼 이른바 P-곡면으로 불리는 표면으로 종합할 수 있다. (그림 2.35b 참조) 미국의 수학자 앨런 휴 쉔(Alan Hugh

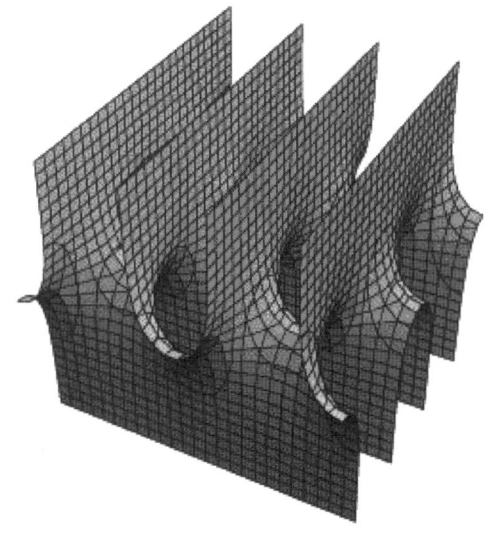

그림 2.34
셰르크의 주기 극소 곡면

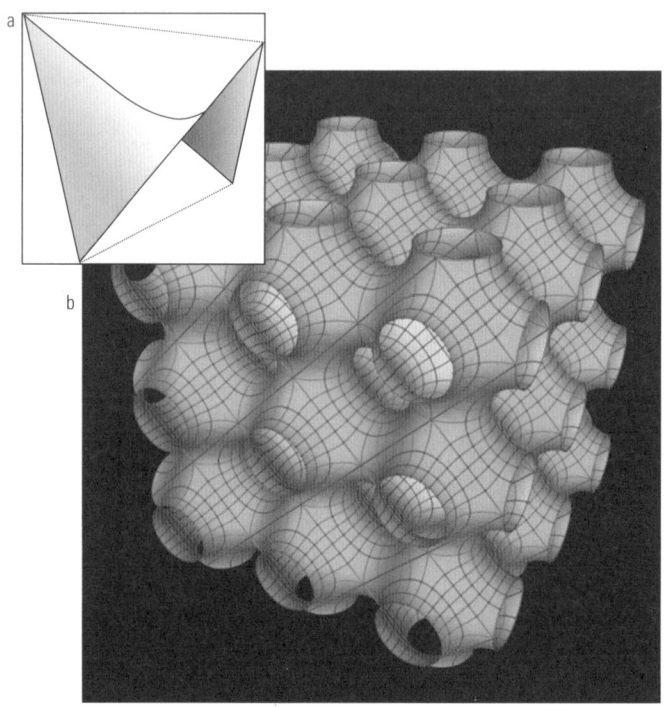

그림 2.35
정사면체의 네 모서리를 걸치는 슈바르츠의 극소 곡면은 (b) P-곡면으로 불리는 주기 극소 곡면의 '구성 단위'로 이용될 수 있다.

Schoen, 1924년~)은 1960년대 D-곡면과 자이로이드 혹은 G-곡면(도판 1 참조)으로 불리는 2개의 다른 간단한 이중 연속 주기 극소 곡면을 발견했다. 이 모든 주기 극소 곡면은 모든 점에서 양쪽 면의 압력이 같은 2개의 영역으로 공간을 나눈다.

이 곡면들은 극소 면적을 갖기 때문에 주기 극소 곡면은 이론상 공간에 막을 칠 때 에너지적으로 가장 선호되는 방법이다. 자연이 그런 특별한 경제학을 이용하기는 할까? 확실히 그렇다.

결정 구조 세포

앞에서 설명한 대로 세포막은 비누 막 안팎과 좀 닮은 데가 있다. 즉 친수성과 소수성을 모두 가진, 지질이라 불리는 양친성 분자의 이중층은 지질 꼬리 부분이 물을 밀어내므로 서로 등을 맞대고 결합한다. 비슷한 이중층을 계면 활성제 또는 물에 용해돼 있는 지질에서 인공적으로 만들 수 있다. 낮은 농도에서 이 분자들은 꼬리 부분은 공기 중에 있으면서 단지 수면 위를 떠돌아다니든지 하면서 모인다. 농도가 증가하면 그 꼬리 부분은 가장 안쪽에 위치하고 물에 녹을 수 있는 머리는 표면에 위치하면서 마이셀(micelle)이라는 둥근 무더기를 만든다. 농도를 더 높이면 계면 활성제들이 모여 이중층을 만들고 소포(vesicle)라고 불리는 거품 같은 낱칸 모양에 가까워지거나 판 형태로 쌓인다. 이 판은 매우 잘 휘어진다. 하지만 에너지 비용을 지불해야 한다. 왜냐하면 곡률은 바깥층의 머리 부분을 들어 올려 떨어뜨리고 꼬리 부분을 물에 더 많이 노출시키기 때문이다. 이것은 이중층 구조가 단지 표면적뿐만 아니라 그 휘어진 정도로도 결정되었음을 의미한다. 그 균형을 맞추는 것이 매우 미묘해서, 별 모양이나 도넛같이 꽤 복잡한 모양의 소포가 생길 수 있다. (그림 2.36 참조) 이처럼 인공적으로 만든 세포와 유사한 덩어리에서, 아메바 같은 생명체의 외형을 떠올리게 하는 모양이, 순전히 형태를 결정하는 물리적인 힘으로 나타날 수 있다는 사실이 무척 놀랍다.

이중층 판은 잔물결로 출렁인다. 이는 열에 의한 분자들의 무작위 반응의 결과이다. 라멜라상(lamellar phase, 겹층상)이라 불리는 이중

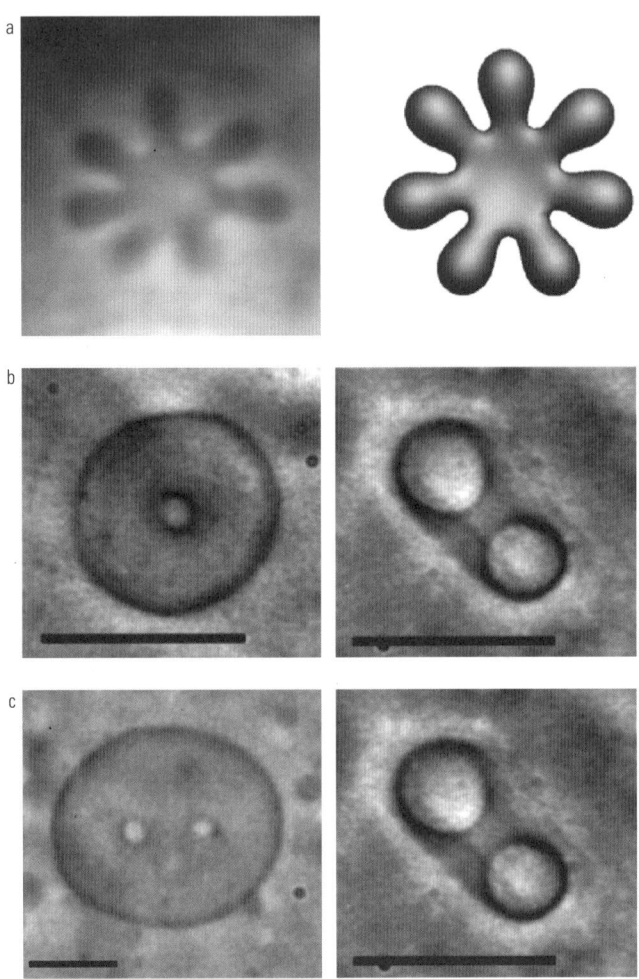

그림 2.36
지질 분자의 이중층은 놀랍게도 뒤틀린 모양에 가깝다. (a) 불가사리, (b) 도넛, (c) 더블 도넛 소포. (b)와 (c)는 위와 옆에서 본 모습이 함께 있다.

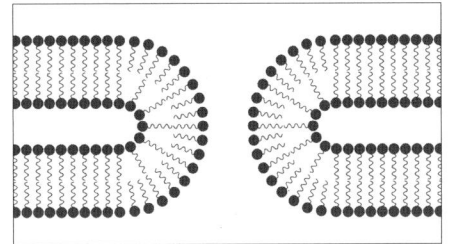

그림 2.37
전에는 분리된 영역 사이에 채널을 만들면서, 이른바 라멜라상의 인접한 이중층 판 사이에서 기포가 자발적으로 형성될 수 있다.

층 판이 여러 층 쌓인 데서 이러한 요동이 인접 판을 닿게 해 합쳐지게 할 수 있다. 마치 이전에는 나뉘져 있던 구역을 연결하는 채널과 기공을 열어젖히는 2개의 비누 막처럼 보인다. (그림 2.37 참조) 기공은 곡률을 가져오게 되고 따라서 에너지가 든다. 하지만 판의 열운동이 그 대가를 치를 충분한 에너지가 있다면 판들은 합쳐져 터널로 연결된 하나의 연결망을 이룰 수 있다. 이것은 무질서하게, 마구 배열할 수 있으므로 막이 쌓인 더미를 스펀지처럼 구멍이 송송 난 구조가 되게 한다. 그 결과 이른바 스펀지상 또는 좀 더 비유적으로 말해서 '배관공의 악몽' 구조가 생긴다. 한편 기공이 질서 있는 패턴으로 정렬될 수도 있다. 왜 그렇게 될까? 만약 두 기공이 서로 가깝게 위치한다면 그 둘 사이 영역에서 곡률이 증가하고 이런 변화는 두 기공이 떨어져 있을 때보다 더 많은 에너지가 필요하다. 따라서 기공은 떨어져 있으려고 한다. 실제석으로 서로를 밀어내는 것이다. 계에 많은 기공이 있다면 이러한 밀어냄이 기공을 어느 정도 같은 간격으로 떨어져 있도록 해 일종의 '통 모양의 결정'을 만들어 내는 것이다. 그런 정렬된 패턴이 있는 구조의 단면(그림 2.38 참조)은 이 구조가 2개의 상호 관통하는 영역으로 공간을 나누는 이중 연속 구조임을 보여 준다.

그림 2.38
계면 활성제 이중층의 이중 연속상에서, 공간은 상호 연결이 없으면서 동시에 상호 관통하는 2개의 뚜렷한 네트워크로 나뉜다. 여기서는 서로 근접한 이중층을 연결하는 구멍으로 만들어진 간단한 이중 연속상의 단면을 보여 준다. 2개의 부분 공간은 각각 밝은 회색, 어두운 회색으로 그려졌다.

이탈리아 화학자 비토리오 루차티(Vittorio Luzzati)가 1960년대 발견한 계면 활성제를 가지고 잘 정렬된 또 다른 종류의 이중 연속상이 만들어졌다. 그것은 본질적으로 슈바르츠 P-곡면의 형태를 띠며, (그림 2.35 참조) 기본 반복 단위에 입방 대칭성이 있기 때문에 입방 P-상으로 불린다. 여기서 기공은 채널로 연결된 별개의 층이 아니라 대신 미로처럼 얽힌 네트워크를 생성하면서 3차원의 모든 방향에서 형성되는데, 실제로는 2개의 상호 관통하는 네트워크로 전 공간이 꿰어져 있다.

계면 활성제를 이용해 주기 극소 곡면을 만드는 핵심은 얼마나 많은 계면 활성제가 용액에 들어있는가로 결정되는 이중층의 표면적과 이 곡면이 표면을 잘 꾸려서 공간을 이용 가능하도록 가장 잘 나누는 방법을 제공하게 만드는 데 있다. 이러한 곡면으로 나뉜 공간은 평균 곡률이 어느 곳에서도 0이기 때문에 심하게 굽은 영역이 없다.

루차티는 세포막이 계면 활성제와 너무 닮아서, 이 같은 구조가 아마도 복잡한 배관 계통을 가지고 있을지 모를, 살아 있는 세포에서 발견될 수 있는지 궁금했다. 정말로 지질과 일부 단백질이 생성되는 곳인 활면 소포체(smooth endoplasmic reticulum, 또는 매끈 세포질 그물)로 알려진 우리 몸의 세포 속에서 막 채널과 기공의 얽힘은 무질서한 스펀지상과 매우 닮아 있다. (그림 2.39 참조) 이것이 정렬된 연결망이 될 수 있을까?

이제까지 살펴본 대로 실제 세포막은 계면 활성제로 된 막이나 비누 거품보다 훨씬 더 복잡하다. 특히 여러 개의 서로 다른 지질로 이루어진 혼합물을 포함한다. (이것은 표면 장력이 위치마다 다를 수 있음을 의미한다.) 또 단백질과 여러 생체 분자들이 박혀 있어서 막이 구부러지거나 서로 달라붙는 경향에 영향을 준다. 따라서 표면 극소화와 곡률 에너지 같은 물리적 힘이 막의 모양을 결정하는 유일한 또는 가장 중요한 요인이라고 분명하게 말하기 어렵다.

그럼에도 그것들이 때때로 그 요인으로 나타난다. 1965년 오스트레일리아 캔버라에 있는 오스트레일리아 국립 대학교의 식물 생물학

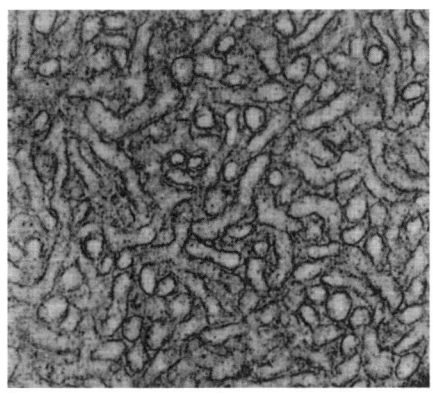

그림 2.39
세포의 활면 소포체는 무질서하게 구멍 난 막으로 된 일종의 '스펀지'이다.

자 브라이언 에드거 스코스 거닝(Brian Edgar Scourse Gunning, 1934년~)은 식물 세포의 전자 현미경 이미지에서 호기심을 자극하는 규칙적인 패턴을 보았다. (그림 2.40a 참조) 이 그림들의 어두운 영역은 투사된 막의 그림자 같은 윤곽을 그렸다. 엄격히 나뉜 낱칸 또는 채널이 매우 질서 있게 나타난다. 거닝은 전(前) 라멜라 막(prolamellar membrane)이라고도 하는 이와 같은 구조가 입방 P-상과 같은 형태일 것이라고 제시했다. 10년 뒤 거닝과 식물학자 마틴 스티어(Martin W. Steer)는 기본 단위가 되는 구조를 반복함으로써 만들어질 수 있는 주기 극소 곡면을 가지는 비누 막이 보여 주는 형태와 '결정 구조의' 전 라멜라 막 사이의 연계성을 지적했다. 이어서 1980년에 스웨덴 룬드 대학교의 코레 라르센(Kåre Larssen, 1937년~)과 그의 동료는 슈바르츠 주기 D-표면(도판 1 참조)과 같은 모양의 막처럼 이론적으로 예측한 패턴을 거닝의 현미경 사진과 비교했다. 룬드 대학교 팀은 세포 생물학 문헌을 조사해,

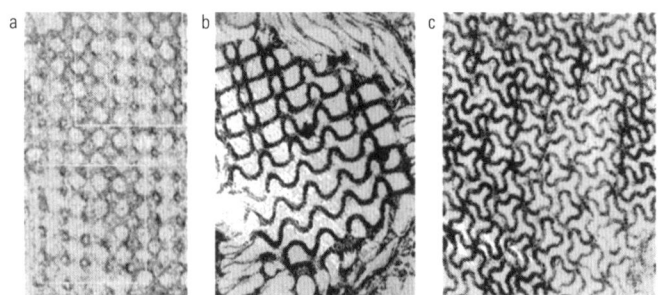

그림 2.40
주기적인 막 구조는 살아 있는 세포에서 흔히 볼 수 있다. 이들 중 상당수가 주기 극소 곡면과 관련된 것처럼 보인다. (a) 잎 막의 P-곡면, (b) 해조류의 D-곡면, (c) 칠성장어 상피 세포의 G-곡면.

세균에서 쥐와 칠성장어에 이르는 생물에서 입방 막이라고 불리는 서로 다른 질서 있는 막 구조를 많이 발견했다. (그림 2.40b~c 참조) 그리고 이들 중 상당수가 주기 극소 곡면에 해당하거나 이와 밀접하게 관련되어 있음을 보았다.[11] 이것은 스웨덴 연구자들의 말처럼 어디서나 볼 수 있다. 소포체에서, 미토콘드리아(대사 에너지를 발생하는 세포 내 작은 방) 막에서, 그리고 리소좀(단백질과 지질을 분해하는 세포 내 작은 방)에서도 말이다.

이제 생물학적 입방체 막(biological cubic membrane)이 간단한 계면 활성제의 이중층에서 보이는 주기 곡면 구조와 같다는 이유만으로 그 형성 원인도 같다고 생각할 수 없다. 한 예로 세포 구조는 몇 배나 더 크게 되려는 경향이 있다. 또 세포는 가장 낮은 에너지에 대응되는 구조라고 믿기에는 너무 불안정하다. 그래도 이와 같은 입방체 막은 벌집처럼 한 부분 한 부분이 수고롭게 지어졌다기보다 물리적인 힘으로 자발적으로 형성된 것이 틀림없다. 그리고 입방체 막을 너무 흔하게 볼 수 있기 때문에, 자연이 이것을 이용하는 몇 가지 예를 찾아낸 것이라고 가정해도 무방하다. 어느 누구도 아직 그것의 (설계) 목적이 무엇인지 모른다. 하지만 세포가 왜 서로 떨어져 고립되어 있으면서 공간에 2개의 연결망을 만드는 방식으로 공간을 나누는 것이 상책인가에 대해 짐작할 수 있다. 예를 들면 아마도 이렇게 함으로써 2개의 생화학적 과정의 '상호 간섭(cross-talk)'을 방지하는 것이다. 입방체 막을 만드는 것은 작은 부피에 많은 '작업 표면'을 만드는 데 좋은 방법이기도 하다. 세포 안 소포체에서 단백질 합성 과정은 막 표면에서 일어난다. 그리고 규칙적인 공간 구획은 분자를 조립하는 라인의 능률을 향상시킬지 모른다. 하지만 이것은 단지 추측일 뿐이다.

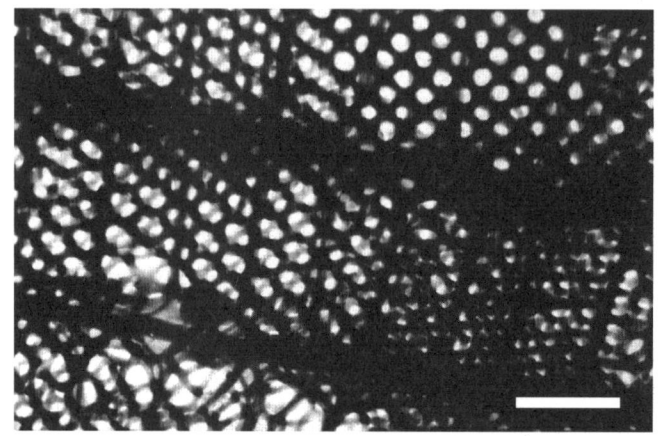

그림 2.41
유럽계 녹색부전나비의 날개 비늘은 여기서 전자 현미경으로 보는 바와 같이 자이로이드 주기 극소 곡면 구조가 있는 딱딱한 표피의 격자로 만들어진다. 흰 막대는 1밀리미터의 1,000분의 1 길이이다.

    그러나 나비 날개에서 발견되는 자연의 이중 연속 구조는 매우 분명한 기능이 있는 것처럼 보인다. 네덜란드 그로닝겐 대학교의 도켈레 헤르벤 스타벤가(Doekele Gerben Stavenga, 1942년~)와 그의 공동 연구자 크리스텔 미힐센(Kristel F. Michielsen)은 몇몇 나비의 날개 비늘(날개 표면에 기와처럼 배열된 딱딱한 표피가 아주 조금씩 겹쳐진 얇은 조각)이 자이로이드 또는 G-곡면 모양의 다공성 미로 구조를 가진다는 것을 발견했다. (그림 2.41 참조) 그들은 유럽계 녹색부전나비(*Callophryus rubi*), 에메랄드 빛을 두른 세소스트리스 제비나비(*Parides sesostris* 나비) 그리고 인도계 카이저아이힌트(Kaiser-i-Hind) 나비(*Teinopalpus imperialis*)를 포함하는 호랑나빗과(papilionid)와 부전나빗과(lycaenid) 등 여러 종류의 날개 비늘을 전자 현미경으로 관찰했다. 비늘은 규칙적인 격자 구멍같이 보이도록 구멍이 나있다. 보다 자세히 관찰하면 구멍들은 이중 연속 자이로이드 구조라고 생각할 수 있는 패턴으로 서로 연결되어 있음이 밝혀졌다. 스타벤가와 미힐센은 이것을 세포 소포체에서 날개 비늘을 형성하는 어떤 구조의 잔존물로 생각했다. 그리고 그것은 비늘이 생성되면서 큐티클 혹은 표피(키틴질로 불리는 보통 단단한 생물학적인 물질)로 덮이게 된다. 결국 그 세포들은 죽고, 미세 패턴이 들어간 표피의 딱딱한 껍데기만 남는다.

그런데 왜 이런 패턴이 있을까? 이런 패턴을 머금은 물질은 그 고유 길이가 가시광의 파장과 비슷하므로, 빛과 상호 작용해서 현저한 광학적 효과를 볼 수 있다. 많은 나비 비늘은 융기 구조가 죽 줄지어 덮여 있어서 빛을 산란하고 밝은 무지개 빛깔을 만든다. 자이로이드 구조도 비슷한 반응을 보인다. 세소스트리스 제비나비와 유럽계 녹색부전나비의 자이로이드 구조는 날개 특유의 녹색을 만들어 낸다. 따라서 이 같은 미세 패턴 형성이 4장에서 그 기원을 살펴볼, 장관을 연출하는 나비 날개의 대면적 점 패턴을 형성하는 핵심 구조로 사용되는 것 같다.

패턴된 플라스틱

비누 막이나 세포막보다 훨씬 더 단단한 재료를 가지고, 견고한 미로를 만들기 위해 주기 극소 곡면으로 '동결(freezing)'하는 것이 합성 고분자를 사용하는 인위적인 방법으로 얻어졌다. 이러한 플라스틱 섬유는 거대 분자를 포함하는 데 이들은 보통 단일 사슬로 분류되는 화학 결합으로 연결된 다수의 더 작은 분자 단위로 이루어진다. 일반적으로 서로 다른 고분자는 섞이는 것을 좋아하지 않는다. 두 액체 상태의 고분자를 서로 만나게 하면 무거운 쪽이 바닥으로 가면서 물과 기름처럼 두 층으로 분리될 것이다. 그런데 만약 서로 다른 두 사슬을 묶어서 서로에게 벗어날 수 없게 하면 무슨 일이 일어날까? 이러한 혼성체(hybrid)는 블록 공중합체(block copolymer)라고 불린다. 즉 다른 종류의 블록으로 나뉘는 사슬로 이루어진다. 따라서 두 블록의 사슬, 즉 2개의 블록으로 이루어진 공중합체는 길게 늘어난 계면 활성제 같은 것이다. 머리와 꼬리 (또는 이 경우에 두 꼬리) 부분이 서로 대립되는 '개성'을 가지면서 말이다.

블록 공중합체는 섞임과 분리 사이에 타협점을 찾음으로써 이렇게 서로 다른 선호도에서 비롯되는 대립을 중재한다. 같은 종류의 블록은 서로 엉겨 붙어 영역을 이루는데 그 크기는 사슬 길이로 결정된다. 이것은 한 종류의 고분자로 이루어진 구형에 가까운 미세 방울을 형성하며, 이 방울은 다른 종류의 고분자 '바다'로 둘러싸여 있다. (그림 2.42 참조) 운동화 밑창에 사용되는 고무 재질이 바로 이 구조다. 사

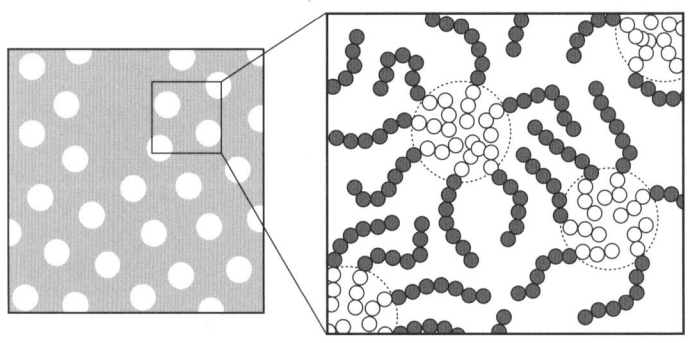

그림 2.42
블록 공중합체는 화학적으로 서로 다른 분절이 있는 분자 사슬로 되어 있고, 분절에 따라서 구역이 뚜렷하게 나뉜다.

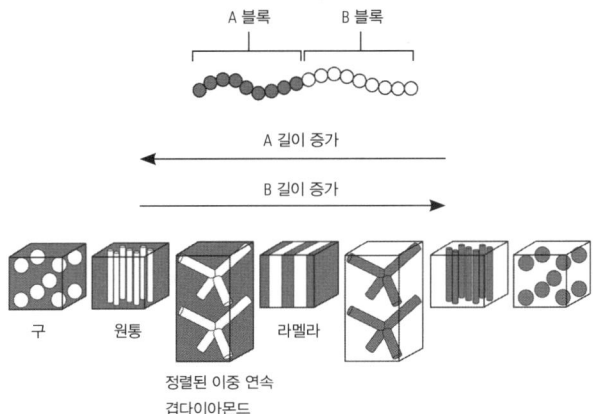

그림 2.43
2개의 서로 다른 사슬의 분절이 있는 공중합체는 두 사슬 간 길이 비에 따라 자발적으로 다양하게 정렬된 구조를 형성한다.

실 이 물질은 고분자 폴리부타디엔(polybutadiene, 부타디엔의 첨가 중합으로 얻는 고분자 화합물 — 옮긴이)의 조각이 폴리스티렌(polystyrene, 무색투명한 합성수지 — 옮긴이)의 두 블록 사이에 끼어 있는 **삼중 블록**(triblock) 공중합체이다. 이 재료는 '열경화성'이 있는데, 즉 실제 고무와 달리 반복해서 녹일 수 있어 분절화되고 재결합하는 미세 방울이 고무 형태로 돌아갈 수 있다.

이런 종류의 부분적인 분리는 그리 나쁘지 않은 타협이다. 서로 다른 블록으로 된 영역 사이에 많은 표면을 만들지만 이것을 피할 수는 없다. 어느 정도 분리된 영역을 가지려면 반드시 일정한 표면을 만들어야만 한다. 문제는 표면적을 최소화하기 위해 어떻게 표면을 배열하는 것이 최선이냐 하는 것이다. 이것은 분절의 상대적인 길이에 의존한다. 길이의 비가 달라지면 이중 블록 공중합체는 다양한 패턴이 있는 구조를 형성할 수 있다. (그림 2.43 참조) 한 블록이 짧으면 구형 방울이 최선의 선택이다. 그리고 구형 방울이 많으면 마치 거품 뗏목처럼 (그림 2.44a 참조) 규칙적인 배열로 정렬될 수 있다. 만약 더 짧은 블록이 약간 길어지면 구는 원통이 된다. (그림 2.44b 참조) 두 블록이 대략 같은 길이가 되면 계면 활성제의 이중층 또는 라멜라상과 유사하게 사슬은 납작한 판을 형성한다. 그러나 이 원통형과 이중층, 라멜라 배열 중간에 일부 블록 공중합체는 자이로이드상처럼 이중 연속 주기의 극소 곡

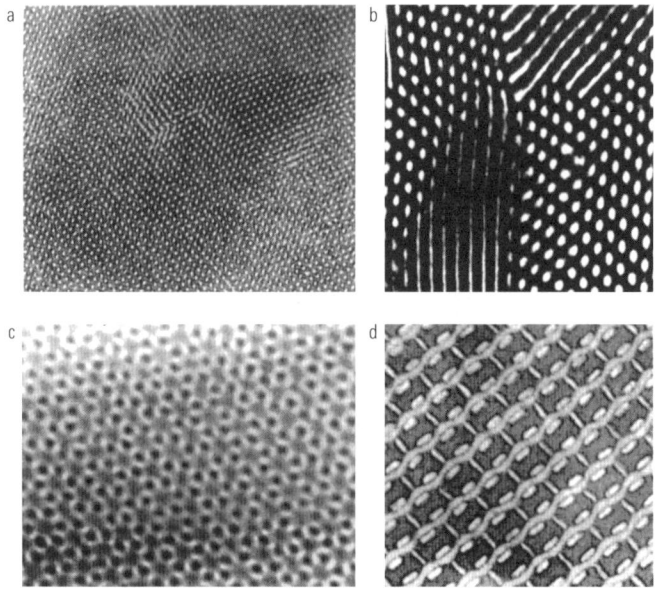

그림 2.44

블록 공중합체로 만든 정렬된 패턴의 일부를 보여 주는 현미경 단면 사진.
(a) 구형 영역의 6방 배열, (b) 실린더의 6방 배열(여기서 일부가 정면을 향하고 있다.) (c) 극소 곡면 자이로이드상, (d) 3개의 분절이 있는 사슬로부터 형성된 좀 더 복잡한 구조.

면에 대응되는 배열을 채택한다. (그림 2.44c 참조) 셰르크의 극소 곡면 (그림 2.34 참조)은 공중합체에서도 찾아볼 수 있다. 삼중 블록 공중합체는 직물 조직과 닮은 조직을 가지면서 훨씬 더 복잡한 주기 구조를 채택할 수 있다. (그림 2.44d 참조)

이와 같은 패턴이 항상 수학적으로 이상적인 극소 곡면인지는 분명하지 않다. 일례로 만약 두 블록의 길이가 서로 다르면 상호 침투하는 연결망이 완전히 동등하지 않다. 또한 패턴은 고분자 사슬의 채움(packing)과 늘어남(stretching, 균형을 맞추기 위해 들여야만 하는 에너지 비용이 부과된 것)에 영향을 받는다. 하지만 이것은 다음의 사실을 훼손하지는 않는다. 즉 이와 같이 자발적으로 형성된 패턴은 미세한 힘들이 상호 작용한 결과이며 이때 힘의 균형이 조금만 이동해도 패턴의 크기나 구조가 전혀 다를 수 있다는 사실이다. 이 패턴들은 단순히 개별 구성 블록을 고려한다거나 구성 블록 몇 개가 어떻게 서로 쌓이는지 밝혀내는 것만으로는 예측할 수 없다. 그것은 전체 계의 **떠오르는 성질**(emergent propenty)이기 때문이다.

거품 화석

이제 헤켈의 방산충 도감에 나오는 환상적인 무기질(mineral, 생물을 구성하는 원소 중에서 탄소, 수소, 산소 3원소를 제외한 생물체의 무기적 구성 요소—옮긴이) 그물로 돌아갈 준비가 되었다. 아우로니아 헥사고나의 그물처럼 생긴 외골격 틀과 그 동류는 다름 아닌 화석화된 폼(foam)과 닮았다는 것을 한눈에 확인할 수 있다. 톰프슨에 따르면 이것은 정확히 그들 자신이다. 이런 종류의 그물 구조를 만들기 위해 생명체는 거품을 불고 돌에 접합부를 고정한다. 다시 말해 미세 해양 동식물은 유

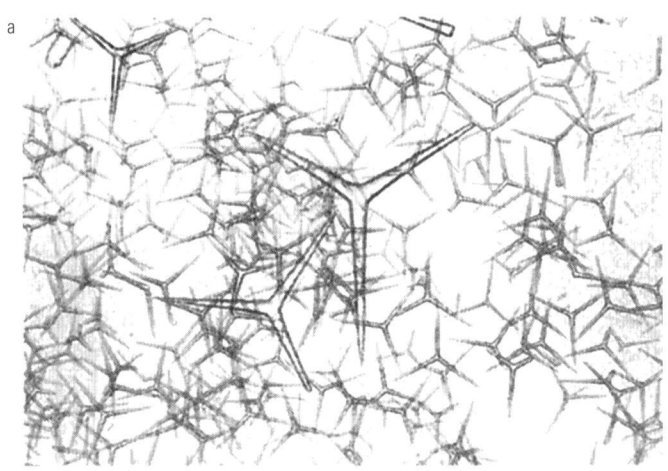

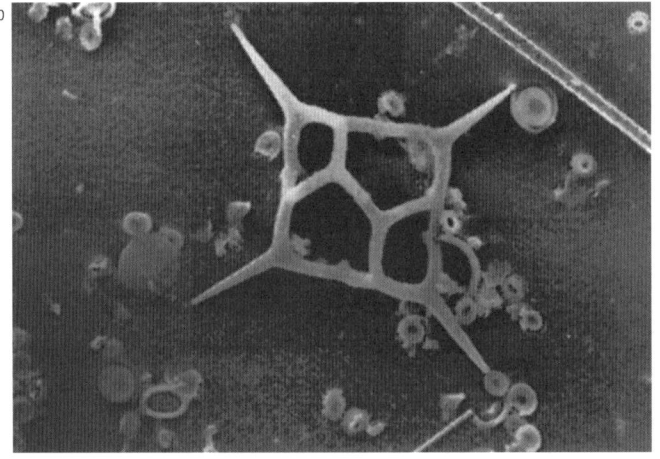

그림 2.45

(a) 스펀지의 바늘 모양 뼈. 스피큘은 거품 같은 소포 집단 사이에 놓이는 플래토 경계의 미네랄 '주조물'처럼 보인다. (b) 플래토 접합은 규질 편모조류의 외골격에서 분명하게 보인다.

기 막으로 만들어진 한 층의 거품 같은 소포(또는 액포(vacuole)로 불림)로 자신을 둘러싸고, 액포 벽이 만나는 플래토 경계에 붙잡힌 용액에서 미네랄, 실리카 또는 탄산염이 침전되도록 한다.

어떤 경우에는 이런 가설이 생물학적인 사실과 매우 잘 들어맞는 것처럼 보인다. 스펀지에서 형성되는 끝이 세 방향을 가리키는 실리카 별(침상체(spicule)라고도 불림)을 만들기 위해 플래토 꼭짓점은 완벽한 주형을 제공한다. (그림 2.45a 참조) 규질편모조류의 단순한 외골격은 플래토 규칙을 잘 따르는 것처럼 보인다. 서로 다른 크기의 '거품' 간 압력차 때문에 생기는 버팀대의 아주 작은 곡률까지도 말이다. (그림 2.45b 참조) 헤켈의 나세레리안(nassellarian) 방산충 골격은 마치 사면체 틀 안에 걸친 거품처럼 보인다. (그림 2.46a 참조) 한편 헤켈이 적절히 명명한 리소쿠부스 게오메트리쿠스(*Lithocubus geometricus*)는 입방체 틀 안의 거품이고, 프리스마티움 트리포디움(*Prismatium tripodium*)은 3각 프리즘 틀 안의 거품이다. (그림 2.46b, c 참조)

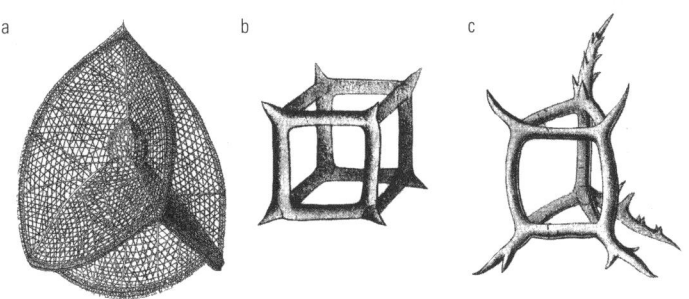

그림 2.46
헤켈이 그린 일부 외골격들은 우리 안에 매달려 있는 거품 모양으로 예상되는 구조를 가진다. (a) 사면체, (b) 입방체, (c) 3각 프리즘 틀.(그림 2.24 참조)

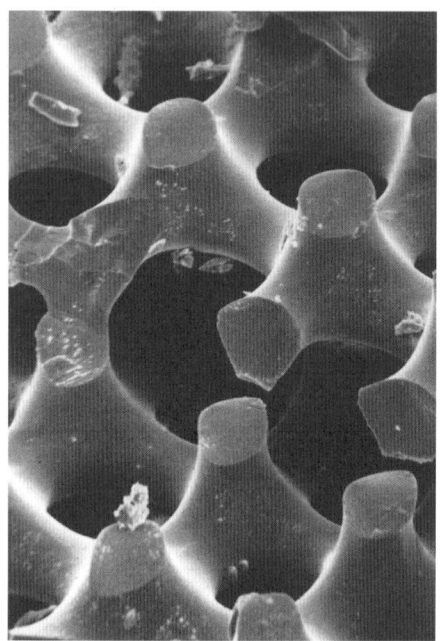

그림 2.47
성게(시다리스 루고사)의 방해석 골격은 주기 P-곡면으로 광물화된 주조물같이 보인다.

시다리스 루고사(*Cidaris rugosa*, 수심 약 400~550미터에 사는 성게의 일종 — 옮긴이)의 골격은 더욱 시사하는 바가 크다. 그것은 마치 입방 P-곡면(그림 2.38 참조)처럼 보이는 방해석 그물(그림 2.47 참조)이다. 나비 날개의 비늘 구조처럼 이러한 구조가 입방체 세포막과 동일한 선을 따라서 패턴이 형성된 부드러운 유기 조직 틀 위에 쌓인다고 추측하는 것이 타당해 보인다. 이것은 상대적으로 적은 양의 재료를 가지고 모든 방향에 대해 강도 및 경도를 주는 공학적으로 좋은 디자인이다. 이 골격들이 철근 콘크리트보다 더 강하다.

어떻게 생명체는 돌에 폼을 주조할까? 지금은 방산충과 규조류 둘 다 작은 구멍이 나 있는 소포라고도 하는 거품 같은 구조를 분비하는 것이 알려져 있다. 그것은 생명체의 막벽(원형질막, plasmalemma)에 붙어 있어 규칙적인 폼과 같은 배열로 쌓인다. 일련의 얇은 관 같은 막이 이러한 폼을 관통한다. 실리카 성분이 풍부한 용액을 운반하면서 말이다. 이 용액이 작은 구멍 난 소포가 형성하는 주형틀 위에 광물화된 그물 모양을 만든다. (그림 2.48 참조) 어떤 생명체에서는, 특히 규조류에서는 이와 같은 과정이 패턴 안에 패턴을 만드는 여러 척도를 거치는 계층적인 방식으로 진행될지 모른다. 따라서 비록 딱딱한 재료가 갇히고 쌓이는 과정은 '생물학적 디자인'에 매우 밀접하게 통제될지라도, 그럼에도 톰프슨이 생각한 광물화된 폼의 기본 개념은 적절해 보인다.

이처럼 패턴이 형성된 무기질 격자는 생물학적으로 유리한 점이 있다. 재료와 무게에 저렴한 비용을 지불하면서 견고한 보호를 제공하는 것이다. 그 열린 다공성 구조는 유기 섬유와 조직들이 관통할 수 있

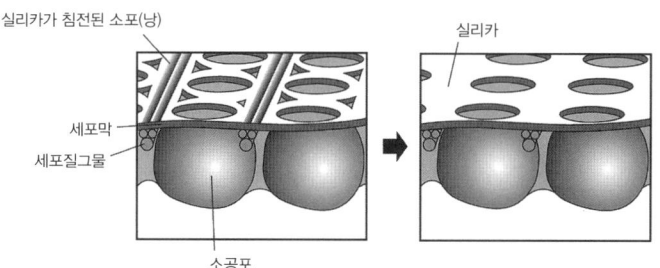

그림 2.48
규조류와 방산충의 외골격 형성은 고도로 조직화된 과정이다. 소공포(areolar vesicle)의 거품이 생명체의 바깥 막 벽에 달라붙고 관 모양의 소포 지지체, 뼈대(scaffolding)가 소공포 사이의 틈에 형성된다. 관 소포체는 실리카를 분비하고 소공포 거품 주변으로 기하학적인 그물 구조를 형성한다.

는 공간을 남겨 놓는다. 마치 세포와 혈관이 뼈의 무기질 섬유를 통과하는 것과 같다. 그리고 더욱 진기한 점은 역시 주기적인 패턴 만들기이다. 나비 날개에서 보았듯이 그것은 빛을 산란하고 색을 만드는 일종의 격자 역할을 할 수 있다. 하지만 질서 있는 미세 미로 구조는 여전히 보다 명석하고 놀라운 방식으로 빛과 상호 작용한다. 그것은 단지 빛을 산란하지 않는다. 대신 실제로는 빛을 포획하고, 유도할 수 있다. 그와 같은 방식으로 심해 해면동물인 해로동굴해면속(*Euplectella*)의 실리카 침상 구조는 빛을 통과시키는 자연적인 광섬유와 같다.

일부 연구자들은 동일한 방식으로 패턴이 형성된 합성 물질로 이런 광 채널링 성질을 얻는 데 관심이 있다. 그것은 통신을 위한 광기술에 응용될 수 있을 것이다. 그들은 규조류와 성게의 외골격 같은 패턴이 형성된 생무기물(biomineral)을 주형틀로 이용해 다른 무기 고체의 연결망과 그물 구조 등을 주조해 왔다. 그러나 만일 이런 종류의 생물학적 패턴 만들기가 정말 기본적으로 단순한 물리적, 화학적인 힘의 결과라면(생명체의 DNA에 부호화된 상세한 청사진이 필요하며, 그 구성 요소를 제자리에 놓기 위해 단백질의 에너지에 의존하는 것이 아니라) 그와 똑같은 힘을 실험실에서 이용해서 자발적으로 패턴이 형성되는 완전히 인공적인 재료를 만들 수 있지 않을까? 자연의 전략을 가져와 실험관에서 인공적인 방산충을 만들 수 없을까?

이러한 질문은 헤켈이 해양 미세 생물의 모양과 형태의 놀랄 만한 다양성을 발견했을 때부터 눈에 띄게 제기되었다. 1870년대 네덜란드의 동물학자 피터 하팅(Pieter Harting, 1812~1885년)은 헤켈, 헉슬리, 그 밖의 여러 사람들이 보고했던 '석회질 형성'을 화학적인 방법만으로 재현할 수 있는지 궁금했다. 이어 수행한 실험에서 그는 계란 흰자와

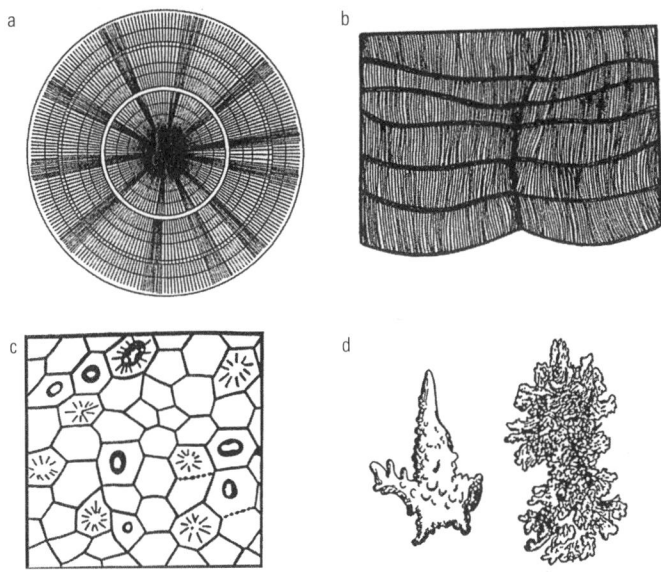

그림 2.49
하팅의 그림은 19세기 '인공 생무기물화(artificial biomineralization, 생물 내에서 무기물이 만들어지는 현상 — 옮긴이)'에 대한 그의 실험으로 얻어진 특이한 결과물을 여실히 보여 준다. 그는 (a) 인편모조류처럼 패턴된 판, (b) 섬유대, (c) 다면체판, (d) 해면의 침 모양 뼈와 산호를 연상시키는 '혹 투성이 성장'을 관찰했다.

젤라틴에 "피, 담즙, 점액, …… 그리고 다진 굴을 막자사발에 으깨 얻은 액체"처럼 다분히 셰익스피어적인 재료의 혼합액에서 탄산칼슘과 인산을 결정화했다. 이런 마법의 혼합액에서 "대부분이 자연에서 발견되는 …… 무수히 많은 형태"가 나오게 된다.

특히 하팅은 패턴이 형성된 구형 탄산칼슘 퇴적물을 에렌베르크가 처음에 실수로 코콜리스와 관련 있는 것으로 생각했던 구형 결정처럼 설명했다. 하팅은 이 구조를 석회 소구로 불렀다. (그림 2.49a 참조) 홈이 난 방해석은 "가는 섬유"로 줄무늬가 있는 띠를 두른 원기둥 모양으로 성장하는 것 같다. (그림 2.49b 참조) 또는 소라 등 해양 복족류의 껍데기와 유사한 "때로는 상당한 크기에 이르며 다소 굽은" 합쳐진 다면체 판 같기도 하다. (그림 2.49c 참조) 이러한 구조들은 순수한 무기물이 아니다. 하팅이 언급했듯이 생명체의 껍데기가 그렇듯 유기 물질을 포함한다. 그는 "혹이 많은", "여러 갈래의" 형태를 보았다. 비록 그의 그림은 산호처럼 보이지만 그것은 하팅에게 해면 침상체를 상기시켰다. (그림 2.49d 참조) 여하간 이들 구조 중 어떤 것도 일반적인 결정처럼 밀집되고, 절단된 작은 면들이 있는 형태처럼 보이지 않았다. 이와 같은 형태의 갤러리를 얻기 위해 하팅의 실험관 안에서 정확히 어떤 과정들이 일어나고 있었는지 알기는 어렵다. 하지만 겔 같은 유기 바탕질에서 그의 시약의 느린 확산은 다음 장에서 논의되는 패턴 형성 과정의 일부를 닮은 것처럼 보인다.

하팅은 그의 연구가 자신이 '합성 형태학(synthetic morphology)'으로 명명한 학문에 새로운 길을 닦는 것이기를 희망했다. 합성 형태학은 화학자들이 화학적인 방법으로 생명체 분자를 흉내 내고 재구성할 수 있는 합성 화학과 유사하다. 톰프슨은 그 일에 빠져들었다. 하팅의 석회 소구는 벌레 조직 속 "작은 석회질 몸체와 매우 흡사"한 반면에 다면체 판으로 그것들이 합쳐진 것은 "연체동물 또는 특히 갑각류의 껍데기에서 일어나는 석회화의 초기 단계와 매우 흡사"하다고 톰프슨은 언급했다. 그러나 하팅은 시대를 앞서갔다. 그는 그가 만든 혼합액이 정확히 무엇을 포함하고 있는지 알려 줄 수 있는 방법도 없었고 뿐만 아니라 결정화 과정을 설명하기 위한 어떤 이론 체계도 없었다. '합성 형태학'은 20세기 말이 되어서야 번성하기 시작했다. 즉 연구자들

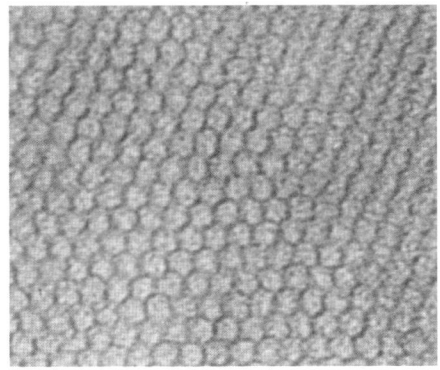

그림 2.50
계면 활성제와 규산염 이온의 혼합액은 서로 협동해, 관 모양의 계면 활성제 응집체의 규칙적 배열 주변에 실리카 벽을 주조하고 패턴이 형성된 고체 재료를 만든다. 이 재료는 미세 기공이 벌집 격자를 이루고 있다.

이 화학의 조직화하는 힘을 이용해 패턴을 가진 무기질을 만드는, 통제하며 신뢰할 수 있는 방법을 발견하기 시작할 즈음이다.

주요한 발견 중 하나가 미국 프린스턴 소재 석유 기업인 모빌 사화학 연구실의 과학자들에게서 나왔다. 모빌 사는 물론 석유에 관심이 있었다. 원유의 석유 화학 성분을 유용한 연료와 유기 합성물로 정제하는 가장 강력한 방법 중의 하나는 제올라이트라는 촉매를 이용하는 것이다. 제올라이트는 규소, 알루미늄, 산소 원자들이 아주 작은 채널을 이룬 연결망, 즉 네트워크를 구성해 결정 구조를 만든 광물이다. 채널의 구멍은 대략 폭이 원유의 탄화수소 분자 정도 너비이다. 따라서 제올라이트는 그 구멍이 충분히 커서 일부 분자는 통과시키고 다른 분자는 통과하지 못하게 하는, 분자를 거르는 분자체 역할을 할 수 있다. 1960년대 모빌 사의 연구원들은 계면 활성제 분자를 포함한 혼합액에서 무기 고체를 결정화해서 인공 제올라이트 합성의 길을 텄다. 한편 1990년대 초 모빌 사의 프린스턴 연구 팀은 상대적으로 고농도 계면 활성제를 사용해 제올라이트 구멍보다 훨씬 넓고 정렬된 6방 배열의 구멍을 가지는 실리카 분자체를 만들 수 있음을 발견했다. (그림 2.50 참조) 이와 같은 무기질의 미세 벌집 구조는 계면 활성제의 자발적인 스스로 짜이는 성질으로 생겨났다. 모빌 사 연구원들은 이러한 분자가 뭉쳐 원통형 마이셀이 되고, 그 기둥이 서로 밀집되어 6방 배열이 된다고 결론 내렸다.

실리카는 이 유기 주형틀 주변에 침전된다. 계면 활성제와 고분자로 된 그 밖의 정렬 구조는 차례로 실리카와 다른 고체를 패턴하는 틀로 사용되어 왔다. 예를 들면 층상 물질은 라멜라상의 계면 활성제 또는 자이로이드상과 같은 주기 극소 곡면의 이중 연속상 무기질 연결망에서 온 것일 수 있다. 다시 말해 유기 물질의 부드러운 패턴은 단단한 틀로 '화석화'될 수 있다. 마치 방산충이 그들의 연한 조직의 패턴을 광물화(또는 무기물화)하는 것처럼 말이다.

1995년 토론토 대학교의 화학자 제프리 앨런 오진(Geoffrey Alan Ozin, 1943년~)과 그의 동료들은 모빌 사에서 개발했던 것과 관련된 합성 기술을 실험하는 중에 꽤 혼란스러운 거품 배열 속에서 패턴이 형성된 미네랄을 만들 수 있음을 발견했다. (그림 2.51 참조) 인산알루미늄에서 생성되는 이런 패턴은 수백만분의 1밀리미터(나노미터)에서 1밀리미터보다 약간 작은 크기에 걸쳐 있는 특징을 보인다. 이것이 반영하는 척도에 대한 계층 구조는 일부 규조류 껍데기에서도 발견된다. 연구원들은 그들이 보고 있는 것이 유기 소포체로 만들어진 폼의 흔적이라고 생각했다. 규조류 껍데기의 틀 역할을 하는 소공포처럼 말이다. 따라서 이 모든 풍부한 예술적 능력의 이면에는 아마도 어떤 단순한 지배적인 힘들이 있어서 패턴 형성을 초래한 것 같다. 이러한 패턴 형성 중 으뜸이 톰프슨이 제안했던 유기 '거품'들의 스스로 짜이는 현

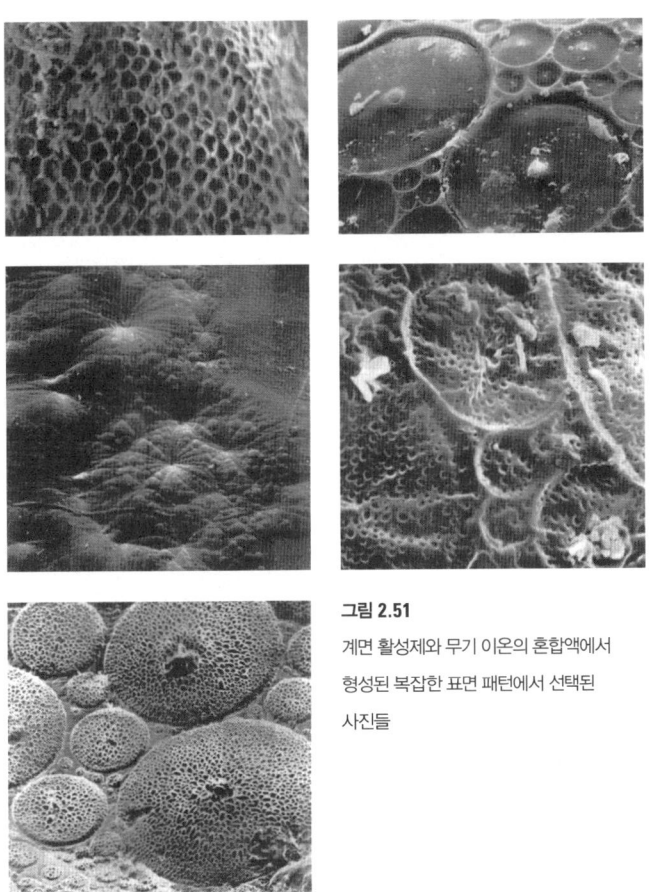

그림 2.51
계면 활성제와 무기 이온의 혼합액에서 형성된 복잡한 표면 패턴에서 선택된 사진들

상(self-organization)이다.

석회질만 남은 화석이 된, 알 수 없는 복잡한 미세 생명체에서 석유 화학 또는 통신 산업의 첨단 물질에 이르는 긴 여정이 있다. 그러나 둘 다 거품과 막의 자발적인 정렬 성향으로 나타난 준기하학적 규칙성에서 혜택을 얻는다. 보편적인 원동력으로 자연의 질서 있는 복잡성을 설명하려 했던 헤켈의 꿈은 단지 하나의 꿈일 뿐이었다. 하지만 그의 영감 넘치는 그림은 수정되고 과장된 점도 있지만 완전히 허구는 아니다. 역설적으로 그의 그림은, 자연 속에서 실현되는 일종의 예술적 능력, 나아가 창조성이 있음을 분명히 보여 준다.

파동 만들기: 시험관 안의 줄무늬

나선은 자연에 도처에 존재한다.
요즘 유행하는 용어로 유비쿼터스다.

3 $^\text{장}$

톰프슨은 으깬 굴로 한 하팅의 실험을 좋아했지만 톰프슨은 화학자가 아니었다. (그 점에서는 하팅도 마찬가지인데 으깬 굴은 동물학자들이나 사용할 법한 그런 종류의 시약이기 때문이다.) 사실 『성장과 형태』에서 톰프슨은 자신이 자연 과학의 궁극적인 목표로 생각한 확고한 수학적 토대를 세우는 데 화학은 아직 부족하다는 푸념으로 시작한다.

 이 사실은 톰프슨의 책에서 이상하게도 화학이 빠진 이유를 설명하는 데 도움이 될지 모르겠다. 하지만 그런 이유로 그를 비난하기 어렵다. 왜냐하면 당시는 화학에서 패턴을 찾을 가망이 거의 없어 보였기 때문이다. 순수하게 물리적이며 기계적인 힘이 대립과 타협을 통해 특기할 만한 질서와 규칙성이 있는 자연을 찍어 내는 방법과 비교하면 화학은 이와 대조적으로 훌륭한 균질기처럼 보인다. 두 화학 용액을 동시에 부어 보자. 그러면 둘은 완벽히 섞이고, 그 결과 분자들은 개성 없는 고른 분포를 가진다.

그러나 항상 그렇지는 않다. 톰프슨은 하팅의 '석회질 응결핵'에서 나타나는 평행한 가는 줄이 있는 상태는 젤라틴 같은 매질에서 어떤 화학 물질이 섞일 때 나타날 수 있는 띠 혹은 고리와 흡사해 보인다고 언급했다. (그림 3.1 참조) 이런 구조는 1896년 독일의 화학자 라파엘 에두아르트 리제강(Raphael Eduard Liesegang, 1869~1947년)이 발견한 이후 리제강 고리(Liesegang's ring, 응결된 콜로이드 용액에서 전해질을 녹인 후 이 전해질과 반응하는 다른 전해질을 넣으면 침전이 생기는데, 이 침전이 일정한 간격을 두고 나타나는 고리 모양의 띠를 일컫는 물리 화학 용어 — 옮긴이)로 알려져 있다. 톰프슨은 이와 비슷한 과정으로 마노(agate)와 줄마노(onyx)에서 나타나는 띠가 있는 광물 형성과 이따금 빙하 퇴적물에서 발견될 수 있는 지층을 설명할 수 있을 것이라고 주장했다. "이 현상의 **존재 이유**(raison d'être)를 토의하기 위해 학생들은 …… 화학 교과서를 참고할 것이다."라고 톰프슨은 손을 흔들며 은유적으로 덧붙였다. 조금 낙관적으로 말해 그 효과는 상식 수준이 아니었을 것이고 여하튼 비록 학생들이 그런 식으로 설명을 찾았더라도 그것은 틀렸을 것이다. 톰프슨은 유쾌하게 주장하기를, 그것은 "이물질 또는 '불순물'이 결정화에 미치는 영향 때문에 일어난다."

톰프슨이 이런 토의가 내포한 정도로 화학에 무관심했다고 생각하지는 않는다. 이것은 단지 20세기 초에 화학 법칙들이 패턴 형성에 효과적인 처방을 가진다고 생각할 근거가 없었기 때문으로 보인다. 그리고 앞으로 보겠지만 그럴 만한 타당한 이유가 있다. 하지만 생명체

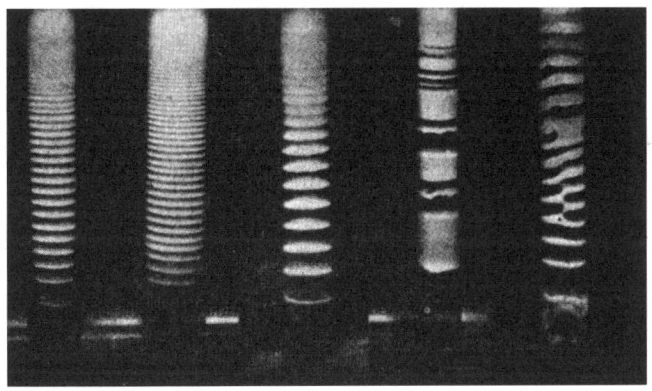

그림 3.1
톰프슨의 『성장과 형태』에 나오는 리제강 띠들

의 형태만 고려한다면 가령 해양 미생물의 외골격을 형성하는 표면 장력 같은 물리적인 힘보다 화학적 패턴 형성 과정이 우리 이야기의 훨씬 더 핵심적인 자리를 차지한다는 사실이 밝혀졌다.

모든 생명체는 궁극적으로 분자 간 상호 작용에서 비롯되기 때문에, 어떤 의미에서 화학은 생명 형태의 근간에 놓여야 **한다**. 세균에서 코끼리에 이르기까지 모든 것의 구조는 반드시 근본적으로 화학적인 과정에서 유도되어야 한다. 그러나 신다윈주의로 알려진 분자 유전학과 생명의 미시 및 거시 형태라고 할 수 있는 진화의 배합은 일반적으로 여기서 사용한 의미의 어떤 **자발적인** 화학적 패턴 형성도 가져오지 않는다. 최근까지도 분자 생물학이라고 하면 주로 완벽한 유전 조절 아래 있는 시스템이 그려지는데, 즉 세포가 처음부터 프로그램화되어 있어서 유전자가 독재적으로 지배하는 발생 단계를 따른다는 것이다. 이러한 그림에서는 유전자를, 모든 세포와 막이 놓일 위치를 가르치고 그것을 그 자리에 갖다 놓을 분자 기계의 모든 조립 설계도를 담은 지침서처럼 생각하기 쉽다.

그럼에도 가령 멍게나 초파리(여러분은 말할 것도 없다.) 등 복잡한 생명체를 형성하는 일은 이제 그보다 더 복잡하면서 동시에 더 단순한 것을 보여 준다. 자연은 분명 자발적인 질서, 구조, 규칙을 보이는 물리적이며 화학적인 계의 성질에 상당히 의존하는 것처럼 보인다. 실제로 화학은 자발적인 패턴의 훌륭한 원천이기 때문이다.

왜 변할까?

화학적인 계가 패턴을 형성할 수 없는 이유를 설명하면서 시작해 보자. 그렇다. 이 주장은 완벽히 틀렸다. (리제강 고리만 보더라도 그렇다.) 하지만 그럼에도 이것은 꽤 괜찮은 주장이며 오랫동안 반박하는 증거에도 아랑곳하지 않고 버텨 온 이유를 알기 바란다.

간단히 패턴 없는 상태를 만들어 보자. (비커 안 화학 시약의 혼합 용액은 구석구석 균질해야 한다.) 이런 상태는 장소에 따라 조성의 차이가 없다. 이 사실은 잉크 한 방울을 물이 담긴 비커에 떨어뜨렸을 때 그것이 퍼져 나가면서 볼 수 있다. 물론 이 확산은 즉각 일어나지 않는다. 잉크가 퍼질 시간이 필요하다. 하지만 잉크가 확산되는 방향은 분명하다. 잉크는 계속 확산되고, 혼합은 결코 반대 방향으로 역행해 원래의 방울로 돌아가지 않는다. 일단 '평형이 되어 가는(equilibration)' 과도기가 끝나면 비커는 균일하고, 단조로운 평형 상태에 도달한다. 평형 상태에서 계의 상태는 안정하며 변하지 않는다.

평형 개념은 화학적인 과정뿐만 아니라 어떤 변화 과정에도 적용된다. (실제로 한 방울의 잉크가 퍼지는 것은 전혀 화학적인 과정이 아니며 단지 물리적인 혼합 과정이다.) 액체가 담긴 잔을 들어 올렸다 내려놓으면 액체는 출렁거린다. 하지만 시간이 지나면서 이 운동은 잔잔해지고 수면은 매끄럽고 평평하게 된다. 산허리에 있는 둥근 돌은 굴러 골짜기로 내려가고 골짜기 밑바닥에서 평형에 도달한다. 아마도 처음에는 조금 반대쪽으로 굴러 올라갈지 모른다. 그러다가 점점 작은 호를 그리며 왔다 갔다 한다. 이것이 바로 평형에 도달하기이고 계가 이 과정을 통과하게 될 것이다. 아리스토텔레스(Aristotles, 기원전 384~기원전 322년)가 말했을지도 모르지만, 평형 상태에서는 모든 것이 제자리에 놓이고 더 이상 변화를 일으키는 원동력은 없다.

우리 주변에서 평형을 향해 움직이는 것처럼 보이는 이런 과정들은 매우 쉽게 볼 수 있으며 직관적으로 이해가 잘 된다. 빗방울은 땅으로 떨어진다. 강물은 아래로 흐른다. 잉크는 물과 섞인다. 우리는 이것이 왜 그런지 그 이유를 물을 필요를 거의 느끼지 못한다. 아니면 우리는 동어 반복, 즉 이런 현상이 그렇게 정해져 있는 원소의 성질 때문에 일어난다고 하는 아리스토텔레스의 생각에 수백 년 동안 기꺼이 동의한 철학자들의 이유에 만족한다.[12] 비누 막의 평형 모양은 표면 에너지를 최소화하는 것이라 제안하면서, 앞 장에서 좀 더 정교한 답을 제시하기 시작했다. 가장 낮은 에너지 상태를 찾으려는 계의 경향은 처음에는 그럴듯한 원리처럼 보이고 가령 공기 중에 던져진 물체가 다시 아래로 떨어지는 이유를 설명하기 위해 종종 떠올리게 된다. 에너지, 구체적으로 말하면 중력에 따른 위치 에너지(potential energy)는 물체가 지상에서 멀어질수록 증가하기 때문이라는 것이다.

그러나 좀 더 주의 깊게 생각하면 이런 설명으로 충분하지 않다. 왜냐하면 에너지는 결코 우주 안에서 '잃어버리지' 않기 때문이다. 단지 한 종류에서 다른 종류로 변환될 뿐이다. 사실 이것이 바로 열역학이라 불리는(이 용어는 '열의 움직임'을 의미한다. 이 분야가 19세기에 열과 엔진의 운동 또는 동력(power) 사이의 관계를 고려하는 가운데 떠올랐기 때문이다.), 변화의 과정을 기술하는 과학 분야의 제1법칙이다. 열역학 제1법칙에 따르면 에너지는 보존된다. 즉 우주의 총에너지는 항상 똑같다.[13]

따라서 둥근 돌이 언덕 아래로 구를 때 에너지를 잃어버리지 않는다. 돌의 위치 에너지가 운동 에너지로 변환되며, 또한 일부는 소리 에너지(구르면서 나는 소음)로, 일부는 열(지표면 및 대기와 마찰 때문에)로 변환된다. 돌이 멈출 때, 위치 에너지의 감소는 대략 열로 설명된다. 따라서 이런 과정들이 정말로 에너지를 최소화하려는 경향성 때문에 발생하는 것이 아니라면, **무엇이** 변화를 일어나게 하는 것인가?

답은 엔트로피(entropy)다. 종종 이 개념은 막연히 계가 가진 무질서의 양으로 정의된다. 더 전문적으로 말하면, 오스트리아의 물리학자 루드비히 에두아르트 볼츠만(Ludwig Eduard Boltzmann, 1844~1906년)은 1872년에 엔트로피를 정식으로 정의하면서 어떤 계가 가질 수 있는 **미시 상태**(microstate)의 수와 결부시켰다. 이것이 진정으로 의미하는 바는 원자나 분자 같은 입자들의 집단에서 어떤 특정한 배열(어떤 특정한 **상태**)의 엔트로피를 결정하기 위해서는 그렇게 입자를 배치하는 동등한 방법의 수를 모두 더해야 한다는 것이다. 일반적으로 질서 있는 배치보다 무질서한 배치를 만드는 방법이 훨씬 더 많다. 예를 들면 과일 상자 안에 있는 6개의 사과를 생각해 보라. (그림 3.2 참조) 질서 있는 배치는 아마도 열을 맞춰 사과를 놓는 것이다. 이 경우에 360가지의 동등한 배치 방법이 있다. (사과에 번호를 매기고 모든 가능한 서로 다른 순열을 하나하나 세어 보면 이런 결과를 얻을 수 있다.) 무질서한 배치는 어떤 분명

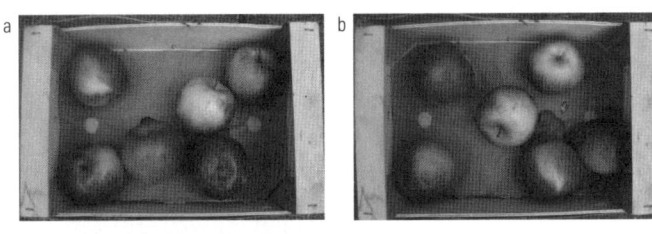

그림 3.2
나무 상자 안에 사과를 (c)처럼(또는 일반적으로 그와 같은 어떤 배치처럼) 질서 있게 놓는 것보다 (a), (b)처럼 무질서하게 배열하는 방법이 훨씬 더 많다.

한 기하학적 규칙성 없이 사과를 아무데나 놓으면 된다. 여기에는 셀 수 없이 많은 방법이 있다! 물론 엄격히 열을 맞추지 않았는데도 질서 있다고 판단할 수 있는 배열도 있겠지만 이것이 기본적인 개념이다.

우주 안에 모든 자발적인 변화(혹은 현상)의 방향을 결정하는 열역학 제2법칙은 닫힌계는 항상 더 큰 엔트로피를 갖는 상태로 발전해 간다고 말한다. 따라서 우주의 엔트로피는 항상 증가한다. 이것은 상태가 분리되고 나뉘기보다 분산되고 섞이는 방향으로 이끈다.

잉크 방울 입자들이 방울 안에 모두 갇혀 있는 것보다 다소 많거나 적거나 하면서 비커 안의 물 전체에 골고루 배치되는 것이 훨씬 더 많은 경우의 수를 가진다. (단지 입자를 놓을 수 있는 공간이 많아졌기 때문이다.) 이러한 혼합을 구동하는 물리적인 과정은, 물이 따뜻하기 때문에 진동하는 물 분자와 충돌할 때 받는 충격에 의한 잉크 입자의 불규칙 운동이다. 입자의 굽이치는 궤적은 잉크 입자를 천천히 분산되게 한다. 바로 퍼짐 또는 확산(diffusion)으로 불리는 과정이다. 이렇게 임의로 퍼지는 잉크 입자들의 경로는 완전한 혼합을 전제로 진행되겠지만 실은 이런 혼합을 절대적으로 보장할 수 없다는 것이 직관적으로 이해가 된다. 엄밀히 말하면 궤적이 임의적이기 때문에 모든 입자들의 궤적이 잘 겹쳐서 재구성된 잉크 방울을 만들 가능성이 있다. 하지만 이런 일이 일어날 가능성은 확산이 잉크를 균일하게 분산되게 할 가능성에 비해 완전히 무시할 만하다. 이것이 바로 제2법칙의 핵심이기도 하다. 높은 엔트로피, 골고루 섞인 상태를 향해 가는 진화는 그것을 요구하는 어떤 우주적 명령이 있어서가 아니고 그 반대에 비해 압도적으로 일어날 가능성이 큰 경우이기 때문이라는 것이다. 용액에서 입자들의 퍼짐이 무질서, 균일성, 높은 엔트로피, 열역학적 평형에 도달하게 하는 것 같다.[14]

제2법칙이 요구하는 것처럼 보이는 질서의 감소 대신 질서가 증가하는 여러 예를 이미 소개했다. 즉 전에는 패턴이 없었던 곳에 규칙적인 패턴이 형성되는 것이다. 또한 앞으로 그러한 과정들이 훨씬 더 많이 있다는 것을 볼 것이다. 어떻게 (열역학) 법칙을 깨지 않고 그것이 가능한가? 이에 답하기 위해서는 두 가지 가능성을 반드시 구분해야 한다. 하나는 질서 있는 영역을 만드는 블록 공중합체의 비혼합(unmixing, 이렇게 만들어진 패턴은 **평형** 구조이다. 129~130쪽 참조)으로 예시되는 종류의 과정이다. 여기에 무슨 엄청난 신비가 있는 것은 아니고 실은 개별 영역으로 분리되어서 그들 자신과 같은 분자들로 둘러싸여, 고분자 사슬이 그 에너지를 낮추게 된다는 것이다. 잃어버린 에너지는 열로 빠져나가 주변을 데운다. 다음으로 고분자 사슬의 정렬로 생긴 엔트로피의 손실은 방출된 열에 의한 엔트로피 증가로 갚고도 남는다. 따라서 주변의 엔트로피가 증가하는 대가를 지불하고 평형 상태에서 질서를 얻을 수 있다. 얼어붙은 액체에서 결정이 형성되는 것도 마찬가지다. 결정을 이루는 원자들은 규칙적인 반면 액체가 되면 그것들은 무질서하다. 그러나 액체는 얼면서 에너지(숨은열(latent heat)이라고 부르는)를 방출하고 주변을 따뜻하게 해 결정 상태의 질서를 '가져오는' 것이 가능하게 된다.

여기서 중요한 사실은 어떤 계에서 어떻게 하든, 평형 상태가 존재한다는 것이다. 그리고 열역학 제2법칙은 이 상태에서 우주의 총엔트로피가 최대임을 가리키고 있다. 더욱이 제2법칙은 자발적인 변화는 항상 계를 이러한 평형 상태로 이끈다고 주장하는 것처럼 보인다. 이런 변화는 매우 오랜 시간이 걸릴지도 모른다. (철이 녹으로 바뀌는 데 수십 년이 걸릴 수 있다.) 하지만 그 방향은 항상 분명하다. 따라서 제2법칙은 시간의 화살표를 정의하는 것처럼 보인다. 즉 변화는 우주가 낮은 엔트로피에서 높은 엔트로피 상태를 갖는 방향으로 일어난다.

이제 위에서 언급한 두 가지 가능한 패턴 형성 과정 중 두 번째를 보자. 이것은 변화의 방향이 가장 높은 엔트로피 상태에 대응되는 평형 상태로 이끌지 **않는** 경우이다. 실제로 그러한 과정들은 때때로 그 반대 방향을 가리키고 있는 듯하다. 언뜻 보기에 마치 이 과정은 방금 보편적(universal)이라고 단언했던 바로 그 원리인 열역학 제2법칙을 깨는 것처럼 보인다. 이것은 바로 20세기 중반에 과학자들이 생각했던 내용과 정확히 같으며, 당시 과학자들은 보리스 파블로비치 벨로우소프(Boris Pavlovitch Belousov, 1893~1970년)가 그 반증이 있다고 주장할 때 그를 매우 비난했다.

불균형

러시아의 생화학자인 벨로우소프는 논쟁을 하려던 것이 아니었다. 모든 상황을 종합해 볼 때 그는 조용한 생활을 기뻐했을 것이다. 하지만 1950년대 그는 아무리 이단처럼 보여도 간과할 수 없는 무엇인가를 발견했다.

그는 당 분해로 불리는 대사 과정에 관심이 있었다. 당 분해 과정으로 효소는 포도당을 분해하고 이 화학 반응이 내놓는 에너지를 얻는다. 벨로우소프는 인공 당 분해라고 할 수 있는 화학 혼합액을 고안했고 그것을 뒤섞었다. 하지만 잇따른 반응이 평형 상태로 정착되지 않는 것처럼 보였다. 그 혼합액은 처음에는 투명했지만 반응이 진행되면서 노랗게 변했다. 하지만 그랬던 것이 다시 투명해지고, 다시 노랗게 되돌아가고 하면서 계속해서 일정한 간격으로 박동한다.

모든 다른 변화의 과정들처럼 화학 반응은 총엔트로피의 증가를 가져오는 '내리막' 방향성을 가진다. 반응이 진행될 때 제2법칙은 반드시 그러한 방향으로 반응이 일어나야만 한다고 말하는 것처럼 보인다. 즉 반응은 결국 총엔트로피 변화가 최대가 되는 평형 상태에 도달한다는 것이다.[15] 그러나 벨로우소프는 그의 반응이 처음에는 이 방향으로 갔다가 다음에는 다른 방향으로 가므로, 선호 방향이 없는 것처럼 보였다. 마치 이 현상은 계속해서 확산과 응축을 반복하는 잉크 방울을 관찰하고 있다고 주장하는 것 같았다.

이것은 이치에 맞지 않게 들렸다. 그래서 벨로우소프는 그의 발견을 어느 저명한 저널에도 출판할 수 없었다. 모든 사람이 그것은 분명히 그의 실험적인 무능함 때문이라고 단정했다. 결국 그는 그 결과를 전혀 다른 주제의 학술 대회 논문 중 한 권에 눈에 띄지 않게 슬쩍 끼워 넣었다. 소련 밖에서 벨로우소프의 진동하는 반응은 여전히 알려지지 않은 채로 남아 있었다.

한 가지 역설은 바로 벨로우소프의 발견이 새롭지도 설명이 부족하지도 않다는 점이었다. 1910년에 오스트리아계 미국인으로 생태학자이며 수학자인 알프레드 제임스 로트카(Alfred James Lotka, 1880~1949년)는 화학 반응이 어떻게 그 방향을 왔다갔다 바꾸는 이런 종류의 진동을 겪게 되는지 이론적으로 설명했다. 그의 최초 모형에서 진동은 '잦아들었다.' 즉 벨소리가 줄어드는 것처럼 진동은 점점 줄어 소멸하고 계는 흔들림 없는 정상 상태에 자리를 잡는다. 하지만 10년 후 로트카는 어떻게 진동이 무한히 지속될 수 있는지 증명했다.

로트카는 열역학 법칙을 맹신하는 사람은 아니었다. 그는 기록하기를 "물론 '이 2개의 열역학 근본 법칙'은 물리적인 계에서 일어나는 사건의 흐름을 결정하는 데 불충분하다. 그 두 법칙은 어떤 일이 일어날 수 없는지는 설명하지만 무엇이 일어나는지는 설명하지 못한다."라고 했다. 어떻게 그는 이런 주장을 펼 수 있었을까? 로트카는 지금은 당연하지만 당시로서는 놀랄 만한 통찰력이 있었다. 살아 있는 계(이 계가 전부는 아니다.)는 플라스크에 담겨 서로 섞여 반응하도록 놓아둔 화학 약품과는 다르다. 그와 대조적으로 그들은 끊임없이 주변 환경에서 에너지를 얻는다. 식물은 햇빛을 흡수해 광합성을 하고, 세균부터 인간에 이르는 생물들은 (신진) 대사의 생화학 과정을 작동시키기 위해 식물처럼 에너지가 풍부한 물질을 먹어 치운다. 로트카는 "끊임없이 가용 에너지를 공급받는 계(태양빛을 받는 지구와 같은)와 진짜 평형 상태가 아닌 (아마도) 어떤 불변의 정상 상태를 향해 변화해 가는 계에서, 열역학 법칙은 그 계의 최종 상태를 결정하기에 더 이상 충분치 않다."라고 말했다. 달리 말하면 지속적인 에너지 다발(flux)이 평형에 도달하는 것을 막을 수 있다. 로트카는 이것이 비단 생명계뿐 아니라 태양 에너지를 쐬고 있는 우리 지구 전체에 적용된다고 말했는데 이 점이 의미심장하다. 1922년에 쓴 이 통찰력 있는 문장이 이 책의 나머지 부분에서 퍼지는 것을 보게 될 것이다.

톰프슨은 『성장과 형태』 개정판에서 로트카의 연구를 언급하지만 그는 그것의 진정한 의미를 이해하지 못했다. 이것은 화학이나 생화학 논의가 아닌 동물 개체 수의 동역학에 대한 톰프슨의 설명에서 나타난다. 로트카 이론의 주된 핵심은 무엇보다 진동하는 화학 반응을 설명하는 그의 이론 체계가 동물 개체 수가 (마치 분자들처럼) 상호 작용하는 방법의 유사물로 제안되었다는 것이다. "포식 동물 A가 사냥감 B를 발견했을 때, B는 A의 영향권 안에 들어왔다고 할 수 있다. 그리고 어찌 보면 A와 충돌한 것"이라고 로트카는 설명했다.

로트카는 일련의 수식을 세워, 이런 포식자와 피식자의 '충돌' 가운데 어떻게 개체 수 진동이 나타나는지 보였다. 1930년대 이탈리아의 생물학자 비토 볼테라(Vito Volterra, 1860~1940년)는 로트카의 연구를 확장해 간다. 볼테라는 물고기 개체 수의 변동을 이해하는 데 어떻게 그 이론 체계를 이용할 수 있는지 보였다. 5장에서 다시 이것이 생태계의 동역학을 어떻게 기술하는지 살펴볼 것이다.

1920년에 그가 지속되는 진동에 대한 이론을 발표했을 때 로트카는 지나가는 이야기로 "화학 반응에서 주기 효과가 실험적으로 관찰되었다."라는 사실을 언급했다. 그는 세부 내용은 언급하지 않았다. 솔직히 그가 언급하는 것이 누구의 실험인지 나도 모르겠다. 하지만 그 이듬해 캘리포니아 주립 대학교 버클리 분교의 화학자 윌리엄 크로

로웰 브레이(William Crowell Bray, 1879~1946년)는 확실히 그런 진동을 보고했다. 분명 브레이는 어설픈 실험자가 아니었다. 그는 화학 반응 속도론을 개척했고 그의 제자 헨리 타우베(Henry Taube, 1915~2005년)는 노벨상을 받았다. 그럼에도 브레이가 과산화수소와 요오드산염의 화학 반응이, 결과적으로 생성된 산소와 요오드를 펄스로 운반하는 것처럼 보인다는 사실을 발견했을 때, 그는 30년 후의 벨로우소프처럼 냉담한 평가를 받게 되었다. 브레이는 그런 일이 가능하다는 증거로 로트카의 연구를 인용하기도 했지만 소용없었다.

로트카가 제안한 것과 같은 진동하는 반응이 실재로 받아들여지기까지 반세기가 걸렸다는 것은 과학자들이 열역학 제2법칙을 존경과 경외심을 가지고 대했다는 방증이다. 1960년대에 모스크바 국립대학교의 대학원생이었던 생화학자 아나톨리 마르코비치 자보틴스키(Anatoly Markovich Zhabotinsky, 1938~2008년)는 벨로우소프의 잊혀진 발견과 맞닥뜨리고(대학원생들의 예상은 쉽게 변하기 때문에) 그것을 진지하게 생각해 보기로 결심했다. 자보틴스키는 벨로우소프 용액의 다소 무미건조한 변환보다 훨씬 더 인상적인 색 변화(푸른색에서 붉은색으로 주기적으로 변하는)를 일으키는 화합물을 발견했다. 촉매 작용을 하는 금속 원자들이 첨가되고, 유기 화합물인 말론산이 브롬산염과 반응하는 이러한 혼합액 또는 혼합물은 벨로우소프-자보틴스키 반응(Belousov-Zhabotinsky reaction, 줄여서 BZ 반응)으로 알려져 있다. 만약 BZ 시약들이 잘 화합하고 섞이면 용액은 붉은색에서 푸른색으로 바뀌고 매 수 분마다 다시 원래 상태로 돌아오게 된다.

이처럼 극적인 요소를 무시하기는 어려울 뿐더러 자보틴스키의 집요한 지지 덕분에 1970년대에 화학적 진동은 실제로 일어나는 어떤 것으로 받아들여졌다. 1980년에 벨로우소프와 자보틴스키는 동료인 알베르트 자이킨(Albert Zaikin), 발렌틴 크린스키(Valentin Krinsky), 겐리흐 이바니츠키(Genrikh Ivanitsky)와 함께 소련 정부로부터 그 유명한 레닌상을 받았다. 그러나 겉으로 보이는 것처럼 그렇게 해피엔딩은 아니었는데, 벨로우소프는 그의 발견이 아직 널리 인정되기 전인 10년 전에 이미 죽었기 때문이다.

화학 시소

그러면 어떻게 BZ 반응은 제2법칙을 피해 가나? 음, 그렇지 않다. 어떤 알려진 과정도 그것이 물리적이든, 화학적이든, 생물학적이든 간에 그렇지 않다. BZ 반응을 깜박이도록 놔두면 그 진동은 언제까지고 지속되지 않는 것을 알게 된다. 결국(시간이 좀 걸릴 수 있다.) 혼합액은 평형의 불변하는 정상 상태에 정착하게 될 것이며, 실제로 이것은 플라스크와 그 주변 엔트로피가 증가된 상태이다. 혼합액은 단지 멀리 돌아서 이런 목적지에 도달한다는 것이다.

로트카의 방향은 옳았지만 문제를 정확히 짚지는 못했다. 열역학 법칙이 반드시 '일어나는 것'을 말해 주지 않는다는 것은 맞는 말이다. 왜냐하면 열역학 법칙은 단지 마지막 점에 대해서만 말하기 때문이다. 열역학 법칙은 무엇이 계의 평형 상태인지를 말한다. 그 계가 화학 약품이 담긴 플라스크든지 행성이든지 상관없이 말이다. 하지만 열역학 법칙은 어떻게 그 상태에 도달하는지, 어떻게 그 변화가 전개되는지에 대해서는 아무것도 말해 주지 않는다. 화학자들이 알고 있듯이 열역학만으로는 화학적인 변화를 이해하는 데 한계가 있다. 예를 들면 두 시약이 결합할 수 있어 열역학적으로 안정된 생성물을 만드는 것을 알더라도, 그 반응이 일어나는 데 1,000년이 걸린다면 이것은 실제적으로 크게 유용하지 않다. 화학 반응이 일어나는 속도와 방식은 화학 반응 속도론으로 알려진 분야의 주제이다. 따라서 BZ 반응을 이해하는 것은 그 과정의 운동학을 해명하는 문제인 것이다.

 BZ 반응의 진동은 불가피하게 사라질 운명에 놓인 것이 아니다. 만약 시약을 담은 단지에 반응의 원료가 계속 보충되고 최종 생성물(주로 브롬 원자가 붙은 말론산)이 제거된다면 진동은 무한히 지속될 수 있다. 화학자들은 반응 챔버(chamber, 방 또는 상자)에서 잘 섞인 물질이 지속적으로 일정하게 흐르도록 하는 용기를 고안했다. 이것을 연속 젓기-통 반응 장치(continuous stirred-tank reactor)로 부르고 줄여서 CSTR이라고 한다. 이 장치는 어렵지 않게 볼 수 있는데 우리 각자, 살아 있는 개인들 역시 근본적으로 고도로 얽히고 설킨 채널과 챔버로 구획되어, 엄청나게 복잡한 화학 혼합액으로 채워졌다. 유전자가 우리의 생명을 지탱하는 것이 아니다. 우리 몸 안의 '젓기 통'들이 항상 원료(당, 아미노산, 비타민, 소금, 산소, 물)로 보충되고 배설물(명백한 것들뿐만 아니라 숨 쉴 때 나오는 이산화탄소 같은 화합물도 해당된다.)이 없도록 배출하지 않는다면 유전자들은 쓸모없게 될 것이다.

 이러한 CSTR을 통해 거듭되는 물질의 유입이 화학적인 계가 평형에 도달하는 것을 막는다. 여러분은 인생에서 결코 진정한 평형을 직접 경험하지 못했다. 만약 그랬다면 여러분의 인생은 끝났을 테니까. 평형은 죽음과 같다. 거기서 아무 일도 일어나지 않는다. 우주의 평형은 클라우지우스의 열소멸, 즉 완전히 균일한 우주를 의미한다. 과학자들은 평형 상태에 관심이 있지만 그 외 세계에서의 평형 상태는 절대 종결을 의미한다. 모든 생명은 평형에서 벗어나 존재하고, 로트카가 관찰한 바에 따르면 이것은 궁극적으로 태양에서 오는 끊임없는 에너지 유입 때문에 지구에서 가능하다.

이것이 지구에 생명이 있게 한다. 그것이 물이 하늘과 바다 사이를 순환하는 이유이고, 바람이 부는 이유이고, 식물이 자라는 이유이고, 생물권이 극한 불균형 상태에 있는 대기를 유지하는 이유이다. 산소처럼 반응성이 큰 화합물로 가득 찬 대기가 그것을 보충하는 비평형 과정 없이는 수백만 년 동안 유지될 수 없다. 그렇지 않다면 대기는 바위들과 반응했을 것이고 고체 지구에 단단히 결합되었을 것이다. 이것이 바로 다른 행성에서 생명체를 찾는 과학자들이 대기 중 높은 산소 함량을 생명체가 있을 법한 신호로 믿는 이유이다. 도시, 길, 라디오 방송국 등을 찾을 필요가 없다. 대기만으로도 알아낼 수 있다. 1장에서 언급했듯이 어떤 연구자들은 화성에서 생명체를 찾는 가장 좋은 방법은 벌레가 살기에 좋은 토양을 조사하는 것이 아니라, 비평형 상태의 신호가 될 수 있는 화학적인 환경을 분석하는 것이라고 제안했다.

로트카는 평형에서 벗어난 화학적 계가 일종의 패턴(이 경우에는 조성의 규칙적인 진동으로서 시간에 따른 패턴)을 만들 수 있다는 것을 보여주었다. 비평형 화학 반응이 이보다 훨씬 더 일반적인 패턴을 형성하는 잠재력이 있음을 곧 보게 될 것이다. 하지만 먼저 이 진동이 어디로부터 유래되었는지 살펴볼 필요가 있다. 무엇이 로트카의 가상의 혼합액과 벨로우소프와 자보틴스키가 고안한 글자 그대로 화학 칵테일이 방향을 쉽게 정하지 못하게 만드는 것일까?

폭발

　무수히 많은 화학 반응처럼 BZ 반응도 **촉매 작용**(catalysis)으로 알려진 과정에 의존한다. 촉매는 그 자신은 변하지 않으면서 화학 반응의 속도를 빠르게 하는 물질이다. 이 물질을 설명하는 멋진(지저분해질지도 모르지만) 물리적인 유추가 있다. 탄산 음료를 잔에 붓고 모래 입자 몇 알을 떨어뜨리면 거품이 더 왕성하게 일어난다. 모래 입자는 기포 생성에 일종의 촉매 역할을 한다. 모래 입자는 기포가 쉽게 생성될 수 있는, 말하자면 기포가 발생하는 데 필요한 에너지를 낮추는 조건을 제공한다. 마찬가지로 화학 촉매는 처음 시약에서 반응 생성물 형성을 개시하는 데 필요한 에너지를 낮춘다. 산업에서 이용하는 대부분의 화학 반응은 촉매를 사용한다. 그렇지 않으면 반응이 너무 느리게 일어나 경제성이 없기 때문이다. 그리고 체내의 거의 모든 생화학 반응은 자연 발생적인 촉매, 즉 효소로 불리는 단백질의 도움을 받는다.

　BZ 반응의 독특한 점은 이 반응이 스스로 촉매를 만든다는 것이다. 이것은 생성 분자들 중 하나가 촉매 역할을 해서 보다 많은 생성물을 형성하도록 촉진한다는 의미다. 이것이 자기 촉매성 또는 **자가 촉매성**이다. 이 성질은 양의 피드백, 즉 자가 증폭(self-amplifying)의 한 예이다. 그대로 놔두면 자가 촉매 과정은 어느 때보다 빠르게 진행된다. 대부분의 화학 폭발처럼 핵폭발은 이런 종류의 양의 피드백이 필요하다. 자가 촉매는 정말로 통제 불능 상태로 폭발해 버리기 쉽다.

　그런데 어떻게 자가 촉매가 단순히 폭주하는 과정이 아닌 진동을 가져올 수 있을까? 이런 현상을 위해 (자가 촉매의) 폭발성을 검토할 방법이 필요하다. 여기서 로트카가 무슨 생각을 했는지 그가 고안한 포식자와 피식자 개체 수를 예로 들어 설명하겠다. 토끼 개체군과 토끼를 먹이로 삼는 여우 개체군이 있다고 하자. 주지하다시피 토끼는 지나칠 정도로 자가 촉매적이다. 토끼들이 더 많은 토끼를 가져온다. 달리 말하면 토끼는 그들 자신의 번식에 촉매 작용을 한다. 풀이 무한정 공급된다면 토끼의 개체 수는 기하급수적으로 늘어날 것이다.

이제 여우가 등장한다. 여우는 토끼를 잡아먹는다. 그리고 잘 먹은 여우도 번식해 더 많은 여우를 낳는다. 하지만 주변에 여우를 먹여 살릴 토끼가 있어야 한다. 이것 또한 자가 촉매 과정이다. 하지만 이 과정은 토끼의 존재에 달려 있다. 한편 여우는(얼마나 잘 먹었는지 상관없이) 이따금 죽는다. 즉 여우 개체 수에는 일정한 감소율이 있다.[16] 따라서 포식자와 피식자의 개체 수가 시간에 따라 어떻게 변하는지를 기술하는 3개의 '방정식'을 쓸 수 있다.

1. 토끼와 풀은 토끼 개체 수 증가를 가져온다.
2. 토끼와 여우는 여우 개체 수 증가를 가져온다.
3. 여우는 그 일부가 죽는다.

이 각각의 과정이 고유 속도로 일어난다.

이제 약간의 토끼와 여우가 있는 생태계가 시작한다고 가정해 보자. 토끼는 빠르게 번식해 그 수가 크게 증가한다. 이는 여우에게 먹잇감이 아주 많음을 의미한다. 두 번째 단계에 들어서 여우의 수도 증가하기 시작한다. 문제는 여우가 언제 멈출지 모른다는 것이다. 여우는 토끼를 게걸스럽게 먹어 치우고 많은 토끼 개체가 죽는다. 그런 후에 여우는 갑자기 먹을 것이 없음을 알게 되고 토끼의 존재에 의존하는 두 번째 단계는 더 이상 일어날 수 없게 된다. 세 번째 단계에서 여우는 벌써 서서히 죽어 나간다. 이로써 생태계가 멸종할 상황에 직면할 수 있다. 즉 여우는 모든 토끼를 먹어 치우고 굶어 죽는 경우다. 이는 확실히 야생에서 일어날 수 있다. 그런데 여우가 모든 토끼를 잡아먹지 못하고 개중에는 어떻게든 여우를 피해 도망친 토끼들이 있다고 하자. 여우 개체 수는 대단히 많고 토끼는 극히 적을 때 모든 여우가 먹을 충분한 먹이가 없게 되고 따라서 여우의 개체 수는 급격히 감소한다. 이는 소수의 남아있는 토끼들에게 사형 집행의 유예와 같고 다시 토끼 개체 수는 증가하기 시작한다. 시작했던 상황으로 돌아온 것이다. 즉 많은 토끼와 적은 여우로 말이다. 그러면 두 번째 단계가 다시 시작하게 되고 여우 개체 수는 토끼들이 줄어들 동안 증가한다. 이 3단계 과정의 상대적인 속도의 일정 범위 안에서, 여우 개체 수가 거의 완벽하게 토끼와 엇갈려 정점에 이르면서 계는 여우와 토끼 둘 다 개체 수의 규칙적인 진동을 겪게 된다. (그림 3.3 참조)

이것이 바로 정확히, 어떻게 지속적으로 화학적 진동이 일어날 수 있는가 보이기 위해, 로트카가 세웠던 계획이다. 그는 토끼와 여우를 화합물로 바꿨다. 가령 화합물 G(풀)와 화합물 R(토끼)의 반응이 더 많은 R을 가져온다(자가 촉매 단계)고 하자. 이것을 다음과 같이 쓸 수 있다.

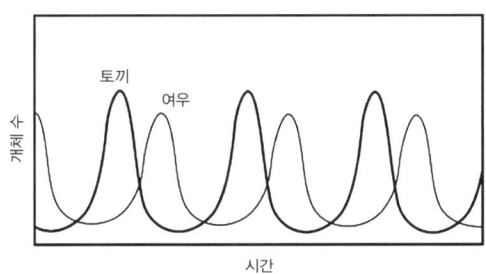

그림 3.3
로트카의 포식자-피식자 개체군에 대한 수학적 처리는 서로 엇박자로 그 개체 수가 진동하는 것을 보여 준다.

    1. G + R → 더 많은 R

과정의 두 번째 단계에서 토끼는 화합물 F(여우)와 반응해 더 많은 F를 만든다. (또 다른 자가 촉매 단계)

    2. R + F → 더 많은 F

마지막으로 화합물 F는 자발적으로 붕괴해 또 다른 화합물 D(죽은 여우)로 바뀐다.

    3. F → D

이것은 토끼와 여우를 다루는 경우와 같은 방식이며, 마찬가지로 시약 R와 F의 농도에 진동을 가져올 것이다. 이제 R는 빨간색이고 F는 푸른색이라고 하자. 그러면 바로 BZ 반응처럼 색이 왔다 갔다 하며 변하는 과정이 되는 것이다.

    여기서 인식해야 할 중요한 점은 이 진동이 물질 또는 에너지의 끊임없는 유입으로 지속된다는 것이다. 토끼와 여우의 경우, 토끼는 단지 풀만 있으면 계속해서 번식할 수 있다. 태양 에너지와 물 등의 유입 덕분에 계속 성장하게 되는 것이다. 그리고 계는 죽은 여우의 시체로 결코 방해받지 않는다. 왜냐하면 시체는 분해되어서 흙으로 돌아가기 때문이다. 생태계는 재료(화합물 G)가 계속 공급되고 폐기물(화합물 D)은 계속 제거되는 CSTR과 같다. 이것이 계가 정적이고 불변하는 평형에 도달하는 것을 막는 것이다. 그 대신 **동적인 정상 상태**에 이른다. 즉 정지하지 않고 똑같은 일이 계속 반복된다.

BZ 반응이 정확히 로트카의 방식대로 되는 것은 아니다. 적어도 30개의 서로 다른 화합물과 여러 단계가 수반되므로 훨씬 더 복잡하다. 서양 과학자들이 소련 과학자들과 함께 참여한 1968년 체코 프라하에서 열린 어느 국제 학회에서 이 반응에 대해 알게 되었을 때, 미국 오리건 대학교의 화학자 리처드 필드(Richard J. Field, 1941년~), 코로스 엔드레(Körös Endre, 1927~2002년), 리처드 메이시 노이스(Richard Macy Noyes, 1919~1997년)는 BZ 반응의 메커니즘을 밝히는 일에 착수했다. 그리고 1972년쯤 그들은 그 진동을 설명하는 다소 단순해 보이는 방법을 고안했다. 2년 후 필드와 노이스는 이 모형을 줄여, 대부분 브롬과 산소를 포함하는 6개의 화합물을 수반하며 단 5단계로 이루어진, 오리거네이터(Oregonator, '오리건 발진기(Oregon oscillator)'의 약어)로 불리는 훨씬 간단한 모형을 내놓았다. 그 단계 중 단 하나가 자가 촉매적이며 이상하지만 어느 것도 말론산(BZ 반응의 최종 산물은 브롬 원자를 이 유기산에 붙인 것임을 상기하라.)을 수반하지 않는다. 말론산의 브롬화가 이 과정의 진동에 중요한 역할을 하지는 않는다. 그것은 단지 하이포아 브롬산염으로 불리는, 화학종인 오리거네이터의 '산물'로 유도되는 부반응(side reaction)일 뿐이다.

오리거네이터의 핵심 특징은 그것이 두 갈래(2개로 대별되는 반응)를 가진다는 것이다. 둘 중 하나는 붉은색을 유도하고 다른 하나는 푸른색을 유도한다. 계는 마치 로트카의 생태계가 토끼가 월등히 많다가 여우가 많은 곳으로 전환하는 것같이, 두 갈래가 서로 우세했다가 고갈되었다가 하면서 양 갈래 사이를 왔다 갔다 한다.

BZ 진동을 기록하는 가장 간단한 방법은 단순히 색 변화를 적는 것이다. 붉은색-푸른색-붉은색-푸른색-등등처럼 말이다. 더 정확한 방법은 토끼와 여우의 개체 수처럼(그림 3.3 참조), 다양한 화합물의 짙어지고 옅어지는 농도를 측정하는 것이다. 하지만 BZ 과정의 '수학적인 형태'로 부를 수 있는, 보다 심오한 특징을 보여 줄 또 다른 방법도 있다. 시간에 대한 화학종의 농도 그래프를 그리는 대신, 어떻게 그 농도가 다른 진동하는 종의 농도 변화와 관련해서 변하는지를 그릴 수 있다. 여우 개체 수는 토끼 개체 수가 적을 때 많고 또 그 반대의 경우도 마찬가지라는 것은 분명하지만 실제로는 둘 다 중간 정도의 개체 수를 가지며 함께 증가하거나 감소하는 때도 있다. 그림 3.3을 토끼의 수에 대한 여우의 수로 그려 보면 그림 3.4a와 같은 그래프를 얻게 될 것이다. 각 진동 주기는 이 하나의 고리가 만든 회로에 대응한다. 이것을 끝돌이(limit cycle, 제한된 영역에서의 되돌이라는 뜻)라고 부른다. BZ 반응에서 진동하는 화합물 중 2개의 농도를 그리면 비슷한 끝돌이를 얻게 될 것이다. 이 끝돌이에서 조금 떨어진 시약의 농도로부터 반응이 시작한다면 그 농도는 하나의 궤적, 즉 끝돌이 위의 점들을

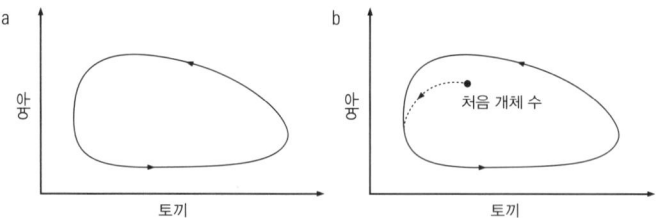

그림 3.4
(a) 상호 작용하는 두 개체군의 진동은 끝돌이로 나타낼 수 있다. (b) 만일 개체 수가 끝돌이에서 벗어난 곳에서 시작한다면 그것은 곧 끝돌이로 들어오게 된다. 이런 식으로 끝돌이가 끌개 역할을 한다고 말한다.

따라가게 될 것이다. (그림 3.4b 참조) 이러한 이유로 끝돌이를 계의 **끌개**(attractor)라고 말하는 것이다.

이리저리 다니기

따라서 진동하는 BZ 반응은 불완전하나마 주기적인 패턴을 보이는 것으로 간주할 수 있지만 이것은 **시간**에 대한 패턴이다. (이것 때문에 BZ 반응이 '시간 결정(結晶)'이라는 별명이 붙었다.) 하지만 진동하는 과정은 공간에 대한 패턴도 발생시킬 수 있다. 지금까지 항상 반응 용기의 모든 공간에 걸쳐 균일한 조성을 가지는, 잘 저은 매질에 대해서만 이야기했다. 그러나 반응이 젓기 없이도 일어난다면 시약 농도의 작은 편차가 곳곳에서 일어날 가능성이 크다. 이는 어떤 화학 반응도 마찬가지이며 보통 특별한 일이 일어나지는 않는다.

BZ 반응처럼 자가 촉매 과정의 경우 작은 편차도 큰 차이를 가져올 수 있다. 양의 되먹임이 작은 차이를 증폭해서 큰 차이를 가져올 수 있다. 특히 이것은 BZ 혼합액의 한 영역이 주변 영역과 다른 갈래로 변할 수 있음을 뜻한다. 즉 푸른 갈래가 붉은색으로 둘러싸인 곳에서 나타날 수 있다. 그래서 곳곳에서 색이 변하는 혼합액을 보게 된다.

화학자들을 놀라게 한 것은 이러한 색의 변동이 붉은색과 푸른색 조각이 마구잡이로 붙여진 형태를 취하지 않는 것이었다. 대신에 복합적이며 질서 있고, 제법 아름다운 패턴을 보게 된다. BZ 혼합액이 담긴 얕은 접시에서 동심원들 또는 비틀린 나선들이 중심 원천에서부터 잔물결처럼 뻗어 나간다. (그림 3.5, 도판 2 참조) 화학적 진동이 이동하는 **화학적 파동**(chemical wave)을 발생하게 했다.

1969년 독일의 과학자 하인리히 부세(Heinrich G. Busse)는 처음으

그림 3.5
BZ 반응의 화학적 파동. 여기서 나선 파의 예를 보여 주지만 일반적으로 나선과 동심 과녁 패턴 둘 다 나타날 것이다.
(도판 2 참조)

로 이러한 패턴을 기술했다. 그 이듬해가 되어서야 자보틴스키와 자이킨이 이것을 화학적 파동(화학적 변화의 이동하는 '앞면(front)')으로 올바르게 확인했다. 서로 반응하는 종들이 일으키는 상대적인 농도의 요동이 어떻게 BZ 반응을 한 갈래에서 다른 갈래로 옮기는지 어렵지 않게 볼 수 있다. 그런데 왜 이런 교란이 잘 짜인 파동으로 뻗어 나갈까?

용액의 작은 영역이 붉은 갈래에서 푸른 갈래로 물들었다고 생각해 보자. 자가 촉매 과정 때문에 이 푸른 영역은 원점에서부터 확장하게 된다. 푸른 갈래 분자들이 '붉은' 용액으로 확산하고 거기서 푸른색으로의 전환을 유도하면서 말이다. 확산 속도는 모든 방향에서 같고, 이렇게 확장하는 파동의 앞면(wavefront)은 원형을 그린다. 사실은 자가 촉매 반응이 화학적 파동의 전파를 발생시킬 수 있다는 개념이 진동하는 반응에 대한 어떤 인식보다 앞선다. 1900년 독일의 물리 화학자인 프리드리히 빌헬름 오스트발트(Friedrich Wilhelm Ostwald, 1853~1932년, 미국식 발음으로 오스왈드로 널리 알려짐 — 옮긴이)는 산에 잠긴 산화철의 어두운 표면을 아연 바늘로 구멍을 뚫을 때 접촉점에서부터 매우 빠른 속도로 전파되면서 표면 코팅의 색을 변화시키는 전기 화학적 과정이 촉발됨을 보여 주었다. 1920년대부터 일부 연구자들은 이런 계를 전기 화학적 파동인 신경 충격의 간단한 유사 주제로 연구했다. 한편 1906년 드레스덴에서 라이프치히 물리 화학 연구소 소장인 로베르트 토마스 디트리히 루터(Robert Thomas Dietrich Luther, 1868~1945년)는 자가 촉매 반응에서 발견한 화학적 파동을 청중인 독일 화학자들 앞에서 발표했다. 루터가 화면에 화학적 파동의 영상을 재생해서, 눈앞에서 그 과정을 보여 주기 전까지 그들 중 일부는 회의적이었다.

루터는 이 파동이 자가 촉매 과정과 분자 확산 간의 경쟁에 달려 있다고 지적했다. 자가 촉매는 이용 가능한 자원을 급속히 소진시킬 수 있다. 만약 풀이 로트카 방식의 첫 단계에서 충분히 빨리 자라지 않는다면, 토끼의 개체 수는 여우가 그들을 잡아먹는 일이 없어도, 먹을 것이 없어 멸종할 것이다. 루터는 이에 대응하는 화학 과정(공급을 보충하기 위해, 시약 G로 불리는 '풀'이 주변에서부터 성장하는 토끼 군집 속으로 확산할 수 있다는 점을 제외하고는)에 대해서도 똑같은 일이 일어날 수 있다고 말했다. 반응 속도와 확산 속도 사이의 미묘한 균형에 따른 화학적 파동을 일종의 반응-확산 현상으로 말하기도 한다. 루터의 선구적인 연구 이후, 1930년대 러시아의 수학자 안드레이 니콜라예비치 콜모고로프(Andrei Nikolajewitsch Kolmogoroff, 1903~1987년)와 영국의 유전학자 로널드 에일머 피셔(Ronald Aylmer Fisher, 1890~1962년)는 반응-확산계 이론의 확고한 수학적 토대를 놓는다. 로트카와 볼테라처럼 피셔는 개체 수 동역학과 관련성 때문에 이 계에 관심을 가졌다. 당시 피셔는 어떤 속도로 우성 유전자가 개체군에 퍼질 것인지 조사하고 있었다. 분명 생물학자들은 화학자들이 복잡계 동역학과 패턴 형성에 관한 이런 개념들을 받아들이는 데서 보여 준 머뭇거림이 조금도 없었다.[17]

자가 촉매와 반응-확산 과정은 어떻게 확장하는 반응 앞면이 **파동**이 될 수 있는지 설명한다. 여기서 파동이 지나가면서 화학종의 농도는 올라갔다가 다시 내려간다. 파동 앞면 안에서만 자가 촉매 과정이 확립되고 이어서 급속히 소멸한다. 그동안 내내 파동의 바로 앞 영역은 확산하는 자가 촉매 종들로 군집화되기에 '무르익은' 상태로 남아있다. 그래서 파동은 밖으로 진행한다. 하지만 BZ 매질에서 이것은 한번 일어나는 것이 아니라 반복해서 일어난다. 한번 첫 번째 파의 원천이 만들어지면 계속해서 일정 간격으로 후속파를 송출해 잘 정의된 파장(잇따른 파동 앞면 사이의 거리)을 가져오게 된다. 아마도 벌써 짐작했을지 모르겠지만 이것은 BZ 반응이 단지 자가 촉매적이기 때문이 아니고 진동하기 때문이다. 파원(波源) 영역은 푸른색과 붉은색이 명멸하는, BZ 혼합액을 담은 작은 플라스크와 같다. 그러나 이 '플라스크'는 경계가 없어서 이 변환이 전파된다. 왜 혼합액의 모든 부분이 똑같이 이동하지 않아서, 여러 개의 파원이 혼재하는지 궁금할지 모르겠다. 이유는 일단 첫 번째 파면이 혼합액의 일부를 통과하면 그 영역은 파의 원점에서 '보조자(pacemaker)'로 '예속'되기 때문이다. 이 파면 뒤에 있는 매질은 파가 지나감으로써 '소진'되었고, 진동 주기가 돌아올 때까지(정확히 이 때 다음 파가 도달한다.) 다시 다른 갈래로 전환할 수 없다. 개별 파원은 다른 파원에서 생긴 파면을 만날 때까지 그 영역을 확장한다. 파가 충돌할 때 서로 소멸한다. 하나의 파는 다른 파면 뒤에 있는 영역, 즉 주기의 '소진'된 상에 있는 영역을 들뜨게 할 수 없기 때문이다. 따라서 파의 충돌은 개별 보조자가 지휘하는 영역 사이에 고정된, 정상 경계를 만든다.

따라서 휘젓지 않은 BZ 혼합액은 3종류의 영역으로 구성된다고 볼 수 있겠다. 하나는 자가 촉매 과정이 갈래 전환과 색 변화를 유도하는 파면 자체에 있다. 여기서 매질은 마치 신경 충격(nerve impulse)의 전류 급증처럼 '들뜬' 상태에 있다. 파동의 전면에서 매질은 들뜸을 받아들일 준비가 되어 있다. 그것은 '수용력 있는' 상태다. 한편 파면 뒤에 있는 매질은 주기가 다할 때까지는 후속 들뜸에 저항하는, 소진 또는 '불응' 상태다.

이러한 세 가지 상태를 채택할 가능성이 있는 매질을 '들뜰 수 있다.'라고 부르고 이런 매질은 BZ 혼합액의 특징인 원형이며 주기적인 진행파를 경험하기 쉽다.[18] 들뜰 수 있는 매질의 재료는 생각보다 기본적이고 평범하다. 관련된 특별한 화학 시약은 아무것도 나와 있지 않다. 사실은 어떤 **화학적** 과정도 구체적으로 말할 수 없다. 연구자들은 작은 칸 또는 낱칸(cell)으로 된(서로 주변 낱칸과 상호 작용하는) 바둑판 격자로 기술되는, 일종의 범용으로 들뜰 수 있는 매질의 컴퓨터 모형을 연구했다. 이 모형의 '규칙'은 이렇다.

1. 각 낱칸은 들뜬 상태이거나 수용 상태이거나 불응 상태이다.
2. 들뜬 상태의 낱칸은 일정 시간이 지나면 불응 상태가 되며 수용 상태로 돌아가기까지 반드시 일정 기간을 그렇게 있어야만 한다.
3. 수용 낱칸은 그 이웃들이 어떤 비율 이상으로 들뜬 상태에 있으면 들뜬 상태로 변환한다.

낱칸들의 배열이 그들 이웃의 상태에 의존해 특정 상태를 채택하는 이런 종류의 모형을 **낱칸 자동 기계**(cellular automaton)라고 부르며, 이것은 낱칸의 거동이 주변 이웃에 대해 무릎 반사 같은 자동 반응으로 조절된다는 사실을 반영한다. 이는 여러 가지의 상호 작용하는 요소로 구성된 계를 모형화하는 데 비상하게 쓸모가 많은 방법이며 앞으로 반복적으로 이 낱칸 자동 기계 방식에 따라 설명하겠다. BZ 반응을 설명하기 위해 낱칸 자동 기계를 사용해 보면 들뜰 수 있는 매질의 필수 특성을 잘 포착하는 것을 볼 수 있다. 하지만 나타날지 모를 패턴의 종류에 대해서는 힌트가 될 만한 어떠한 규칙도 없다. 그럼에도 이 모형을 컴퓨터에서 실행하면 실제 BZ 매질에서 보이는 과녁 패턴과 나선형 패턴을 만들어 낸다. (그림 3.6 참조)

이것은 파동의 패턴이 브롬산염 또는 말론산 또는 어떤 다른 성분과 상관이 없다는 것을 보여 준다. 이는 들뜰 수 있는 매질의 특성을 가지는 어떤 계에 대해서도 예상된다. 즉 이 패턴은 **보편적**이다.

그림 3.6
BZ 반응에서 나타나는 파동의 패턴은 낱칸 자동 기계로 불리는 수학 모형으로 모사된다. 낱칸 자동 기계는 어떤 화학적인 세부 사항도 고려하지 않고 혼합액을 단지 이웃에서 자극을 받아 '들뜰 수 있는 낱칸들로 이뤄진 격자로 표현한다.

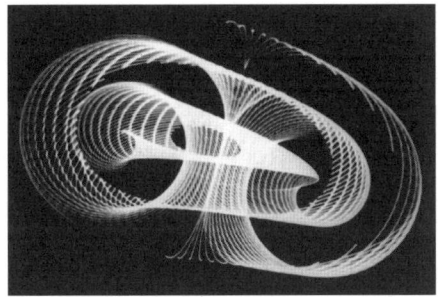

그림 3.7
3차원에서 BZ 반응은 매우 복잡한 패턴을 만든다. 그중 가장 단순한 것이 이 나선형 소용돌이 파이다.

지금까지의 설명은 동심 과녁 파가 예상되는 이유를 설명했는데, 왜 나선형 파가 발생하는지는 분명하지 않다. 나선형은 사실 원형 파면이 분열되면서 만들어지는 '돌연변이 과녁'이다. 이러한 교란(perturbation)은 우연히 일어날 수 있다. 예를 들면 반응 매질에 먼지 입자 같은 불순물이 있다면 말이다. 또는 가령 좁은 관을 통해 파면 위에 공기를 불어넣어서 일부러 그렇게 할 수도 있다. 원형 파가 깨질 때 그 말단이 감기면서 나선의 원천이 된다.

BZ 혼합액이 겔의 얇은 층이 아닌 두터운 층에 주입되면 화학파는 3차원으로 전파될 수 있다. 그러면 패턴은 더욱 복잡해진다. 가령 나선형 파는 소용돌이파로 불리는 입체적인 형태가 된다. (그림 3.7 참조) 소용돌이파의 단면은 어떤 면은 동심 과녁 모양의 파동처럼 보이고 다른 면은 서로 반대로 회전하는 나선형 파의 짝처럼 보인다. 이러한 패턴은 1970년대에 BZ 혼합액에서 처음으로 발견되었다.

기체 고리

BZ 과정의 자가 촉매 단계와 서로 다른 반응 경로 사이의 경쟁을 공유하는 다른 화학 반응도 진동과 파동의 패턴을 생성할 수 있다. 이런 화학 반응은 일부 연소 및 부식 반응과 또한 생화학적 과정(벨로우소프가 처음으로 연구에 착수한 포도당 분해 대사 반응에서 진동을 실제로 볼 수 있다.)을 포함한다.

1990년대 초 독일 베를린에 있는 프리츠하버 연구소의 화학자 게르하르트 에르틀(Gerhard Ertl, 1936년~)과 동료 연구자들은 기술적으로 상당한 관심을 끄는 한 반응, 즉 백금의 촉매 작용으로 일산화탄소와 산소를 이산화탄소로 전환하는 반응에서 화학적 파동의 한 예를 발견했다. 이 파동은 본질적으로 자동차의 촉매 변환 장치에서 일어나는 과정이다. 즉 독성 일산화탄소가 자동차의 배기 가스에서 제거된다. 에르틀의 연구팀은 이산화탄소 형성이 파동을 일으키며 진동할 수 있음을 보았는데, 이미 이런 거동의 힌트를 수년 전에 발견했다. 그들은 백금 표면에서 일어나는 반응의 진행 상황을 보려고 새로운 종류의 현미경을 사용해서 일산화탄소 분자들과 거기에 달라붙은 산소 원자들의 분포에서 과녁형과 나선형 패턴을 발견했다. (그림 3.8 참조)

이것은 호기심을 자극하는데, 왜냐하면 이 변환에서 명백히 자가 촉매적인 것이 없기 때문이다. 산소 원자(O)와 일산화탄소 분자(CO)는 금속 표면에서 간단히 결합해 이산화탄소(CO_2)를 만든다. 그런데 이 연구자들은 일산화탄소 분자가 백금에 달라붙을 때 표면 금속 원자의 배열을 바꾸고 결정적으로 이 새로운 배열이 일산화탄소에서 이산화탄소로의 변환을 촉진하는 데 더욱 효과적임을 발견했다. 따라서 사실상 일산화탄소는 그 자신의 변환을 돕는 것이다. 그렇다면 금속 표면의 고르지 못한 높낮이가 화학적 파동을 일으킬 수도 있다.

용액 안과 금속 표면에서 일어나는 진동 반응 사이의 한 가지 차

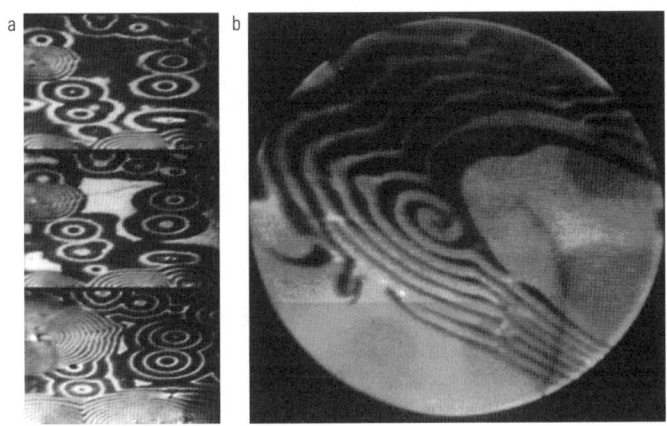

그림 3.8
백금 표면에서 일산화탄소와 산소의 반응에서 보이는 (a) 과녁형 파와 (b) 나선형 파.
지름은 수십분의 1밀리미터이다.

이점은 용액은 모든 방향이 동일하게 보이는 반면 결정질 금속의 표면은 모든 방향이 동등하지 않다는 것이다. 금속 원자들의 규칙적인 쌓기(stacking)는 일종의 특정 대칭성이 있는 바둑판 격자를 만들어 낸다. 바로 이것이 백금 위에서 일산화탄소의 산화에서 나타나는 과녁형과 나선형 패턴이 원형이 아니라 타원형인 이유이다. 화학적 파동의 속력이 방향마다 다른 것이다. 이런 표면 **비등방성(anisotropy, 방향에 따라 동등하지 않은 성질 — 옮긴이)** 효과는 로듐 금속 표면 위에서 산화질소와 수소의 반응으로 생성되는 화학적 파동의 패턴에서 더욱 잘 볼 수 있다. (그림 3.9 참조) 여기서 로듐 금속 표면의 4방 대칭성이 파면에 전가되었다. 앞으로 내재하는 대칭성이 패턴의 보편적인 부류에 전가되어서 어떻게 패턴 형성에 변화를 가져오는지 다른 예를 살펴볼 것이다.

 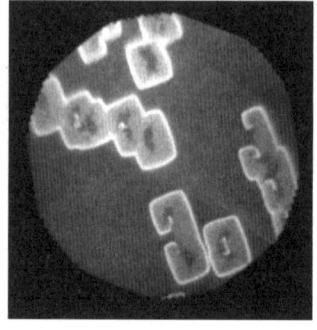

그림 3.9
금속 표면의 비등방성 효과(표면 원자들의 채움(packing)에 따른 대칭성이 방향마다 서로 다르다.)는 여기서 보는 바와 같이 화학파의 형태로 그 효과를 각인할 수 있다. 로듐 위에서 일어나는 산화질소와 수소의 진동 반응에서 나선형 파의 네모 모양을 볼 수 있다.

    이산화탄소가 발생하는 일산화탄소의 연소 시에 일어나는 진동은 백금 촉매 없이도 일어날 수 있다. 즉 CSTR 안에서 순수한 기체가 섞여 연소될 때 그렇다. 이것은 규칙적으로 온도의 급격한 변화를 일으키는데 대략 수초 동안에 갑자기 수십 도가 올랐다가 다시 떨어진다. 여기서 자가 촉매는 자유 라디칼(free radical)로 불리는 반응성이 큰 중간체를 수반하는 기체 분자 간 복잡한 반응에 기인한다.
    이런 종류의 과정은 공간상의 패턴도 만들 수 있을 것이다. 일찍이 1892년쯤 아서 스미셸스(Arthur Smithells)와 해리 잉겔(Harry Ingel)이라는 두 과학자는 마치 꽃잎처럼 밝은 조각들로 구분되는 기체 불꽃을 기술했는데 그것은 불꽃의 축을 중심으로 천천히 회전했다. 밝은 영역에 있는 불꽃은 그 밝은 영역들 사이에 있는 어두운 경계에 있는 것보다 더 뜨겁다. 1950년대 코넬 항공 연구소의 조지 마크스타인

(George H. Markstein, 1912년~)은 이러한 '낱칸 불꽃(cellular flames)'을 연구했고, 1977년에 이스라엘의 과학자 그레고리 시바신스키(Gregory I. Sivashinsky)는 이 낱칸 패턴이 반응-확산 과정으로 형성될 수 있음을 보였다. 즉 부탄처럼 산소와 탄화수소 분자들이 서로 다른 속도로 공간상에서 확산해 가기 때문에, 불꽃의 일부 영역에서는 연료가 고갈될 수 있다.

반응-확산 과정은 질서 있는 낱칸 패턴을 생성할 수 있어야 하는데, 반면에 마크스타인과 다른 이들이 보여 준 것은 임의적이며 일정하게 성장하고 수축하고 병합했다. 그런데 1994년 텍사스에 있는 휴스턴 대학교의 연구자들은 실제로 원기둥 부탄 불꽃이 갖가지 다양한 규칙적인 패턴으로 나뉠 수 있고, 이것은 기체의 유속이 커질수록 점점 더 복잡해진다는 것을 발견했다. (그림 3.10 참조) 이러한 패턴은 이상한 이동을 겪을 수 있는데, 가령 낱칸들이 동심형 고리를 이루는 패턴에서 고리들은 마치 위치를 바꾸는 톱니바퀴 기어처럼 독립적으로 도약 운동을 하며 회전할 수 있다. 혹은 잠시 후 다시 재결합하더라도 정렬된 낱칸이 무질서한 배열로 임의의 모양을 하는 낱칸으로 분해될 수도 있다. 다른 연구자들은 불꽃에서 BZ 반응의 나선형 패턴처럼 보이는 패턴을 관찰했는데, 이 패턴은 반응-확산 메커니즘이 그 원인이라는 생각을 더욱 설득력 있게 한다.

변화 둘러싸기

아마도 이제 리제강의 띠 구조가 덜 수수께끼 같을 것이다. 리제강은 젤라틴 안의 질산은 용액에서 은염(銀鹽)의 침전을 조사하다가 그것을 발견했다. 이 과정은 사진 감광 유제에서 일어나는 과정과 밀

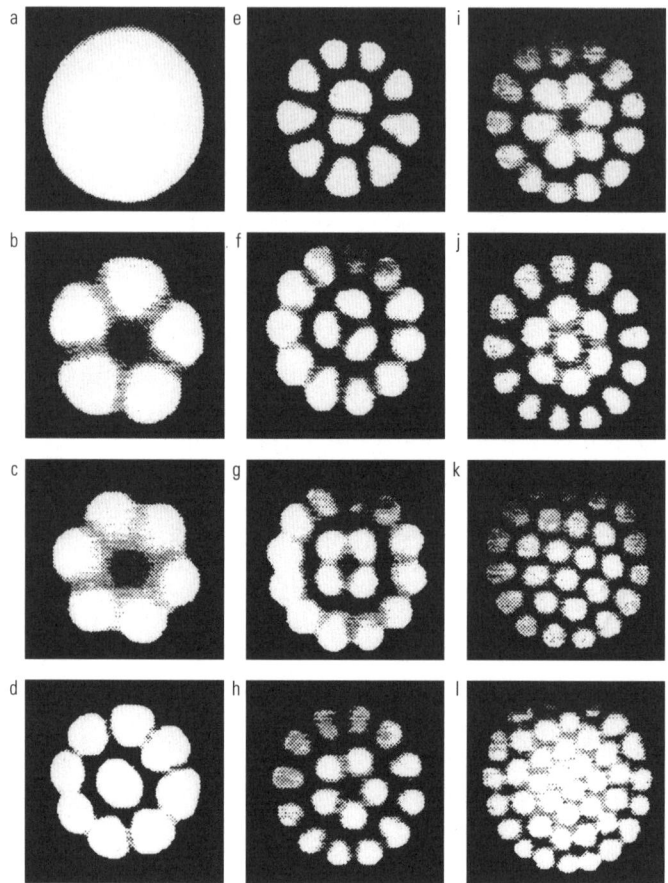

그림 3.10
얇은 원기둥 불꽃의 낱칸 패턴(cellular pattern). 더 어두운 영역에서 온도가 더 낮다. (눈으로 보기에는 정말 어둡지 않지만 영상 기록에서는 그렇게 보인다.) 낱칸 불꽃은 정렬된 상태를 채택하는데 그 복잡성은 불꽃에 유입되는 기체의 유속이 클수록(a에서 l로 갈수록) 증가한다.

접한 관계가 있기도 하다. 라파엘 리제강의 아버지인 프리드리히 빌헬름 에두아르트 리제강(Friedrich Wilhelm Eduard Liesegang, 1838~1896년)과 그의 할아버지는 둘 다 초창기 사진술과 환등기(magic lantern) 실험에 심취했고 1854년에 프리드리히 리제강은 남부 독일의 엘버펠트에 사진 연구소를 설립했다. 이 연구소는 리제강 테크놀로지라는 회사가 되었고 지금도 여전히 프로젝터와 디스플레이 스크린을 생산한다. 라파엘 리제강은 어느 모로 보나 유별나지는 않지만 톰프슨만큼이나 다양한 흥미를 끄는 주목할 만한 캐릭터다. 그는 텔레비전의 가능성에 대해 골똘히 생각했고, 사진에 대한 연구 외에도 세균학, 염색체, 식물생리학, 신경학, 마취, 규폐증 등을 연구했다.

리제강은 크롬산염칼륨 용액을 주입한 평평한 층의 겔 위에 놓인 한 방울의 질산은이 동심 고리들 안에 불용 크롬산염은의 어두운 퇴적층을 생성하는 것을 발견했다. 은염이 겔에서 확산하면서 단지 원형으로 된 어두운 조각의 크롬산염은(은이 고갈되면서 그 가장자리에서 더 확산되는)을 생성하는 것으로 생각할 수도 있다. 하지만 그 대신 침전물이 나무줄기의 나이테처럼 일련의 고리들로 나타난다. 이러한 고리들은 겔로 채워진 원기둥 관에서 질산은이 그림 3.1처럼 관 아래로 내려가면서 일련의 띠가 된다. 여러 다른 침전 반응이 겔 안에서 일어날 때 비슷하게 반응한다. (그림 3.11 참조)

이런 화학적 패턴 형성은 세기말 빅토리아 시대(19세기 말), 선구적인 과학자들의 상상력을 사로잡았는데 그들 중에는 레일리, 톰프슨(전자를 발견한 과학자), 오스트발트 등이 포함된다. 일부 평론가들은 이 띠와 줄무늬가 얼룩말, 호랑이, 나비에서 볼 수 있는 무늬의 단순화된 버전을 나타낼지 모른다고 제안했다. 이런 생각은 1931년에 "열정이 신

그림 3.11
코발트염이 칠해진 젤라틴 기둥에서 생성되는 리제강 띠. 이 띠는 시약이 기둥 아래로 확산할 때 수산화 코발트가 진동하며 침전되어서 생긴다.

중함의 도를 넘어섰다."라는 한 비평가의 항의를 불러일으켰다. 맞는 이야기다. 이런 주장은 증거가 보장하는 바를 넘어서는 억측이다. 그렇지만 비록 그것이 신중하지는 못할지라도 그런 무늬와 비슷하기는 하다.

겔이 분자의 확산 속도를 늦춘다고 하면 리제강 띠를 반응-확산 과정의 한 예로 생각할 수 있고 이것이 거의 틀림없다고 하겠다. 그러나 정확한 세부 사항은 지금도 완전히 이해되지 않고 있다. 리제강이 이 실험을 발표한 지 딱 1년 후, 결정 침전과 성장의 전문가인 오스트발트는 그것에 대한 맨 처음 설명들 중 하나를 제안했다. 이 이론에 따르면 침전하는 입자들은 지속적인 성장을 보장받기 위해서는 임계 크기에 도달해야 한다. 즉 임계 크기(임계 핵) 이하에서는 입자가 계속 성장하는 것만큼이나 다시 떨어지기도 쉽다. 오스트발트는 기둥 아래로 내려가는 파면의 질산은이 크롬산염은을 생성하며 반응하는 것으로 생각했다. 이 불용 화합물은 임계 크기로 성장할 때까지는 작은 결정체로 침전하지 않을 것이다. 그러나 이러한 성장은 겔 때문에 늦춰지는데, 겔은 이온이 결정핵으로 확산하는 속도를 줄인다. 따라서 겔은 크롬산염은이 지나치게 농축(과포화)되어, 마침내 문턱값을 넘어서고 그 농도는 어느 곳에서나 결정 형성(핵 생성)을 유발할 수 있을 만큼 충분히 높아지게 된다. 그러면 거의 모든 크롬산염은이 파동으로 띠를 만들면서 쏟아져 나오게 되고, 용액 안에 남아 있는 농도는 문턱값 한참 아래로 수직 하락한다. 이 농도가 다시 질산은의 확산으로 증가하기까지는 시간이 걸린다. 그 시간만큼 반응 앞면이 앞으로 이동한다. 따라서 과포화, 핵 생성, 침전, 고갈(진행하는 앞면의 바로 뒤에 띠의 행렬을 가져오는)로 이어지는 순환 고리가 있다. 이것은 마치 매일 돈을 받고 모아서 주말에 진탕 놀고 마시고, 매주를 새롭게 가난한 상태에서 시작하는 사람과 다소 닮았다.

비록 리제강 패턴의 형성 과정과 연결된 모든 현상을 설명하는 것은 과제로 남아 있지만 본질적으로 오스트발트의 이론이 십중팔구 맞다. 예를 들면 1923년 자블로친스키(K. Jablczynski)는 띠의 '리듬'을 조사했는데, 만약 기둥 아래로 잇따른 띠의 위치(가령 첫 번째 띠에 대해서)를 측정한다면 두 연속하는 띠의 위치 비가 일정한 값으로 접근한다. 자블로친스키는 오스트발트의 이론은 이 '법칙'을 설명할 수 있다고 주장했다. 하지만 1956년에 독일계 미국 화학자인 스티븐 프래거(Stephen Prager, 1928년~)는 그의 이론을 더욱 다듬었고, 띠의 폭이 무한

그림 3.12
리제강 띠가 침전-확산 과정의 컴퓨터 모형으로 형성되었다.

히 좁아야 한다고 예측했다. 반면 실제로 띠의 두께는 점차 증가하는 경향이 있다. 1994년 스위스 제네바 대학교의 바스티앙 쇼파르(Bastien Chopard)와 동료들은 확산, 핵 생성, 반응 종의 침전을 조절하는 미시 과정을 고려한 낱칸 자동 기계 모형을 이용해 이 과정을 기술하는 한 방법을 고안했다. 이 모형은 자블로친스키의 간격(Spacing) 법칙을 따르는 일련의 넓어진 띠를 만든다. (그림 3.12 참조) 그러나 실제 실험에서 띠 간격은 항상 이 법칙을 따르지 않는다. 사실 모든 리제강 유형의 과정에 적용할 수 있는 일반적인 법칙은 없어 보인다. 따라서 이 유서 깊은 인공적인 화학 패턴에 대해 해야 할 연구가 여전히 남아 있다.

암석 예술

리제강 고리가 마노 같은 광물의 띠 패턴과 관련이 있다고 한(실은 리제강 자신도 주장한) 톰프슨의 제안은 옳은가? 이것은 그럴듯하게 들린다. 왜냐하면 이러한 광물은 과포화된 금속염 용액이 침전되어 형성되기 때문이다. 여기서 금속염 용액은 차례로 만들어졌는데, 따뜻한 물이 식고 있는 현무암질 용암의 갈라진 틈으로 흐르고 금속이 방출되어 만들어졌다. 이 염의 용해도는 더 낮은 온도에서는 훨씬 낮다. 그래서 염이 풍부한 물이 식을 때 광물이 침전한다.

이제 광물이 풍부한 물의 순환 침전 때문에 정말 여러 띠 모양의 광물이 나타난다는 것을 믿기에 좋은 이유가 있는 것이다. 띠가 일부 산화철 광물에서, 처트(chert, 석영으로 된 단단한 암석)의 나무결 조직, 얼룩말 돌(zebra stone)의 줄무늬, 줄마노의 동심 고리 등에서 발견되는데 이것들 모두가 그렇게 설명된다. 가령 프린스턴 대학교의 지질학자 피터 히니(Peter J. Heaney)와 시카고 대학교의 앤드루 데이비스(Andrew M. Davis)는 리제강 유형의 침전-확산 순환 과정이 아이리스 마노의 무지갯빛 현상을 설명할 수 있음을 보였다. 이 광물이 겉보기에 진주 빛깔을 띠는 것은 너무 작아서 맨눈으로는 볼 수 없는, 척도의 주기적인 띠 구조 때문이다. 이 띠의 폭은 대략 가시광선의 파장과 같고 이것은 띠 구조가 빛을 산란시킨다는 것을 의미한다. 가시광선 파장대가 가장 많이 산란되므로 이 띠를 가진 물질의 겉보기 색은 그것을 바라보는 각도에 따라 달라진다. 마찬가지 효과가 오팔(opal, 단백석, 규칙적으로 밀집한 실리카 구체의 배열로 만들어진다.)과 미세 융기(ridge)로 덮인 나비 날개에서 무지갯빛 색깔을 만든다. 이 효과를 19세기 말 레일리가 설명했다. 또 톰프슨은 리제강 유형의 주기적인 띠 만들기가 광물의 무지갯빛 현상의 원인일 수 있다고 암시했다.

아이리스 줄마노의 경우에 띠는 이 광물의 결정 구조의 차이를 기록하고 있다. (그림 3.13 참조) 즉 석영이 원자들의 결정 규칙성에 결함투성이인 옥수 형태와 함께 번갈아 나타난다. 이러한 결함은 두 물질 모두를 구성하는 규산염 이온이 사슬 모양의 분자를 형성하는 데(이온의 농도가 클 때 일어난다.) 기인한다. 허술한 결정 상태인 옥수는 빠르게 침전하며 성장하는 광물의 표면 근처의 규산염 용액을 고갈시키고 석영의 침전을 선호하는 조건을 만든다. 그러나 석영은 천천히 침전하므

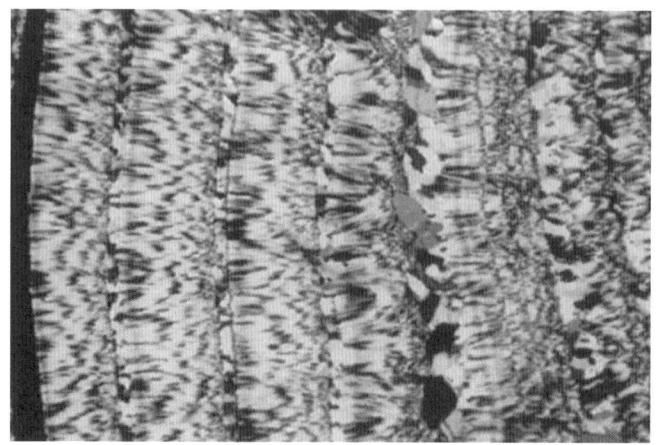

그림 3.13
아이리스 줄마노에서의 리제강 띠 형성. 이 사진은 너비가 약 2.5밀리미터이고, 수직 띠는 석영층과 더 두꺼운 옥수(석영의 일종 — 옮긴이)층이 번갈아 있기 때문이다. 수평 줄무늬는 다른 원인 때문인데, 광물의 섬유 구조에 기인한다. 이러한 띠 형성은 광물의 무지갯빛 외관을 제공한다. 줄마노는 일반적으로 여러 다른 척도의 띠 모양 구조를 가지는데, 가장 친근한 것이 육안으로 볼 수 있는 동심 패턴이다. (도판 3 참조)

로 규산염 이온이 늘어나 다시 옥수를 만들 수 있는 조건을 갖게 한다. 실질적으로 리제강 고리에 대한 오스트발트의 설명대로 과잉 반응하는 급속한 과정이 있고, 이 과정은 다시 시작할 수 있게 되기 전까지 '죽은 시간'을 유도하므로 성장하는 광물에 진동을 새긴다.

줄마노는 종종 여러 길이 척도의 띠를 가지고 있다. 무지갯빛 현상은 수 마이크로미터(1밀리미터의 1,000분의 1)의 폭이 있는 띠에 기인한다. 하지만 수백 마이크로미터와 수 밀리미터 크기의 띠들도 있다. (도판 3 참조) 분명 여기에는 진동하는 패턴 형성 과정의 **계층 구조**가 작용하고 있다. 전혀 다른 이유로 규조류 껍데기에서 같은 범위의 패턴 형성 척도가 있음을 살펴보았다. 앞으로 이런 종류의 계층 구조를 자연의 패턴 가운데서 매우 흔히 볼 수 있음을 확인하게 될 것이다.

다른 종류의 광물 패턴 형성은 바위를 형성하는, 즉 겔과 같은 용액의 흐름이 고체화되는 반응-확산 과정의 상호 작용에서 나타날 수 있다. 그림 3.14에 나타난 벽옥 조각은 원시 조각물이나 심지어 이상한 형태의 생명체 화석으로 오해하기 쉽다. 그러나 이 패턴은 순전히 무기물이다. 독일의 물리학자 하르트무트 린데(Hartmut Linde)와 그의 아내 구드룬 린데(Gudrun Linde)는 최근 이집트의 동쪽 사막에서 이런 놀라운 물체를 발견했다. 그리고 마드리드의 물리학자 마누엘 벨라르데(Manuel García Velarde, 1941년~)와의 공동 연구에서 어떻게 이런 자연적 조각품이 만들어졌는지 유추했다. 연구자들은 규산염 이온이 겔과 같은 유체를 통과해 확산할 때 서로 연결되고 침전해 또 다른 종류의 옥수인 벽옥이 형성된다고 제안했다. 융기 형성은 벽옥을 생성하는 반죽 같은 백악질 침전물의 흐르는 성질 때문이다. 압력은 규산염 이

그림 3.14
이 벽옥 표본은 고대 장인이 조각한 돌처럼 보인다. 그러나 이 패턴은 겔이 광물로 결정화되며 자연적으로 형성되었다.

온의 확산에 따라 겔 안에서 주변 침전물을 뒤로 밀어낼 수 있을 때까지 증가하는데 그 결과 암석이 굳어지고 압력은 풀린다. 이후 규산염이 다시 축적되면서 압력이 상승하지만 말이다. 이 현상은 바이올린 활이 현을 가로질러 움직이면서 음향 진동을 만들 때 활의 규칙적인 마찰(sticking), 미끄럼(slipping)과 다를 바 없다.

사실은 제멋대로

지금까지 기체 유량이 증가하면서, 낱칸 불꽃이 한 패턴에서 다른 패턴으로 전환하며 여러 가지 패턴을 보여 줄 수 있음을 살펴봤다. 이런 도약은 점진적이지 않고 갑작스럽다. 처음에는 5개의 낱칸이 있다고 하자. 그다음에는 갑자기 여섯 번째가 나타난다. 이는 스스로 짜인 패턴의 또 다른 중요한 보편적 특징을 보여 주는 것이다. 패턴이 있는 계는 선택할 수 있는 여러 대체 패턴이 있다고 판명될지 모른다. 그리고 계는 갑자기 '마음을 바꾼다.' 무엇이 이런 선택을 결정하는 것일까? 이것은 이 분야에서 가장 심오한 질문 중 하나이며 앞으로 여러 번 다룰 것이다. 지금은 패턴 상태 사이의 전환 혹은 **전이**(transition)는 계를 평형 상태에서 멀어지게 구동하는 힘을 증가시켜 유도될 수 있다고 해 두자.

이것은 복잡한 이야기이므로 분명히 말하겠다. 연속 젓기 탱크 반응기 안에서 고른 붉은색과 푸른색 사이를 주기적으로 진동하는 BZ 반응으로 돌아가 보자. 여기서 화학 혼합액이 평형 상태에 도달하지 않도록 탱크를 통해 시약을 흘려 준다는 것을 기억하시라. 위에서 언급한 대로 만약 이 흐름을 끊으면 용액은 결국 불변하는 평형 상태에 자리를 잡을 것이다. 그렇다면 반응을 평형 점에서 계속 멀어지게끔 지탱하는 요인, 곧 유량(혹은 유속)을 증가시키면 무슨 일이 일어날까?

답은 진동이 전처럼 계속되는 것 같아 보이지만, 실제로는 미묘하게 다른 특성을 획득한다는 것이다. 각 순환마다 오르락내리락하는 (브롬화물(bromide)이 그럴 것이다.) 다양한 화학종의 농도를 측정해 진동을 관찰한다고 하자. 일단 유량이 어떤 임계 문턱값을 넘으면 브롬화물의 펄스는 한 피크(peak)씩 걸러서 같은 높이만큼 오르는 이중 리듬을 획득하는 것을 발견하게 된다. (그림 3.15a 참조) 이 변화는 끝돌이를 보면 더욱 명확히 드러난다. (그림 3.4 참조) 브롬화물의 순환하는 변동을 또 다른 진동 성분인 브롬산염(bromite)에 대해서 그렸다고 하자. 하나의 고리 대신 이제 이 순환은 2개의 고리를 가진다. (그림 3.15b 참조) 계가 가지는 하나의 완전한 순환은 두 고리의 한 회로에 대응한다.

이런 성질을 주기 배가 혹은 겹되기(doubling-up)라고 한다. 주기적인 진동이 이중 펄스를 갖는 것이다. 하나의 펄스(주기-1)에서 이중 펄스(주기-2)로의 전이를 쌍갈림(bifurcation)이라고 한다. 이 용어는 끝고리에서 일어난 바로 '둘로 갈라짐'을 단지 좀 더 멋있게 표현한 것이다.

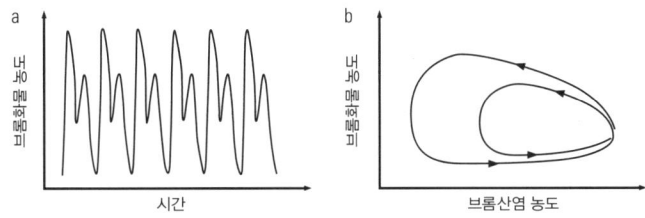

그림 3.15
연속 젓기 탱크 반응기를 통해 BZ 혼합액의 유량을 증가시킬 때 진동이 이중으로 된다. (a) 이 현상을 주기 배가(period doubling)라고 한다.
(b) 이것은 끝돌이에 두 번째 고리가 나타나는 것으로 반영된다.

주기 배가 쌍갈림은 계가 평형에서 멀리 내몰려, 비평형 진동을 겪는 계에서는 워낙 흔하다. 이와 같은 BZ 반응의 겹되기는 1980년대 프랑스 물리학자 루(J. C. Roux)와 그의 동료들이 처음으로 발견했다.

사실 간단히 앞뒤로 진동하는 주기-1 상태도 BZ 혼합액의 쌍갈림을 통해 나타난다. 지금까지 살펴본 대로 닫힌 용기 안에서 이 혼합액의 장기 상태는 진동하지 않고 오히려 안정적이며 변하지 않는다. 즉 진동은 점차 그치며 사라진다. 그리고 이 현상은 유량이 매우 느리면 CSTR 안에서도 일어날 수 있다. 즉 어떤 임계 문턱값 이상에서만 그러한 진동이 무한히 계속된다. 이런 종류의 일정한 상태에서 진동하는 상태로의 급격한 전이는 독일의 수학자 에버하르트 프리드리히 페르디난트 호프(Eberhard Frederich Ferdinand Hopf, 1902~1983년)가 화학 진동자의 존재 사실이 분명해지기 오래 전인 1942년에 규명했다. 지금은 이것을 호프 쌍갈림으로 부른다. 계의 상태는 호프 쌍갈림에 미치지 못해서 그림 3.15b에 나오는 화학종의 농도처럼 계의 파라미터(parameter, 맺음 변수)로 된 그래프 상의 한 점으로 기술될 수 있다. 이 농도를 건드리면 점차 이 '붙박이 점(fixed point)'에서의 값으로 돌아갈 것이다. 그러나 쌍갈림을 넘어서게 되면 계는 '동요'하기 시작한다. 즉 붙박이 점은 고리가 된다. 비록 더 이상 계가 그 점으로 돌아갈 길을 찾을 수 없지만 계속해서 오버슈팅(overshooting)과 언더슈팅(undershooting)을 하면서 영원히 궤도를 그리며 돌게 된다.

따라서 CSTR 안에서 BZ 혼합액의 유량을 증가시키면 처음에는 주기-1 상태로 그다음에는 주기-2로 바뀐다. 거기서 멈추지 않는다. 유량을 더 늘리면 또 하나의 주기 배가 쌍갈림이 나타난다. 이번에는 각각의 전체 순환에서 4개의 농도 피크를, 끝고리에는 4개의 엽(lobe)

을 만든다. 더 큰 유량에서 또 다른 주기 배가 전이는 사이클 당 8개의 피크를 가지도록 한다. 이 도약 사이의 '거리'(그만큼 유량이 증가해야 하는 양)는 잇따른 쌍갈림마다 줄어든다. 그리고 이 도약이 서로 점점 더 가까워질수록 주기적인 패턴은 더더욱 복잡해진다. 결국 모든 주기성을 잃게 되는 점에 이른다. 부연하자면 계는 여전히 화학적 농도가 오르락내리락한다는 점에서 '진동'한다. 하지만 계에 예측 가능한 패턴이 없다. (그림 3.16 참조) 계는 이제 **혼돈 상태**가 되었다.

이와 같은 전이의 순서, 즉 비평형 상태로 몰아가는 힘이 증가하면서 정상 상태에서 주기 배가 쌍갈림을 거쳐 복잡성이 증가하는 진동으로 그리고 마침내 혼돈으로 가는 이 순서는 패턴 형성계에서 매우 흔히 볼 수 있는 종류의 거동이다. 이것에 대해 다시 살펴볼 것이다.

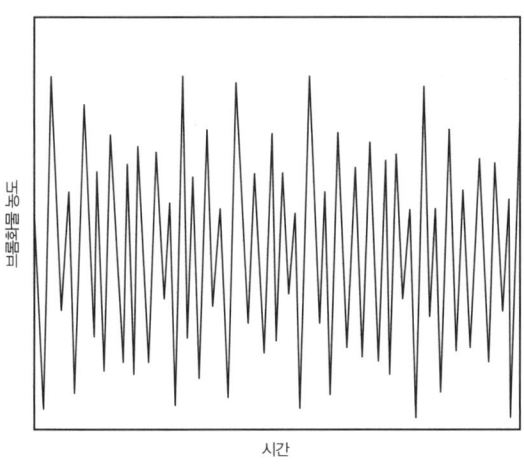

그림 3.16
높은 유량에서 BZ 반응의 진동은 확연히 불규칙적이고, 계는 혼돈 상태가 된다.

생명의 리듬

　이제 화학파와 진동이, 벨로우소프와 자보틴스키가 고안한 난해한 혼합액의 장난 그 이상이라고 알아챌 만한 이유가 다소 있다. 그럼에도 어떤 이는 그것이 다소 특별한 조건이 필요하고, 일상의 현상과는 특별히 관련이 없다고 생각할지 모른다.

　이어지는 장에서 이것은 말이 안 됨을 보게 될 것이다. 반응-확산 과정은 자연에서 패턴을 만드는 데 가장 광범하고 용도가 많은 방식 중 하나이며, 이 과정을 지탱하는 개념은 화학계에 국한되지 않는다. 이것을 매우 간단히 설명하겠다. 당신이 이 행간을 읽고 있다는 사실은 적어도 바로 지금 이 순간에 당신의 몸속에서 맥박 치는 화학파라고 할 수 있는 것이 존재함을 보여 준다. 그것은 어제도 있었고 그 전날에도 있었고, 당신이 죽는 그날까지 계속될 것이다. 이런 말을 해서 진실로 미안하지만 당신의 사망 원인은 필시 이 파-형성 과정의 고장일 것이다. 당신의 심장은 규칙적인 근육 수축을 계속할 능력을 잃게 된다. 간단히 말하자면 당신의 심장 박동은 화학파이고 심장은 일종의 벨로우소프-자보틴스키 겔의 슬래브이다. 그리고 그것이 만드는 패턴이 생명줄이다.

　심장 박동은 때맞음(synchrony)의 놀랄 만한 구현이다. 각각의 맥과 더불어, 동방 결절로 불리는 심박 조율기(pacemaker) 부분에서 시작하는 전기적으로 활성 상태인 파가 심장 조직 사이로 밀려든다. 이 이동하는 파의 앞면에서, 조그만 분자 채널이 당신의 심장 세포벽에서 열리고 전기적으로 대전된 이온들이 통과하며 막의 한쪽 면에서 다른 쪽으로 이동한다. 이것은 세포벽을 가로지르는 전압을 바꾸고 심장 근육의 수축을 유도한다. 심장이 펌프로서의 기능을 효과적으로 수행하기 위해 이런 수축은 반드시 고도로 조율되어야 한다. 만약 각각의 개별 세포가 제각각 언제 전압을 바꿀지를 결정한 결과 심장이 놀란 새처럼 아무렇게나 빨리 박동한다면 아무것도 되지 않을 것이다. 진행파로 표현되는 것처럼 협동이 나타나게 되는데 왜냐면 심장 조직은 마치 BZ 혼합물처럼 들뜨기 쉬운 매질이기 때문이다. 일단 파동 전면이 지나가면 세포들은 불응상으로 들어간다. 그동안 세포들은 안팎의 이온을 재분배해서 막 전압을 되돌린다. 심장과 BZ 반응의 이러한 유사성이 BZ 반응을 연구하는 주요 동기 중 하나를 제공했다. 과학자들은 단지 멋진 화학 패턴을 만드는 것에만 관심이 있지는 않으며 또한 실험실 연구에 잘 부합하는 모형계에 대한 이러한 연구가 심장의 성쇠를 일부나마 이해하는 데 도움을 주리라 기대한다.

　이러한 것들은 모두 너무나 익숙하다. 심장 발작은 선진국에서 제1의 사망 원인이며, 그것 중 상당수는 심장 부정맥으로 불리는 병적인 상태에 근본 원인이 있다. 대강 말하면 이는 심장이 그 정상 박동을 잃어버린 상태다. 심실 세동이라 불리는 부정맥의 최종 단계에서, 협동하며 규칙적인 펌프질을 만드는 전기적 변화는 사라지고 심장은 부질없이 떠는 덩어리가 되어 버린다. 그 이름과는 다르게 부정맥이 초기부터 정상 리듬을 완전히 잃는 것은 아니다. 오히려 빈맥(tachycardia)이라 불리는 새로운 리듬이 활성화되는데 여기서 성인의 경우 1초에 1번 꼴인 정상 박동이 대략 5배 정도 급속히 빨라진다. (그림 3.17 참조) 만약 이것이 억제되지 않으면 부정맥은 조율되지 않은 약한 세동이 되고 이 증세는 보통 급성 심정지로 끝나게 된다. 심장 전기 생리학의 선구자인 스코틀랜드 출신의 존 알렉산더 맥윌리엄(John Alexander MacWilliam, 1857~1937년)은 처음으로 심실 세동과 심장 발작의 연계를 밝혔으며,

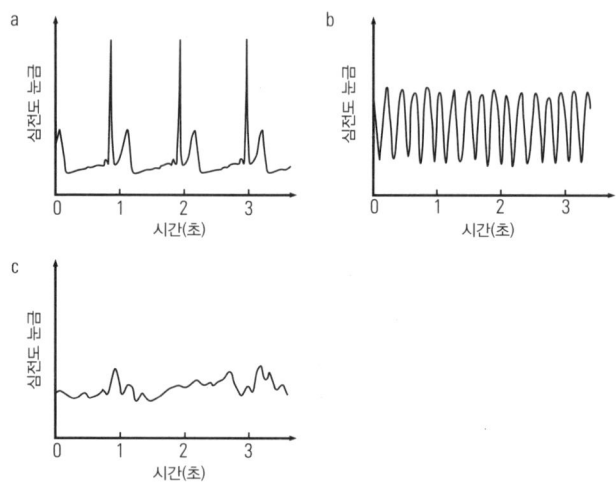

그림 3.17
(a) 심장 발작을 일으키는 심실 세동의 시작은 심전도에서 드러나는 심박 진동의 변화로 살펴볼 수 있다. 건강한 심장은 1초에 1번씩 규칙적으로 뛴다. (b) 이 진동은 좀 더 빨라지만 아직 규칙적인 심부정맥으로 불리는 상태의 맥박으로 바뀔 수 있다. (c) 그다음에는 이런 동작이 붕괴되고 심실 세동의 쇠약하며 부조화스러운 진동이 될 수 있다. 이것을 붙잡아 주지 않으면 급속히 치명적인 상태가 된다.

1888년에 이런 운명적 기로를 사뭇 감성적인 진지한 용어들로 설명했다. "심장 펌프는 기어가 풀리고 그 마지막 생명 에너지는 심실 벽 안의 성과 없는 활성이 가져온 격렬하게 계속되는 동요 속으로 흩어진다."

이런 치명적인 상태는 심장 내부의 규칙적으로 이동하는 파가 나선형 파로 전환하는 것과 연결된 것으로 보인다. 도판 2에서 볼 수 있듯이 들뜰 수 있는 매질에서 나선형 파는 과녁형 파보다 더 짧은 파장을 가지는 경향이 있다. (따라서 이 파가 같은 속도로 이동한다면 맥은 더 빨라진다.) 그 결과 나선형 파는 한번 생기기만 하면 우세해져서 과녁형 파를 대체하는데, 나선형 파가 끼어들어 매질을 좀 더 신속히 들뜨게

도판 1 D(다이아몬드) 극소 곡면과 G(자이로이드) 극소 곡면

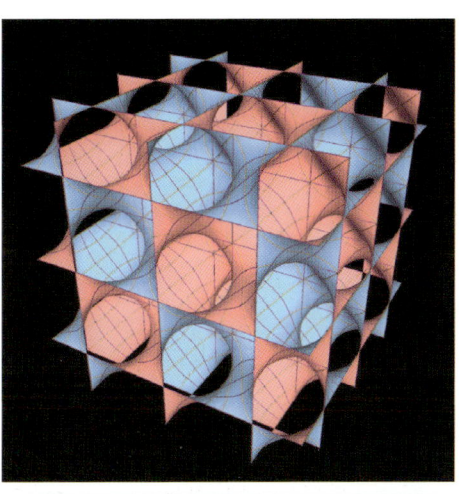

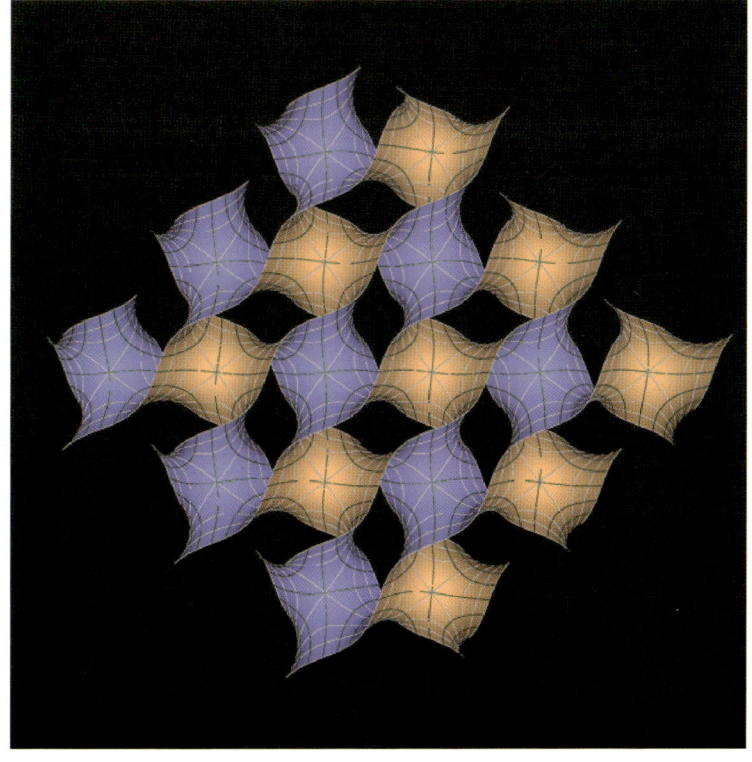

도판 2 벨로우소프–자보틴스키 반응의 환상적인 패턴들

도판 3 지구에서 광물이 형성될 때 침전의 주기 순환 때문에 줄무늬 마노의 동심 패턴이 만들어진다.

도판 4 한 층의 겔 안에서 자란 대장균 군집에서 나타나는 셰브론(Chevron) 패턴. 이러한 패턴 형성은 영양분 부족과 같은 곤경에 처한 세균의 집단적인 반응이며 이것은 화학적인 신호 보내기와 반응(주화성)으로 세균을 뭉치도록 유도한다.

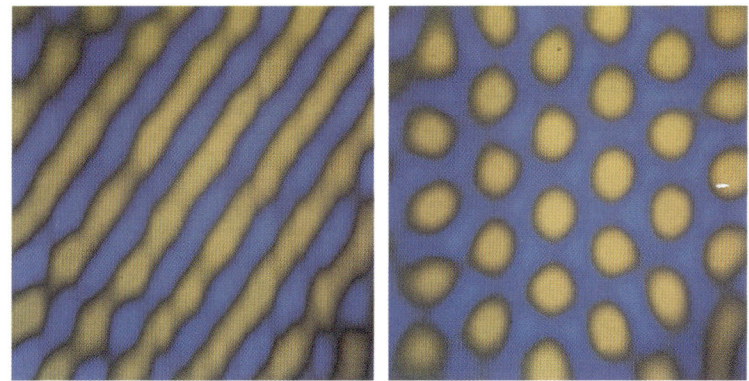

도판 5 화학 매질 안에서 튜링 패턴. 이 패턴들은 국소적인 자가 촉매(자기 증폭) 화학 반응과 이 반응을 억제하는 물질의 긴 범위 확산 사이의 경쟁에서 자발적으로 생긴다. (실제) 색은 서로 다른 화학 조성으로 된 영역에 대응한다. 이 패턴들은 정적이지만 줄무늬에서 얼룩무늬로의 전환이 혼합물 안의 재료의 비를 바꿈으로써 유도될 수 있다.

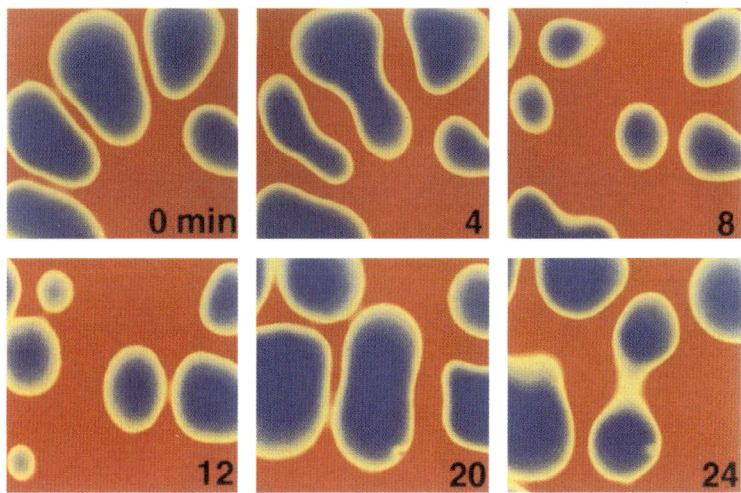

도판 6 활성제-억제제 화학 반응에서 반복하는 얼룩무늬. 이 얼룩무늬들은 성장하고 나뉜다. 한 지역에 너무 많이 떼 지어 있으면 과밀로 '소멸'할 수 있다.

도판 7 큰고양이류(여기서는 파라과이 재규어)의 가죽에 나타나는 특징적인 무늬는 털에 색을 입히는 색소를 형성하는 표피 세포로 만들어진다.

도판 8 에인절피시가 자라면서 그 줄무늬가 계속 발달한다.

도판 9 자연의 가장 환상적인 패턴 중 일부는 나비 날개의 만화경 같은 디자인에서 확인할 수 있다.

하기 때문이다. 심실 세동에서 나선형 파의 역할에 대한 단서는 심장 부정맥이 시작될 때, 심장 진동의 진동수가 증가한다는 것이다.

이제 이렇게 치명적인 나선형 파를 직접 맥박이 뛰는 심장에서 보게 된다. 1972년에 암스테르담 대학교의 연구원들은 토끼의 심장 조직 조각을 산소가 들어 있는 염분과 영양분 용액 속에서 계속 활성화시켜서 1초당 10번을 회전하는 터빈의 날처럼 급회전하는, 전기적으로 활성 상태의 파를 보았다. 1995년에 미국 시러큐스에 있는 뉴욕 주립 대학교의 건강 과학 센터에 있는 리처드 그레이(Richard Gray)와 그의 동료들은 하나의 회전하는 나선형 파가 배양 배지에서 생명을 유지하는 모든 토끼와 양의 심장에서 심실 세동을 일으킬 수 있음을 보였다. 이들은 심장을 통해서 전파하는 전기 활성 패턴을 인공 '피'를 공급할 때 국소 전압에 비례해 밝기가 변하는 형광 염료를 넣어서 밝혀냈다. 연구자들은 심장 표면에서 굽이치는 중심점을 가지는 전기적으로 활성인 나선형 파를 보았다. (그림 3.18a 참조) 이러한 거동과 연결된 심전도는 세동의 특성인 불협 진동을 보였다. 이 나선형 파는 그레이와 동료들이 수행한 컴퓨터 계산에서 더욱 분명하게 보인다. (그림 3.18b 참조) 그들은 심장 활동의 기본 성질을 설명하는 것으로 알려진 방정식을 이용했다.

이제 나선형 파는 좋지 않은 소식이다. 그런데 무엇이 이런 파를 일으킬까? 지금껏 지켜본 바로 심장 조직(들뜰 수 있는 매질)에서 볼 수 있는 패턴 상태 중 하나가 나선형 파(결과적으로 부정맥과 세동)라는 것은 이해할 수 있다. 그러나 정상적이고 건강한 심장은 나선에 희생되지 않고, 수십 억 번의 순환 동안 안정적으로 뛸 것이다. 이들이 만드는 규칙적으로 진행하는 파는 BZ 반응의 끝고리와 마찬가지로, 안정한

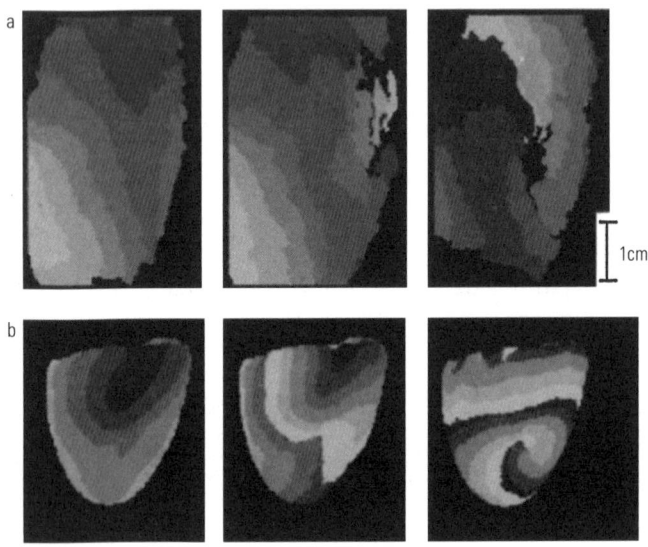

그림 3.18
(a) 심장의 나선형 파는 전압에 감응하는 형광 염료를 써서 볼 수 있고, 여기서는 국소 전압에 비례해 흑백으로 그렸다. (b) 나선형 패턴은 심장의 컴퓨터 모형에서 보다 분명하게 보일 수 있다. 이러한 나선형 파는 심장 부정맥과 심실 세동의 특징이다.

끝개 상태에 대응한다. 끝개를 산자락에 펼쳐진 넓은 골짜기로 생각할 수 있다. 이 골짜기 어디에서 찬 공도 굴러 항상 골짜기 바닥으로 돌아오는 것처럼, 심장도 어떤 식의 자극에 대해서도 위험 없이 건강한 맥박 상태일 수 있다. 그런데 심실 세동의 나선형 파 또한 또 다른 끝개이다. 바로 산기슭 너머에 있는 또 다른 골짜기다. 공을 너무 세게 차면 공은 능선을 넘어 이 새로운 끝개로 굴러갈 것이다. 마찬가지로 심장 수술을 받는다거나 벼락을 맞은 사람이 심장에 받게 되는 심각한 충격은 이처럼 생명을 위협하는 상태로 이끌 수 있다. 이 가운데 또 다른 심각한 충격은 그 기관을 세게 흔들어 다시 건강한 리듬으로 되돌릴 수 있다. 그리고 이것이 바로 이식 가능한 제세동기(박동이 불규칙한 심장에 충격을 가하는 기구)로 부정맥을 치료하는 일반적인 방법이다.

그런데 병에 걸렸거나 비정상인 심장은 일반적으로 규칙적인 리듬이 없는 위험한 상태로 바뀌기 더 쉽다. 이것은 마치 언덕의 경사면이 깎이거나 뚫려서 나선형 파 끝깨에 보다 수월히 도달할 수 있는 것과 같다. 캐나다 몬트리올에 있는 맥길 대학교의 레온 마크 글래스(Leon Mark Glass)와 동료들이 가능한 원인 중 하나를 밝혔는데 그것은 세포 간의 원활하지 못한 소통이었다. 2002년에 이 연구자들은 병아리 배아 심장 세포의 배양 층이 진행파를 만드는데, 이 파는 헵탄올 화합물에 노출되었을 때(이것은 이웃 세포 간의 전기적 상호 작용을 줄여 서로의 활성을 때맞게 하는 것을 더욱 어렵게 한다.), 나선형으로 깨지기 쉬운 경향이 있는 것을 발견했다. 혹은 정상 진행파가 방해받았을 때, 앞서 BZ 혼합액에서 본 것처럼 나선형 파가 유발될 수 있다. 혈전으로 생기는 손상같이 심장 안의 '불활성' 조직의 작은 영역이 나선의 시작점으로 역할을 할 수 있다. 이렇게 손상된 조직이라고 해서 꼭 심장에서 피의 흐름을 방해한다거나, 기관의 나머지 부분이 규칙적인 수축을 못하게 하는 등 명백한 위험을 드러내지는 않지만 전기 활성으로 인한 심장의 패턴을 방해해 치명적인 결과를 불러올 수도 있다.

심장에는 다중 세포로 구성된 기관 또는 생명체처럼 공동의 노력이 있다. 즉 모든 세포들이 함께 일해야만 한다. 실제 세포들이 낱칸 자동 기계 모형의 낱칸들처럼 그 이웃의 상태에 반응하여 거동할 때, 세포들은 들뜰 수 있는 매질과 같은 역할을 할 수 있다. 이는 진행파가 세포에 진동의 때맞음을 부과할 수 있다는 뜻이다. 뇌 세포는 심장 세포처럼 전기적으로 소통한다. 이것은 전기적으로 활성인 파가 뇌의 특성이기도 하기 때문이다. 뇌파는 단지 비유가 아니다.

　이제 펌프질하는 심장을 구성하는 세포들의 모임이 여러 미묘한 방식으로 그들의 활성을 조직할 수 있음이 분명해 보인다. 심장 조직은 건강한 심박을 조성하는 규칙적으로 이동하는 전기 활성 파와 이것을 위협하는 나선형 파뿐만 아니라 협동에서부터 혼돈에 이르기까지 점진적인 진행을 보이는 여타 파형 패턴도 보일 수 있다. 서울에 있는 고려 대학교의 이경진 교수와 공동 연구자들은 페트리 접시에 배양된 심장 조직에서 영양소의 공급 유량이 증가할 때, BZ 혼합액에서 관찰되었던 일종의 주기 배가를 보이는 여러 나선형 파 상태를 보였다. 다시 말해 이런 '심장 조각'은 세동의 완전히 불규칙하고 혼돈한 맥박 특성뿐만 아니라, 2배 또는 4배의 '심박'을 보일 수 있다. 이것은 과연 이런 종류의 들뜰 수 있는 매질로부터 우리가 예측할 수 있는 전부라 할 수 있다. 그런데 여기서 진동하는 상태 사이의 전환을 조절하는 것이 무엇인지 이해하는 것은 죽느냐 사느냐가 달린 문제다.

무리의 맥박

　우리의 심장과 머리 그리고 다른 기관도 세포의 협동과 때맞음에 의존한다. 그러나 일부 세포는 스스로도 잘 살아남는 것으로 보인다. 단일 세포로 된 세균은 사실 지구상에서 가장 번성한 성공적인 생물이다. 우리 인간은 말라붙은 고비 사막과 얼어붙은 북극을 꽤 잘 극복하지만, 어떤 세균은 지하 수십 미터의 뜨거운 기름에 둘러싸여 살고 한편 다른 세균은 묻힌 남극 호수 위 얼음에서 번성하며 또는 해저 화산 주변의 과열된 물에서 또는 방사성 폐기물을 저장하는 용기에서도 산다는 사실을 알고 나면 높아지던 우리의 자부심은 주춤하게 된다.

한편 개인주의는 한계가 있고 세균도 대화와 협력으로 더 잘 대접 받을 때가 있다. 만약 먹이가 부족하면 세균은 마치 개미처럼 떼를 지어 먹이를 찾아다니기로 결정할지 모른다. 그렇지만 세균은 그들의 소통의 힘을 알아차리지 못한다. 그들은 소경이요 귀머거리요 바보다. 세균은 이런 한계를 우리가 대강 특급 후각으로 부르는 것으로 보충한다. '세균식 대화'는 화학적인 언어로 행해진다. 동물이 배우자를 유혹하기 위해서 페로몬을 내뿜는 것과 매우 유사하게 각각은 화학 유인제로 불리는 일종의 향수를 내뿜는다. 다른 세균들은 이 물질을 감지할 뿐만 아니라 그것이 어디서 왔는지도 알 수 있는 것이다. 세균은 단지 코를 의지해 산다. 덜 의인화하면 그들은 농도 기울기를 탐지하고 이것을 쫓는다. 압지에 퍼지는 잉크처럼 한 세균에서 나온 화학 유인제는 진행할수록 더 멀리 퍼지게 된다. 그래서 단일 세균은 마치 채찍과도 같은 첨가물로 스스로를 몰아가 농도의 오르막 기울기를 쫓아 다른 세균을 찾을 수 있다. 이렇게 화학적으로 자극된 운동을 **주화성** **(chemotaxis, 화학물질쏠림성)**이라고 부른다.

세균만이 주화성을 이용하는 유일한 세포는 아니다. 우리 몸의 세포들도 이런 식으로 소통한다. 즉 뇌 안에 신경 수상 돌기의 가지치기처럼 세포들이 자기 자신을 복잡한 구조로 짜는 방법이다. 토양에서 세균을 먹고 사는 아메바의 일종인 점균류 딕티오스텔리움 디스코이데움(*Dictyostelium discoideum*)도 그렇다. 적당한 온도나 습기를 빼앗으면 딕티오스텔리움 세포들은 이 가혹한 조건에 보다 적합한 다세포 덩어리로 뭉치게 하는, 화학적으로 유도되는 집단화 과정을 시작한다. 이처럼 똑같은 세포로 된 세포 더미는 주무 부위를 결정하고 서로 다른 세포 종류로 '분화'해서 일부는 희귀종 버섯처럼, 긴 줄기를 지탱하는 볼록한 '자실체'의 일부분이 된다. 이 자실체는 포자를 포함하는데, 영양분이나 물 없이도 가사 상태로 더 나은 환경을 기다리며 살아남을 수 있다.

이것은 더욱 복잡한 기관의 배아 성장 과정 중에 세포가 조직으로 발전하면서 일어나는 기능 분화와 분리의 방식과 다소 유사하다. 이런 이유 때문에 딕티오스텔리움은 이후 장에서 논의할 발생 과정을 설명하는 간단한 모형의 일종으로 여겨지기도 했다.[19] 그러나 여기서 우리가 관심 있는 것은 결합의 초기 단계인데 왜냐하면 이는 이제 앞으로 의심의 여지없이 친근하게 볼 패턴들의 겉보기와 관련이 있는 것으로 밝혀졌기 때문이다. (그림 3.19 참조)

어디서 이런 과녁과 나선형 점액질이 나오는 것일까? 주화성에 따른 협력, 그 첫 단계에서는 일부 세포들(분명한 이유가 있어 개척자 세포라고 불린다.)이 복잡한 이름을 가진 화합물(다행히도 cAMP로 줄여 쓸 수 있다.)의 파동을 내놓는다.[20] cAMP의 형성은 자가 촉매 효소를 촉매로 한 과정이다. 실제적으로 cAMP는 자신을 만드는 효소의 활성도를 촉진할 수 있다. 이것이 신호 전달 분자의 형성이, 진동하는 폭발 또는 분출에 관여하는 이유이다.

이 화학 유인제가 개척자 세포에서 퍼져 나가면서 근처의 다른 세포들은 그것을 쫓아 그 원천으로 향한다. 결정적으로 개척자 세포가 일단 한바탕 cAMP를 분출하고 나면, 마치 회복하기 위한 것처럼 수 분간 '침묵'에 빠진다. 이것이 '불응'기이고 딕티오스텔리움이 들뜰 수 있는 매질처럼 이동한다는 것을 의미한다. 이것이 일반적인 과녁 모양과 나선형 파가 나타나는 이유이기도 하다. 하지만 여기서 이러한 패턴들은 세포들이 점액질의 버섯 몸체로 분화하기 전에 세포 더미를 만

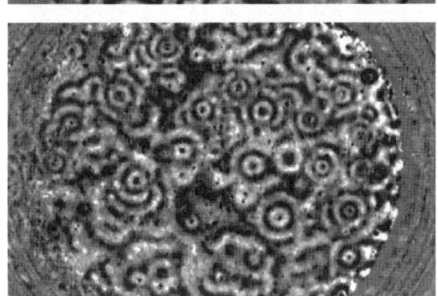

그림 3.19
점균류 딕티오스텔리움 디스코이데움의 군락에서 보이는 과녁형과 나선형 패턴. 이러한 패턴은 일부 세포가 다른 세포들이 움직이는 방향으로 화학 유인제의 주기적인 펄스를 뿜어낼 때 생긴다.

들기 위해, 중앙의 파원으로 수렴하는 자취를 그릴 동안 보이는 지나가는 현상이다. 들뜰 수 있는 거동을 보이는 기간은 일시적이며, 전혀 다른 목적지로 가는 수단일 뿐이다.

주화성이 있는 세균은 과녁형과 나선형을 만드는 것에 국한되지 않고 패턴에 대해 훨씬 폭넓은 레퍼토리를 가진다. 1991년 하버드 대학교의 엘레나 버드린(Elena O. Budrene)과 하워드 버그(Howard C. Berg)는 흥미 없어 보이는 사람의 대장 세균인 대장균(*Escherichia coli*, 줄여서 *E. coli*)이 뜻밖의 예술적 수완이 있음을 보였다. 연구자들은 생명을 위협하는 조건, 가령 매우 부족한 영양, 과다한 산소, 혹은 또는 세균 세포의 정상적인 생화학 과정을 혼란시키는 화학 약품(독이라 말할 수 있는)에 노출하는 등의 조건 아래서 대장균 군집을 여러 층의 겔(역시 대장균의 확산을 늦추는)에서 길렀다. 그들은 세포들이 마치 창의성이 풍부한 이슬람 예술가들이 방패 또는 접시 위에 표현한 것처럼 패턴된 점과 줄무늬로 모이는 것을 발견했다. (그림 3.20, 도판 4 참조) 딕티오스텔리움의 진행파와 달리, 이런 파는 오랜 기간 안정적인 상태로 있다. 버드린과 버그는 이것이 스트레스를 받을 때 아스파르트산이라 불리는 화학 유인제를 내뿜는 세균 세포 사이의 주화성 신호가 전달된 결과이리라고 생각했다. 그러나 이 패턴의 순전한 복잡성과 다양성(딕티오스텔리움의 패턴보다 훨씬 더 풍부한)은 그야말로 모든 이를 당황하게 했다.

그러나 물리학자들로 구성된 두 연구팀은 패턴의 기본 특징 중 일부를 재현할 수 있는 모형을 고안했다. 이들은 패턴이 몇 개의 기본 과정들 사이의 경쟁에서 나온다고 가정했는데, 그 기본 과정은 분화에 의한 세포 증식, 먹이를 탐색하는 확산에 의한 세포 이동, 일단 세포의 국소 농도(그리고 그에 따른 화학 유인제의 국소 농도)가 어떤 문턱값을 넘어설 때 일어나는 주화성에 따른 세포 결합이다. 이스라엘 텔아비브 대학교의 에셜 벤야코브(Eshel Ben-Jacob)가 이끄는 한 연구 그룹은 세포들이 주변 환경에서 영양분을 소비하는 '보행자'족처럼 자주 이동하고 번식한다고 가정했다. 영양분이 부족하면 각각의 보행자는 주화성의 신호 물질을 내뿜고 다른 보행자들의 신호 물질에 농도 기울기

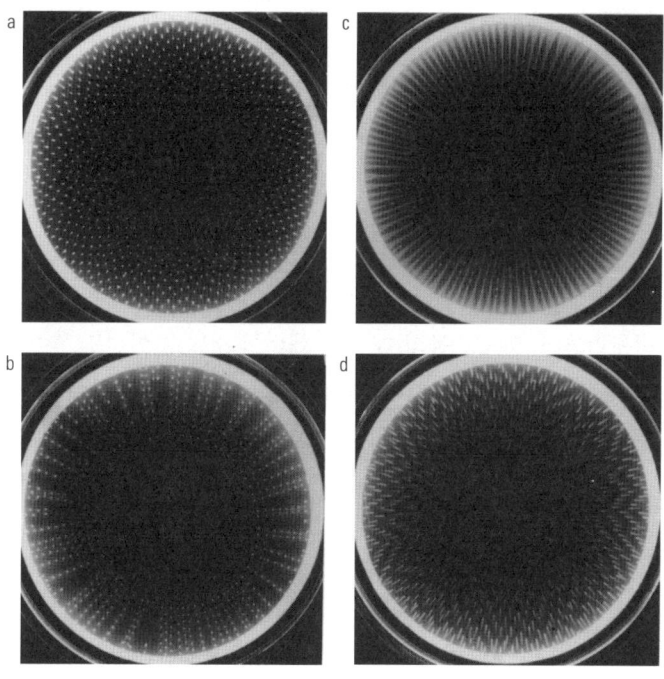

그림 3.20
화학 신호에 반응해 대장균이 만드는 대칭 패턴

를 '오름(climbing up)'으로써 반응한다. 미국 샌디에이고에 있는 캘리포니아 주립 대학교의 허버트 러바인(Herbert Levine)과 레프 침링(Lev Tsimring)은 같은 모형을 제안했지만, 세균 세포를 하나하나의 '알갱이'로 고려하기보다 1930년대에 피셔가 유전자와 개체군에 대해 연구한 것과 유사한 반응-확산 방정식을 이용해 기술했다. 두 연구팀 모두 그들의 모형에서, 처음에 세포 무더기에서 출발한 군집이 고리로 확장하고, 이 고리가 일단 주화성 신호 전달이 켜지면 진행하는 앞면 뒤에 점들로 나뉠 것으로 예측했다. (그림 3.21a 참조) 벤야코브와 동료들은 그들의 모형에 몇 가지 요소를 덧붙이면, 버드린과 버그의 일부 실험에서 보이는 것처럼, 이러한 얼룩무늬들이 바퀴살 모양 줄무늬로 정렬되는 것을 발견했다. (그림 3.21b 참조) 이 경우 다른 보행자들이 떨어지도록 경고하는 또 다른 화학 신호의 방출 결과인 보행자들 사이의 **밀기**를 모형에 삽입했다. 대장균은 정말로 그런 화학 기피제를 내뿜을까? 그것은 분명하지 않다. 이것은 아직 증명되지 않은 예측이다.

버드린과 버그는 그들의 대장균 패턴이 정말로 이런 모형이 예측하는 것과 유사한 과정으로 생성되는 것을 발견했다. 예측대로 군집은 고리(떼 고리(swarm ring)라고 부르는) 형태로 발전하고 세균이 일단 화학 유인제인 아스파르트산을 내뿜기 시작하면 자발적으로 세포 무더기로 나뉜다. 그래도 버드린은 이런 반응을 설명하는 모형이 가령 이론적인 밀기를 넣는 대신, 오직 알려진 세균 세포의 생물학적 성질만을 포함해야 한다고 생각했다. 미국 매사추세츠 공과 대학의 마이클 브레너(Michael P. Brenner)와 레오니트 레비토프(Leonid S. Levitov)의 공동

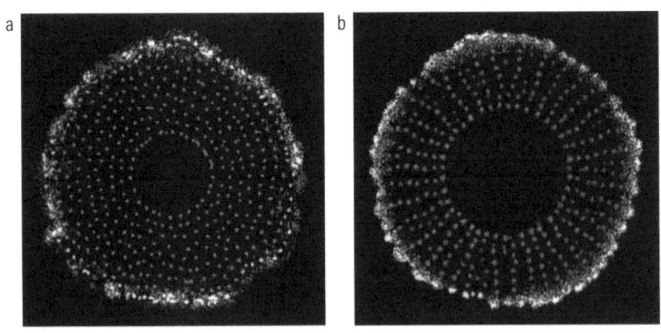

그림 3.21
뭉친 세균의 (a) 동심 얼룩무늬와 (b) 바퀴살 모양 패턴이 세포 소통과 이동을 고려한 컴퓨터 모형으로 재현될 수 있다.

연구에서 그녀는 떼 고리 확장과 분할은 세포들이 석신산으로 불리는 영양분(세포들은 이것을 화학 유인제인 아스파트산으로 바꾼다.)을 찾아서 이동하는 반응-확산 방식으로 설명될 수 있다고 주장했다. 얼룩무늬는 양의 되먹임 과정에서 나온다. 여기서 세포 밀도의 작은 들쭉날쭉함은 국소적으로 화학 유인제의 농도가 높은 '핫스팟' 지역을 만들고 세포 밀도를 더욱 증가시킨다. 이러한 결합을 불안정성이라고 부르는데, 즉 균일한 떼 고리가 일단 불안정성 점에 도달하면 정확한 세부 사항, 예를 들면 세포 간의 끌림 상호 작용이 얼마나 강한지와 상관없이 얼룩무늬들로 분할된다. 이것은 액체 기둥이 일렬의 물방울로 나뉘는 레일리 불안정성과 약간 비슷하다. (그림 2.16 참조)

    세균이 만드는 패턴은 변화무쌍해서 어떻게 변할지 아무도 모른다. 결코 대장균만이 그런 패턴을 보여 주는 유일한 세균이 아니다. 예를 들면 살모넬라균(*Salmonella typhimurium*)도 다양한 얼룩무늬와 고리를 보여 준다. 한편 『가지』에서는 고초균(*Bacillus subtilis*, 메주 표면 아래에 사는 세균으로 된장 특유의 맛과 향을 내는 것으로 알려져 있음 — 옮긴이)의 군집은 완전히 다른 종류의 '보편 형태'를 보이는 것을 확인하게 될 것이다. 하지만 이 모든 패턴들은 반응-확산의 특징인 동일한 기본 과정, 즉 임의의 확산이 결합을 일으키고 불안정성을 가져오는 성분들 사이의 상호 작용과 경쟁하는 데서 나오는 듯하다. 다시 말하면 패턴은 경쟁하는 힘들 사이의 미묘하며 정교한, 아슬아슬한 균형에서 나온다.

태초에

    화학적 파동은 처음부터 우리와 함께 한다. 인간을 포함한 모든 고등 생명체의 난자가 정자와 만나 수정될 때, 난자 표면에 수 분마다,

때로는 수 시간 동안 지속되며 고동치는 일련의 칼슘 이온 파동을 유발한다. 이러한 파동의 존재 이유는 분명하지 않지만, 배아로 계속 발달하기 위해 어떻게든 난을 준비하는 것으로 생각된다. 이 파동은 대부분이 간단한 잔물결로 난의 한쪽에서 다른 쪽으로 이동한다. 하지만 이것들이 반응-확산 과정에서 생성되기 때문에 보다 복잡한 패턴이 가능하다. 이제는 친숙한 나선형 파처럼 말이다. (그림 3.22 참조)

나선은 자연의 도처에 존재한다. 요즘 유행하는 용어로 유비쿼터스(ubiquitous, '언제 어디서나'라는 뜻 ― 옮긴이)다. 이것은 모든 나선이 똑같은 방식으로 형성되었다는 의미는 아니다. 가령 유체 흐름의 소용돌이는 완전히 다른 부류다. 나선 은하(그림 3.23 참조)는 회전하는 먼지, 기체, 그리고 별들의 혼합물이 휘저어진 확대된 소용돌이에 지나지 않는다고 생각하기 쉽다. 그러나 유별나게, 이러한 우주의 패턴을 실제로 일종의 반응-확산 과정의 생성물(벨로우소프-자보틴스키 혼합물의 패턴과 관련이 있는 패턴)로 보는 것도 가능해 보인다. 1960년대에 린치아 치아오(林家翹, 1916~2013년)와 프랭크 슈(Frank Shu, 1943년~)는 나선 팔이 '강체'처럼 회전하지 않아서 별들이 팔 안팎에 있지만 사실은 공기를 통과하는 음파처럼 은하 물질을 스쳐 지나가는 높은 밀도의 파동일 것이라고 말했다. (그렇지 않으면 은하는 돌면서 원심력으로 붙어 있던 것이 떨어지게 될 것이다.)

하지만 적어도 일부 나선 은하에서 작동할 수 있는 또 다른 가능성이 있는데, 즉 밝은 팔이 단지 높은 밀도의 물질이 만드는 파가 아니라 새로운 별들이 형성되는 지역이라는 것이다. 그렇다면 이것은 양과 음의 되먹임을 가져온다. 기존 별들의 대기에서 생성된 우주 먼지는 별 생성을 견인할 수 있는 주위 성간 물질에 새로운 물질을 공급한다.

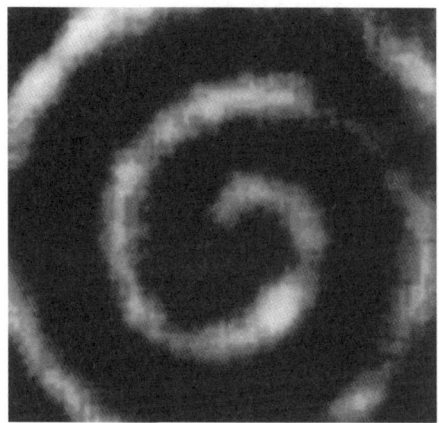

그림 3.22
칼슘 나선파는 개구리 알이 수정될 때 난의 표면을 가로질러 진행한다. 배아 발달에서 이러한 파의 정확한 존재 이유는 분명하지 않다.

그림 3.23
남쪽 하늘의 나선 은하 NGC 5236. 일부 나선 은하의 구조는 반응-확산 계를 흉내 내는 별-생성 과정의 결과일지 모른다.

(일종의 자가 촉매 과정) 하지만 동시에 별에서 방출된 빛은 이 성간 물질의 온도를 높여서 별로 수축시키는 대신 그것을 확장시킨다. 한편 별 형성의 밝은 지역 뒤에는 어두운 영역이 있는데 거기서 별은 늙어 빛을 잃고, 더 많은 별이 형성되는 데 필요한 성간 물질을 고갈시킨다. 따라서 이 영역에서 별 형성은 새로운 물질이 공급될 때까지 정지 상태

로 있다. 달리 말하면 이것은 은하의 들뜰 수 있는 물질이다. 1996년 물리학자 리 스몰린(Lee Smolin, 1955년~)은 은하를 실제로 일종의 반응-확산 계로 간주할 수 있으며 이 우주 바람개비(은하)는 이제 막 태아 형성을 위해 발생을 시작한 수정란에서 나타날 수도 있는 소용돌이 무늬가 어마어마한 크기로 표현된 것이라고 지적했다.

그렇다. 이것이 생명의 보편적인 패턴이다. 앞으로 그것을 더 많이 보게 될 것이다.

문신: 숨기기, 경고하기, 모방하기

줄무늬 유전자는 얼룩말 몸 모양을 정하는 것만큼 결정론적이지 않다. 즉 얼룩말의 다리와 귀는 항상 부모의 것과 같은 자리에 있지만 줄무늬는 그렇지 않기 때문이다.

4장

톰프슨은 적응 기능에 멈춰 있는 패턴과 형태의 '이유'에 성이 차지 않았다. 가령 그는 발생학자들이 주장하는 방식, 즉 발생하는 생물의 모든 측면은, 그의 표현대로 적으면 "이후 그 동물의 몸을 구성하는 데 있어서 유용성과 직접적으로 관련이 있어야 한다."라는 것에 대해 불평했다. 톰프슨에게 이것은 '그렇고 그런 이야기'보다 더 나을 것이 없었다.

실제로 **유용성** 기준은 조지프 러디어드 키플링(Joseph Rudyard Kipling, 1865~1936년)이 아프리카에 사는 동물들이 어떻게 독특한 가죽이 있는지 설명할 때 생각했던 것이다.

반은 그늘 안에 반은 그늘 밖에 서 있기도 하고 매끄럽게 미끄러지듯 몸 위에 떨어지는 나무 그늘에서 오랜 시간을 보내면 기린은 얼룩지고, 얼룩말은 줄무늬가 생기고, 일런드영양과 쿠두(koodoo, kudu)의 경우, 나무줄기의 껍질처럼 등에 약간의 물결무늬의 회색 선이 들어가 어둡게 된다. 그래서 이 동물들의 소리를 듣고 냄새를 맡을 수는 있어도 좀처럼 알아보기는 어려우며 이들이 서 있는 곳을 정확히 알아야만 비로소 눈에 들어올 것이다.

키플링의 '설명'은 사실 여러 아이디어의 멋진 혼합이다. 그는 한 패턴 형성 메커니즘을 제시하는데, 즉 나무 그늘이 어떤 방식으로든 동물 피부에 흔적을 남긴다는 것으로 일종의 태닝을 염두에 두고 있다. 한편 그는 이러한 패턴이 지속되는 이유도 제안했는데 그것이 생물의 생존 기회를 높여 주는 위장에 **유용**하기 때문이다. 줄무늬가 있는 얼룩말은 아프리카 초원의 긴 풀과 덤불과 동화된다. (그림 4.1 참조) 반면 점박이 가죽의 표범은 햇빛으로 얼룩덜룩한 숲 속의 먹잇감에 살그머니 더 잘 다가가도록 적응한다.[21] 이 모든 설명은 분명 다윈설로 들린다. 비록 키플링의 이야기는 환경에서 획득한 형질이 유전된다는 라마르크설로 보는 것이 더 정확하겠지만 말이다.

따라서 키플링은 확신하건대 본의 아니게 19세기와 20세기 초에 많은 진보를 이룬 동물의 패턴 형성에 대한 모든 다양한 관점을 요약한 것이다. 아니면 거의 그렇다고 할 수 있는데, 그가 생각할 수 없었던 것(그렇다고 누가 그를 나무랄 수 있겠는가?)은 톰프슨이 주장한 내용의 핵심인 패턴은 그 자신을 만들 수 있다는 것이다. 키플링의 점무늬는 이미 있는 틀을 통해(나무는 스텐실(stencil)처럼 햇빛의 일부를 차단하는 마스

그림 4.1
아프리카 케냐의 얼룩말

크 역할을 한다.) 만들어지거나 개별적으로 자리에 배치해서 만들어진다. (기억할지 모르겠지만, 표범은 함께 사냥을 나가는 에티오피아 사람이 손으로 색소 점을 칠해 놓았다. 이것은 그가 먹잇감에 살그머니 다가갈 때 '숯 주머니에 겨자색 반창고'를 붙여 놓은 것처럼 어두운 숲 속에서 눈에 뜨이지 않을 수 있다.)

이러한 무늬 형성 이면에 있는 **메커니즘**에 대한 키플링의 설명은 물론 반갑게도 기발하다. 하지만 다윈주의는 그의 설명에 정말이지 아무것도 제공하는 것이 없어 보인다. 다윈론은 생존에 도움이 되는 패턴과 형태 그리고 구조가 일단 형성되었을 때 어떻게 개체군에서 이어지는지 설명할 수는 있다. 그러나 그것들이 처음에 어떻게 생겨나게 되었는가(아리스토텔레스 이후 줄곧 철학자들을 단련시킨 '작용 원인'에 관한 질문)라는 주제에 대해 다윈주의는 불특정 범위의 팔레트를 무작위 검색하는 것 이상의 설명은 하지 못한다. 액면 그대로 말해서 이 이론은 오랜 옛날 갖가지 모양과 크기, 이를테면 육각형이나 혹은 별무늬와 줄무늬 심지어 알파벳 형태의 무늬로 덮여 있었을지도 모를 최초 얼룩말의 놀라운 다양성을 추정해 보도록 한다. 생물 작용으로 만들어진 패턴들은 정말 한계가 없을까? 공통점이 없어 보이는 계에서 어떻게 비슷한 패턴과 형태가 출현하는지 이미 살펴봤다. 얼룩말과 기린 그리고 표범은 특정한 하나의 레퍼토리의 가죽 디자인으로 그려졌을까, 아니면 "가장 아름다운 끝없는 형태들"을 떠올린 다윈이 옳았을까?

이제 신다원주의는 어떻게 얼룩말이 (성공적으로 진화한) 부모로부터 줄무늬를 물려받는지 설명한다. 생물을 만들어 가는 방법에 대한 지침인 유전 물질의 전달을 통해서다. 그러나 '줄무늬' 유전자는 얼룩말 몸 모양을 정하는 것만큼 결정론적이지 않다. 즉 얼룩말의 다리와 귀는 항상 부모의 것과 같은 자리에 있지만 줄무늬는 그렇지 않기 때문이다. 이 유전자는 색소가 어느 위치로 가야 하는지 숫자가 적힌 어린이 책처럼 처방을 제공하기보다는 단지 줄무늬를 갖게 하는 소질만을 전달하는 것으로 보인다.

비록 톰프슨은 그것을 꼭 이런 식으로 표현하지는 않았지만, 어떻게 얼룩말이 줄무늬를 또는 표범이 얼룩무늬를 가지는 경향을 갖게 되는지 확실히 관심이 있었다. 톰프슨이 일반적으로 얼룩말이 **왜** 줄무늬를 가지는가(이 질문은 다원주의 용어로 대답할 수 있다.) 묻지 않고 대신 **어떻게** 한 특정 얼룩말이 줄무늬를 갖는가 물었으리라고 말할 수 있다. 하지만 이 점에서 그는 꽤 난감해 했다. 동물 무늬의 패턴에 대한 질문은 심지어 『성장과 형태』가 거의 끝날 때까지도 나오지 않는다. 단지 톰프슨은 막연하게 "여타 형태들처럼 패턴은 성장과 상관이 있고 나아가 그것으로 결정된다."라는 바람을 담은 듯한 말로 마무리하기 앞서 얼룩말에서 보이는 서로 다른 종류의 줄무늬를 설명하는 데 두세

쪽을 할애했을 뿐이다.

하지만 톰프슨은 올바른 방향을 제시하기는 했는데, 왜냐하면 그가 리제강 띠를 토의하면서 독일의 식물학자 에른스트 퀴스터(Ernst Küster, 1874~1953년)가 이것이 억새풀과 같은 식물의 줄무늬 잎, 깃털이나 고양이 몸에 나타나는 띠, 혹은 열대어 무늬와 같은 생물계의 규칙적인 착색 패턴에서도 그대로 나타나리라고 주장한 것을 지적했기 때문이다. 톰프슨이 말하기를 퀴스터는 이 모든 것을 전형적인 리제강 현상과 밀접히 관련된 "확산(이 그리는) 무늬"의 수많은 실례로 간주했다. 그의 독창적인 사고로도 이 표면상의 유사성에서 어떻게 더 나가야 할지 몰랐던지 톰프슨은 여기에 대한 자신의 견해를 내놓는 것을 주저했다. 하지만 1942년에 『성장과 형태』의 개정판이 출판된 지 겨우 10여 년이 지났을 때 시대를 앞서갔던 또 한 명의 천재가 그러한 패턴이 어떻게 형성될 수 있는지 깨닫게 되었다.

고정된 파동

앨런 매시선 튜링(Alan Mathison Turing, 1912~1954년)은 정말로 세상을 보는 법을 바꾼 몇 안 되는 수학자 중 하나였다. 추상적인 이론과 때로는 그 분야의 매우 난해한 정리를 현실 세계에 응용하는 법을 발견하면 통상 빼어난 수학자로 취급한다. 그러나 튜링은 대략 그 반대였다. 그는 현실 세계인 것처럼 보이는 것, 나아가 무미건조한 질문들이 실제로는 현실의 수학적 단계라고 부를 수 있는 세계의 실제 사례임을 보였다. 컴퓨터를 예로 들면, 기계식 계산기의 개념은 적어도 18세기까지 거슬러 가는데 전자식 컴퓨터가 개발되기 시작한 1940년대에 대부분의 사람들은 이것을 톱니와 지레를 다이오드로 만든 전기 스위치로 대체하는 공학 기술의 문제라고 생각했다. 하지만 이미 튜링은 그가 24세이던 1936년에 사실은 계산(computation)이, 예를 들면 정리가 본질적으로 증명 가능한가 아닌가와 같은 수학과 논리 그 자체의 깊은 구조를 내포한 추상적인 개념이라는 것을 보였다. 그는 그 성능이 하드웨어에 어떻게 구현되는가 하는 세부 사항에 의존하지 않는 지금은 보편 튜링 기계로 알려진, 범용 디지털 컴퓨터 개념을 소개했다. 이 분야에서 튜링의 연구는 오늘날 정보 혁명을 떠받치고 인공 지능 분야의 초석을 놓았다.

현대의 계산은 패턴 형성에 대한 최근의 이해에 핵심적인 도구다. 그러한 이해가 컴퓨터상에서 흉내(simulation) 낼 수 있는 모형에 얼마나 의지하고 있는가를 자주 보게 될 것이다. 그러나 이 분야에서 튜링의 기여는 그보다 훨씬 더 깊다. 생각하는 기계, 즉 인공 뇌를 만들려는 그의 꿈은 일반적인 뇌 구조와 발달을 다루며, 어떻게 생물학적인 형태가 나타나는지 즉 형태 형성의 문제에 대해 궁리하도록 했다.

튜링은 초등학생 때 『성장과 형태』를 읽은 후로 톰프슨이 그 문제에 대해 말한 것을 알았다. 톰프슨과 마찬가지로 튜링은 인간의 몸처럼 복잡한 형태를 만들어 내는 문제는 과연 깨끗한 수학적 해석으로 얻을 수 없는 복잡하고 난해한 일이라는 것을 알 수 있었다. 그래도 튜링은 톰프슨처럼 이 이슈에서 좀 더 다룰 수 있을 만한 것에 관심을 집중했다. 즉 무슨 작용으로 이 모든 일이 시작하는가이다.

다세포로 구성된 몸의 다양한 조직과 기관은 같은 유전 물질을 공유하지만 분명 서로 다른 기능을 한다. 그 이유는 그들의 유전자 활동 패턴이 다르기 때문이다. 즉 활발히 (유전 정보를) 읽고 한 가지 종류의 세포(말하자면 간세포)의 단백질로 번역하는 일부 유전자들은 뼈를 만드는 세포(조골 세포(造骨細胞))와 같은 다른 세포 유형에 대해서는 '조용하다.', 즉 활동하지 않는다. 이러한 세포들은 특화 또는 '분화'되어 있어서 유전자 **발현**(gene expression, 유전자에서 단백질로의 전환)의 서로 다른 양식을 보여 준다. 생물의 발달에 관심이 있는 유전학자와 세포 생물학자들은 일반적으로 유전자 발현의 이러한 차이점을 분간하고 어떻게 각각의 세포 유형에서 서로 다른 단백질 효소 집단이 세포들에게 다양한 기능을 주는지 이해하려고 한다.

그런데 처음에는 동일한 세포들이 어떻게 서로 다른 딸세포를 낳는 것일까? 어떻게 그들은 어느 유전자를 켜고 끌지를 아는 것일까? 매우 초기 배아 즉 동일한 세포들의 덩어리까지 거슬러 추정해 보면 이 문제는 특히 민감하다. 어떻게 이 동질한 무더기가 각각 특정한 위치와 발생학적 운명을 달리하는 서로 다른 세포 종류로 구성된 혼합체로 바뀌는 것일까?

이것은 1952년에 「형태 형성의 화학적인 토대(The chemical basis of morphogenesis)」라 불리는 한 혁신적인 논문에서 튜링이 직면했던 문제였다. 여기서 그는 그 문제를 어떤 비아냥이 있으리라는 생각을 해야 할 정도로 직접적이고 노골적인 용어들로 표현했다.

> 구형 주머니배(포배) 단계에 있는 배아는 구 대칭성이 있다. 그렇지 않고 완벽한 대칭성에서 벗어나 있다면 특히 중요하게 간주할 수 없을 것이다. …… 하지만 구 대칭성이 있고 화학 반응과 확산 때문에 그 상태가 변하는 계는 언제나 구 대칭성을 띤 채로 있을 것이다. …… 그것은 구 대칭이 아닌 말과 같은 생물을 결코 가져올 수 없다.

그렇다면 문제는 왜 자발적인 대칭성 깨짐이 있는가이다. 어떻게 어떤 외부의 교란 없이도 구 대칭의 세포 덩어리가 세포들이 구별된 발생 경로를 따라 분화되는, 덜 구 대칭인 덩어리로 바뀔 수 있을까?

어떻게 그런 일이 일어날 수 있는지 이미 살펴보았다. 잘 저은 벨로우소프-자보틴스키 혼합물은 처음에는 균일하지만 가라앉도록 가만 놔두면 뚜렷이 다른 화학 성분으로 된 공간상의 패턴이 생긴다. 별난 인연으로 튜링은 벨로우소프가 색이 변하는 혼합물을 발견한 것처럼(자보틴스키가 그것이 공간상의 패턴을 만들 수 있음을 보이기 전에) 화학적인 대칭성 깨짐의 문제를 곰곰이 생각하기 시작했다. 그러나 벨로우소프는 앞에서 살펴본 것처럼 소련에서 실의에 빠져 일하고 있었고 튜링은 어느 누구보다 진동하는 화학 반응에 대한 지식이 없었다. 튜링은 처음 시작부터 모든 개념을 고안해야 했다.

위의 인용으로 튜링이 이미 필수 성분인 화학 반응과 확산을 어렴풋이 알고 있었다는 것을 확인할 수 있다. 사실 '확산-반응 계'라는 용어를 쓰기 시작한 것은 튜링의 논문이었다. 튜링은 생물이 발생하는 동안, 조직을 통해 확산하는 형태 형성 물질이라 불리는 화학 물질이 서로 다른 세포 내 유전자를 발현시키는 스위치를 켜거나 끌 수 있다고 생각했다. 예를 들면 세포가 다리로 발생하도록 하는 '다리-유도' 형태 형성 물질이 있을 수 있다. 튜링이 추측했던 다른 형태 형성 물질들은 피부 착색에 영향을 줄 수 있다.

튜링의 주장에서 주목할 중요한 점은 형태 형성 물질의 생성이 자가 촉매적일 수 있다는 점이다. 즉 형태 형성 물질이 생성되는 비율이 현재 이미 얼마만큼의 형태 형성 물질이 있는가에 의존할 수 있다는 것이다. 앞 장에서 기록한 대로 튜링은 이런 종류의 되먹임은 작은 불규칙적 요동을 증폭하는 불안정성을 가져올 수 있고, 어떤 구속 조건 아래서는 끊임없는 진동으로 바뀔 수 있다고 이해했다. 그는 이것을 실에 매달린 막대기에 오르는 생쥐에 비교했다. 막대기는 처음에는 안정된 평형 상태에 있지만 "생쥐가 막대기에 오르면 평형은 결국 불안정해지고 막대기는 흔들리기 시작한다." 이것이 대칭성이 자발적으로 깨지는 메커니즘이다.

이 모든 것이 BZ 반응과 매우 유사하게 들린다. 하지만 견고한 생물학적 형태를 만들기 위해 형태 형성 물질이 진동과 진행하는 파동을 일으키는 것으로는 충분하지 않다. 형태 형성 물질은 반드시 공간에 **정상**(stationary, 또는 정지) 패턴을 유도해야 한다. 이 점이 바로 튜링 논문의 새롭고 중요한 점이다. 튜링은 형태 형성 물질을 만드는 고리 모양으로 둥글게 늘어서 있는 세포들에서, 농도에 대한 진행파와 정상파 패턴이 조건에 따라 나타날 수 있음을 보였다. 또한 형태 형성 물질이 불규칙한 요동의 영향 아래 확산할 때, 평평하고 얇은 물질 안에서 형태 형성 물질의 분포를 그의 반응-확산 방정식을 손으로 계산해[22] 예측했고, 따로따로 떨어져 끊임없이 이어져 있는 고농도의 섬들이 상당히 임의적이고 불규칙한 모양으로 출현하는 것을 발견했다. 튜링은 이런 '얼룩' 패턴이 동물의 피부에서 보이는 것과 관련이 있다고 추측했다.

가장 중요한 요소를 추출하기 위해 튜링의 복잡한 수학 방정식을 한마디로 집약하는 것은 쉽지 않다. 이것은 1972년에 독일 튀빙겐의 막스 플랑크 바이러스 연구소의 수리 생물학자인 한스 마인하르트(Hans Meinhardt, 1938년~)와 그의 동료 알프레드 기어러(Alfred Gierer, 1929년~)가 '튜링 구조'를 만드는 데 관여하는 것이 무엇인지 확인하고서야 완전히 밝혀졌다. 정상 패턴을 얻으려면 형태 형성 물질들의 일련의 화학 반응은 폭주 불안정성을 유발하는 자가 촉매 외에 무엇인가 특별한 것이 필요하다. 형태 형성 물질 A가 자가 촉매 과정을 겪는다고 하면 A의 생성률은 현재 이미 만들어진 A의 양에 비례한다. 그 밖에 다시 없이 중요한 요인은 A가 A의 형성을 **억제하는** 두 번째 복합물 B의 형성을 촉진시키는 것이다. (튜링 자신은 이러한 억제 물질을 일종의 '독'으로 간주했다.) 그러면 이제 복합물 A가 일으키는 자가 촉매 과정의 **활성**(activation)과 B가 만드는 **억제**(inhibition) 사이의 경쟁이 있게 된다. 그리고 이것이 정상 패턴을 가져오려면 A와 B의 확산 속도가 반드시 달라서 B가 A보다 훨씬 더 빠르게 이동해야 한다. 이것은 A의 자가 촉매적 생성이 국소 지점에서 지배적일 수 있지만 보다 먼 거리에서는 B로 억제됨을 의미한다. B의 빠른 확산은 짧은 거리에서 A의 생성을 억제하지 않는다. 너무 빨리 흩어지기 때문이다. 그러면 A와 B는 계의 서로 다른 부분에서 지배적이며 계는 불균일하게 된다. 이 반응의 재료가 계속해서 보충되고 최종 산물 또는 불필요한 부산물이 제거된다면, 즉 계를 평형 상태에서 멀어지게 하는 연속 젓기 탱크 반응기처럼 물질의 배출이 있다면, 이러한 조각들이 끊임없이 지속될 것이다.

마인하르트와 기어러는 튜링의 메커니즘을 **활성-억제제** 방식으로 불렀다. 이것은 반응-확산 과정의 한 특별한 종류이다. 이 메커니즘이 생성하는 튜링 구조는 이제 컴퓨터상에서 쉽게 계산될 수 있다. 2종류의 일반적인 패턴, 즉 얼룩무늬와 줄무늬가 형성된다는 것이 밝혀졌다. (그림 4.2 참조) 이 패턴의 특징은 모두가 같은 폭을 갖고 같은 거리만큼 떨어져 있어서 패턴이 어느 정도 규칙성이 있고 고유한 **파장**이 있는 것이다. 2장(그림 2.42 참조)에서 봤던 고분자 패턴의 예처럼 '매질에 고정된' 것이 아님을 기억해야 한다. 즉 분자들이 끊임없이 매질을

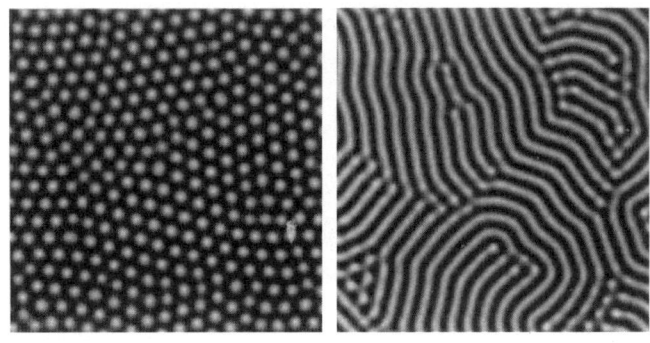

그림 4.2
화학 활성-억제제 계는 얼룩무늬와 줄무늬 패턴을 형성한다. 비록 분자들이 자유롭게 확산할 수 있어도, 매질의 화학 조성이 밝고 어두운 영역에 따라 다르다.

통해서 움직이며 반응하고 따라서 패턴은 **동적**이고, 이 혼합물을 물질과 에너지의 유입으로 평형 상태에서 멀어지게끔 하는 한 그대로 유지된다. 이것은 비록 공기 분자 자신은 자유롭게 확산하고 있지만 공기 밀도의 변이는 공간 안에 고정되어 있는 오르간관 안의 소리 제자리파(standing wave)와 꽤 닮았다. 여기서 비록 공기 분자 자신은 자유롭게 확산하고 있지만 공기 밀도의 변이는 공간에 고정되어 있다.

튜링이 그의 기념비적인 논문을 발표하고 2년 후에 죽지만 않았다면 분명 계속해서 정상 상태의 화학파에 대한 그의 이론을 발전시키고 다듬었을 것이다. 제2차 세계 대전 중 영국 밀턴 케인즈 시의 블레츨리 파크에서 암호 해독에 중심적인 역할을 한 이후, 튜링은 1952년에 동성애 활동으로 기소된 데 이어 보안 위험 대상으로 간주되었다. (독일 해군의 암호를 해독하는 튜링의 방법 중 일부는 오늘날까지도 여전히 기밀로 취급된다.) 그는 '교정하는' 호르몬 치료를 명령받았고 여행의 자유가 제한되었다. 이 비열한 처사로 수치스럽고 우울해진 튜링은 1954년에 42세의 나이로 청산가리가 든 사과를 깨물고 말았다.

줄무늬 칠

형태 형성에 대한 튜링의 논문은 시대를 너무나 앞섰기 때문에 대략 20년간 화학자와 생물학자에게 어느 정도 무시되었다. 그의 상당히 추상적인 화학 방식이 실제로 어떻게 실현될지, 또 그것이 배아 발생의 유전학에 관해 (조금) 알려진 것과 어떻게 관련이 있는지 아무도 몰랐다. 아마도 튜링 구조가 순전히 수학적 허구로, 즉 이론적으로는 멋있는데 현실 세계에서는 불가능한 것으로 밝혀질지도 몰랐다.

그러나 1960년대 말 화학자들이 벨로우소프-자보틴스키 반응과 정면으로 맞닥뜨려 씨름했을 때 이 반응과 튜링 체계와의 연결 관계가 분명해졌다. 1971년 미국 시카고 대학교의 화학자 아서 테일러 윈프리(Arthur Taylor Winfree, 1942~2002년)는 BZ 혼합물의 나선형 파를 활성-억제제 과정의 결과로 이해할 수 있음을 보였다. 이것은 그 자체로 나선형 파가 튜링 구조의 한 예가 됨을 의미하지 않는다. 우선 한 가지 이유는 나선형 파가 진행파인 반면 튜링 패턴은 정상파다. 이런 화학적 계의 정확한 작용은 시약의 반응과 확산에 달려 있다. 튜링 패턴은 활성제보다 훨씬 더 빠르게 확산하는 억제제가 필요하다는 것을 알았다. 만약 그 반대 경우라면 진행파가 생겼을지 모른다. 또 활성제에 반응하여 생성된 억제제가 또 다른 반응으로 빠르게 소비되는 대신 오랫동안 머물러 있다면 계는 간단한 BZ 진동과 유사한 진동을 겪을 수 있다. 다시 말해 활성-억제제 계에서 가능한 여러 다른 유형의 거동들이 있는데, 튜링 구조는 단지 그것들 중 하나이고 조건이 맞아야만 나타나는 것이다.

BZ 반응을 튜링의 패턴 형성 과정과 연결시킨 맨 처음 이론 체계들 중 하나가 일찍이 1968년쯤 제안되었다. 이 상서로운 해에 서구와 소련 과학자들은 체코 프라하에서 국제 학회를 위해 만났다. 거기서 벨로우소프와 자보틴스키의 반응이 철의 장막 밖에 있는 사람들, 즉 서구 과학자들에게 공개되었다. 이 뜻밖의 사실은 브뤼셀 대학교의 일리야 프리고진(Ilya Prigogine, 1917~2003년)과 르네 르피버(Rene Lefever)로 하여금 그 진동을 설명하기 위해 4단계 반응 메커니즘을(164쪽의 오리거네이터 참조) 개발하도록 했다. 한편 브뤼셀레이터(Brusselator, 프리고진과 르피버의 모형이 이렇게 불린다.)는 시약들이 서로 다른 속도로 확산하는 불완전하게 혼합된 용액 안에서 반응이 일어날 때, 공간상의 정상 패턴, 즉 튜링의 점과 줄무늬를 일으키는 불안정성을 발생시킬 수 있다.

이것은 이론적으로 튜링 패턴이 현실 세계의 반응과 어떤 관련이 있는 반응으로 형성될 수 있음을 보여 주었다. 그러나 튜링 패턴이 실험적으로 나타나기까지 그 후로 20년이 넘게 걸렸다. 보르도 대학교의 패트릭 드 케퍼(Patrick De Kepper)와 그 동료들은 CIMA 반응(드 케퍼 연구팀에서 BZ 반응의 대체로 1980년대 초에 고안했던)으로 불리는 진동하는 화학 반응을 이용해 튜링 패턴을 만들었다. CIMA는 그 반응의 성분인 '아염소산염(chlorite), 요오드화물(iodide), 말론산(malonic acid)'의 약자이다. 이 혼합액에 녹말을 첨가해서, 반응에 관여하는 중간 화합물 중의 하나와 반응하면서 노란색과 푸른색 사이를 오가는 진동을 확실하게 만들 수 있다. 이 CIMA 반응은 BZ 반응보다 튜링 체계에 좀 더 가깝다. 왜냐하면 명백히 활성제와 억제제 화합물(각각 요오드화물과 아염소산염)을 포함하기 때문이다.

이런 혼합액에서 튜링 구조를 생성하는 열쇠는 이 두 화합물이 서로 다른 속도로 확산하도록 만드는 것이다. CIMA 반응이 일어나는 동안 녹말의 색깔 변화를 유도하는 화합물(트리요오드화물로 불리는 요오드화물의 한 형태)은 상대적으로 크기와 부피가 큰 녹말 분자들에 들러붙는다. 보르도 그룹이 일종의 얽힌 고분자 사슬 네트워크인 겔 안에서 이 반응을 수행했을 때 녹말 분자는 달라붙은 트리요오드화물과 함께 이 연결망에 꼼짝 못하게 되는 경향이 있어서 활성제(요오드화물)의 확산 속도를 느리게 하는 한편, 억제제는 방해하지 않고 놔둔다. 이런 차이가 의미하는 바는 연구자들이 겔의 서로 다른 부분에 다양한 시약을 접촉시켜 좁은 띠를 따라서 만날 때까지 시약이 확산하도록 할 때, 파란색 배경에 대해 정지 상태의 노란 점들로 이루어진 띠가 경계면에 나타난다는 것이다. (그림 4.3 참조) 이것이 진정한 튜링 구조다.

1년 후 미국 오스틴에 있는 텍사스 주립 대학교의 해리 레너드 스위니(Harry Leonard Swinney, 1939년~)와 오우양치(歐陽頎, 1955년~)는 CIMA 혼합액을 머금은 평평한 겔 층에서 넓은 영역에 튜링 얼룩무늬를 만드는 법을 보였다. (도판 5a 참조) 각 성분의 농도를 변화시킴으로써 화학적 표범을 튜링 줄무늬를 생성하여 화학적인 호랑이로(도판 5b 참조) 변환할 수 있다. 미국 뉴멕시코 주의 로스앨러모스 국립 연구소의 존 피어슨(John E. Pearson)과 공동 연구를 하는 스위니는 또한 BZ 체계에서 나타나는 진행파와 튜링 구조에서 보이는 정지 패턴의 혼성처럼 보이는 이상한 형태의 화학 얼룩무늬를 발견했다. 피어슨은 특정한 조건하에서, 겉으로 보기에는 세균의 생활을 연상케 하는 방식으

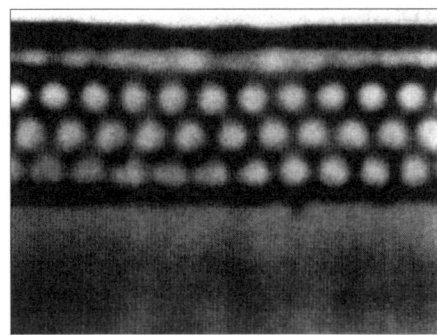

그림 4.3
화학적 튜링 패턴의 첫 번째 관찰. 여기서 확산하는 시약이 만나고 반응하는 곳인 좁은 띠에 점들이 갇혀 있다.

로 자라고 나뉘는 반응-확산 계의 컴퓨터 모형을 고안했다. 스위니 연구팀은 피어슨을 도와서 이러한 '반복하는 얼룩무늬'를 생성하게 될 실제 화학 반응을 찾았다. (도판 6 참조) 바로 페로시아나이드-요오드산염-아황산염 반응으로 불리는 BZ 혼합물의 또 다른 형태이다. 얼룩무늬는 자발적으로 나타나지 않는다. 매질의 한 부분에 자외선을 쪼이는 등의 건드림으로 시작되어야 한다. 얼룩무늬는 자라고 길어지고 나뉘는 것을 되풀이하지만, 그 밀도가 너무 높으면 차례로 소멸된다. 생명계에서처럼 과밀화가 죽음을 가져온 것이다.

미국 매사추세츠 주의 브랜다이스 대학교의 어빙 로버트 엡스타인(Irving Robert Epstein, 1945년~)과 동료들은 튜링 구조가 정보를 기록하는 데, 즉 일종의 화학적 기억 장치를 만드는 데 이용할 수 있음을 보였다. 어두운 데서는 튜링 구조를 형성하지만 밝은 빛에서는 광유도 반응 때문에 이 구조를 잃어버리게 되는 BZ 반응의 감광 버전을 사용했다. 연구자들은 패턴이 있는 마스크를 이용해서 이 혼합물에 빛을 쬐여, 마스크 모양에 대응하는 패턴을 혼합물 위에 새길 수 있었다. (그림 4.4a 참조) 일단 패턴이 새겨지고, 매질의 다른 부분에서의 패턴 형성

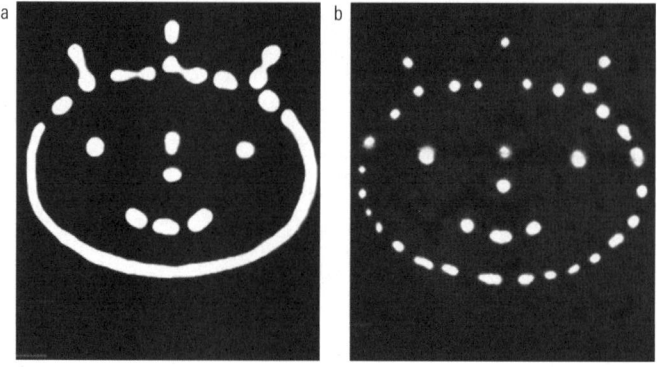

그림 4.4
튜링 패턴을 일종의 '화학적 기억 장치'를 만드는 데 이용할 수 있다. (a) 빛에 반응하는 활성-억제제 혼합물을 포함하는 화학 매질은 마스크를 통해 빛을 비춰 줌으로써 패턴이 찍힌다. (b) 시간이 지나면 이 형상은 분리된 점들로 나뉜다.

은 억제하지만 이미 새겨진 패턴은 지우지 않을 정도의 세기로 잘 조절된 빛이 골고루 혼합물에 쪼여진다면, (시약이 계속 보충되는 한) 이 패턴은 영원히 계속된다. 시간이 지나면 패턴은 얼룩무늬들로 쪼개지는데(그림 4.4b 참조), 레일리 불안정성의 영향으로 균일한 제트 흐름 또는 액체 기둥이 한 줄의 방울로 쪼개지는 방식을 상기시킨다.

피부 깊숙이

튜링의 이론이 동물이 어떻게 무늬를 갖는지에 대한 키플링의 질문에 답하는 것일까? 활성-억제제 방식으로 생성되는 두 기본 패턴이 동물에서 가장 흔하게 만들어지는 패턴인, 얼룩무늬와 줄무늬라는 사실은 확실히 시사하는 바가 많다. 또 그러한 패턴 형성 메커니즘은 진화론적인 용어로 경제성과 다양성을 제공할 것이다. 따라서 순서가 적혀 있는 그림책처럼 색의 순서와 위치를 미리 정하는 색소 침착 패턴의 유전 정보 부호화가 필요 없다. 오직 필요한 것은 얼룩지도록 하는 어떤 고유한 경향을 구성하는 기본 요소들이다. 이것들은 어떤 크기와 모양의 몸에도 적응할 수 있다. 또 약간의 조정으로 똑같은 계가 대신 줄무늬에 적합하게 할 수 있다.

따라서 만약 내가 제라드 맨리 홉킨스(Gerard Manley Hopkins, 1844~1889년)의 '얼룩진 것(dappled thing)'을 무척 좋아하는 조물주라면(비록 오늘날은 우울하게도 이신론(理神論)적 심상을 떠올리는 것에 주의해야 하지만), 더 나은 조리법을 기대할 수 없다. 그러나 벌집에서 관찰하는 바처럼 자연은 항상 쉬운 방법으로 패턴을 만들지는 않는다. 정말로 이것이 얼룩말이 줄무늬를 갖는 방법일까?

포유동물의 가죽 패턴은 간결한 팔레트에 칠한 모자이크인데 이것은 흰색이거나(착색되지 않은) 검은색이거나 갈색이거나 노란색 또는 주황색인 털로 정의된다. (도판 7 참조) 피부의 특정 부위에서 자란 털의 색깔은 표피의 가장 깊은 층의 멜라닌 세포라는 색소-생산 세포로 결정된다. 멜라닌으로 불리는 이 색소는 멜라닌 세포에서 털로 변하는 분자이다. 이것은 두 가지 형태로 나타나는데 유멜라닌의 경우는 검거나 갈색인 반면 페오멜라닌은 노랗거나 주황색이다.

그렇다면 착색 패턴은 멜라닌 세포에서 색소 생산이 켜졌거나 꺼졌는지에 달려 있다. 멜라닌 세포는 배아 성장 동안 전구체(progenitor)의 분화로 형성된다. 즉 일단 분화가 일어나면 마치 노출된 필름에 사진의 잠상이 현상되는 것처럼 패턴은 피부에 '고정'된다. 문제는 "무엇이 분화의 패턴을 조절하는가?"이다. 달리 말해 동물 무늬의 수수께끼는 튜링과 그 이전 헤켈의 마음을 빼앗은 보다 광범한 질문의 단지 한 측면이다. 즉 배아가 세포의 증식과 분화로 성장할 때 무엇이 생물의 형태를 결정하는 것일까?

마지막 장에서 이 쟁점을 정면으로 다룰 것이다. 한편 동물 무늬는 그것을 특별히 간단하고 아름다운 방법으로 잘 예시하는데 겉보기에 매우 간단하고 반복적이어서 곧 튜링 가설과의 연관성을 제시하기 때문이다.

그 가설은 쉽게 기술된다. 즉 멜라닌 세포로 정의되는 착색 패턴은 배아 표피 안에서 일부 화학적인 패턴 형성 시약(튜링의 형태 형성 물질)의 확산과 반응으로 생성된다. 이것이 바로 옥스퍼드 대학교의 수리 생물학자 제임스 딕슨 머리(James Dickson Murray, 1931년~)가 1970년대 말에 제안했던 것이다. 그는 배아 상태의 얼룩말 또는 표범 또는 다른 얼룩진 것의 발생 첫 몇 주 동안, 화학 형태 형성 물질의 활성과 억제는 튜링 양식의 '앞선 패턴(pre-pattern)'을 만들고, 피부에서 위치가 형태 형성 물질의 유무에 따라 달라지는 색소 생성 멜라닌 세포는 이것을 '대변'한다고 주장했다.

이 아이디어는 그럴듯하게 들리고 이제 필연적으로 옳은 것 같다. 그러나 이것을 직접적으로 증명하기 위해, 배아의 앞선 패턴 안에서 형태 형성 물질과 그 성질을 확인하는 것이 필요할 것이다. 그것은 아직 확인되지 않았다. 하지만 머리는 다른 접근을 시도했다. 이것이 정말로 동물의 얼룩무늬 무늬가 만들어지는 방법이라면, 자연에서 발견되는 패턴의 특징을 재현할 수 있는지 그는 물었다.

반응-확산 체계의 정확한 반응은 참여 분자들의 상대적인 확산 속도 같은 다양한 인자에 의존함을 살펴보았다. 또 하나 특정 패턴의 선택에 대해서 강한 영향을 끼치는 것이 반응이 일어나는 관의 크기

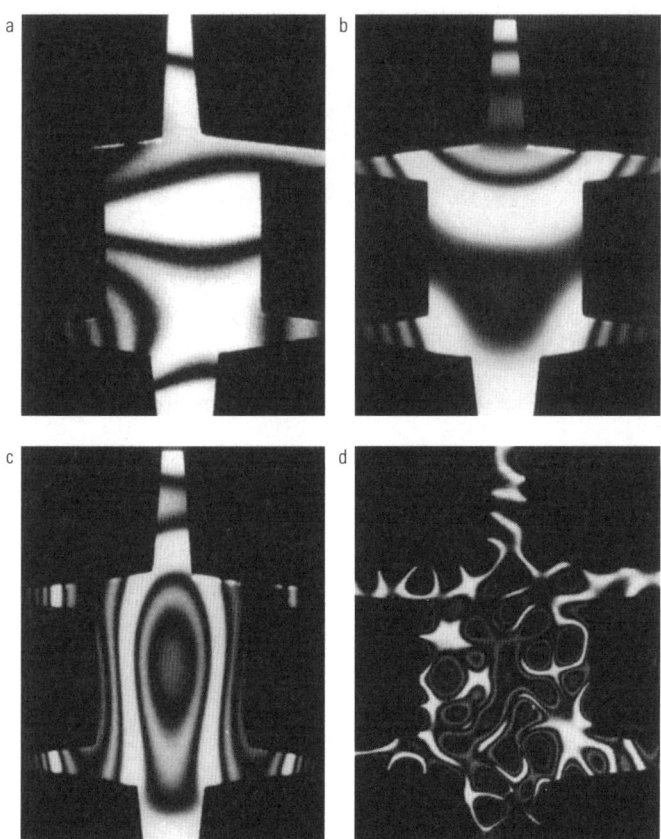

그림 4.5
활성-억제제 계가 형성하는 패턴은 계의 크기에 의존한다. 더 큰 계는 더 많은 '모드'를 지원할 수 있고 그 패턴도 더 복잡하다. 이것은 서로 다른 크기를 가지는 판의 음파로 들뜬 제자리파 진동의 복잡성과 유사하다. 여기 동물의 피부를 본뜬 모양의 박판에 소리의 진동이 있다. 자극 주파수가 (a)에서 (d)로 가면서 증가하는 것은 판의 크기가 증가하는 것과 같다. 왜냐하면 그것은 더 많은 파장이 유효한 공간에 '들어맞을' 수 있음을 의미하기 때문이다.

그림 4.6
(a) 조프로이고양이(Geoffroy's cat)와 (b) 스라소니에서 보는 것처럼 동물의 꼬리는 점 또는 띠 중 하나로 표시되지만 꼬리가 끝으로 가면서 점점 가늘어지면서 띠가 항상 나타난다.

와 모양이다. 이것은 이상할지 모르겠다. 대부분의 화학 반응의 결과는 원통형 시험관에서 실험을 했든 원뿔형 플라스크에서 했든 여기에 전혀 의존하지 않으니 말이다. 그러나 튜링 패턴은 척도와 기하학적 구조에 고유한 양식이 있다. 그것은 파동처럼 (부분적으로) 시약의 상대적인 확산 속도에 의존해 특정 주기를 갖는 화학 농도의 변조이다. 따라서 파이프 오르간에서 소리의 '제자리파'(또는 그 모드)가 파이프의 치수에 의존하는 방식과 닮은 데가 있다.

가령 한 점의 전형적인 지름보다도 작은 용기에 튜링 구조를 만들려 한다면 어떤 패턴도 볼 수 없을 것이다. 이 혼합물은 어느 정도 두루 균일하다. 왜냐하면 어떤 패턴도 수용할 충분한 공간이 없기 때문이다. 용기가 점점 더 커지면 패턴이 나타날 수 있고 패턴이 갖는 특징(패턴의 복잡성)의 수도 늘어난다. 머리는 서로 다른 크기의 금속판에서 들뜰 수 있는 (튜링 패턴과) 소리의 공명과 유사성을 도출했다. 바로 같은 모양이라도 그 크기가 커지면 더욱 복잡한 소리의 공명을 가져올 수 있는 것이다. (그림 4.5 참조) 이 유사성은 시각적으로 유용한 정보를 주지만 정확하지 않다. 왜냐하면 음파는 튜링 구조처럼 활성과 억제로 생성되지 않기 때문이다.

머리는 이런 크기와 모양 의존성이 동물의 꼬리에서 보이는 패턴의 차이점을 그럴듯하게 설명하는지 아닌지를 고찰했다. 이것들은 두 기본 종류 안에 들어오는 경향이 있는데, 즉 꼬리의 축을 도는 띠 또는 얼룩무늬이다. (그림 4.6 참조) 어느 쪽이든 거의 모든 꼬리(점점 가늘어지는 쪽에서)는 일련의 띠로 끝난다. 머리는 반응-확산 계가 점점 가늘어지는 원기둥처럼 간단한 모양으로 된 '이상적인' 꼬리에서 어떤 패턴이 생길 것인가를 계산했고, 띠와 얼룩무늬 둘 다 형성될 수 있음을 발견했다. 띠는 작거나 좁은 꼬리에서 생기는 반면 점은 동일한 과정으로 패턴을 형성한 것보다 넓은 꼬리에서 가능해진다. (그림 4.7 참조) 띠에서 얼룩무늬로의 전환은 때로는 치타와 표범에서 보듯이 좁은 꼬리 끝과 더 넓은 꼬리의 뿌리 사이에서 일어날 수 있다.

이 패턴들이 배아에 깔려 있기에 성체의 크기와 모양이 아닌 이것이 중요함을 기억하는 것이 중요하다. 예를 들면 성체 제네트(genet)와 표범은 비슷한 모양의 꼬리를 가지지만 배아 상태의 제네트는 거의 균일한 지름의 가는 꼬리가 있는데 반해 배아 상태의 표범은 더 짧고 끝이 가늘어지는 꼬리가 있다. 이것은 제네트의 꼬리는 띠가 나타나고 표범의 꼬리는 대부분 얼룩무늬가 나타난다는 것을 의미한다.

머리는 또한 간단한 줄무늬를 형성하는 튜링 과정[23]이 얼룩말의 몸통과 다리의 분기점에서 발견되는 갈매기 무늬(chevron, 어깨의 계급장 줄무늬로 잘 알려져 있는)를 설명할 수 있음을 보였다. (그림 4.8 참조) 대략 원기둥으로 모사한 다리에서 줄무늬는 동물 꼬리에서 그렇듯이 에두르는 띠가 된다.

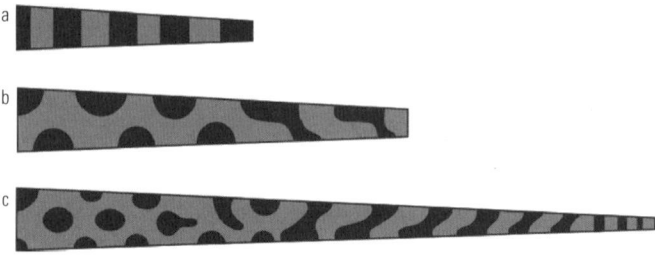

그림 4.7
활성-억제제 방식을 통해 점점 줄어드는 원기둥 '꼬리 모형'에서 만들어진 패턴은 꼬리의 크기와 모양에 의존한다. (a) 작은 원기둥은 오직 띠(줄무늬)만을 지지하고, (b) 반면 얼룩무늬는 보다 큰 꼬리에서 나타난다. (c) 점에서 띠로의 전환을 천천히 좁아지는 꼬리에서 좀 더 분명히 볼 수 있다.

    배아에서 거의 같은 크기의 패턴의 특징을 생성하는(이것은 타당해 보이는 하나의 가정일 뿐 증명된 것은 아니다.) 모든 포유동물 종에서 이런 착색 패턴을 만드는 반응-확산 계가 본질적으로 같다면, 배 발생(embryogenesis) 중 그 결과로 초래된 패턴에 지배적인 영향을 끼치는 시점에 대한 이슈를 생각해 볼 수 있다. 예를 들어 짧은 임신기를 가지는 작은 동물은 몸집이 더 큰 동물보다 덜 복잡한 가죽 무늬가 있어야 한다. 왜냐하면 그들의 더 작은 배아는 더 적은 수의 착색된 조각을 확보할 수 있기 때문이다. 대체로 그런 것 같은데, 가장 극적으로 벌꿀오소리(honey badger)와 발레 염소(Valais goat)는 대담하게도 흰색과 검은색이 반반으로 나뉜다.

    사전 패턴 형성의 보다 세분화된 시기에 관한 문제는 다른 얼룩말 종들 사이의 무늬 차이를 설명할 수 있을지 모른다. 일반적인 그랜트얼룩말(*Equus burchelli*)은 코에서 꼬리까지 몸통에 약 26개의 넓은 줄이 있는 반면, 황제 얼룩말인 그레비얼룩말은 줄이 80개에 가깝고 산얼룩말(*Equus zebra*)은 50개쯤 있다. (그림 4.9 참조) 1977년 에든버러 대학교의 동물학자인 조나단 바드(Jonathan B. L. Bard, 1943년~)는 멜라닌 세포의 분화가 각각의 종마다 임신 후 3~5주에 서로 다른 시간에 일어나기 때문에 이런 차이점이 나타난다고 제안했다. 그랜트얼룩말은 패턴이 정확히 21일 후에 고정될 때 배아의 크기가 다른 종에 비해 더 작기 때문에 더 적은 수의 줄을 만든다. 비슷한 줄 간격을 두는 마찬가지 과정을 통해서 5주 후 더 큰 그레비얼룩말(*Equus grevyi*) 배아에서는 더 많은 수의 줄이 만들어진다. (그림 4.9c~e 참조) 멜라닌을 생산하는 세포는 척추에서 형성되고 배아가 발달하면서 점차 배와 가슴 쪽으로 옮겨 가기 때문에, 이런 줄은 먼저 배아의 척추 부근에서 나타나는 것을 눈여겨보라. 이 세포가 항상 그만한 거리를 이동하지는 않는데, 그

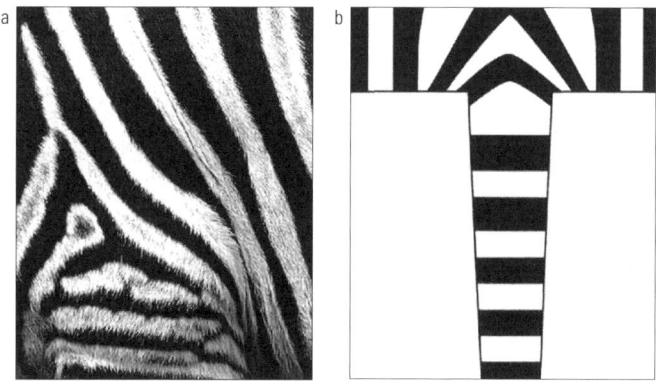

그림 4.8
(a) 다리와 몸통이 만나는 얼룩말의 어깨 줄무늬는 일종의 갈매기 무늬를 형성하는데 이것은 (b) 비슷한 기하학적 구조 안에 국한된 활성-억제제 계에서 재현된다.

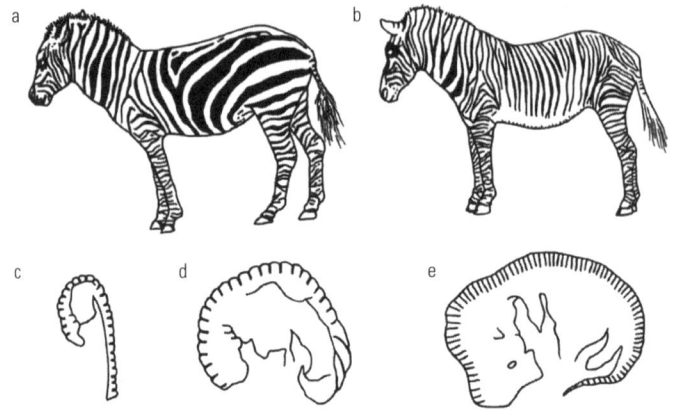

그림 4.9
(a) 일반적인 얼룩말인 그랜트얼룩말과 (b) 몸집이 가장 커서 황제 얼룩말로 알려진 그레비얼룩말은 다른 수의 줄무늬가 있다. 이것은 서로 다른 시간에 일어난, 배아에 깔려 있는 줄무늬의 '사전 패턴' 때문일 것으로 생각된다. 즉 (c) 그랜트얼룩말의 경우 21일, (e) 그레비얼룩말의 경우 5주 후에 만들어진다. (d) 따라서 그랜트얼룩말 배아가 자라서 이제 무늬를 획득하는 그레비얼룩말과 비슷한 크기가 될 무렵에 그랜트얼룩말의 줄무늬가 더 넓다.

래서 황제 얼룩말은 배가 희고 물론 개와 고양이 같은 착색 동물 또한 그렇다.

놀랍게도 무늬의 복잡성이 몸이 작은 동물뿐만 아니라 큰 동물에서도 줄어들 것으로 예상된다. 이것은 점점 더 많은 특징들이 배아의 표면에 있을 때 이 특징들은 합쳐지기 시작하고 경계선은 압착되어 없어지기 때문이다. 이런 이유로 머리는, 기린은 좁은 경계선을 사이에 두고 매우 가깝게 어두운 점이 있으며 코끼리와 하마는 전혀 무늬가 없다고 제안했는데, 이 경우는 배아에 무늬가 많을수록 오히려 적게 발현된 것이다.

그림 4.10
(a) 기린의 가죽 무늬는 좁은 경계를 사이에 두고 거의 합쳐진 매우 큰 점들로 이루어진다. (b) 간단한 활성-억제제 모형은 이런 패턴을 대충 어림하는 큰 얼룩을 만든다. (c) 활성제와 억제제의 진행파가 색소 생성을 유발하는 생화학적인 '스위치'를 넣는, 좀 더 정교한 모형은 더욱 현실적인 다각형 모양을 만든다.

    기린의 패턴을 설명하기 위한 머리의 활성-억제제 모형은 둥근 방울 같은 얼룩무늬(단지 표범 얼룩이 부풀고, 꽉 찬 버전)를 만든다. (그림 4.10b 참조) 실제 기린의 무늬는 딱히 이런 모양으로 보이지 않는다. 대신 어느 정도 반듯한 변이 있는 불규칙적인 다각형이어서, 밝은 경계는 흡사 마른 진흙의 균열 같은 그물 모양의 망을 형성한다. (그림 4.10a 참조). 보통의 튜링 스타일 활성-억제제 체계가 어떻게 이와 같은 것을 얻을 수 있는지 분명하지 않다. 그러나 마인하르트와 그의 동료 앙드레 코흐(André Koch)는 활성제와 억제제가 비슷한 속도로 확산하는 변형으로 그러한 패턴이 만들어질 수 있음을 보였다. 이것은 위에서 언급한 것처럼 정지 상태의 얼룩(stationary blobs)이 아닌 진행파를 만든다. 이 패턴을 고정된 것으로 해석할 수 있는데 어느 곳에서나 활성제 농도가 어떤 문턱값을 넘으면 색소 생산을 유발하거나 억제하는 일종의 생화학적인 스위치를 넣는다고 가정함으로써 그렇게 할 수 있다. 마인하르트와 코흐의 모형에서 일단 이 스위치가 켜지면, 심지어 활성제 수준이 시간이 지나 문턱값 아래로 다시 떨어지더라도 패턴은 그대로 있다.

이 모형에서 활성제 화합물의 생산은 임의의 점에서 시작하고, 이 것은 화학적 파동을 유발시키는데 이 화학적 파동은 퍼져 나가다 서로 만나면 서로를 소멸시킨다. 각각의 파 형성 구역 사이의 이런 경계는 직선이므로 계는 다각형 구역으로 나뉘는데 그 영역 안에서는 색소 생성 스위치가 켜지며 이것은 착색되지 않은 경계가 만드는 그물로 나뉜다. (그림 4.10c 참조) 이것이 실제 기린 가죽의 패턴과 좀 더 유사하다.

마인하르트와 코흐는 동일한 기본 모형으로 표범의 얼룩무늬에 대해 더 나은 근사치를 얻었는데, 단지 착색된 털이 뭉쳐 있는 덩어리가 아닌 고리와 초승달처럼 생긴 것을 얻었다. 하지만 이것은 표범의 얼룩무늬가 실은 방울도 초승달 모양도 아닌 손끝 지문을 닮은, 점들로 이루어진 고리인 로제트 모양임을 예리하게 지적한 키플링을 만족시키지는 못했다. (그림 4.11a 참조) 이 점들은 검지만 누런 공간을 둘러싸는 반면 로제트 무늬 사이에 낀 가죽은 훨씬 더 밝다. 외관상으로 재규어는 표범처럼 얼룩졌지만 좀 더 주의 깊게 들여다보면 무늬가 다른 것을 볼 수 있는데, 착색된 부분이 고르지 않고 검은 윤곽과 어두운 점으로 장식된 누런 중심부를 가진다는 점을 제외하면 기린의 무늬와 다르지 않은 다각형 무늬를 보여 준다. (그림 4.11b 참조) 게다가 이 두 살

그림 4.11

(a) 표범과 (b) 재규어의 '얼룩무늬'는 실은 검은색의 쪼개진 고리로 둘러싸인 약간 어두운 내부가 있는 로제트 무늬이다. 재규어의 무늬는 다각형 모양이며 중심부에 약간의 검은 점도 포함한다. 이런 무늬는 어린 고양이가 성장하면서 발달한다.

(c) 예를 들면 재규어는 5주 차에 단순한 얼룩무늬가 나타나고 이것이 3개월 차에 불규칙한 고리가 된다.

쾡이의 패턴은 둘 다 자라면서 바뀐다. (그림 4.11c 참조) 둘 다 단순한 어두운 얼룩무늬(작은 점(fleck)으로 불리는)에서 시작해, 성체의 더욱 공들인 패턴의 점들로 발전해 간다. 얼룩무늬 및 나아가서 초승달 무늬를 만드는 튜링형 모형은 매력적으로 보일 수도 있지만 이렇게 대략적인

유사성이 있는 사진 한 장으로 만족해야 하는 것일까?

그럴 수 없다. 옥스퍼드 대학교의 필립 쿠마르 메이니(Philip Kumar Maini, 1959년~)와 동료들은 두 가지 가정을 하면 활성-억제제 계에서 더욱 실제적인 표범의 얼룩무늬가 만들어질 수 있음을 보였다. 즉 활성제와 억제제 형태 형성 물질 사이의 반응은 특정한 수학적 형태가 있고 이 반응이 일어나는 속도는 시간에 따라 변할 수 있다는 것이다.

c

4장   문신: 숨기기, 경고하기, 모방하기   235

이 경우 계는 고리로 발달하는 얼룩무늬를 만들 수 있고, 그다음에 이 고리 자체가 쪼개져 여러 개의 점으로 이루어진 불규칙한 고리 또는 로제트 무늬가 된다. (그림 4.12a 참조) 메이니와 동료들은 모형의 파라미터를 살짝 조정해 마지막 발달 단계에서 표범과 닮은 로제트 무늬 대신 재규어와 닮은 다각형 고리 안에 얼룩무늬를 얻을 수 있었다. (그림 4.12b 참조) 두 경우 모두 패턴의 발달 과정이 실제로 성장하는 고양이에서 보이는 과정을 그대로 답습한다.

이들 중 어느 것도 이론적인 반응-확산 방식이 위에서 열거한 동물 가죽에서 일어나고 있는 생화학적 과정에 부합하는지 입증하지 못한다. 그러나 튜링 모형은 이론상으로는 상당히 제한된 요소를 가지고 실제적인 점 패턴을 재현할 수 있음을 보여 준다. 바꾸어 말하면 그의 모형대로 패턴을 만들 수도, 그렇지 않을 수도 있지만 그것이 확실히 **가능하다**는 것이다.

메이니의 동료인 타이완 국립 충싱 대학교(National Chung-Hsing University)의 리아우씨쎙(廖思善)은 튜링 패턴 형성이 꽤 다른 종류의 생물인 무당벌레에서 작동할 수 있을 거라고 생각했는데 무당벌레의 빨갛고 검은 날개는 여러 곤충 중에서 거의 비길 데 없는 사랑을 받게 했다. 사실 이런 '날개'는 딱지 날개로 불리는 딱딱한 덮개인데, 보다 취약한 뒷날개와 아래쪽의 부드러운 복부를 보호한다. 무당벌레의 패턴은 성체가 번데기 단계에서 출현한 후 몇 분 또는 몇 시간에 걸쳐 나타나고, 일부 무당벌레에서는 줄무늬가 발견되기도 하지만 보통 검은 점으로 이루어진다. 리아우와 동료들은 튜링 구조의 특징들이 무당벌레의 딱딱한 날개 모양에 가까운 휘어진 껍데기 위에 어떻게 분포될 것인지 계산했고, 점들의 정확한 위치는 곡률 정도, 경계 모양, 그리고

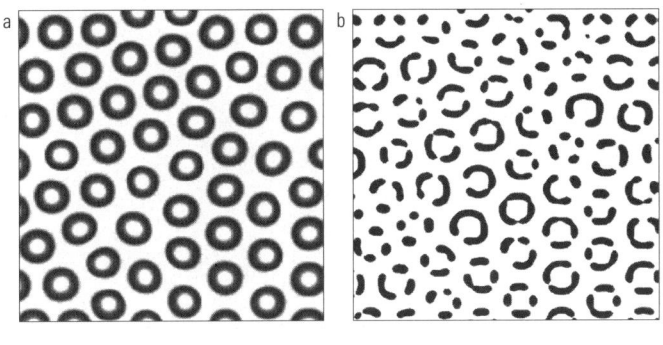

그림 4.12
(a), (b) 표범 패턴의 미세한 부분 및 시간에 따른 변화 둘 다 튜링 메커니즘에 기초한 수학적 모형으로 모사된다. 이 패턴은 단순한 얼룩무늬에서 시작해서 (a) 처음에는 고리로 성장하고 (b) 그다음에는 로제트로 쪼개진다. 똑같은 순서가 재규어에서도 나타나 마지막에 (c)에서 보는 패턴을 보게 된다.

그들의 모형에서 존재한다고 가정한 형태 형성소의 확산 속도에 의존할 수 있음을 발견했다. 이렇게 발생한 패턴은 자연에서 발견되는 여러 패턴을 모방할 수 있다. (그림 4.13 참조)

단단한 재료

얼룩말의 줄무늬 같은 패턴을 보고 '적응했다!'라고 외치는 톰프슨을 희화화한 것 같은 다원주의자와 어떻게 그런 패턴이 화학적인 과정에서 나왔는지를 보여 주는 현대적 형태학자 사이에, 표면에 드러나는 명백한 불화는 없다. 한쪽은 개체군에서 패턴의 지속성을 '설명'한

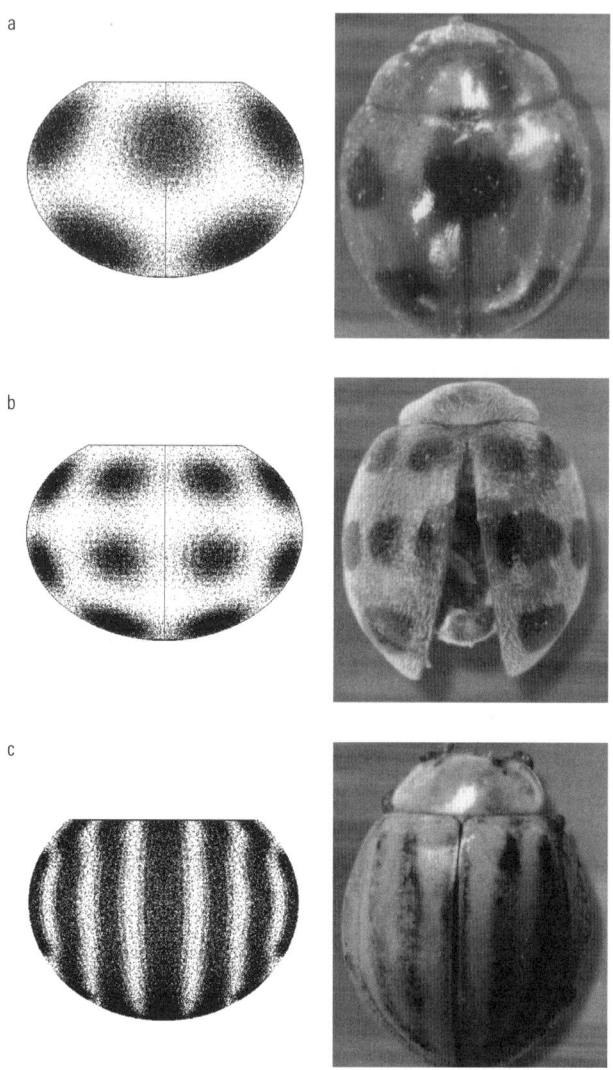

그림 4.13

다양한 종의 무당벌레에 대해 ((a) *Platynaspidius quinquepunctatus*, (b) *Epilachna crassimala*, (c) *Macroilleis roused*) 모형으로 만든 패턴과 실제 패턴

다. 다른 쪽은 어떻게 개체 수준에서 그런 특징이 자리 잡게 되었나를 보여 준다. 그런데 정말 자연이 이런 자발적인 방식으로 색을 칠하는지 의문이 남는다. 만약 그렇다면 자연은 얼마나 폭넓게 변화를 주어야 할까? 이 점을 잠시 살펴보겠다.

먼저 그처럼 열정적인 다윈주의자에게 잠깐 생각할 시간을 줘야 한다. 제시물 A는 한 움큼의 연체동물 껍데기다. 자연이 만든 패턴의 캔버스인 석화된 조직을 그냥 지나치기 어렵다. 그들의 표면에서 색소의 배열은 대부분 절묘하고 눈이 휘둥그레질 정도로 다양하다. 하지만 이렇게 넘치도록 풍부한 고안을 그 적응적 이득(그것이 위장이든, 위험을 알리는 신호이든, 종 인식이든 또는 생물학에서 표면 패턴의 형성에 대한 일반적인 설명 중 어느 것이든)의 관점에서 설명하려는 것은 지금 진행하고 있는 논의를 별로 진척시키지 못할 것이다. 많은 연체동물은 그들이 정성 들여 만든 외부 디자인을 완전히 감춰 버리는 진흙 속에 묻혀 산다. 다른 것들은 마치 그 자신만의 기교에 당황한 듯 그들의 껍데기 무늬를 불투명한 유기 조직 층으로 덮는다. 또 한 종의 개별 구성원들은 어떤 공통의 주제에 대해 개체마다 다른 해석을 보일 수 있어 그것들을 서로 같은 개체군의 구성원으로 인정할 수 있는지 의심해 봐야 한다. (그림 4.14 참조) 이러한 패턴은 조금도 진화론적 목적을 이룰 수 없는 것으로 보인다.

도출할 수 있는 유일한 결론은 자연이 패턴을 만들려는, 억제할 수 없는 충동(추진력)이 있어서 그것이 '필요' 없을 때도 만든다는 것이다. 이 결론에 대해(이것은 물론 우리가 자연을 의인화할 때마다 필요했던 바로 그것이다.) 만약 철저히 신비주의적이지 않다면, 감상적인 태도로 바뀌기 쉽다. 그럼에도 놀라운 사실은, 한때 몇몇 생물학자들이 우리도

그림 4.14
연체동물의 껍데기 패턴은 같은 종의 구성원이더라도 다양한 변이를 볼 수 있다. 여기서 보는 정원 달팽이의 껍데기에는 폭이 서로 상당히 다른 줄무늬가 있다.

믿게 했던 것처럼 자연이 열광적인 모더니스트처럼 모든 불필요한 세부 사항과 장식을 매정하게 없애는 엄격한 검열관이 아님을 발견하는 것이다. 어떤 패턴은 그냥 생기고 그 **기능**면에서 원인을 찾는 것은 무익하다. 비록 일부 생물학자들은 다윈주의가 생물의 모든 특징에 적응성이 필요하다고 주장하지 않는 것을 매우 잘 알지만, 여전히 이 사실에 놀란다. 그러나 이 책의 시리즈가 그것이 조금도 놀랍지 않다는 것을 여러분에게 납득시키기를 바란다. 생물의 패턴 중 다수가 비생물계에 반영될 수 있기 때문에, 여러분이 일종의 애니미즘 신봉자나 유신론자가 아니라면 그것은 결코 어떠한 목적 또는 존재 이유도 보여 줄 수 없는 것이다. 줄무늬와 그 밖의 패턴, 때로는 연체동물 껍데기의 바로크 양식이 외관상으로는 동물의 가죽에서 보이는 무늬와 유사할지 모른다. 또한 그것들은 동일한 형성 원리의 일부를 공유할지 모른다. 하지만 그것들은 선택압 아래에 놓이지 않았고, 따라서 거기에는 어떤 다윈주의의 근거도 없는 것이 분명하다. 여기서 마인하르트가 말한 대로 자연은 "놀도록 내버려 두었다."

그렇지만 조개껍데기의 착색 패턴은 적어도 한 가지 중요한 측면에서 대부분의 동물 무늬와 다른데 그것들이 한번에 다 정해지지 않는다는 점이다. 조개껍데기는 그 바깥 가장자리를 따라 계속 석회화 물질을 부착시키며 점점 커지고 따라서 껍데기의 형태와 모양은 본질적으로 1차원인 이 패턴 형성 과정의 **역사적 기록**이 되기 때문에, 사실 하늘을 가로질러 나는 비행기의 궤적인 비행운과도 같다. 조개껍데기 표면의 착색 패턴은 색소 분포가 껍데기의 가장자리를 따라서 시간에 따라 변한 방법을 보여 주는 자취다. 따라서 성장 축과 나란한 줄무늬는 그와 수직인 줄무늬와 겉보기에 비슷하지만(그림 4.15a 참조), 그들은 전혀 다른 패턴 형성 과정을 이야기하고 있다. 첫째는 지나가는 착

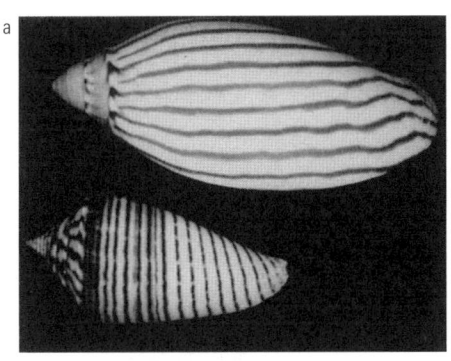

그림 4.15
조개껍데기의 축에 나란하거나 수직이거나, 비스듬한 줄무늬는 각각 전혀 다른 패턴 형성 메커니즘을 반영한다. (a) 첫 번째 경우는 공간적으로 균일하나 시간적으로는 주기적인 패턴 형성 과정을 반영한다. 두 번째 경우는 패턴이 공간에 대해 주기적이지만 시간에 대해서는 균일하다. (b) 세 번째 경우는 시간과 공간 모두에 대해 주기적인 진행파의 결과이다.

색이 모두 테두리를 따라서 일어나고 한동안 착색 없는 성장이 뒤따른다. 둘째는 자라나는 테두리에서 착색된 부분이 만드는 공간상의 주기적인 패턴이 껍데기가 성장하며 계속 같은 자리에 있다. 한편 성장 방향에 대해 비스듬하게 나가는 줄무늬는 성장이 진행되면서 테두리를 따라서 이동하는 착색 진행파가 발현된 것이다. (그림 4.15b 참조) 그러므로 이처럼 다른 유형의 무늬는 착색 과정의 일정한 켜짐-꺼짐 진동 또는 BZ 유형의 진행파 또는 튜링 유형의 정지상 패턴으로 설명할 수 있다.

마인하르트는 반응-확산 방식이 연체동물이 만드는 것으로 밝혀진 거의 모든 종류의 패턴을 어떻게 설명할 수 있는지 보였다. 예를 들면 조개껍데기 축 주변의 띠는 튜링 모형으로 만든 1차원 표범 무늬에 대응하는 얼룩무늬의 정지상 패턴으로 생성된다. 얼룩무늬의 폭과 간격은 활성제와 억제제의 상대적인 확산 속도 같은 모형의 맺음 변수의 정확한 값에 매우 민감할 수 있다. (그림 4.16 참조) 따라서 그림 4.14에서 보는 것처럼 같은 종의 구성원들 사이의 차이는 확산 속도를 바꾸는 온도와 같은 성장 조건의 작은 변화가 가져온 결과일 수 있다.

껍데기 패턴은 성장의 역사를 보여 주는 자취이기 때문에, 동일한 기본 패턴 형성 메커니즘이 단지 껍데기 모양이 달라서 꽤 다르게 보이는 패턴을 가져올 수 있다. 예를 들면 그림 4.15a에서 보는 것처럼 나선형을 그리는 껍데기에서 띠를 만드는 동일한 간격의 색소 점들은 원추형 껍데기에서는 바퀴살 패턴을 만들 것이다. (그림 4.17 참조) 후자의 경우 둘레의 전체 길이는 꾸준히 증가한다. 이것은 점들이 점진적으로 더 멀어져 성장 중 어떤 단계에서 그들 사이에 새로운 점을 받아들일 수 있고(상대적인 확산 속도에 의존해, 평균 점 간격은 일정하다는 사실을 상기하라.), 그러면 후에 새로운 바퀴살로 성장하게 된다는 것을 의미한다.

마인하르트의 모형이 진행파를 만들 때 그 결과는 파면이 테두리를 따라 이동하며 껍데기에 만드는 일련의 빗살무늬이다. 때로는 이러한 파면이 그림 4.15b처럼 단지 한 방향으로만 이동한다. 하지만 2차원에서 진행파가 과녁 패턴을 만들면서 고리 모양의 파면으로 파원에서 멀어지려는 것처럼, 껍데기 테두리의 1차원 계에서 파는 파원에서 양 방향으로 보내질 수 있다. 그러면 껍데기에 기록된 시간 역사는 그 꼭

그림 4.16
(a) 조개껍데기의 성장 끝머리에 수직인 줄무늬는 테두리에서 일어나는 1차원 패턴 형성의 결과이다. 껍데기의 테두리가 진행함에 따라서 패턴이 줄무늬로 '빨려 들어간다.' (b) 만약 이 반응 방식에서 활성제가 더욱 빠르게 확산한다면 줄무늬는 더 넓어진다. (c) 만약 활성제의 농도가 '포화'될 때까지 높아지면 줄무늬는 불규칙하게 변한다.

그림 4.17
조개껍데기의 성장 끝머리가 원뿔을 그릴 때, 끝머리에서 1차원 주기적인 패턴은 중심에서 사방으로 뻗치는 바퀴살 패턴이 된다. (오른쪽) 끝머리가 더 길어지면서 새로운 패턴의 특징이 기존의 바퀴살 패턴 사이에 나타날 수 있다.

 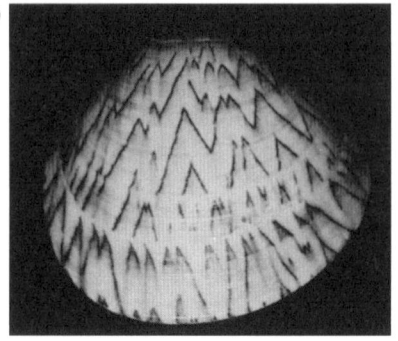

그림 4.18
(a) 1차원 진행파 사이의 소멸이 (b) *Lioconcha lorenziana*의 껍데기에서 보는 바와 같이 V형 패턴을 가져온다.

그림 4.19
환경 조건의 갑작스러운 변화는 조개껍데기 위 패턴 형성 과정을 재시작할 수 있고, 패턴에 갑자기 변하는 불연속성을 만든다.

지가 테두리 바깥쪽을 향하는 뒤집힌 V자 모양이다. (그림 4.18 참조) 이러한 파면 중 둘이 만날 때, 두 대각선 줄은 꼭지가 테두리를 **가리키는** V자로 수렴하는 결과를 가져오면서 BZ 반응의 파동처럼 서로 소멸한다. 두 가지 특징 모두 실제 껍데기에서 관찰할 수 있다.

성장하는 동안 큰 심리적 변화가 있어 보이는 껍데기를 이따금 발견한다. 그것은 갑자기 다른 무엇인가로 바뀌는 아름다운 패턴을 보여 준다. (그림 4.19 참조) 이런 경우에 활성-억제제 체계로 두 패턴 모두 설명할 수 있을 것이다. 그런데 왜 바뀌는 것일까? 껍데기가 어떤 외부 작용 다시 말해 환경적인 방해, 가령 장소가 갑자기 더 따뜻해지거나, 더 건조해지거나, 식량이 부족하거나 등의 이유로 충격을 받고 이것이 그 연체동물의 생화학 균형을 깨는 것 같다. (딱딱한 코팅을 만드는 데 필요한 재료와 에너지를 공급하는 것이 껍데기 안의 연하고 말랑말랑한 생물임을 기억하라.) 그런 방해는 '화학 시계를 재시작'할 수 있고 새로운 환경에서 등장하는 새로운 패턴은 이전 패턴과 실제로 전혀 다를 수 있다. 예술가들이 그러하듯 연체동물이 일을 잘 하도록 편안하게 내버려 두는 것이 필요하다.

물고기에서 찾은 증거

생물학자를 납득시키기는 어려울 수 있다. 여러 동물 및 조개의 패턴과 튜링의 활성-억제제 체계 및 그 변형으로 생성할 수 있는 패턴 사이의 놀랄 만한 유사성은 얼룩말이 어떻게 줄무늬 등의 패턴을 가질 수 있는지 입증하기에 충분하다고 생각할지 모르겠다. 하지만 이런 주장이 오직 눈에 보이는 비교에 의존하는 한 그 증거는 결코 방증을 넘어설 수 없다. 그러나 그것보다 훨씬 더 괜찮을 수 있다.

1995년 일본 교토 대학교의 생물학자 곤도 시게루(近藤滋, 1959년~)와 아사이 리히토(浅井理人)는 바다에서 가장 아름다우며, 보는 이의 눈을 사로잡는 패턴을 보여 주는 에인절피시의 줄무늬를 관찰했다. (도판 8 참조) 줄무늬가 활성-억제제 체계로 만들어질 수 있다는 것은 상식이지만 에인절피시를 구분하는 것은 학명이 *Pomocanthus imperator*인 (황제) 에인절피시 또는 학명이 *P. semicirculatus*인 에인절피시의 줄무늬처럼 일부 에인절피시 종의 줄무늬는 얼룩말과 치타에 있는 패턴과 같이 발생 초기 단계에 물고기의 비늘이 덮인 피부에 영원히 각인되는 것으로 보이지 않는다. 도리어 패턴은 그 물고기가 자라며 계속 발달하게 된다. 아니면 반대로 **패턴은 그대로지만** 물고기가 변해서, 작은 물고기는 적은 수의 줄무늬가 있는데 자라면서 더 많아지게 된다고 말해야 할 것이다. (그림 4.20 참조) 이런 변화가 꽤 갑작스럽게 일어난다. 에인절피시가 2센티미터보다 작을 때 어린 *P. semicirculatus*는 대략 3개의 줄이 있다. 이 줄은 에인절피시가 점점 커질수록 약간 넓어지고 더 멀리 떨어지게 되지만 일단 길이가 4센티미터에 이르면 새로운 줄이 기존 줄 사이에 등장하고 더 어린 물고기에서 보이는 줄 간격으로 되돌아간다. 이 과정은 몸 길이가 8~9센티미터에 이를 때 다시 반복된다. 이 사례와 대조적으로, 가령 기린의 무늬는 몸이 커지면서 부푼 풍선 위에 그려진 무늬처럼 점점 더 커지기만 한다.

이것은 에인절피시의 줄무늬가 성장 과정(반응-확산 과정이 **계속해서 일어나고** 그 결과로 만들어진 패턴은 '용기'의 바뀐 크기에 맞춰 나가는) 동안 적극적으로 지탱되고 있음을 의미해야 한다. 만약 물고기가 축구공 크기로 자랄 수 있다면(실제로는 그렇지 않지만) 척도의 효과가 전혀 다른 종류의 패턴을 가져올 수 있다는 것을 알아챘을지도 모르겠다. 여하간 곤도 시게루와 아사이 리히토는 활성-억제제 체계의 이론적인 모형에서 줄무늬 발생을 재현했는데, 이 연구자들의 시연에 한층 더 설득력을 부여하는 것은 새로운 줄무늬가 나타나는 과정의 세부 사항을 복제할 수 있었다는 점이다.

성체인 황제 에인절피시는 예를 들면 머리에서 꼬리를 잇는 몸의 축에 나란히 가는 줄무늬가 있다. (대조적으로 어린 물고기는 *P. circulatus*

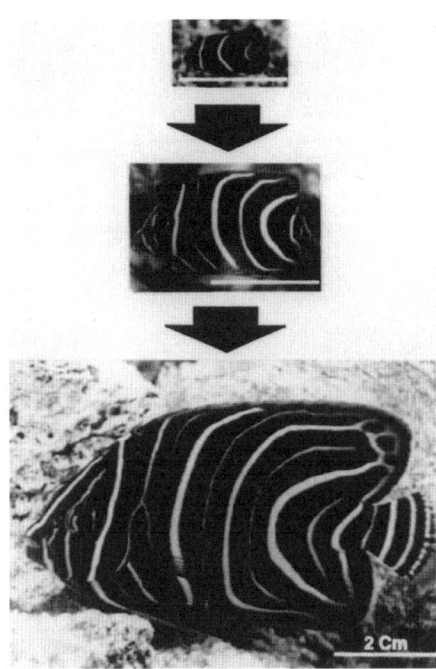

그림 4.20
에인절피시가 자랄 때 그 줄무늬가 똑같은 폭과 간격을 유지한다. 그래서 몸은 좀 더 많은 줄무늬를 가지게 된다. 이것은 얼룩말이나 치타처럼 기본 패턴이 일단 배아 단계에서 최종적으로 정해지고 마치 풍선 위에 그린 점처럼 커지는 포유동물의 패턴과 대조를 이룬다.

처럼 동심형의 반원 줄무늬가 있다. 이렇게 패턴이 재배열하는 그 자체가 놀랍다.) 이 나란한 줄무늬들의 간격은 일정하게 유지되고 따라서 줄무늬 수는 성체의 크기에 비례한다. 새로운 줄무늬가 기존 줄무늬의 두 가지 치기(bifurcation) 또는 분기(forking)에서 나와, 한 줄무늬를 둘로 나누는 일종의 지퍼를 여는 과정으로 몸을 따라 진행한다. (그림 4.21 참조) 곤도 시게루와 아사이 리히토가 가정한 반응-확산 모형은 이러한 거동을 정확하게 모사했다. 또한 몸의 위와 아래(등쪽 및 배쪽 영역) 근처 줄무늬 분기점의 더욱 복잡한 거동을 포착한다. (그림 4.22 참조) 이 일본 연구자들은 패턴 형성의 과정이 배 발생 동안 정지해 있기보다 여전히 활발한 이런 유의 생물계에서, 작동하는 활성제와 억제제 분자

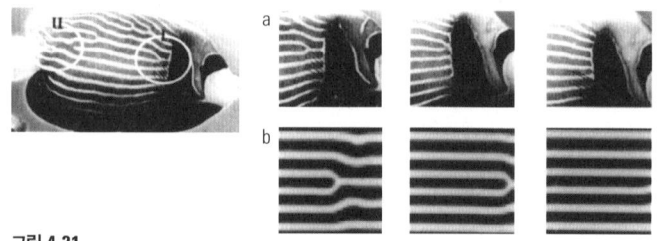

그림 4.21
황제 에인절피시에서 (a) 새로운 줄무늬의 '지퍼 열기' 현상은
(큰 그림의 오른쪽 동그라미친 부분) (b) 튜링형 과정으로 모사될 수 있다.
(큰 그림의 왼쪽 동그라미친 부분)

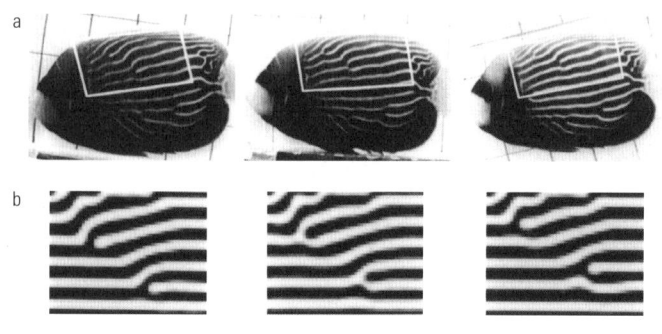

그림 4.22
(a) 황제 에인절피시의 등과 배에 있는 복잡한 패턴의 재배열도
(b) 튜링 모형으로 해석할 수 있다.

를 확인하는 것이 훨씬 더 쉬울 수 있다고 생각했다.

곤도 시게루와 동료들은 동물의 표피에서 일어나는 활성 반응-확산 과정처럼 보이는 더욱 놀라운 예를 발견했다. 2003년에 그들은 BZ 반응의 화학적 파동처럼 털이 없는 쥐의 표피를 가로질러 천천히 이동하는 착색 진행파를 보았다. 여느 많은 생물처럼 쥐는 주기적으로 털이 자란다. 일정한 간격으로 새로운 털이 자라서 이전 털을 모낭에서 밀어내 털갈이를 하게 한다. 이 주기는 모든 곳에서 일치하지 않고, 일종의 반응-확산 파로 조절되는 방식으로 표피의 다른 부분마다 다른 단계에 도달한다. 곤도 시게루와 동료들은 유전 돌연변이가 있어 색소가 침착되기 시작한 직후에 일찍이 모낭에서부터 털이 빠지는 쥐에서 이런 털 발생 파를 눈으로 볼 수 있다는 것을 발견했다. 이런 때 아닌 탈모 때문에 돌연변이 쥐는 본래 털이 없는 것처럼 보인다. 하지만 그럼에도 모낭에서 발전하는 착색이 표피 색을 가져온다. 그들은 표피에서 진행하는 착색 줄무늬가 있고 털이 없는 돌연변이 쥐의 군집에서 한 마리의 정상적인 쥐가 자발적으로 나타난다는 것을 발견했다. 연구자들은 이런 현상을 초래한 유전적 돌연변이를 찾아냈고 그것을 다른 쥐에 전이시켜서 다양한 유형의 착색 주기를 발생하게 했다. 전형적으로 쥐의 표피색은 생후 약 1개월 동안 몸 전체에 걸쳐 균일하게 진동하지만 7~8개월 안에 이것은 이동하는 색소 줄무늬로 바뀐다. (그림 4.23 참조) 그 패턴은 머리에서 꼬리를 잇는 머리-꼬리 축에 대칭적이었고, 곤도 시게루와 동료들은 그것이 쥐의 겨드랑이에 위치한 한 쌍의 진행파 파원에서 예상할 수 있는 무늬와 상당히 흡사하다고 말했다.

이 일본 연구자들은 동물 표피의 착색 파가 일반적인 것일지도 모른다고 추측했다. 만약 채색 파가 털이 만들어지는 주기보다 더 짧은 주기로 진동한다면 똑같은 털은 자라기 전에 착색 성장과 비착색 성장 기간을 경험하게 될 것이다. 그 결과 털은 검은색과 흰색 띠를 갖게 된다. 예를 들면 그것이 바로 일부 쥐와 집 고양이 그리고 놀랍게도 산미치광이의 가시털에서 발견되는 것이다. (그림 4.24 참조)

여기서 튜링 유형의 메커니즘으로 패턴을 형성한 경우는 꽤 설득

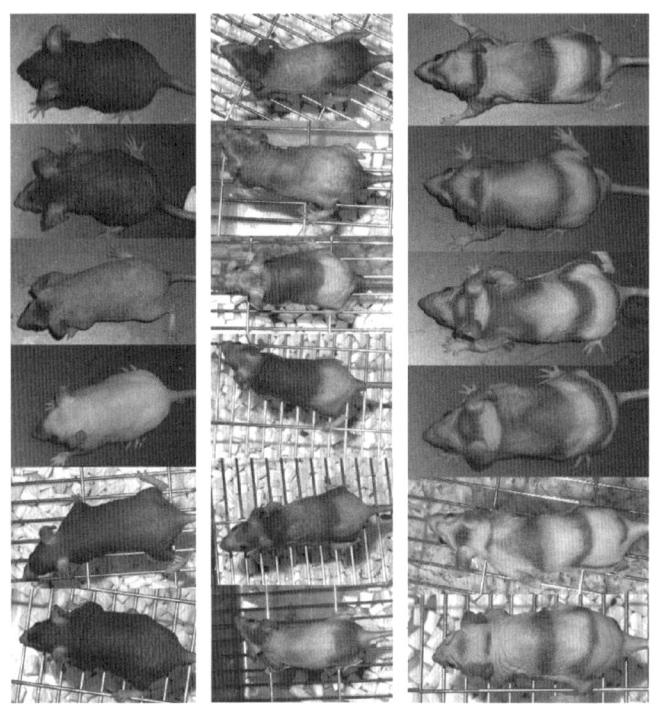

그림 4.23
생후 첫 8개월 동안 발전한, 알몸 쥐 표피의 착색을 가져오는 진행파. (왼쪽 열) 첫 30일 정도에는 전체 몸이 착색된 상태에서 착색되지 않는 상태로 바뀌지만, (오른쪽 열) 210~240일이 지나면 패턴은 대칭적인 띠로 발전한다.

력이 있어 보이지만 종지부를 찍을 증거는 진짜 형태 형성 물질(조직을 통과해 확산하는 화학 물질로, 지나가면서 색소 유전자를 깨운다.)을 확인하는 일일 것이다. 지금까지 그런 어떤 종류의 형태 형성 물질도 동물의 점 패턴에서 확인된 바가 없다. 그러나 마지막 장에서 이제 배아의 발생과 성장을 조절하는, 보다 일반적인 종류의 확산하는 형태 형성 물질에 대한 충분한 증거가 있음을 보게 될 것이다.

날개 위

톰프슨이 반응-확산 계를 발견했을 때 리제강 띠가 이것에 가장 근접했으므로 우리는 그가 거의 이해되지 않은 이 패턴 형성 과정을 최대한 활용한 것이라고 이해할 수 있다. 그는 잠정적이지만 무엇인가 닮은 것이 고양이와 새의 줄무늬와 나선 형성뿐만 아니라 나방과 나비의 날개 패턴에서도 작동한다고 제안했다. 사실 이것은 그의 생각이 아니었는데 독일의 동물학자 게브하르트(W. Gebhardt)가 1912년에 그것을 제안했다. 특히 황제 나방과 같은 종의 날개에 있는 눈꼴 무늬(eyespot) 패턴의 동심원은 리제강 띠를 강하게 연상시키는 유사체의 역할을 제공했다.

그러나 포유동물의 점과 줄무늬와 비교할 때 나비와 나방의 패

그림 4.24
산미치광이 가시털의 착색 줄무늬

턴은 압도적으로 풍부하다. (도판 9 참조) 우선 나비와 나방은 다채로운데, 팔레트에 노랑과 갈색의 멜라닌(나비는 그런 색소도 사용하지만) 그 이상이 있다. 일부 파란색은 식물의 색소에서 온 것이다. 그 밖의 색은 결코 색소 분자 때문에 나타나는 것이 아니라 날개 인편(비늘 조각) 위에 작은 마루의 배열 때문에 빛이 산란되어 나타난다. (그림 2.41 참조) 대부분의 초록색과 파란색은 이렇게 만들어지며, 비단 같고 무지갯빛으로 색이 변하는 모습을 이룬다. 이런 색들은 점묘적인 방식으로 배열되어 있는데 그 각각은 지붕널처럼 날개 표면에 겹쳐 이어져 있는 작은 비늘에 부여된다. 그리고 만약 팔레트가 풍부하면 디자인 또한 그러한데, 각각의 디자인은 완벽한 대칭성을 갖는 각 날개에서 재현되는 기본 구성 요소들의 순열에서 형성된다.

자연의 이런 엄청난 풍부함에 근간이 되는 계가 있을까? 아니면 날개는 자연이 맘대로 낙서할 수 있는 백지인가? 이것이 바로 보리스 니콜라예비치 슈반비츠(Boris Nikolayevich Schwanwitsch, 1889~1957년)와 에른스트 쥐페르트(Ernst Süffert)가 나비와 나방의 모든 날개 패턴을 네발나빗과의 설계도로 알려진 통합적인 방식으로 줄였던 1920년대에 던졌던 질문이다. 이것은 패턴 형성의 기본 틀, 즉 일종의 이상적인 디자인을 대표하는 것으로 생각되는데 이것으로부터 무한히 다양한 실제 패턴이 선택과 생략 또는 근본적인 구성 요소를 고쳐서 파생될 수 있다. 두 동물학자는 독립적으로 그들의 계를 발전시켰지만 인상적인 합의를 보여 주었다. (그림 4.25 참조) 패턴의 기본 구성 요소는 일련의 점, 호, 날개의 위(앞)에서부터 아래(뒤) 가장자리를 교차하는 띠이다. 이렇게 위에서 아래로 가는 특징을 대칭계라 부르는데 왜냐하면 그 중심에서 양쪽 면에 근사적인 거울 영상을 형성하는 띠 또는 개

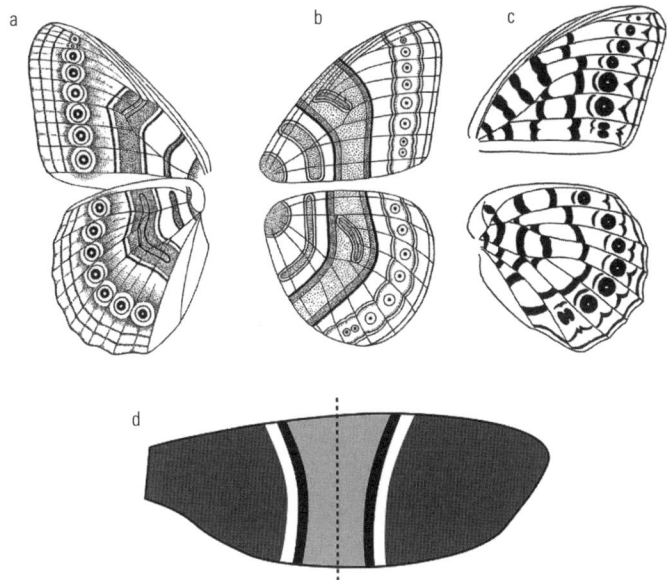

그림 4.25
(a) 슈반비츠와 (b) 쥐페르트의 네발나빗과의 평면도는 모든 나비 및 나방의 날개 패턴의 '관념적인' 이상을 보여 준다. 이 둘은 관찰된 거의 모든 패턴이 파생될 수 있는 특징을 포함한다. (c) 니주트가 그린 최신 평면도는 좀 더 구체적으로 날개의 그물 같은 시맥(翅脈)을 고려한다. (d) 날개의 위에서 아래로 뻗은 띠는 중심 대칭계로 불린다. 거울 대칭성은 점선으로 표시되었다.

별적인 구성 요소들의 연속으로 간주할 수 있기 때문이다. (그림 4.25d 참조) 심지어 가장 복잡한 날개 패턴도 일반적으로 3개 또는 4개의 서로 나란히 붙은 대칭계의 조합으로 분해될 수 있다. 비록 때로는 그 정교함과 변형이, 기본 도안을 이용해 밑바탕을 이루는 것과 다른 것을 식별하기 어렵게 만들기도 하지만 말이다.

이상화된 설계도의 존재가 러시아계 미국 작가 블라디미르 블라디미로비치 나보코프(Vladimir Vladimirovich Nabokov, 1899~1977년)를 사로잡았다. 그는 『롤리타(Lolita)』(1955년) 같은 소설로 명성과 악평을 얻기 전에 하버드 대학교의 비교 동물학 박물관에서 큐레이터로 활동했다. 1940년대에 나보코프는 선도적인 과학 저널에 논문을 출판하고, 새로운 종을 명명하면서 나비 전문가로 중요한 인물이 되었다. 그러나 톰프슨처럼 그는 생물학적 패턴 형성에 대한 다윈주의적 설명에 완전히 만족하지 않았다. 그는 예를 들면 서로 완전히 다른 두 종의 나비 사이의 유사성을 생존 가능성을 증가시키는 의태(mimicry)에 근거해서 충분히 설명했다고 믿지 않았다.[24] 나보코프는 다른 종류의 작동하는 명령, 즉 자연이 그릴 수 있는 패턴을 제한하는 것이 있지 않을까 생각했다. 이런 상황에서 **기능**에 호소하는 것은 유사성을 설명하는 데 불필요하고 아마도 오해를 낳을 것이다. 대신 나보코프는 네발나빗과의 평면도가 암시하는, 패턴 구조를 지배하는 보다 근본적인 법칙이 있을 것으로 생각했다.

결국 나보코프는 이러한 의태는 때로는 그것이 가지는 어떤 적응적 필요성보다 한참 이상으로 진행되기도 한다며 다음과 같이 주장했다.

> 어떤 한 나방이 어떤 말벌과 모양과 색이 유사할 때 마치 자신이 나방이 아닌 것처럼 말벌같이 걸으며 더듬이를 움직인다. 나비가 잎처럼 보여야만 할 때 잎의 모든 세부 사항이 아름답게 만들어질 뿐만 아니라 애벌레가 갉아먹은 자리의 무늬까지 풍부하게 더해진다. 다윈주의 관점에서 '자연 선택'은 의태의 겉모습과 행동의 놀라운 일치를 설명할 수 없을 뿐더러 보호 장치가 포식자의 지각 능력을 훨씬 넘어서는 의태의 교묘함과 풍부함 그리고 화려함에까지 이를 때 '생존 경쟁' 이론에도 호소할 수 없는 것이다. 나는 예술에서 찾았던 비실용적인 기쁨을 자연에서 발

견했다. 예술과 자연 둘 다 마술의 일종이었고 모두 복잡하게 얽힌 마법과 속임의 게임이었다.

이 모든 것이 조금은 지나치게 신비주의적으로 들리며 적어도 어떤 면에서는 종잡을 수 없는데, 나보코프는 창조론이 되려 하는 다윈주의에서 떠나는 것을 옹호한다는 이유로 비난받는다. 또 그의 사유는 늘 특별히 과학적이지도 않은 것이 사실인데 그는 프랑스 철학자 앙리 루이 베르그송(Henri Louis Bergson, 1859~1941년)이 신봉한 자연의 창조적 힘에 대한 믿음에서 영향을 받았다. 그러나 이제 우리는 이미 연체동물 껍데기 위의 패턴에서 목격한 것처럼, 나보코프가 자연은 때때로 어떤 생물학적 '의미'와도 상관없이 고유한 패턴 형성 과정을 이끌어 낼 수 있다는 점에서 정말 창조적인 측면이 존재함을 인식했다고 볼 수 있다. 나보코프에게 나비 날개 패턴은 진화적으로 성공적인 디자인을 우연히 발견하게 하는 임의의 낙서가 아니다. 그것은 네발나빗과 설계도로 그려지는 패턴 형성 과정의 제약 때문에 결정된 '하나의 주제에 대한 변이(variation)'다. 뉴욕에 있는 덱틸 예술 인문학 재단의 빅토리아 알렉산더(Victoria N. Alexander)는 이렇게 말한다.

> 패턴의 동역학적 본질에 대한 나보코프의 집념은 비록 1940년대 다른 나비목 학자에게 별나게 보였을지 모르지만, 나보코프가 앨런 튜링이 「형태 형성의 화학적 기초(The Chemical Basis for Morphogenesis)」를 출판한 1950년대까지 충분히 표현되지 않은 자발적 패턴 형성 이론에 대해 밑그림을 그리기 시작하고 있었다는 사실은 이제 분명하다.

실제로 지금은 나비와 나방이 튜링이 스케치한 계를 이용한다고 생각할 충분한 이유가 있는데 이것들의 날개 패턴은 특정 세포가 특정 색깔의 비늘로 발달하도록 계획하며 확산하는 형태 형성 물질로, 번데기 기간 동안에 정해진다.

어떻게 이것이 정확히 일어날까? 슈반비츠는 한 가지 키포인트에 주목했다. 대부분의 날개 패턴이 마치 스테인드글라스 창의 패널을 붙들고 있는 납선처럼 날개의 틀을 제공하는 시맥에 크게 영향을 받는다는 것이다. 사실 일부 종에서는 날개 패턴은 시맥을 단지 색깔이 있는 경계로 윤곽을 그린 것에 지나지 않는다. 일반적으로 날개 위에서 아래로 가로지르는 줄무늬는 시맥을 넘어가는 곳에서 어긋난다. 슈반비츠는 이 현상을 지질학적 단층으로 절단된 퇴적암의 어긋남에 비유해서 어긋나기(dislocation, 전위(轉位))로 불렀다. 듀크 대학교의 프레더릭 니주트(H. Frederik Nijhout)는 시맥에서 이런 어긋나기가 훨씬 더 두드러진 네발나빗과 평면도의 최신판을 내놓았다. (그림 4.25c 참조) 사실은 날개에 이어진 띠는 진짜 띠가 아니고 각각의 시맥으로 둘러싸인 패널 안에서 독립적인 줄무늬가 단지 우연히 어느 정도 일렬을 이룬 것으로 보인다. 나보코프는 이 사실을 언급하면서 그 띠를 '유사선' 또는 심지어 우리의 지각이 분절로부터 그것을 만들어 냈다는 점에서 '인공적'이라고 불렀다.

이 평면도의 거울상 대칭계가 제안하는 바는 착색 패턴은 어떤 패턴 형성 화합물(형태 형성 물질)이 그 패턴의 중심에서 확산하여 생성되었을지 모른다는 것이다. 특히 각각의 날개 패널 안에서 대략적으로 원형 '파면'의 분절을 보여 주는 니주트의 평면도에서 이 주장이 두드러진다. 확산에 의한 착색이라는 발상은 1933년에 알프레드 리하르트 빌헬름 쿤(Alfred Richard Wilhelm Kühn, 1885~1968년)과 엥겔하르트(A. von Engelhardt)가 수행한 실험에서 제안되었다. 그들은 알락명나방의 일종인 *Ephestia kiihniella* 날개의 위에서 아래로 뻗어 나가는 띠(날개 시맥과 어긋난)가 세포와 세포 사이를 지나가는 일종의 착색 신호로 생긴다고 추측했다. 따라서 그들은 애벌레가 번데기가 된 지 하루 동안 이 나방의 날개에 뜸을 떠 작은 구멍을 내서 이 신호를 방해하는 효과를 관찰했다. (그림 4.26 참조) 그들이 예상했던 대로 띠는 장애물에 막힌 것처럼 구멍 주변에서 변형되었다. 그들은 이러한 띠가 날개의 앞과 뒤 가장자리에 있는 점들에서 나오는 패턴 형성 신호(일종의 결정성 파)의 전면을 나타낸다고 제시했다.

분명 이런 생각은 화학 형태 형성 물질의 확산설을 예상한다. 머

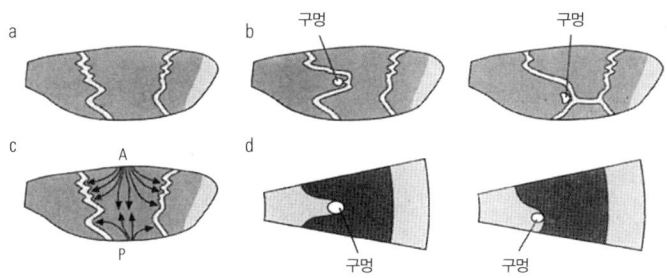

그림 4.26
(a) 알락명나방의 일종인 *Ephestia kiihniella*는 2개의 밝은 띠로 정의되는 중심대칭계가 있다. (b) 쿤과 엥겔하르트는 번데기 날개에 뜸을 떠 구멍을 내서 패턴에 미치는 효과를 관찰해 이런 띠의 형성 메커니즘을 조사했다. 그들은 분열이 날개의 앞(A)과 뒤(P) 가장자리에 위치한 중심에서 나오는 어떤 화학 물질(형태 형성 물질)의 '결정성 흐름'으로 설명될 수 있다는 가설을 세웠다. (d) 이러한 실험에서 나타나는 패턴의 경계와, 반응-확산계가 패턴을 고치는 유전자에 스위치를 넣는 이상적인 모형으로 생성된 패턴의 경계 사이에는 어떤 대응 관계가 있다.

리와 니주트 두 사람은 착색 패턴이 형태 형성 물질의 농도가 어떤 문턱 값을 넘어설 때 유발되고 착색을 일으키는 생화학적 스위치가 켜진다는 가정 위에서, 변형된 띠(그림 4.26d 참조)의 모양을 설명할 수 있는 반응-확산 모형을 제안했다.

형태 형성 물질이 패턴 형성을 조율한다는 생각이 오늘날 나비 날개 패턴에 대한 모든 연구에 깔려 있다. 하지만 이 물질의 원천(이 화학제가 생성되는 곳)이 구성하는 어떤 배열을 가정하는 것만으로 패턴 형성을 설명하기에는 충분치 않다. 기어러와 마인하르트가 1972년에 지적한 대로 안정된 패턴을 형성하려면 형태 형성 물질이 소비되는 흡입원 또한 필요하다. 이러한 원천과 흡입원은 일반적으로 단 몇 개 지점에 제한된다. 날개 시맥에서, 날개 가장자리를 따라서, 그리고 '날개 세포'의 중간점을 따라서 있는 점이나 선에서, 시맥 연결망으로 구획이 정의된다. 게다가 쿤과 엥겔하르트가 '결정성 파'는 전체 날개에 걸쳐서 나온다고 가정한 것과 달리, 이제는 각각의 날개 세포에 일련의 자치 형태 형성 물질 원천과 흡입원이 있음이 분명하다. 따라서 날개 패턴의 전체적인 설명은 훨씬 더 간단한 문제인 각 날개 세포의 패턴을 설명하는 것으로 바뀔 수 있다. 이러한 패턴은 전형적으로 줄무늬와 눈꼴 무늬(눈알 무늬) 같은 기본 구성 요소의 배열이고 그것은 차례로 형성 중심으로 불리는 형태 형성 물질의 원천과 흡입원으로 유도된다고 여겨진다. 형태 형성 물질은 날개 세포를 통과해 확산하고 어떤 농도 문턱값을 넘어서는 곳에서 생화학적 스위치를 켠다.

이러한 원천과 흡입원이 어떻게 자연에서 보이는 방대한 패턴을 만드는 것일까? 니주트는 패턴의 단순한 조합으로 날개 끝과 중간점 또는 시맥에서 겉보기에 끝없이 다양한 패턴 특징을 가져올 수 있음

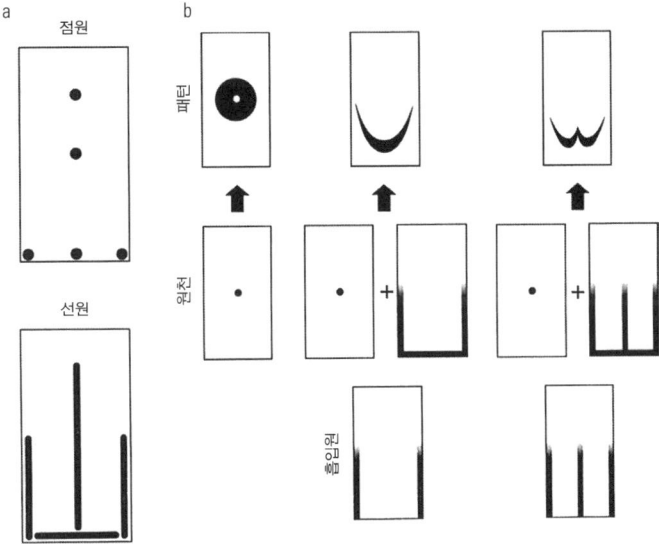

그림 4.27
(a) 이상화된 날개(여기서는 그 가장자리에는 시맥이 있고 아래쪽을 따라선 날개 가장자리가 있는 직사각형 단위체로 그렸다.)에서 (b) 일련의 형태 형성 물질 원천과 흡입원을 결합해 자연에서 관찰되는 많은 패턴의 특징을 만들 수 있다.

을 보였다. 그는 나보코프의 추측대로 나비와 나방은 그것들이 사용할 수 있는, 패턴을 형성하는 요소로 된 기본 연장통이 있음을 제안한다. (그림 4.27a 참조) 이것은 형태 형성 물질의 농도 등고선을 정의한다. 이 등고선 중 어떠한 것도 원칙적으로 그것을 넘으면 패턴 형성 스위치가 켜지는 문턱값을 나타낼 수 있기 때문에 한 세트의 '연장들'은 다양한 구조를 만들 수 있다. (그림 4.27b 참조) 이처럼 가능한 구조들이 지금까지 자연에서 모두 발견된 것은 아니며 따라서 나비는 그들이 이용할 수 있는 패턴의 전체 '형태 공간'을 이용하지 않을 수도 있다. 아마도

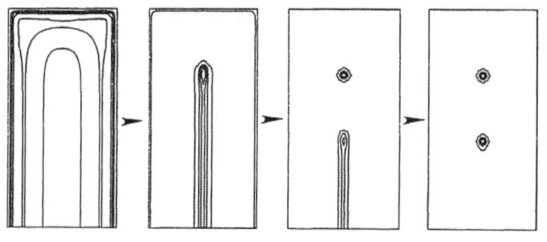

그림 4.28

그림 4.27a에서 연장통의 구성 요소를 활성제가 날개 시맥에서 방출되는 활성-억제제 모형으로 만들어 낼 수 있다. 등고선으로 나타낸 활성제의 생성 패턴은 시간에 따라 변해 하나의 중심선이 되고 움츠러들어 하나 또는 여러 개의 점을 남긴다.

일부는 진화적 성공에 해로운 패턴일지도 모른다.[25]

형태 형성 물질의 원천과 흡입원은 반드시 날개 세포의 균일성(대칭성)을 깨는 과정에서 등장해야 한다. 최초에 날개 세포에서 유일하게 '특별한' 장소는 시맥과 날개 끝 가장자리이다. 그러나 패턴을 형성하는 도구 세트의 일부 요소는 날개 세포 어딘가에 위치한다. 니주트는 그런 특징들이 활성제가 시맥 가장자리에서 초기 활성제와 억제제의 균일한 혼합물 속으로 확산되는 활성-억제제 체계로부터 생길 수 있다는 것을 보였다. 처음에 이것은 시맥에 인접한 곳에 활성제 생산의 억제를 가져온다. 다음으로 활성제 생산이 증진된 영역이 날개 세포 중간점을 따라 나타난다. (그림 4.28 참조) 점차 이것은 날개 세포 가장자리를 향해 오므라들어 하나 혹은 몇 개의 활성제 지점을 남긴다. 이를 테면 이런 원천은 눈꼴 무늬의 중심으로 역할을 수행할 수 있다.

나비 패턴 형성에 대한 이와 같은 이해가 사실임을 입증하려면 추정되는 형태 형성 물질의 확인과 관찰이 필요할 것이다. 궁극적으로 형태 형성 물질은 특정 유전자의 활성화로 생길 것이다. 예를 들면 많은 유전자들이 색을 바꾸거나, 구성 요소를 첨가하거나 빼거나, 또는 크기를 바꿔서 나비와 나방의 패턴 특징을 조절하는 것으로 확인되었다. 그러나 유전자가 어떻게 이런 효과를 발휘하는지는(아마도 형태 형성 물질의 확산을 통해서) 일반적으로 아직도 잘 이해되지 않고 있다. 가장 잘 연구된 패턴의 특징 중 하나는 대략 원형의 과녁 패턴인 눈꼴 무늬 또는 눈알 무늬(ocellus)다. (그림 4.29 참조) 이러한 무늬는 종종 방어 메커니즘의 역할을 하는 것으로 보이는데, 좀 더 크고 잠재적으로 위험한 생물의 눈과 닮아, 포식자가 될 동물을 놀라게 만드는 기능을 한다. 미국 위스콘신 주 하워드 휴즈 의학 연구소의 숀 캐럴(Sean B. Carroll, 1960년~)과 그의 동료들이 한 실험은 눈꼴 무늬 패턴이 형성되는 과정의 유전적 기초를 밝혔다.

그들은 **말단 결여**(distal-less) 유전자가 눈꼴 무늬의 형성 장소를 결정한다는 사실을 발견했다. 이 유전자는 애벌레 성장의 마지막 단계에서 나비가 아직 고치로 있을 때 작동한다. (다른 말로 말단 결여 유전자에 부호화된 말단 결여 단백질이 발현된다.[26]) 말단 결여 유전자가 이런 과정에

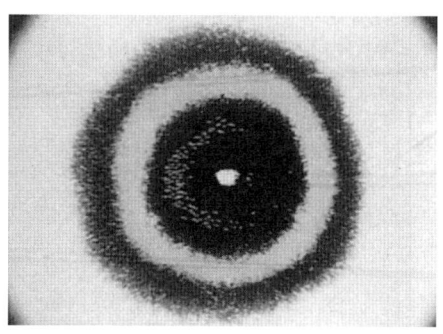

그림 4.29
눈꼴 무늬 패턴은 많은 나비와 나방에서 발견된다. 이것은 아마도 잠재적 포식자를 놀라게 하는 것 같다.

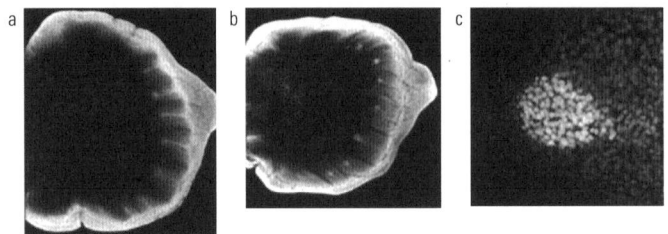

그림 4.30
애벌레 날개(여기서 밝게 보이는 영역)에서 말단 결여 단백질의 발현은 장차 나타날 눈꼴 무늬의 중심을 구획한다. 이 단백질의 분포는 (a) 좁은 선들로 시작해 (b) 오므라들어 단일 점들을 남긴다. (c)는 접근해서 본 것.

관여한다는 것이 매우 놀랍다. 그 유전자는 딱정벌레와 같은 절지동물에게서 다리가 나는 위치를 정하는 전혀 다른 역할을 하기 때문이다. 7장에서 왜 유전자에 이런 놀라운 다용성이 있는지 살펴볼 것이다.

말단 결여 단백질의 발현은 처음에 날개 끝 주변 넓은 지역에서 일어나고 이 단백질은 확산하며 퍼져 나간다. 점차로 말단 결여 단백질의 생산이 장차 눈꼴 무늬의 중심으로 정의되는 지점에 집중된다. (그림 4.30 참조) 이런 집중은 점과 같은 형태 형성 물질의 원천 형성을 설명하는 니주트의 모형에서 본 것을 연상하게 할 정도로 유사하다. 한번 이런 초점이 정의되면 그것은 동심원 고리를 형성하는 중심 역할을 한다. 말단 결여 단백질은 이 과정을 조율하는 듯이 보인다. 그것은 초점을 중심으로 확장하는 원형의 장으로 표현되고 이 신호가 주변 세포의 발생 경로를 조절해 세포들이 배경과 다른 색의 인편을 만들도록 조정한다. 이런 인편의 분화 과정(눈꼴 무늬 초점 주변에 세포를 만드는)은 아직 완벽히 이해되지 않고 있지만, 다른 기관들이 발생하면서 서로 다른 역할을 하는 여러 유전자들이 예기치 않게 나타나 관여하는

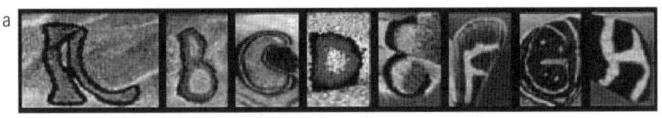

그림 4.31
(a) 모든 알파벳 글자에 대응되는 나비 무늬를 볼 수 있다.
(b) 그 나비 무늬에 비교될 만한 '알파벳'이 원천과 흡입원을 전략적으로 배치해서 만든 튜링 구조로부터 써졌다.

것처럼 보인다. 예를 들어 **슈팔트**(spalt)와 **엔그레일드**(engrailed)로 불리는 유전자는 말단 결여 유전자의 중심 눈꼴 무늬 주변에 고리를 만드는 데 관여한다. 일반적으로 그 경계는 매우 또렷하고, 캐럴과 그의 동료들은 단백질이 눈꼴 무늬의 초점에서 퍼져 나갈 때 그 농도의 매끄러운 변화가 앞서 말한 일종의 문턱값 효과에 따라 가장자리가 또렷한 동심 패턴으로 변환된다고 생각했다. 일단 농도가 어떤 수준에 도달하거나 그 아래로 떨어지면 '스위치'가 작동한다. 이것이 생물학적 형태 형성 물질의 확산이, 발달하는 생물의 서로 다른 조직 사이에 갑작스러운 경계를 세우는 일반적인 방법이라는 것을 앞으로 보게 될 것이다.

나비 날개 패턴을 만드는 연장통은 거의 어떤 패턴도 만들 수 있는 것처럼 보인다. (그림 4.31a 참조) 하지만 튜링의 반응-확산 메커니즘은 그런 다양성을 얻기 위해 얼마나 적은 성분이 필요한지 보여 준다. 실제로 여기서 보는 나비 알파벳은 폴란드 과학원의 안드레이 캐브친스키(Andrzej Kawczynski)와 바르틀로미예 레가비에츠(Bartlomiej

Legawiec)가 튜링 패턴을 만드는 컴퓨터 모형으로 개발한 알파벳에서 되풀이된다. 그것은 주의 깊게 배열한 몇 개의 원천과 흡입원(그림 4.31b 참조)이 더해진 직사각형 접시에서 형성될 수 있다. 나비의 의태가 모방하려는 종이 모방당하는 종의 패턴을 형성한 진화 경로를 수고스럽게 반복한 결과라고 가정할 필요는 없다. 모든 나비가 같은 연장통을 공유한다면 그들은 비슷한 패턴 레퍼토리를 갖고 있어서 미세 조정만으로도 다른 나비의 우수한 무늬를 모사할 것이다. 이것이 (나보코프가 주장했던) 바이스로이나비(viceroy butterfly)가 모나크나비(monarch butterfly)를 모방하는 방법이다.[27] 점진적인 변화가 아니라 연장통의 작은 변화로 패턴의 큰 변화를 가져온다.

한 가지 주제에 대한 변이를 나비의 연장통이 정말 사려 깊게 이용한다는 증거가 있다. 예를 들면 아프리카 호랑나비(*Papilio dardanus*)의 암컷은 모프(morph, 형태)로 알려진 최소 14개의 서로 다른 패턴을 선보인다. 이들 대부분은 맛없는 다른 종의 베이츠 의태이고 일부는 그렇지 않다. 하지만 모든 모프는 단일 유전자 안에 있는 차이로 생긴다. 달리 말하면 미세 조정만으로도 엄청난 다양성을 보이는 패턴 형성의 세계를 열기에 충분하다. 니주트는 의태 모프에서 비의태 모프보다, 개체 사이의 작은 변이가 일어나기 더욱 쉬운 패턴이 있다는 것을 발견했다. 이것은 우리의 예상과 정반대처럼 보일 수도 있는데, 어떤 이는 모방할 것이라면 날개 무늬가 단지 그 자체를 위해 있는 것보다 완벽한 패턴을 취할 더 많은 이유가 있다고 생각하기 때문이다. 그러나 니주트는 모프가 봐 줄 만하게 의태되는 한, 비의태 모프보다는 포식자에 덜 취약하다고 추정했다. 이것은 나비가 보이는 방식을 다듬는 선택압이 느슨해져서 경미한 변이가 존재할 여지가 있음을 의미한다.

이러한 사례 연구는 생물학적 패턴 형성에 관한 한 자발성과 진화 사이의 관계가 미묘함을 보여 준다. 톰프슨(과 나보코프)가 추정했던 대로 자연은 고유의 특징적인 형태를 갖는 보편적인 과정을 이용해 패턴을 만든다. 튜링은 이런 과정들 중 하나를 밝혔는데 그것의 가장 단순한 발현은 상대적으로 제한된 폭의 선택지를 제공한다. 한편 생물학은 이렇게 '기성품'을 이용하는 것같이 보이지만 그것은 또한 눈부실 정도로 화려하고 거의 한없는 변이를 만들어 낼 수 있다. 그러나 이 모두가 진화적 맥락 안에서 나타나고, 이것은 자연이 '작동'하는 패턴을 선별할 권한을 가졌음을 의미한다. 살아 있는 자연은 본질적으로 창조적이며 또한 그 창조물의 가치를 평가할 능력이 있다.

야생의 리듬: 군집 형성의 규칙

그 구조는 반응-확산 화학계의 종류와 같은
일반적인 종류의 스스로 짜인 패턴이다. ……
사회성 곤충은 이런 포괄적 원리를 환경의 구체적
특징과 결합하여 가장 정교하고 경이로운 자연의
패턴 중 일부를 만든다.

5 장

1910년 로트카는 포식자와 피식자 군집이 진동하는 모형을 세웠는데, 그가 무엇이 개체 수의 비율을 결정하는지 고찰했던 최초의 사람은 결코 아니었다. 일반적으로 그런 질문은 과학자보다 인간 사회의 성쇠를 연구했던 경제학자와 정치 철학자에게 고려되었다. 세균, 바이러스, 그리고 같은 인간의 영향을 제외하면 인간은 수천 년 동안 포식자나 기생충에게 큰 고통을 받지 않았다. 그 결과 인구는 18세기 초보 단계의 사회 통계 자료에서도 보일 정도로 상당히 꾸준하게 증가했다. 스코틀랜드의 철학자 로버트 월리스(Robert Wallace, 1697~1771년)가 『고대와 현대의 인구에 대한 고찰(*A Dissertation on the Numbers of Mankind in Ancient and Modern Times*)』(1753년)을 (익명으로) 출판한 때가 바로 이 18세기였다. 이 논문은 이론상으로 인구가 거의 매 세대마다 2배로 증가해야 한다고 주장한다. 그런 경우 전 세계 인구는 이른바 기하급수적으로, 즉 2배에서 4배, 다음에 8배, 이런 식으로 증가할 것이다. 그러나 역사는 이 주장을 반증한다. 왜냐하면 윌리스가 말한 대로 여러 자연적 요인이 그런 빠른 증가를 막기 때문이다.

윌리스의 책을 읽은 영국의 성직자 토머스 로버트 맬서스(Thomas Robert Malthus, 1766~1834년)는 애덤 스미스(Adam Smith, 1723~1790년)의 인간 사회를 지배하는 '자연 법칙' 개념에 영향을 받은 경제학자이기도 하다. 맬서스는 인구가 왜 무한정 기하급수적으로 증가하는 것이 불가능한지 설명하기 위해 윌리스와 스미스, 그리고 스코틀랜드의 철학자 데이비드 흄(David Hume, 1711~1776년)의 연구에서 찾은 발상을 가져왔다. 인간의 생존 수단은 인구의 기하급수적 증가를 따라갈 만큼 충분히 빠르게 증가할 수 없다. 맬서스는 이렇게 말했다. "식량은 해마다 일정한 양을 더하는 식의 산술적인 증가보다 더 빠르게 증가할 수 없다. 이것이 의미하는 바는 그래프에서 인구 증가 곡선은 기울기가 위로 더욱 가파르게 되는 반면 식량의 증가는 직선을 그린다는 것이다. 조만간 두 선은 교차할 것이다. 즉 수요는 공급을 능가할 것이고, 그다음은 각자 알아서 생존해야 될 것이다."

맬서스가 자신의 주장을 1798년 『인구론(An Essay on the Principle of Population)』(1798년)이라는 제목의 짧은 책으로 출판했을 때 특별히 새로운 것을 이야기하지 않았지만, 다양한 맥락의 정치 경제학 사상을 명확히 한 연구와 1803년에 나온 증보판 『인구론』은 큰 파장을 불러일으켰다. 카를 마르크스(Karl Marx, 1818~1883년)는 『인구론』을 읽고 그 안에서 사회적 불안과 폭력 혁명이라는 처방전을 발견했다. 19세기 벨기에의 천문학자이며 '사회 물리학자'인 랑베르 아돌프 자크 케틀레(Lambert Adolphe Jacques Quételet, 1796~1874년)에게 인구론은, 꼭 맬서스의 의도대로 기하급수적인 성장 곡선을 따르는 인구 증가를 예상할 수 없지만 그 대신 인구가 S자 모양의 곡선을 그리며 자원의 고갈로 견제를 받아 고원 상태로 평평하게 됨을 의미했다. 케틀레의 동료인 피에르 프랑수아 베르헐스트(Pierre François Verhulst, 1804~1849년)는 이 곡선의 수학적 형태를 계산했고 이것을 로지스틱 곡선(또는 병참 곡선)으로 불렀다. 한편 젊은 자연주의자 찰스 로버트 다윈(Charles Robert Darwin, 1809~18821년)은 맬서스의 책을 읽고, 거기서 생명은 한정된 자원을 놓고 벌이는 경쟁이며 이런 현상이 진화를 주도하는 선택압을 만든다는 메시지를 도출했다.

다윈의 이론은 생물계가 왜 그렇게 다양하고 풍부한지에 대해 멋진 설명을 제공한다. 다윈은 말했다. 종은 환경의 다양한 조건과 자원을 이용하기 위해, 즉 **생태적 지위**(niche)를 차지하기 위해 진화한다. 습기와 비옥한 토양이 과일나무를 부양하며 곤충은 과일을, 새는 곤충과 과일을, 큰 새는 작은 새를 먹고 산다. 세균은 거의 모든 환경에서 잘 번식한다. 그래서 어떤 서식 가능 지역도 그 각각에 적응한 생물이 있는 복잡한 계층 구조의 생태적 지위로 발전할 수 있다. 이곳은 각각의 종이 다른 종을 위한 상태를 만드는 생태계가 된다. 일부 생태계는 단지 몇 개의 유력한 종만 부양한다. 그 외의 경우, 수백만 가지 종이 1제곱미터의 땅에 공존한다.

생태계의 이질성이 환경의 이질성을 반영할지 모르겠다. 해양 생물은 수온의 미세한 변화에 적응한다. 해류나 기후의 변화는 어떤 지역에 외래종의 집락 형성을 조장할 수 있다. 그러나 생물 집단의 지리적 다양성은 전통적인 다원주의만으로 설명할 수 없다. 명백히 균일한 환경이더라도 그러한 환경이 유지하는 생물의 균일한 분포는 극히 드물기 때문이다. 생물 집단은 나뉘져 여러 조각을 이룰 수 있고 이 조각은 시간에 따라 이동할 수 있다. 다시 말해 이것은 일종의 생태적인 대칭성 깨짐 현상이며, 어떤 경우는 놀랍게도 어느 정도 질서 정연한 공간적 패턴 형성이 일어나기도 한다.

왜 생물 군집이 패턴을 발생시키는지 여러 이유가 있다. 그것들 중 일부는 이 책 시리즈의 다른 책에서 논의하겠다. 여기서는 그런 패턴 중 일부가 왜 얼룩말과 표범의 외양에 위장 패턴을 만들고, 화학 혼합물에서 물결 패턴을 일으키는 과정과 정확히 같은 종류의 과정으로 간주되는지 그 이유를 설명하겠다.

안전을 위한 순환

맬서스는 인구 증가가 자원을 넘어서는 포화 지점에 도달하려면 아직 멀었다고 생각했다. 베르헐스트는 이에 대해 맬서스만큼 확신하지 못했는데, 벨기에는 800만 명 이상의 인구(그가 글을 쓸 당시 인구는 400만 명이 약간 넘었지만 지금은 1000만 명에 육박한다.)를 부양하기 어려울 것이라고 예측했다. 미국의 인구 생태학자인 레이먼드 펄(Raymond Pearl, 1879~1940년)은 미국의 인구 성장 패턴이 로지스틱 곡선과 같다고 주장하면서, 1920년대 베르헐스트의 로지스틱 곡선에 대한 연구를 재발견했다. 지적했는지 모르겠지만, 펄은 로트카가 발전시킨 개체수 동역학에 대한 수학적 접근을 열렬히 지지한 사람이었다.

그러나 액면 그대로의 로트카 모형은 S자 모양의 개체 수 성장 예측과 완전히 다른 무엇인가를 이야기하는 것처럼 보인다. 왜냐하면 전자는 개체 수가 주기적으로 요동한다고 하지만 후자는 개체 수가 고원에 도달하고 거기에 머문다고 말하기 때문이다. 하지만 1920년대 아드리아 해 물고기의 개체 수와 관련해서(156쪽 참조) 로트카의 모형을 연구한 이탈리아의 동물학자 비토 볼테라(Vito Volterra, 1860~1940년)는 둘이 모순이 없음을 보였다. 그는 로트카의 방정식이 두 상황 모두 예측 가능한 것을 발견했다. 즉 개체 수는 정상 상태(시간에 따른 변화가 없는 상태)에 머물거나 끊임없이 진동할 수 있다. 그러나 전자의 경우는 있을 법하지 않은데 왜냐하면 작은 교란만으로도 동요를 일으키기 때문이다. 3장에서 도입한 언어로 말하면, 로트카-볼테라 모형은 (지금 알려져 있는 바대로) 호프 쌍갈림을 겪기 쉽다.

앞에서 왜 이런 일이 일어나는지 살펴봤다. 포식자와 피식자 계에서 개체 수는 과잉되기 쉽다. 충분히 많은 먹이가 주어졌을 때 포식자는 먹이가 고갈될 때까지 게걸스럽게 먹어 치운다. 그럴 경우 포식자의 수는 그 직후에 급격히 줄어들어, 먹잇감의 수가 다시 증가하도록 돕는다. 안정된 개체 수에 도달하기 위해 필요한 미세 조정이 거의 이뤄지지 않는다. 보다 일반적으로는 유명한 다윈주의자 허버트 스펜서(Herbert Spencer, 1820~1903년)가 다음과 같이 지적한 대로다.

> 식물과 동물의 모든 종은 끊임없이 주기적으로 수가 변하는데, 먹이의 풍성함과 포식자의 부재로 그 종의 수가 평균을 넘어선 다음에는 잇따른 먹이의 부족과 포식자의 번성 때문에 평균 이하로 떨어지게 된다.

초식 동물은 보통 그런 주기를 보인다. 들쥐와 들쥐의 일종인 나그네쥐의 주기는 약 4~6년간 지속되고 반면 사향쥐같이 더 큰 동물의 주기

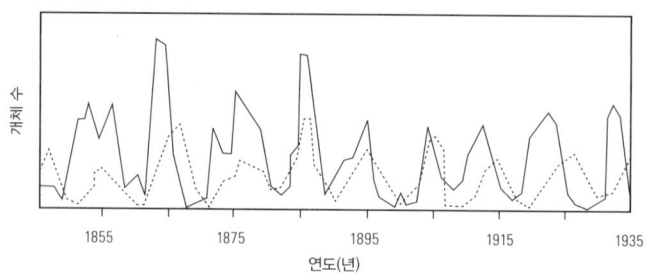

그림 5.1
19세기 중엽부터 허드슨 베이 컴퍼니 사가 보관하고 있는 스라소니와 눈신토끼 포획량 기록에서 개체 수가 대략 주기적으로 변동하는 것이 분명하게 나타난다. 포식자(스라소니, 점선)와 피식자(토끼, 실선) 개체 수 모두 약 10년 주기로 진동한다. 이것은 로트카-볼테라 주기일까?

는 9~10년이다. 이런 동물을 잡아먹는 포식자 동물은 대개 같은 기간 변동하는 주기를 보이는데 이것을 두 주기가 서로 맞물리게 하는 로트카-볼테라 유형의 상호 작용의 결과로 보는 경향이 있다. 그러나 실제로는 거의 확실히 그렇게 간단하지 않다. 예를 들어 눈신토끼와 동부 캐나다에서 그들을 잡아먹는 스라소니 사이의 상호 작용을 살펴보자. 이 사례는 장기 기록이 남아 있는 몇 안 되는 계 중 하나이다. 왜냐하면 이 두 동물은 허드슨 베이 컴퍼니 사에 공급할 모피를 얻기 위해 덫 사냥꾼이 오랫동안 포획해 왔기 때문이다. 모피 포획량이 1845년 이후로 쭉 기록되었고, 덫 사냥꾼이 항상 개체 수에 대해 일정한 비율로 포획한다면 포획량의 변동은 전체 개체 수의 변동을 반영하게 된다.

스라소니와 토끼의 포획량은 거의 10년 주기로 진동하는데(그림 5.1 참조), 두 진동은 명백히 로트카-볼테라 방식이 예상하는 대로 약간 엇박자이다. 자세히 그 기록을 살펴보면 때때로 포식자 주기가 피식자 주기보다 앞선다는 것을 알 수 있다. 이것은 토끼가 스라소니를 먹고 있음을 의미한다! 더욱이 스라소니의 수명 주기는 그 개체 수가 토끼의 개체 수보다 두드러지게 훨씬 더 천천히 증가하게 하고, 이런 조건하에서 포식자는 피식자 개체 수를 따라잡고 조절할 만큼 충분히 빨리 커질 수 없기 때문에 로트카-볼테라 주기를 예상할 수 없다.

따라서 로트카-볼테라 모형은 생태계 진동에 관한 모든 것을 설명하지는 못한다. 그럼에도 로트카-볼테라 모형이 구체화하는 기본 원리(자원 또는 포식으로 인한 제한된 성장과 진동 불안정성을 가져오는 상호작용)는 여러 실제 개체군에서 나타나는 주기적 변동 때문인 것처럼 보인다. 사실 진화는 어떤 경우 명백히 개체 수 진동을 적응 가능한 장점으로 전환하는 역할을 해 왔다. 주기매미(*Magicicada*)는 땅 밑에서 대부분의 기간을 보내지만 13년 또는 17년마다 등장해 짝짓기를 하고 몇 주일 안에 죽는다. 이는 곤충에서 알려진 가장 긴 수명 주기이며 이른바 이 '주기매미'는 특정 군집 안에서 동기화된다는 점이 특이하다.

이들은 탄생과 죽음의 주기를 유전적으로 타고난다. 반면 포유동물의 개체 수 주기는 수명과 관계없는 개체 수의 변화일 뿐이다. 그런데 왜 하필 13과 17인가? 이 두 수는 모두 소수, 즉 자기 자신보다 작은 수(1을 제외하고)로 나눠지지 않는다. 한편 독일 도르트문트 막스플랑크 분자 생태학 연구소의 마리오 마르쿠스(Mario Markus, 1944년~)와 동료들은 이 주기는 우연의 일치가 아니라고 주장했다. 만약 매미가 13년이 아니라 12년마다 출현한다면 개체 수 주기가 2, 3, 4, 6년인 어느 포식자(또는 기생 생물)도 매미의 주기와 동기화할 수 있으므로 매미가 출현할 때마다 포식자의 개체 수가 많아진다. 이와 대조적으로 소수 주기인 경우, 포식자의 수명 주기를 임의의 수 n(13이나 17보다 작은)

이라고 하면 단지 매 $13 \times n$년 또는 $17 \times n$년에 한번 포식자 개체 수가 많아져 절정에 이르는 것과 매미의 출현 사이에 정확한 일치를 가져올 수 있다. 따라서 포식자에게 최적인 상황은 거의 없다. 소수는 짧은 수명을 가진 포식자가 그 소수보다 자주 사이클이 일치되는 것을 불가능하게 한다.

마르쿠스와 동료들은 포식자와 피식자가 유전자 변이 때문에 무작위로 그들의 수명을 바꿀 수 있는 수학적 모형을 고안했다. 많은 포식자를 성공적으로 피하는 피식자를 진화론적 용어로 '적자'라 하고, 모형이 다 돌아갔을 때 이러한 적자 피식자는 개체 수에서 우위를 차지하게 된다. 연구자들은 이 모형이 소수의 수명 주기가 있는 피식자 개체군을 생성하는 것을 발견했다.

이 기막힌 주장의 한 가지 걸림돌은 매미의 '순환하는' 포식자가 알려져 있지 않다는 점이다. (매미의 주요 포식자는 새이다.) 하지만 다음 상황이 가능한데, 매미가 포식자에게 쫓기다가 그 후 포식자가 아마도 곤충의 회피 전략을 따라갈 수 없어서 멸종되었을 때, 그 소수 주기는 진화적 발전의 초기 단계에서 자리를 잡는다는 것이다. 달리 말하면 주기적인 포식자의 부재 자체가 소수 전략의 성공 지표일 수 있다.

오랫동안 간단한 포식자-피식자 상호 작용의 근본적인 특징이 진동이라고 가정했다. 그러나 1970년대 중엽에 생태학자들은 간단한 개체 수 동역학 모형이라도 로트카-볼테라 방식의 주기적인 진동보다 훨씬 더 풍부하고 복잡한 양상을 보인다는 것을 깨닫기 시작했다. 예를 들면 개체 수 성장률과 포식 성공률이 변해 포식자와 피식자 개체 수가 각각의 수에 더욱 민감해지면, 이런 진동은 전에 BZ 반응에서 살펴본 것 같은 주기 배가 쌍갈래질을 겪을 수 있다. 이 현상은 점점 더 복잡한 주기 진동을 가져올 수 있고 결국에 혼돈, 즉 어떤 명백한 규칙성이 전혀 없이 개체 수 밀도가 요동하는 상태에 빠진다.

심지어 포식자가 없어도 개체 수를 불안정하게 만들고 이것을 진동하는 주기 속으로 툭 밀어 넣을 수 있다. 개체 수 과밀만으로 그렇게 할 수 있다. 1970년대 당시 프린스턴 대학교의 로버트 매크리디 메이(Robert McCredie May, 1938년~)와 캘리포니아 주립 대학교 버클리 분교의 조지 프레더릭 오스터(George Frederick Oster, 1940년~)는 가장 간단한 개체 수 모형도 극적이고 예측할 수 없는 변동을 보일 수 있음을 증명해 보였다. 그들은 주기적으로 새끼를 낳아 겹치지 않게 세대를 일구는, 언뜻 보기에는 간단한 개체 수의 수학적 모형을 자세히 살펴보았다. 여러 곤충의 개체 수가 이와 같다. 이러한 모형에서 각 세대의 크기는 그 크기가 작을 때는 이전 세대의 크기에 비례해서 성장하지만 그 크기가 어떤 임계 문턱값에 접근할 때 과밀화 때문에 성장이 억제된다. 이것은 이 모형이 **비선형**(nonlinear)임을 의미한다. 원인(이전 세대의 크기)과 결과(후속 세대의 크기)가 서로 직접적인(선형(linear)) 비례 관계가 없다. 비선형성은 복잡 반응과 패턴 형성에서 거의 빠지지 않는 유비쿼터스 인자다. BZ 과정과 튜링 과정에서 보인 양과 음의 되먹임 또한 비선형 반응의 예다.

로지스틱 모형으로 불리는 이 모형의 반응은 부분적으로 각각의 잇따른 개체 수가 이전 개체 수에 얼마나 민감한가에 달려 있다. 이 민감도가 낮으면 그 집단은 사멸한다. 즉 번식 성공 가능성이 충분히 높지 않다. 중간 정도 민감도에서는 개체 수는 일정한 값에 머무른다. 성장은 결코 그렇게 크지 않아서 자원을 넘지 못한다. 하지만 개체 수가 지나치게 큰 속도로 성장하면 일이 좀 복잡해진다. 개체 수가 잇따른

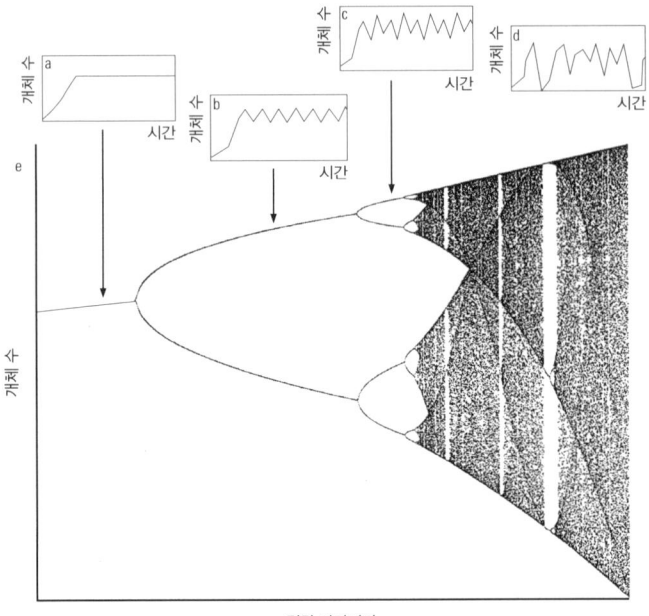

그림 5.2
과밀로 제한되기까지 지수적으로 증가하는 간단한 개체 수 모형은 복잡한
양상을 보인다. 서로 다른 '민감도 파라미터' 값에 대해 이 모형은 (a) 균일한
개체 수, (b) 단순 진동, (c) 주기 배가 진동, (d) 혼돈한 요동을 야기할 수 있다.
(e) 민감도 파라미터에 대한 개체 수 그래프는 주기 배가 쌍갈래질의 이런
순서를 보여 준다. 즉 혼돈(여기서 오른편 '빽빽한' 점들에 대응된다.)에
이르기까지 점점 더 복잡해지는 연속 단계이다.

세대의 더 큰 값과 더 작은 값 사이에서 진동한다. 훨씬 더 큰 성장 속
도에서는 일련의 주기 배가 쌍갈래질이 나타나서 사이클이 매 2, 4, 8
등의 진동마다 반복한다. (그림 5.2 참조) 충분히 큰 민감도에서는 요동
이 불규칙적으로 나타난다. 사실은 혼돈이다. 이것은 로지스틱 모형
의 방정식이 비록 개체 수를 정확하게 다루고 있지만(모형에 무작위 요

소는 없다.), 실제로 어떤 순간에 이 수를 예측하기 불가능하다는 것을 의미한다. 이것은 혼돈계의 상태가 초기 조건의 거의 알아차릴 수 없는 차이에도 매우 민감하기 때문이다.

오래전부터 생태학자들은 실제 개체군이 그 수에서 불규칙한 요동을 겪는다는 사실을 알고 있었다. 그러나 이것은 예측할 수 없는 환경(날씨나 농작물 생산량 등의 변화) 때문으로 가정했다. 그 영향은 의심의 여지없이 개체 수 동역학에 무작위성(물리학자는 잡음으로 부른다.)을 들여오는 역할을 하지만, 메이와 오스터가 보인 것은 외부 요인에 상관없이 내재적인 혼돈의 예측 불가능성이 존재할 수 있다는 것이다.

이런 반응의 한 가지 필연적 결과는 개체군에 대한 교란 효과를 예측하기 어렵다는 것이다. 사실 이것이 볼테라가 처음에 그 문제를 연구하도록 자극한 요인이다. 그는 어부가 잡은 물고기에서 포식자와 피식자의 상대적인 비율이, 어획 활동의 빈도가 바뀔 때(가령 전쟁 중에) 왜 변하는지 그 이유를 이해하려 했다. 단순한 예상은 이럴 것이다. 덜 잡으면 어족의 고갈도 덜 빠를 것이고 매 고기잡이에서 더 많은 수를 잡을 것이며, 이런 효과는 포식자와 피식자에게도 그대로 나타날 것이다. 그러나 그렇게 될 이유가 없는 비선형계에서는, 포식자와 피식자 모두의 갑작스러운 감소(말하자면 잦은 어획)가 미래의 개체 수에 주는 효과는 이러한 변화에서 회복되는 두 개체군의 상대적인 속도에 달려 있고, 이 속도는 일반적으로 같지 않을 것이다.

땅 따먹기

볼테라의 분석은 포식자와 피식자 집단이 항상 마치 잘 섞인 벨로우소프-자보틴스키 혼합물처럼 공간에서 균일하다고 가정한다. 그러나 실제 개체군은 보통 불균일하다. 어떤 순간에도 개체 수가 그리 많지 않은 지역들 가운데 개체들이 뭉쳐 있을 가능성이 있다. 부분적으로 이것은 생물의 분포 방식에 영향을 주는 식생(어떤 장소에 모여 사는 특유한 식물의 집단)의 차이 같은 지리적 특징의 결과일 수 있다. 한편 그런 개체 수 밀도의 요동은 우연히 일어날 수 있는데, 단지 생태계가 '잘 혼합된' 상태가 아니기 때문이다.

그런데 BZ 반응은 밀도의 작은 변동이 비선형계에서 일어날 때 현저한 결과를 가져올 수 있음을 지적한다. 요동은 양의 되먹임을 통해 증폭되고 국소 불규칙성은 진행파를 일으켜 멀리 떨어진 지역까지 전파된다. 이런 전파가 반드시 동물들이 이리저리 움직이는 비율로 결정되는 시간 척도에서 일어나야 한다고 일단 인식하면, 로트카-볼테라 체계는 포식자와 피식자 수의 공간적 패턴을 가져올 가능성을 제고하는 반응-확산 메커니즘과 전적으로 동등하게 된다. 특히 이상화된 토끼와 여우의 생태계(163쪽 참조)에서 토끼는 국소적으로 그 자신을 증식시키는 활성제 종으로 취급되는 반면 여우는 긴 범위에 걸쳐 역할을 하는 억제제 종이다. 이것은 또한 시간에 대해 변하지 않는 튜링 패턴을 예측하게 한다.

포식자-피식자 모형에서 진행파와 공간적인 패턴 형성 가능성이 큰 주목을 받은 것은 비록 최근이지만, 1930년대에 생물학자 피셔의 연구 이후로 그 중요성은 쭉 인식되어 왔다. 한편 자연 서식지에서 개체군의 밀도를 조사하는 현장 생물학자들은 그 밀도가 장소마다 엄청나게 크게 변할 수 있다는 사실을 오랫동안 탐구해 왔는데, 그런 변동은 환경의 잡음(무질서한 구조 또는 조건) 때문으로 가정되었고 따라서 이것은 기초를 이루는 개체군의 '진짜(true)' 분포 반응을 단순히 방해하는 골칫덩이로 여겨졌다. 포식자-피식자 계의 특정한 하위분류인 기생 동물과 그 숙주에 대해서, 워싱턴 대학교의 생물학자 피터 캐리바(Peter Kareiva)는 1990년에 이렇게 말했다. "최근 10년 전만 하더라도 숙주 밀도와 관계없이 넓게 산재한 기생 생물의 비율을 기록하던 어떤 현장 생태학자도 그런 데이터를 쓸모없다며 선반 위에 얹어 놓았을 것이다." 그러나 캐리바는 말한다. "우리는 그런 '무질서'가 종 간 상호 작용에 '질서'를 주는 근원일 수 있다는 것을 안다." 여기서 그가 말하고자 하는 바는 개체군이 명백히 무작위 조각 상태(전체가 균일하지 않고 여러 조각으로 이뤄진)으로 보이는 것이 사실은 포식자와 피식자가 안정된 상태에 공존하기 위해 필요하다는 것이다. 이런 무작위 조각 상태는 부과된 잡음의 결과가 아니라 상호 작용의 고유한 결과일 수 있다.

뉴멕시코 주 샌타페이 연구소에서 연구하는 물리학자 리카르도 비센테 솔레(Ricardo Vicente Solé)와 동료들은 두 종이 영토를 놓고 경쟁하는 간단한 개체 수 모형에서 조각 상태가 나타날 수 있음을 발견했다. 이것은 포식자-피식자 모형이 제공하는 양상보다 좀 더 일반적인 다원주의적인 경쟁 양상이다. 두 종이 꼭 직접적으로 상호 작용하지 않아도 단지 서로 먹이나 다른 자원을 모으기 위해 서로를 이기려 한다. 고전적인 생태학 이론은 가능성 있는 두 결과를 예측한다. 만약 두 종이 강한 경쟁 관계에 있지 않으면(예를 들어 성장률이 느리거나 자원이 풍부한 경우) 그들은 같은 지역에 공존할 수 있다. 하지만 경쟁이 더 심해지면 '경쟁에 의한 배타 작용'이 있거나 그렇지 않으면 "이 마을은 우리 둘 다 살기에는 비좁아.(this town ain't big enough for the both of us)"라는 유행어처럼 한 종이 다른 종과의 경쟁에서 탈락한다.

1990년대 초 솔레와 공동 연구자들은 그와 같은 모형을 컴퓨터 시뮬레이션으로 조사했다. 그들은 두 경쟁하는 종을 한 조각 땅 위에 임의로 뿌리고 어떻게 두 집단이 그들 사이의 경쟁을 지배하는 법칙에 따라 발전해 가는지 지켜보았다. 이 모형은 처음의 고른 분포가 깨져 (즉 대칭성이 깨져) 한 가지 종이 우세한 여러 조각으로 나뉜다고 예측했다. 균일성은 그렇지 않지만 대칭성 깨짐은 종들의 공존을 허락한다.

이것은 영국 런던에 있는 임페리얼 대학교의 마이클 패트릭 해셀(Michael Patrick Hassell, 1942년~)과 휴 코민스(Hugh N. Comins)가 로버트 메이와 때마침 공동으로 수행한 연구에서 가장 분명하게 나타난다. 그들은 포식 기생자와 숙주 개체 수의 공간적인 변동을 연구했다. 포식 기생자는 특히 고약한 종류의 기생 동물이다. 그들은 숙주의 몸 안에(또는 가까운 곳에) 알을 낳는데 애벌레가 일단 부화하면 숙주를 먹어 치워 죽이는 곤충이다. 여기서 기생 곤충은 포식자, 숙주는 피식자와 같다고 할 수 있다.

자연에서 숙주-기생충 상호 작용은 포식자-피식자 계에서 보아 왔던 주기적인 진동과 매우 닮은 양상을 보인다. 즉 숙주와 기생충 개체 수가 같은 주기로 오르락내리락하지만 서로 어긋나서 진동한다. 실제 포식의 미묘한 차이점과 함께 그 상호 작용을 로트카-볼테라 방식과 유사한 수학적 모형으로 기술할 수 있다. 하지만 두 집단이 균일하게 분포되었다고 가정할 때 그러한 모형은 갈수록 진폭이 커지는 진동을 발생시킨다. 이는 결국에 숙주와 또 숙주를 먹고사는 기생충을 멸종으로 몰고 가는 것을 의미하는 불안정한 결과다. 이 모형에 따르면 숙주와 기생충 집단은 장기적으로 서로 공존할 수 없다는 뜻이다.

그런데 만약 기생충이 고르지 않은 방식으로 분포되어 있다면 어떻게 될까? 해셀과 동료들은 숙주를 찾으려는 기생충 밀도의 가변성이 충분히 크다면 두 집단 모두 그럭저럭 계속해서 살아남을 수 있음을 보였다. 충분히 다양한 기생충 분포의 경우 항상 숙주가 포식에서 벗어날 수 있는 지역이 있을 것이다. 이런 맥락에서 보면 자연이 보이는 공간적인 패턴 형성(patchiness, 조각 상태 혹은 군데군데 모여 있는 상태)은 그 기초를 이루는 개체 수 동역학에 산재한 잡음에 불과한 것이 아니라 그것이 없으면 생태계가 붕괴하게 될, 없어서는 안 될 안정화 요인인 것이다.

이 조각 상태는 어떤 형태를 띠게 될까? 연구자들은 컴퓨터 모형으로 생태계의 공간적인 구조를 연구했는데, 거기서 환경은 사각형 격자의 낱칸들로 묘사되었고 각각의 낱칸에는 특정한 수의 기생충과 숙주 생물이 들어 있다. 이들 종의 초기 무작위 분포는 기본적으로 확산의 한 형태인 낱칸과 낱칸 사이를 퍼져 나가는 것으로 발전해 나간다. 각 낱칸 안에 숙주와 기생충은 두 개체군의 번식과 기생충이 숙주를 죽이는 것을 설명하는 수학 방정식에 따라 서로 '반응'한다. 다른 말로 하면 이 모형 역시 반응-확산 과정의 요소가 있는 것이다.

이 낱칸 모형은 생물이 이 낱칸에서 저 낱칸으로 퍼지는 비율에 따라 다양한 공간적인 패턴을 만든다. 특정 범위의 확산 속도에서 개체 수 밀도는 동적인 나선형 파를 보인다. (그림 5.3a 참조) 그 밖의 확산 속도에서는 대신 혼돈하며 끊임없이 패턴이 변했다. (그림 5.3b 참조) 그런데 만약 기생충이 숙주보다 훨씬 빨리 확산한다면, 개체군은 숙주 밀도가 높은 작은 조각들이 대략 규칙적인 간격으로 놓이고, 이것은 기생충이 조밀한 넓은 지역에 둘러싸인 결정과 같은 격자로 '동결'될 수 있다. (그림 5.3c 참조) 이것은 긴 범위 억제로 발생하는 튜링 구조와 견줄 만하다.

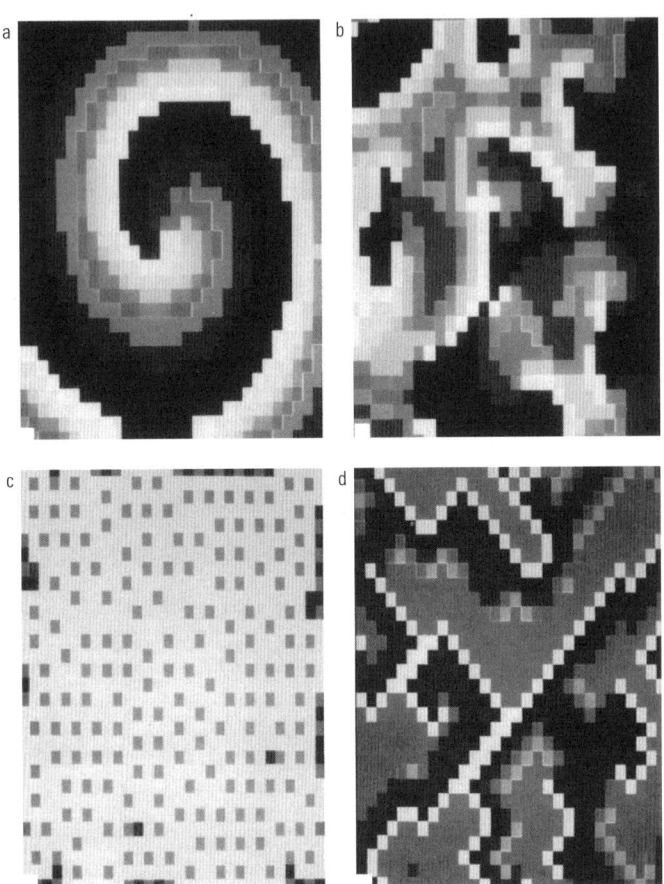

그림 5.3
숙주-기생충 상호 작용의 컴퓨터 모형은 고르지 못한 처음 분포로부터 복잡한 공간상의 패턴을 만들어 낸다. (a) 나선형 파, (b), (d) 혼돈형 패턴과 (c) 포식자의 '바다' 가운데 대략 규칙적으로 놓인 피식자 섬들 같은 정적인 패턴이다. 여기서 회색 척도는 각 작은 조각 안에서 숙주와 기생충의 상대적인 풍부함의 차이를 보여 준다.

이런 모든 패턴에서 요점은 그것이 안정된 상태를 보인다는 점이다. 비록 혼돈한 패턴과 진행파는 끊임없이 변하지만, 균일하게 분포되었거나 혹은 낱칸-낱칸 사이의 확산이 금지되었을 때와 같이 개체군은 절대로 붕괴되지 않는다. 따라서 여기서 다시 공간적인 패턴 형성은 그것이 없으면 불안정한 포식자 군락과 피식자를 포식자-피식자의 술래잡기 놀이를 통해 같은 환경에서 살아남게 하는 중요한 생태학적 의미가 있다. 1958년에 캘리포니아 대학교의 생물학자 칼 바턴 후파커(Carl Barton Huffaker, 1914~1995년)가 수행한 포식성 진드기와 그 피식자에 대한 실험 연구는 이런 반응을 지지하는 것처럼 보인다. 그는 이 진드기 집단에 조각 상태를 부과하고 이동의 자유를 제한해(먹이 사이에 바셀린 크림으로 장벽을 세워 미로를 만들어서) 이것을 유지함으로써, 진드기의 장애물이 없어서 조각 상태가 균일해지기 쉬울 때보다 포식자와 피식자가 거의 7배 오래 공존할 수 있다는 사실을 발견했다.

이러한 발견은 야생의 서식지와 생태계를 관리하려는 시도에 적어도 한 가지 중요한 교훈을 준다. 공간이 중요하다는 것이다. 어떤 생태계는 퍼질 수 있는 공간이 필요하다. 그래서 여러 조각의 집단으로 자신을 조직화해 공존할 수 있는 것이다. 균일한 집단은 그럴 수 없지만 말이다. 도로와 종들의 퍼짐을 막는 여러 벽을 세워 환경을 고립된 구획으로 나누면 나눌수록, 집단과 생태계가 생존의 수단으로써 공간적인 패턴 형성을 이용할 능력을 더욱 파괴하는 것이 된다. 게다가 이처럼 복잡한 생태계에서 안정성과 생존이 간단하게 서식지 분할에 달려 있다고 생각하는 것은 어리석은 일일 것이다. 솔레와 그의 동료 조르디 바스콤프테(Jordi Bascompte)는 일단 군집이 전 지역에 걸쳐 연결된 영역 안에서 퍼질 수 없으면, 즉 개별 생물이 개체 서식 영역 밖으로 일단 나가지 않고는 한쪽 가장자리에서 다른 쪽 가장자리로 통과할 수 없는 경우에 평균 조각 크기가 빠르게 줄어들고 종들은 살아남기 위해 경쟁한다는 사실을 발견했다.

산 자와 죽은 자

그렇게 나선형 파로 짜이는 어떤 것이 자연적인 개체군에서 자발적으로 생길 수 있다는 것은 많은 생태학자들이 받아들이기에 벅차며, 이런 패턴 형성 모형은 컴퓨터상에서 멋진 패턴을 만드는 하나의 수단 이상은 아닌 무엇인가로 일축되었다. 제기되어 왔던 한 가지 비판은 그러한 모형이 너무 완벽하다는 것이다. 실제 생태계에서는 지형과 식생의 변동같이 무작위화하는 요소가 있기 마련이고 이것은 나선과 같은 어떤 우아한 패턴을 지워 버릴지 모른다. 그러나 연구자들은 나선형 패턴이 그런 '잡음'에도 지속될 수 있음을 보였다. 실제로 잡음은 단지 어느 정도 모호함을 생성하는 것 이상의 역할을 할 수 있다. 잡음이 시공간의 패턴 형성에서 본질적일지 모른다. 미국 캘리포니아 주립 대학교 데이비스 분교의 케빈 히긴스(Kevin Higgins)와 동료들은 미국 북서해안 앞바다에서 대짜은행게(Dungeness crab) 개체 수의 큰 요동(10년 주기쯤으로 보이는)을 생태계 동역학의 수학 모형으로 재현할 수 있음을 보였는데, 이것은 작지만 중요한 임의의 환경적 교란이 방정식에 들어갈 때만 그렇다. 잡음이 없으면 동일한 모형은 안정한 개체 수를 예측할 수 있는데 이것은 관찰 내용과 상당히 다르다.

비슷하게 솔레와 동료인 호세 빌라(José M. G. Vilar)와 호세 미구엘 루비(Jose Miguel Rubí)는 잡음이 일부 포식자-피식자 군집의 공간적인 패턴을 설명하는 데 필수적이라고 생각했다. 그들은 해양 플랑크톤의 불균일한 조각 상태 분포를 주목했다. 여기서 포식자는 동물성 플랑크톤인데 바다의 작은 식물인 식물성 플랑크톤을 먹고 사는 미세 동물이다. 동물성 플랑크톤은 주변을 헤엄칠 수 있고 따라서 단지 해류를 따라 수동적으로 움직이는 그 먹이보다 빠른 확산 속도를 가진다. 포식자와 피식자 모두 조각 상태로 분포하지만 식물성 플랑크톤 조각들이 동물성 플랑크톤 조각보다 크다. 로트카-볼테라 방정식에 기초한 생태계의 활성-억제제 모형은 이 두 군집에서 얼룩진 튜링 유형의 분포를 가져온다. 하지만 관찰된 특징과 정반대로 포식자 조각이 더 커지면서 그렇게 된다. 솔레와 동료들은 활성-억제제 체계에서 무작위 '잡음'적인 요소를 포식자 분포에 더해서, 바로 실제에서 발견되는 그런 종류의 불균일한 조각 상태를 얻을 수 있음을 보였다. 이 연구자들은 말한다. "잡음은 단지 패턴을 생성할 뿐만 아니라 우리가 원하는 바로 그 패턴을 만들 수 있다."라고.

비록 잡음에 대해서는 견고할지 모르지만, 나선형 파는 해셀과 동료들의 낱칸 모형에서 어느 정도 특정한 조건에서만 나타난다. 기생충이 숙주보다 훨씬 빠르게 이웃한 낱칸들로 퍼져 나간다면(실제로 그럴 듯하다.) 그 대신 무질서하고 혼돈한 패턴이 선호된다. 따라서 자연에서 생태학적 나선형 파를 찾기가 매우 어려울 것이다. 그러면 혼돈 패턴을 찾는 것이 더 유익할 것이다. 그런 탐색은 무엇을 드러낼까?

자발적인 패턴 형성에 대한 이런 생각은 현장 연구로 그것을 증명하려는 진지한 노력이 거의 없었던 집단 생물학에서 아직 충분히 참신하다. 비록 자연적인 집단이 매우 불균일하게 분포하려는 경향이 있는 것을 알지만, '고유의' 혼돈 패턴을 무작위성을 주는 외부 원천이 부과하는 변이성(variability)과 구별하는 것은 쉬운 일이 아니다. 가령 패턴이 후파커의 전자에 해당하는 실험에서 보이는 것인지, 아니면 후자 종류의 실험에서 나온 것인지는 아무도 확인하지 못했다.

그런데 2002년에 한 팀을 이룬 유럽 과학자들이 개미 군락에서 진정한 튜링 패턴의 뭉치기 증거를 발견했다. 프랑스 남부의 대도시인 툴루즈에 있는 폴 사바티에 대학교의 기 테로라스(Guy Théraulaz)와 동료들은 페트리 접시에서 두배자루마디개미아과(*Messor sancta*, Myrmicinae) 군락을 길렀다. 이 곤충은 죽은 구성원의 사체를 모아, 시체 더미 또는 개미 묘지를 쌓는 놀라운 특성이 있다. 연구자들은 죽은 개미를 원형 접시의 주변에 고루 뿌려 놓았는데, 이 '원형 경기장'에 들어간 산 개미는 거기 머무는 경향이 있다. 개미 사체를 접시에 더 넣어 줄 때, 산 개미들은 그 사체를 주워 모아 사체 더미를 만들기 시작한다.

이 처리 과정이 특별히 효과적으로 보이지는 않는다. 묘지를 위해 몇몇 지역을 고르고 거기 들러붙어 있는 대신에 개미들은 처음에는 사체 더미를 되는 대로 마구잡이로 쌓기 시작하는 것처럼 보이는데 그중 일부는 개미들이 이어서 사체를 치워 내며 간단히 해체될 것이다. 3시간 내내 묘지의 수는 최대치에 도달하기까지 급격히 상승하고, 그 후 약간 줄었다가 거의 일정한 값에 이른다. 이 시점에 특정 묘지들은 잘 정립되어서, 비록 개미들이 계속 사체를 집어 올리고 떨어뜨리지만, 사체 더미의 공간적인 패턴은 전반적으로 일정하다. (그림 5.4 참조)

이렇게 안정된 묘지는 튜링 패턴의 얼룩과 닮았다. 비록 여기서는 '얼룩'이 실제적으로는 단지 1차원으로, 즉 원형 경기장의 가장자리를 따라 선으로 표현되지만 말이다. 비록 패턴의 요소들, 즉 개미 사체는 계속 주변으로 이동해도(분자의 확산과 유사하게) 패턴 그 자체는 고정된다. 테로라스와 동료들은 시간에 따라 묘지 수의 변화와 묘지 사

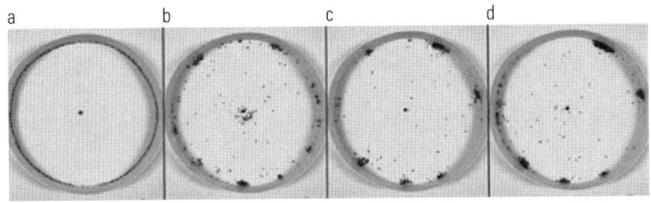

그림 5.4
(a) 개미가 원형 접시의 둘레 주위로 균일하게 놓인 사체들을 재분배할 때 출현하는 개미의 사체 더미. 여기서 (b) 6시간, (c) 12시간, (d) 45시간 후 패턴의 진화를 보여 준다.

이의 평균 거리를 사체 더미의 형성에서 국소 활성과 긴 범위 억제가 있는 모형으로 설명할 수 있음을 보였다. 국소 활성은 사체 더미가 점점 더 커질 때 개미가 사체 더미에 사체를 내려놓을 가능성은 더 높아지고 사체 더미에서 들어 올릴 가능성은 더 낮아지기 때문에 생긴다. 이런 측면에서 사체 더미의 성장은 자가 촉매적이다. 긴 범위 억제는 큰 더미에 가까운 곳은 사체들이 깨끗이 치워져서 새로운 더미가 기존 더미와 가까운 곳에서 시작될 가능성이 낮다는 사실에 기인한다.

연구자들은 이와 같은 메커니즘이 고등 생물의 둥지 만들기 같은 서식지 형성과 그룹화의 여러 측면에 기초를 이룰지 모른다고 생각했다. 많은 동식물 종이 그룹으로 모이는데, 즉 긍정적 전염 효과라 불리는 분포다. 가령 물고기와 플랑크톤은 여러 떼를 형성한다. (이 주제는 『흐름』 참조) 한편 명금류(songbirds, 잘 지저귀는 새)처럼 텃세가 강한 동물은 스스로 이웃들과 적당한 거리를 유지하도록 분포할 것이다. 즉 부정적 전염 효과라고 말하는 상황이다. 전자의 경우 군집을 이루는 각 개체가 마치 서로 인력이 있는 것 같고, 후자의 경우는 서로 반발하는 것 같다. 어떤 종의 경우에 인력과 척력이 이상적인 균형을 이룬다. 많은 수의 안전성(당신이 군중 중 하나라면 포식자가 당신을 잡아먹을 가능성은 낮다.)이 있지만 너무 많은 수는 과밀과 국부적 자원 고갈을 초래한다. 이 두 요인 사이의 놀라운 균형 속에서 생물들은 어느 정도 주기적으로 자리 잡은 작은 무더기로 뭉치는 자신들을 발견할지 모른다. 가령 어떤 물고기의 둥지 트는 영역이 만드는 패턴에서 나타난다. 모잠비크 틸라피아와 블루길 선피시의 수컷은 모두 자기 영토를 정의하기 위해 호수의 모래 바닥에 구멍을 판다. 인력과 척력의 상호 작용이 각 수컷 물고기가 다른 수컷들로부터 대략 같은 거리만큼 떨어져서 영토권을 주장하는 결과를 가져온다. 이것은 평균적으로 구멍의 이랑은 육각형 망을 정의하면서, 구멍의 중심이 벌집 격자로 배치되는 경향이 있음을 의미한다. (그림 5.5 참조) 이와 같은 효과가 미국 남동 해안에 서식하는 아메리카큰제비갈매기의 둥지를 6각 배열에 가깝게 정렬되도록 만들고, 그 테두리는 배설물로 강조되어 흔적이 남는다.

    동물은 확산할 수 있지만 식물은 한자리에 머물러 있어야 한다. 식생은 누더기처럼 기워질 수 있는데 이것은 씨가 우연히 떨어진 곳

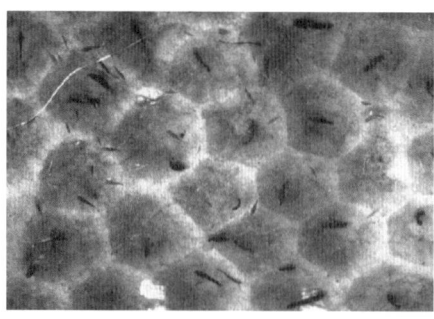

그림 5.5
수컷 태래어(*Tilapia mossambica*)의 벌집 모양 둥지 권역

그림 5.6
네게브 사막 북부에서 자라는 여러해살이풀의 미로 패턴. 조각 간의 평균 거리는 약 15센티미터이다.

에 의존하는 우연의 결과라고만 생각할지 모른다. 하지만 그것 때문에 조각 간의 고유 거리가 없는, 모든 크기의 조각을 초래하게 된다. 그렇지만 어떤 식생은 일종의 규칙적 조각 상태의 분포(non-random patchy distribution)를 보인다. 이제 이 분포를 고유 크기와 간격으로 특징을 찾을 수 있는, 패턴 형성계의 징후로 인식할지 모르겠다. 가령 고산 관목은 거의 같은 크기의 덤불로 고른 평지를 메운다. 반면 큰 뿌리 공간이 필요한 식물은 이웃 식물에서 적절한 거리를 띄우고 분포한다. 이것들도 부정적 전염 효과이다. 아프리카, 중동, 오스트레일리아와 그 밖의 지역의 반건조 지대와 사막 지대에서 나타나는 식생 패턴은 이런 종류의 분포를 잘 보여 주는데, 동물 가죽을 바로 연상시키는 얼룩과 줄무늬로 구성되며(그림 5.6 참조), 어떤 반응-확산 과정이 여기서도 작동할 수 있다는 것을 제안한다.

그것은 미네소타 주립 대학교의 크리스토퍼 클라우스마이어(Christopher A. Klausmeier)가 1999년에 제안했던 것이다. 그는 그런 식생 덤불이 튜링 패턴과 관련이 있을지 모른다고 생각했다. 식생의 성장은 빠듯한 물 자원에 의존하며, 특히 식물이 빗물을 언덕 아래로 흘러

내려 가는 것을 막고 빗물을 수집하는 능력에 달려 있다. 그렇다면 풀숲은 흐르는 물을 막아서 흘러내려 가는 것을 정지시키기 때문에 더 큰 성장의 부분 활성제가 된다. 그러나 그렇게 함으로써 언덕보다 낮은 지역으로 물이 흐르지 못하게 하고, 따라서 긴 범위의 억제를 만든다. 이 과정의 클라우스마이어 수학 모형은 비탈 위에서 식생의 줄무늬를 만드는데 이것은 천천히 비탈 위로 움직인다. 그것은 정확히 튜링 패턴은 아니고 언덕의 등고선을 따라가는 진행파이다. 평평한 대지 위에서 그가 예상한 조각 상태는 더욱 무작위로 얼룩졌고, 대지의 기저 높이의 작은 변동을 반영했다. 이 경우에 모형 고유의 되먹임 효과가 이처럼 겉보기에 중요하지 않은 변동을 증폭시켜 그것을 조각 상태의 패턴으로 바꾸어 놓는다.

이스라엘 벤구리온 대학교의 연구자들은 이런 종류의 모형으로 만들어지는 패턴이 어떻게 강우량 변동에 영향을 받는지 살펴보았다. 그들은 평평한 땅 위에서 강우량이 증가하면서 식생 패치가 점에서 줄로 또 여러 개의 구멍이 뚫린 평면으로 변하는 것을 보았다. 이 모든 패턴이 자연에서 나타난다. (그림 5.7 참조) 연구자들은 때로는 물을 얻으려는 경쟁의 심화로 중심에 고갈된 식생 조각이 남으면서, 점이 고리로 발전하는 것을 보기도 했다. 또 강우 증가로 생기는 변화는 단지 그 감소가 초래하는 변화의 반대가 아니라는 사실을 발견했다. 즉 맨땅에 부분적인 식생을 촉발시키기 위해 필요한 비의 양은 식생이 부분적으로 덮인 땅이 강우량 감소로 그 모든 식생을 잃게 될 때의 강우량보다 훨씬 많다. 다시 말해 가뭄이 식생을 전멸시키면 다시 자라게 하기는 훨씬 더 힘들다는 것이다. 따라서 여기서 패턴은 계의 과거사에 의존한다.

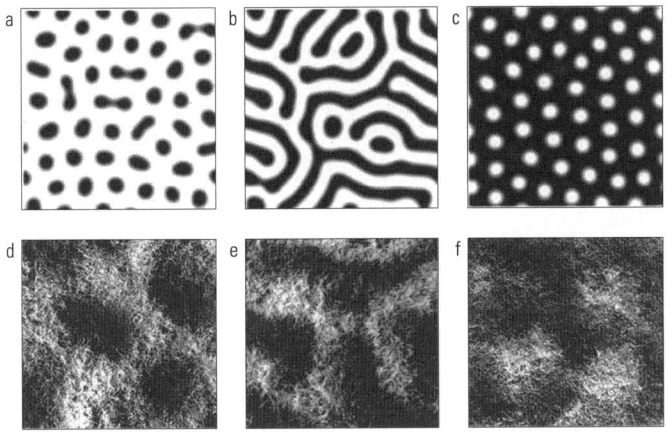

그림 5.7
(a)~(c) 튜링 유형 모형으로 생성한 식생 패턴과 (d)~(f) 네게브 사막에서 찾은 이에 대응하는 패턴

튜링의 대성당

사회성 곤충은 매우 경이로운 집을 만든다. 어떤 말벌은 그들의 큰턱으로 짓이긴 식물 섬유로 추출한 종이 같은 재료로 다층의 벌집을 만든다. 층은 통로로 서로 연결되어 있고 전체는 1미터 혹은 그 이상의 높이에 달한다. (그림 5.8 참조) 터마이트(termite, 일명 흰개미)는 진정한 '점토 대성당'을 만들어 낸다고 한다. 마크로테르메스속(*Macrotermes*) 종의 흰개미가 만드는 흙 둔덕은 6~7미터까지 솟구치는 원뿔형 뾰족탑이고, 육아실, 통기구, 진균류 먹이를 키우는 '정원'과 왕궁을 포함하는 매우 복잡하게 얽힌 터널과 방이 있다. (그림 5.9 참조) 만약 흰개미가 사람만큼 커지면 그들이 만드는 도시는 1,000미터 정도로 높이 솟을 것이다.

이런 곤충을 건축의 대가로 부를 법도 하다. 그러나 이것은 잘못

그림 5.8
말벌 둥지는 일반적으로 꿀벌의 벌집보다 다양하다.

그림 5.9
(a) 흰개미(*Macrotermes michaelseni* 종)의 원뿔형으로 솟은 둥지와 (b) 주형을 떠서 드러난 그 내부 구조. 이 둥지는 표층 도관과 심층 환기 터널의 정교한 미로이다.

된 인상을 줄 수 있는데 왜냐하면 건축가는 청사진을 가지고 일하기 때문이다. 사회성 곤충의 집을 설명하기 위한 초창기의 시도는 생물 각자가 어느 정도 전체 계획에 대한 공간적인 그림이 있어서 앞으로 한 조각 한 조각씩 건축하며 나갈 수 있게 하는 청사진을 머릿속에 넣고 다닌다고 가정했다. 이것은 불합리할 정도로 치우친 생각이며, 곤충의 능력을 과소평가해서도 안 되지만 이런 방식으로 집을 짓는다는 어떤 증거도 없다.

대신에 그것은 군집 안 개체들 사이의 상호 작용 때문에 자발적으로 생겨나는 구조다. 마치 개미의 튜링 묘지처럼 말이다. 그 구조는 반응-확산 화학계 종류와 같은 일반적인 종류의 스스로 짜인 패턴이다. 이것은 한낱 은유가 아니다. 이런 유추는 정확하고, 자가 촉매적인 양의 되먹임과 억제하는 음의 되먹임의 동일한 조합에서 유래한다. 사회성 곤충은 이런 포괄적 원리를 환경의 구체적 특징과 결합하여 가장 정교하고 경이로운 자연의 패턴 중 일부를 만든다.

게다가 집짓기를 유도하는 신호는 종종 튜링의 형태 형성 물질과 견줄 만한 확산하는 화학 물질이 전달한다. 가령 개미는 서로 페로몬을 분비해서 소통하는데 마치 딕티오스텔리움(Dictyostelium, 아메바, 점균류) 세포가 화학 유인제를 방출하는 것 같다. 아마도 가장 간단한 경우는 하나의 개체가 주변 다른 곤충의 활동에 틀의 역할을 하는 페로몬 장을 만드는 것이다. 흰개미(Macrotermes subhyalinus 종) 군집의 (알로 부풀어 오른) 여왕개미는 '궁실'에 머무는데, 이 궁실은 일개미들이 여왕개미가 내뿜은 페로몬의 농도가 가리키는 방향에 맞춰 여왕개미 주변에 지었다. 일개미는 페로몬의 농도가 어떤 문턱값을 넘거나 특정 농도 영역대(이 경우에 궁실벽은 페로몬 농도의 3차원 등고선으로 구획된다.)에 들어올 때만, 커지는 궁실 벽에 흙덩이를 내려놓는다. (그림 5.10 참조)

한편 궁실은 단순한 돔보다 일반적으로 훨씬 더 복잡하며, 그 시공은 깊은 인상을 줄 만큼 일개미들 사이의 협력이 필요한 것처럼 보이는 순서를 따른다. 벽은 기둥에서 시작하는데 여왕개미의 큰 배 위에 서 있는 일개미가 (필요하다면) 만든 지붕으로 덮이기 전까지 처음에

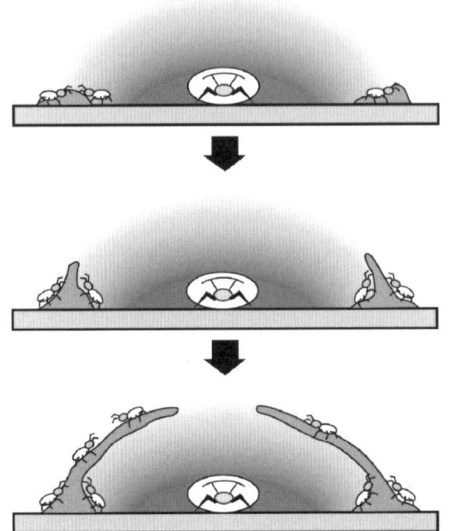

그림 5.10
흰개미가 알로 부풀어 오른 여왕개미의 페로몬(회색) 방출로 만들어진 틀 주변에서 어떻게 '궁실'을 짓는지 보여 준다.

는 늘어난다. 마침내 기둥들이 연결되면서 사이에 칸막이를 만든다.

어디서 이런 협동이 나오는 걸까? 사실은 여왕개미만 페로몬을 내뿜는 개체가 아니다. 일개미들이 흙덩이를 섞어 시멘트 같은 반죽으로 만들기 위해 사용하는 입 분비물도 화학 유인제를 포함하는데, 그것은 생성된 후 단지 수 분 동안, 약 1~2센티미터 범위 안에서만 작용한다. 이 페로몬은 다른 일개미를 그 원천으로 끌어들이고 그들이 가진 흙덩이를 거기에 있는 구조에 더하도록 촉진한다.

이것은 양의 되먹임을 만든다. 즉 더 많은 기둥이 들어설수록 페로몬 원천은 더 강해진다. 이는 사실상 자기 증폭 구조이다. 벨기에 브뤼셀 자유 대학교의 장루이 데뇌부르(Jean-Louis Deneubourg)는 이 과정이 반응-확산 모형으로 모방될 수 있다는 것을 보였는데, 이 모형에서 선택적 흙덩이 쌓기로 생긴 점(초기 기둥)들이 자발적으로 대략 같은 간격을 두고 출현한다. 실제로 기둥은 대지 위에 놓인 물체처럼 이미 있는 울퉁불퉁한 곳에서 시작될 수 있는데, 마치 작은 먼지 주변에서 응축하는 빗방울 같다.

게다가 흰개미 둔덕을 짓는 과정은 또 다른 화학 신호로 유도되는 것처럼 보인다. 일개미는 '길잡이 페로몬'을 방출해 다른 일개미가 그 발자취를 쫓게 하고 여왕개미 근처의 건축 현장에 모을 수 있기 때문이다. 데뇌부르는 이런 요소를 그의 모형에 넣어 주고 또 길잡이 페로몬이 일개미로 하여금 그것이 구획한 길 위에 흙덩이를 쌓게 하는 의욕을 잃게 한다고 가정하면, 기둥이 길 양측에 벽으로 바뀌고 긴 복도를 만드는 것을 발견했다. 이렇게 길잡이 페로몬이 흙덩이 쌓기를 막는 효과가 있다는 생물학적 증거가 있다. 여기에는 타당한 이유가 있는데 길이 막히지 않는 것이 중요하기 때문이다.

실제 흰개미 둔덕의 둘둘 감긴 터널에서 공기의 흐름은 페로몬 신호가 전해지는 방식에 영향을 줄 수 있다. 데뇌부르와 동료들은 땅속 흰개미(*Apicotermes arquieri* 종) 둥지의 통로를 따라 빙빙 도는 공기의 흐름이 흰개미가 한 층에서 다음 층으로 접근할 수 있도록 놀라운 나선형 경사로를 만드는 데 역할을 할 수 있다고 추측했다.

이 과정의 핵심적인 특징은 개별 곤충이 어떤 전체적인 청사진을 보지 않고도 (직접 접한 환경에서 수집할 수 있는 정보에 반응하기 위해) 단지 국소 규칙만 따르면 된다는 점이다. 이런 규칙은 증폭과 억제 되먹임을 초래할 수 있는데 이것은 화학적인 튜링 계의 그것보다 훨씬 더 복잡할 수 있다는 데서 다르다. 가령 특정 페로몬 신호를 등록하는 흰개미는 다양한 방법으로 반응할 수 있고, 그런 반응은 시간에 따라 변할 수 있다. 1950년대 말 동물학자 피에르폴 그라스(Pierre-Paul Grassé, 1895~1985년)는 흰개미 둥지를 짓는 동안 일개미가 취할 가능성이 있는 행동은 그때까지 지어진 둥지의 구조에 의존한다는 것을 보였다. 일단 어떤 단계에 도달하면 단지 특정 구조의 존재가 일개미에 작용해 다른 건축 활동을 시작하게 할 수 있으며 이것은 차례로 일단 성숙 단계에 도달하면 한층 더한 (다른) 형태의 거동을 야기한다. 그라스는 이러한 과정을 스티그머지(stigmergy, 집단 내 구성원들 사이의 의사소통보다 앞서 이룬 작업의 산물이 앞으로 하게 될 작업에 자극을 제공한다는 개념 — 옮긴이)라고 불렀다. 그런 관점에서 보면 이렇게 말할 수 있을 것이다. 미래는 일단의 규칙을 엄격히 따름으로써 결정되지 않고 그때까지 한 일에 어떻게 반응하는가로써 결정된다고.

물론 질문은 그 규칙이 무엇이냐 하는 것이다. 사회성 곤충 중 가장 속속들이 연구된 스티그머지 둥지 짓기 활동 중에 널리 퍼져 있는 속(屬)인 말벌(*Polistes*, 섬유질로 자신의 벌집을 짓기 때문에 흔히 쌍살벌(paper wasp)로 불린다.)의 활동이 있다. 각각의 둥지는 보통 둥글고, 육각형 단면을 가지는 150개쯤의 관 형태의 방들로 이루어진다. 말벌 둥지 짓기의 유용한 점 중 하나는 실험실에서 단계적으로 따라해 볼 수 있다는 것이다. 말벌에게 진짜 종이가 주어지기만 하면 그것을 이용해 벌집을 만들 것이고, 다른 단계에서 다른 색 종이를 줌으로써 건축의 진행 사항을 색깔로 표시한 기록을 만들어 낸다. 이런 방법으로 연구자들은 말벌이 구조에 새로운 방을 더하기 위해, 단지 아무렇게나 넣지 않고 특별한 규칙을 따르는 것처럼 보인다는 사실을 발견했다. 가령 우선적으로 이미 3개의 벽이 지어진 층의 가장자리 '틈'을 메울 것이다. 에릭 보나보(Eric Bonabeau)와 동료 테로라스는 특정한 유형의 장소에 더해질 방이 확률로 정의되는, 그런 국소 법칙이 지배하는 과정에서 어떤 종류의 구조가 나타날지 알아보기 위해 모형을 하나 고안했다. 그들은 단지 2개의 규칙만을 고려했는데, 새로운 방이 기존 2개의 벽이 있거나 아니면 3개의 벽이 있는 적절한 장소에 특정한 확률로 붙는다. (그림 5.11 참조) 그들은 또한 방이 층으로 쌓일 수 있는 가능성을 허용했다. 이런 규칙을 이용해 3차원 둥지 구조가 마치 타일을 붙이는 과정처럼 자랄 수 있다.

이런 요소들만으로도 모형은 두 가지 규칙을 위해 택한 확률에 따라 충분히 광범위한 둥지 모양을 생성한다. (그림 5.12 참조) 이들 구조 중 다수가 서로 다른 종의 실제 말벌이 만든 것과 닮았으며, 이것은 이런 구조적 다양성을 낳는 데 전적으로 필요한 것이 말벌이 새로운 방을 더해 가는 경향성에 부여되는 약간의 변화라는 것을 보여 주고

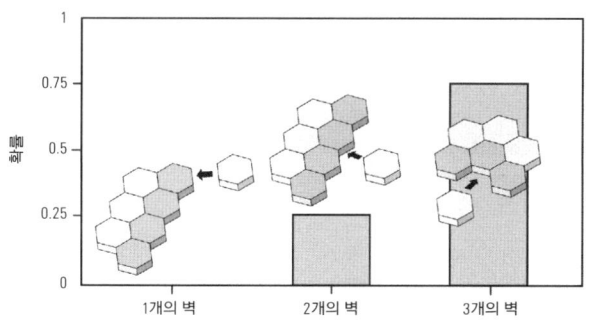

그림 5.11

말벌 둥지를 짓는 간단한 규칙. 말벌의 둥지 구조를 설명하기 위한 이 모형에서, 기존에 3개의 벽이 지어졌다면 단지 2개의 벽이 지어졌을 때보다 더 큰 확률로 새로운 육각형 방이 지어진다. 단지 하나의 벽이 있는 변에 새로운 방이 지어질 확률은 없다.

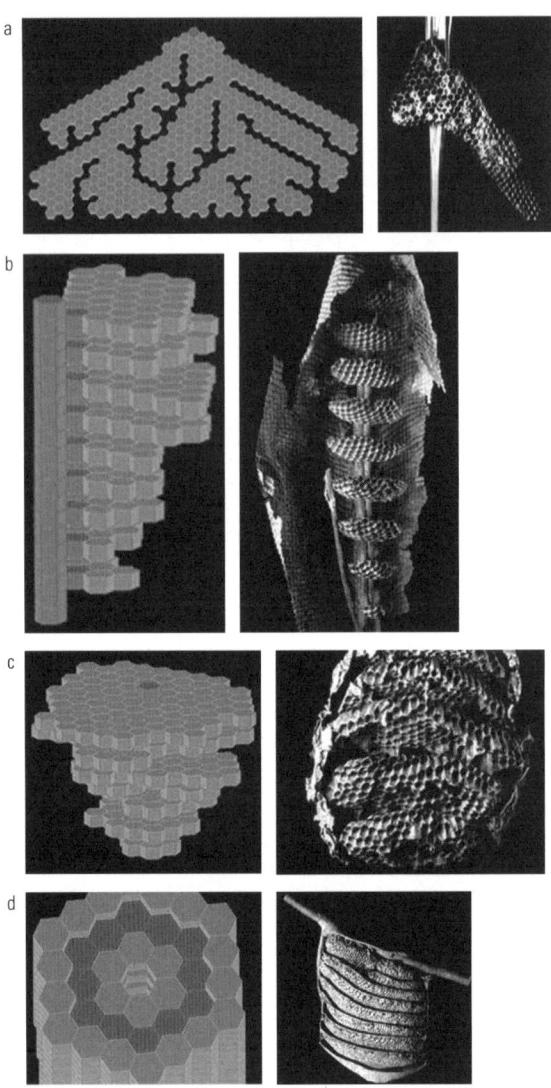

그림 5.12
모형에서 얻은 몇몇 둥지 구조. 이들은 다양한 속의 실제 말벌이 지은 둥지와 닮았다. (a) *Agelaia* 속, (b) *Parachartergus* 속, (c) *Vespa* 속, (d) *Chartergus* 속.

있다. 곤충들은 서로 다른 청사진으로 일하지 않는다. 단지 타일을 놓을 때 좋아하는 방식에 작은 차이가 있을 뿐이다. 우리가 타일이 만들 패턴을 생각하는 것 이상으로, 곤충들은 생각하지 못한다. 여기서 또다시 패턴은 사실상 그 자신을 만든다.

정원의 식물은 어떻게 자랄까?: 데이지의 수학

식물이 정말 피보나치 과정의 지배를 받고 있는지 알아보기 위해 더욱 설득력 있는 검증은 아마도 하나의 줄기를 따라 잎과 유사한 특징을 가진 것들의 수가 어떻게 변하는지 살펴보는 것이다.

$6^{장}$

17세기 영국의 식물학자 느헤미야 그루(Nehemiah Grew, 1641~1712년)는 "식물을 조용히 관찰하면서부터 인간은 처음으로 수학적 질문에 초대 받았을 것이다."라고 썼다. 톰프슨도 그렇게 생각했는데, 그 이유는 식물 줄기에 달린 잎 또는 작은 꽃의 질서 정연한 배열이 고대 이집트와 그리스 기하학자의 관심을 끌었을 것으로 확신했기 때문이다. 아리스토텔레스의 제자인 테오프라스토스(Theophrastus, 기원전 371~기원전 287년)도 이것을 언급했고, 한참 후 뛰어난 자연 관찰자 레오나르도 다 빈치(Leonardo da Vinci, 1452~1519년)도 그랬다. 1754년에 이르러 비로소 스위스의 식물학자 샤를 보네(Charles Bonnet, 1720~1793년)가 잎차례(*phyllotaxis*)로 불리는 '잎 순서 매김(leaf ordering)'의 근본적인 특징

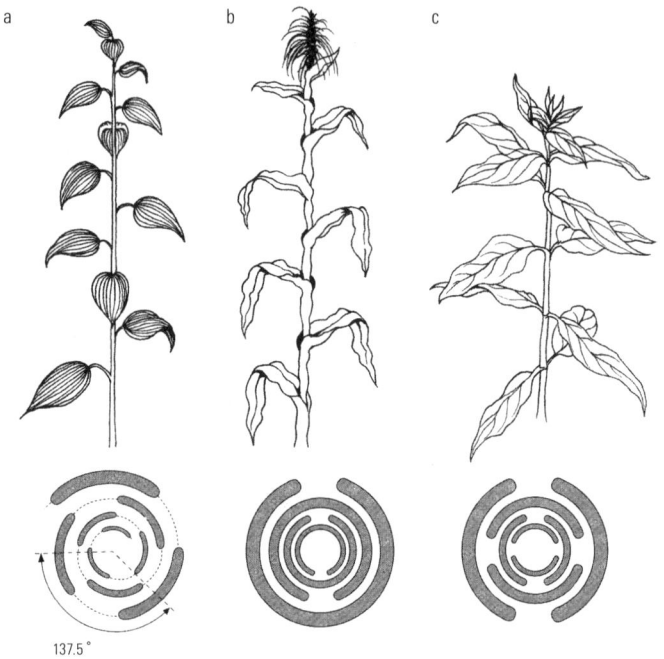

그림 6.1
잎이 식물 줄기 주위로 배열하는 것(잎차례)을 세 가지 구별된 패턴으로 분류할 수 있다. (a) 나선형, (b) 두 방향 마주나기(대생), (c) 돌려나기. 각각의 아래쪽에 있는 그림은 위에서 볼 때 잎 패턴의 대략적인 표현이다. 줄기의 아래쪽으로 갈수록 점점 잎이 작아지도록 그렸다.

을 명쾌히 설명했다. 보네가 지적한 대로 잎들은 나선 모양으로 줄기를 둘러싸고 펼쳐져 있다.

식물 종의 80퍼센트는 줄기 위로 난 잎의 연속선이 나선을 그린다. 각각의 잎은 바로 아래 잎에서 어느 정도 일정한 각도로 떨어져 있다. (그림 6.1a 참조) 서로 다른 많은 종에서 이 어긋남 각도가 137.5도 근

방인 경우가 매우 흔하기에 이 사실은 설명이 필요하다. 잎 식물의 나머지 20퍼센트는 거의 모두 단지 두 가지 잎차례 패턴 중 하나를 보인다. 그중 하나는 마주나기라고 부르는데, 잇따른 잎이 줄기의 맞은편에서 나며 그 잎은 보통 줄기 주변을 거의 감싸고 있다. (그림 6.1b 참조) 이것을 어긋남 각이 180도인 나선형으로도 볼 수 있을 것이다. 세 번째 패턴인 돌려나기는 둘 또는 그 이상의 잎의 작은 집합체가 줄기 위에 일정한 간격으로 있으며, 또 각 집합체 사이에는 어긋남 각도가 있어서 아래 집합체와의 틈 위에 놓인다. 보통 돌려나기 패턴은 두 잎이 180도로 떨어져 나란히 놓여 있고 그 아래 두 잎과는 90도의 각도를 이루는데 이것을 십자 마주나기라고 한다. (그림 6.1c 참조) 박하가 이런 구조를 가지며 쐐기풀도 그렇다.

이러한 배열을 자연이 선택한 영리한 적응으로 생각하기 쉽다. 왜냐하면 그 배열이 잎을 햇빛에 최대로 노출시키기 때문이다. 햇빛을 현저히 가로막는 배열은 선택되지 **않는다고** 확신할 수 있다. 그러나 관찰된 잎차례 패턴이 빛을 얻는 데 최적화되었다는 명백한 증거는 없어 보인다. 어떤 다른 원리가 작동하는 것이다.

이 문제는 셀 수 없이 많은 자연주의자들과 모든 부류의 과학자들을 꼼짝 못하게 했는데 이들 중 상당수는 자연에서 그처럼 놀랄 만한 기하학적 구조의 발현은, 식물 성장을 주관하는 생물학에 일종의 결정론을 부여하는 어떤 근본적인 물리적 혹은 역학적 과정의 작용을 드러낸다고 확신했다. 잎차례를 설명하기 위한 노력은 지금까지 어떤 과학적 합의에도 이르지 못했지만, 그것이 전적으로 다른 무엇인가를 낳았다는 말은 타당할 것이다. 바로 자유로운 기하학적 신비주의[28]에 젖어 있는 플라톤주의자 또는 19세기 독일의 **자연철학자**

(Naturphilosophen)와 흡사한 자연관이다. 잎차례의 수학적 패턴은 단지 나선형 배열이라는 사실보다 훨씬 더 심오한 의미를 가지며 그것의 근본에는 우리의 미적 감각과 미학을 지배하는 원리들이 놓여 있음을 암시해 왔기 때문이다. 잎차례는 다름 아닌 자연의 기하학화를 정당화하게 되었다.

그런데 식물의 모양과 형태를 이처럼 과도하게 해석하는 것이 과연 옳은 것일까?

생명의 곡선?

잎차례는 앞서 언급했던 동물의 신체 패턴 형성의 과정과 여러 면에서 유사한데, 더 자세한 내용은 마지막 장에서 다루도록 하겠다. 잎차례는 성장하는 식물 줄기의 원통형 대칭성을 깨는 데 달려 있다. 마치 배아에서 사지와 기관들이 형성되기 위해 세포의 구 대칭성이 깨져야 하는 것과 마찬가지다. 이런 자발적인 형태의 발현은 잎차례에 관심이 있었던 초창기 과학자들을 당혹스럽게 했다. 영국 작가 시어도어 안드레아 쿡(Theodore Andrea Cook, 1867~1928년)이 『생명의 곡선(*The Curves of Life*)』(1914년)에서 "새로운 세포가 형성되는 식물의 생장점에서는 전혀 **볼 것이 없다.**"라고 설명했는데 이 한 구절로 대칭성 깨짐이 진정 얼마나 놀라운지 완벽히 표현하고 있다.

줄기 끝에 위치한 '생장점'을 분열 조직이라고 하는데, 여기서 세포는 빠르게 증식하고 자라나는 꼭지 바로 뒤에 원기(식물에서 어떤 기관이 분열 조직에서 분화되고 있는 배의 상태에 있을 때를 말함 — 옮긴이)라고 하는 측면 싹이 하나씩 나오기 시작한다. 이것이 계속 자라서 잎이 된다. (그림 6.2 참조) 잇따른 원기는 보통 하루 정도의 규칙적인 간격을 두

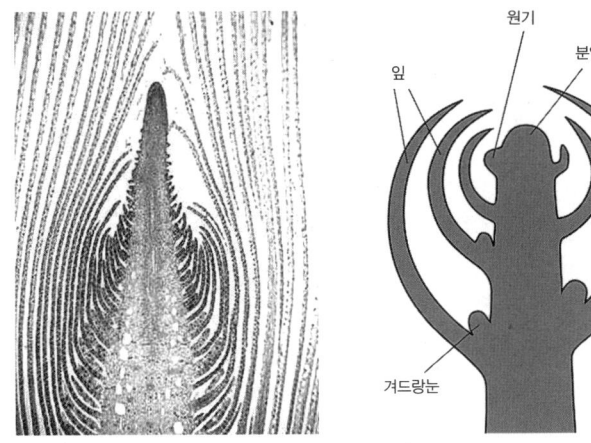

그림 6.2
잎차례 패턴은 성장하는 줄기의 말단(분열 조직으로 불리는)에서 결정되는데, 거기서 원기가 시작된다. 왼쪽 사진은 수초인 엘로데아(*Elodea*)의 분열 조직을 보여 준다.

고 발아한다. 잎 패턴은 꼭지의 경계 근처 어디에서 원기가 나오는가로 결정된다. 줄기가 위로 성장할 때 원기의 위치는 위에서 볼 때 나선형을 그린다. 이러한 배열은 그림 6.3의 칠레소나무 가지에서 보듯이, 줄기에 수직인 평면에 잎의 위치를 투영함으로써 더욱 분명하게 볼 수 있다. 여기서 잎은 가장 어린 것부터 가장 오랜 것까지 숫자가 매겨져 있고 서로 접촉하고 있는 잎을 통과해서 선을 그렸다. 이 선들은 서로 반대 방향으로 꼬인 2개의 나선을 그린다.

이중 나선 패턴은 원기가 두상 꽃차례(flower head, 꽃대의 끝에 많은 꽃이 한데 붙어서 한 송이의 꽃처럼 머리 모양을 이루는 꽃차례)에서 잎이 아닌 작은 꽃으로 성장할 때 곧 분명해진다. 왜냐하면 이런 경우 작은 꽃들은 거의 모두 같은 평면에 있기 때문이다. 이 작은 꽃들은 변형된 잎

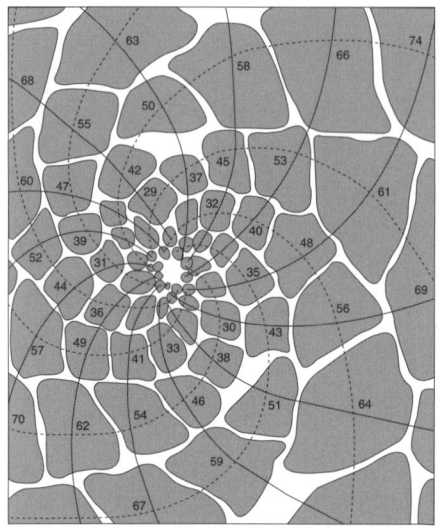

그림 6.3
칠레소나무의 나선형 잎차례 패턴. 이것은 가지의 축을 내려다보면서 평평한 평면에 잎의 배열을 투영한 것이다. 잎들은 가장 어린 것부터 순차적으로 번호가 매겨져 있고, 2개의 나선(실선과 점선)은 서로 맞닿아 있는 잎을 나타낸다.

그림 6.4
잎차례의 이중 나선 패턴이 (a) 해바라기 머리의 작은 꽃, (b) 솔방울의 작은 잎과 (c) 로마 꽃양배추(브로콜리)의 작은 꽃의 배열에서 뚜렷하게 나타난다.

에 지나지 않는다. 그리고 해바라기, 데이지, 꽃양배추의 머리에서 매혹적인 패턴을 발생시킨다. (그림 6.4 참조)

나선들이 어떻게 무리지어 있는지에 대해 무언가 매우 이상하고 놀랄 만한 점이 나타난다. 그림 6.3의 선 중 어느 하나를 따라가다 보면 잎에 적힌 숫자들이 점선을 따라서는 8, 실선을 따라서는 13만큼 서로 차이가 나는 것을 발견할 것이다. 이런 구조는 잎차례 패턴을 분류할 수 있게 한다. 그것은 (8,13)으로 표시된다. 이런 관계를 표현하는 또 다른 방법은 단순히 시계 방향으로 도는 8개의 나선과 반시계 방향으로 도는 13개의 나선이 있다고 표기하는 것이다.

다른 칠레소나무 가지의 경우 다른 잎차례 관계를 보여 준다. 예를 들면 (5,8)과 (3,5)이다. 만약 해바라기의 머리나 솔방울의 작은 잎에서 나선의 수를 세면, 이와 똑같은 쌍을 발견하게 된다. 톰프슨은 "많은 솔방울에서, 독일가문비나무의 그것처럼 한 방향으로는 원뿔을 가파르게 감고 있는 5개의 비늘 열과 다른 방향으로는 덜 가파르게 감고 있는 3개의 열을 추적할 수 있다. 흔히 볼 수 있는 낙엽송과 같은 확실한 다른 종에서, 통상적인 수는 한 방향으로 8개의 열과 다른 방향으로는 5개의 열이다."라고 말했다. 미시간의 식물학자 윌리엄 제임스 빌(William James Beal, 1833~1924년)은 1873년에 독일가문비나무의 92퍼센트가 (3,5) 배열을 보인다고 주장했다.

수학자라면 이런 숫자 쌍이 친숙하다. 그것들은 모두 피보나치수열이라고 하는 수열의 이웃한 정수들이다. 이 수열은 필리우스 보나치(Filius Bonacci)또는 피보나치(Fibonacci)라는 별명이 붙은 이탈리아 피사 태생의 수학자 피사의 레오나르도(Leonardo of Pisa, 1170~1250년?)가 1202년 처음으로 정의했다. 이 수열의 각 항은 0과 1로 시작해서 앞선

두 숫자를 더해 만들어진다. 따라서 0+1=1이므로 처음 3개 항은 0, 1, 1이다. 다음은 1+1=2, 그다음은 1+2=3, 또 그다음은 2+3=5 등이다. 그 결과 수열은 0, 1, 1, 2, 3, 5, 8, 13, 21, 34, …로 나간다.

    어느 식물 종에서도 잎, 꽃잎, 작은 꽃 패턴의 잎차례 분류는 항상 이 수열의 쌍에 대응한다는 주장이 널리 퍼져 있다. 이 주장의 필연적 결과는 대부분의 꽃에서 꽃잎의 수가 피보나치 수가 되어야 한다는 것인데 그 이유는 작은 꽃처럼 꽃잎도 변형된 잎이기 때문이다. 실제로 미나리아재비는 5개, 금잔화는 13개, 과꽃은 21개의 꽃잎이 있다.

    이제 정말로 이상하다. 왜 식물의 형태가 추상적인 수열의 지배를 받아야 할까? 고대 그리스 인들에게는 숫자 간의 관계가 자연 세계의 특징을 이뤄야만 하는 것이 으레 당연하게 보였을 것이다. 플라톤주의자들은 우주의 기하학적인 개념을 붙든 반면 피타고라스의 추종자들은 어떤 의미에서 숫자를 모든 것의 구성 단위로 생각했다.

    이 두 철학 학파는 부분의 단순한 비율로 결정되는 모양과 형태의 자연스러운 조화가 존재한다고 생각했다. 이것은 음악에서 확실히 나타나는데 1:2와 1:3의 길이 비로 뜯는 줄을 나눠, 서로 화음을 이루는 음들이 울려 퍼지게 한다. 그리스 인들이 피보나치수열을 분명하게 인식했는지는 알 수 없지만 그들은 피보나치수열에서 유도될 수 있는 가장 놀라운 수에 대해 알고 있었다.

    피보나치수열에서 이웃한 항들의 비는 수열을 따라 진행할수록 점차 일정한 한 값으로 접근한다. 즉 13/8=1.625, 21/13=1.615, 34/21=1.619처럼 말이다. 이러한 비는 소수점 아래 여섯 번째 자리까지 고려하면 1.618034라는 값으로 근접한다. 그리스 인들에게 이것은 황금 분할로 알려져 있다. 이것은 $2/(\sqrt{5}-1)$와 같은 값을 가지는데, 흔히 ϕ(phi,파이)로 나타낸다. 여기서 $\sqrt{5}$는 5의 제곱근이다. 파이를 소수점 자리 수로 표현할 때는 다소 임의의 수처럼 보이지만 이것을 기하학적으로 해석하는, 간단하면서도 우아한 방법이 있다. 하나의 직선을 길이가 다른 두 부분으로 나눠서 짧은 부분에 대한 긴 부분의 비가 긴 부분에 대한 전체 길이의 비와 같아지게 하고 싶다 생각해 보자. (그림 6.5a 참조) 그러면 이러한 기준을 만족시키는 두 부분의 비가 ϕ이다. 또는 만약 직사각형 1개를 그리는데, 그 안을 정사각형 1개와 원래의 직사각형과 비율이 같은 더 작은 직사각형으로 나눌 수 있다고 하면, 두 변의 비는 ϕ와 동일해야 한다. (그림 6.5b 참조) 이러한 비는 그리스 인들이 보기에 아름답게 여겨졌고, 많은 사원, 꽃병 및 그 밖의 인공적인 유물의 치수에 근간이 되었다고 한다. (예리한 역사가들은 의심할지 모르지만 전해지는 바에 따르면 이 황금 비율이 파르테논 신전의 높이 비를 구성한다고 한다.) 황금 분할은 또한 로그 나선과 관련이 있는데(1장 참조), 피보나치수열의 연속적인 비율로 증가하는 일련의 직사각형의 끝을 통과한다. (그림 6.5c 참조) 황금 분할 비는 보통 π와 e 같은 자연의 '특별한' 숫자 중 하나로 취급된다.

황금 분할은 모든 종류의 수에 관한 기발함을 나타내며, 의심의 여지없이 매혹적인 숫자다.[29] 하지만 '자연의 기하학'과 미학에서 황금 분할의 중요성을 평가하는 데 있어서, 우리가 수비학(數秘學)의 심연에 이르는 문턱에 서 있다고 할 만큼 힘주어 말할 수 없다. 자연과 예술에서 황금비를 위해 만들어진 주장에는 끝이 없다. 오랫동안 계속된 생각이 있는데 예를 들면 완벽하게 균형 잡힌 인간의 몸은 배꼽의 높이에 대한 전체 키의 비가 ϕ와 동일하다는 것이다. 마찬가지로 얼굴의 특징 간에 다양한 비가 있듯이, 정면에서 볼 때 머리의 가로 대 세

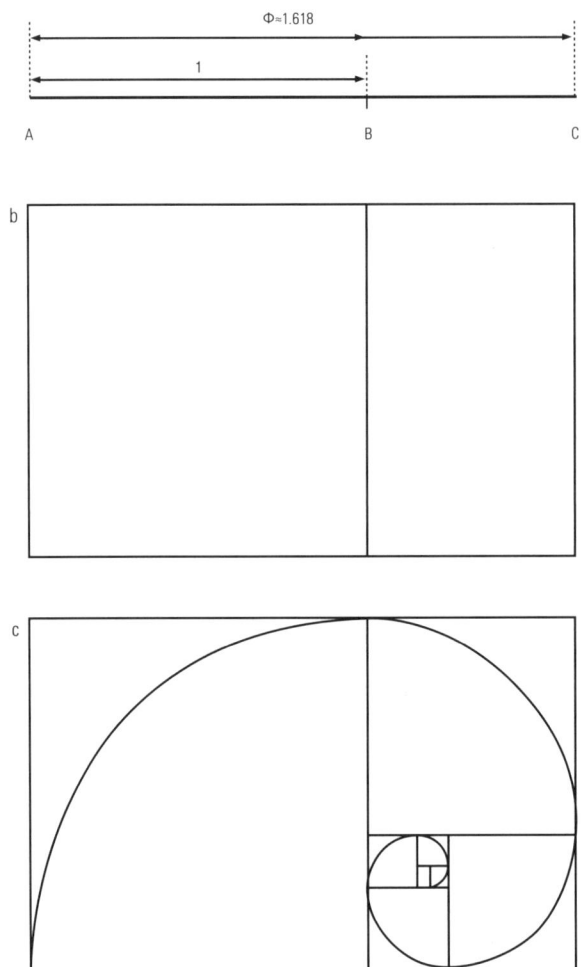

그림 6.5

(a) 직선과 (b) 직사각형을 나누는 황금 분할. 황금비를 갖는 직사각형으로 순환적으로 나눈 잇따른 사각형 안에 그려진 4분원(원의 4분의 1)은 (c) 로그 나선으로 근접한다.

로의 비가 황금비를 취하는 것으로 생각된다. 오늘날에는 인간의 몸이 제각각의 모양과 크기로 되어 있다는 사실은 두말하면 잔소리고, '황금' 비를 가진 사람이 더욱 매력적이거나 어떤 면에서 특권을 받았다고 여길 어떠한 이유도 없는 것 같다. 내가 황금파(Golden Sect)라고 부르기를 좋아하는, 과거와 현재의 엄청난 수비학자 무리들은 이런 점에서 그들의 주장을 뒷받침하기 위해 어떤 증거라도 포착한다. 어쩌면 그 열정은 한때 허리둘레가 21인치에 가슴둘레는 34인치였다고 전해지는, 미국의 영화배우 베로니카 레이크(Veronica Lake, 1922~1973년)의 신체 치수에 감명을 받아야 한다는 제안에서 여실히 드러난다.

분명한 것은 황금 분할도 피보나치수열도 예술에서 뜻밖에 나타나기는 해도, 이 생각의 가장 강력한 지지자 중 하나인 쿡이 우리를 설득하려 한 만큼은 아마 아니리라는 것이다. (그리스의 전설적인 조각가 페이디아스(Pheidias) 후에 황금 분할을 '파이'로 꼬리표를 붙인 사람이 바로 쿡이었다.) 이 생각을 뒷받침하는 모든 방식의 격자무늬를 옛 유적, 중세 성당의 도면, 르네상스 회화 작품에서 발견할 수 있다. 이들 격자무늬는 보통 수치적인 정밀도를 떨어뜨리는 두꺼운 선으로 그려져 있으며 배제된 다른 요소들보다 특별히 더 중요해 보이지 않는 구조적 요소를 연결한다. 이것이 바로 파르테논 신전에 대한 주장을 입증하는 것이 불가능한 이유이다. 예술사학자 마틴 켐프(Martin Kemp, 1937년~)에 따르면 "르네상스와 바로크 시대 예술가들이 그림을 그리며 그런 표면의 기하학적 배열을 사용했다는 증거는 없다." 만약 다빈치 코드가 있다면, 이것이 전부가 아니다. 황금 분할은 분명 버르토크 벨러 빅토르 야노시(Bartók Béla Viktor János, 1881~1945년) 같은 작곡가뿐만 아니라(버르토크는 악보에 대놓고 피보나치수열을 세우려했던 것처럼 보인다.) 후

안 그리스(Juan Gris, 1887~1927년)와 조르주 피에르 쇠라(Georges Pierre Seurat, 1859~1891년) 같은 후대 예술가들 사이에서 인기를 얻었다. (요한 제바스티안 바흐(Johann Sebastian Bach, 1685~1750년)가 「푸가의 기법(Art of Fugue)」에 피보나치수열을 암호화했다는 증거는 더욱 모호하다.) 그러나 예술가들이 이처럼 수비학에 빈번히 개입한다는 것은 ϕ가 그 같은 믿음의 자기 충족적인 본성을 나타내는 하나의 기호라기보다 어떤 우주적이며 신비적인 중요성이 있다는 또 다른 증거로 받아들여진다.

피보나치를 찾아서

대부분의 과학자들이 잎차례에 대한 설명을 적응이라는 블랙박스에 의존하지 않으며, 또한 복잡한 식물 유전학을 찾아보지 않고도 어떤 **'역학적인'** 과정에서 찾아야만 한다는 톰프슨의 생각에 동의한다. 대체로 그들은 이 도전을 액면 그대로 받아들이는 경향이 있으며, 제안되어 온 (그중 일부와 곧 마주할 것이다.) 다양한 설명은 그것들의 다양함처럼 독창적이며 도발적이다.

한편 최근 메릴랜드 대학교의 세포 생물학자 토드 쿡(Todd Cooke)은 신중하게 한 걸음 뒤로 물러나 대부분의 사람이 이미 그 답을 얻었다고 생각했던 순진한 질문을 했다. 잎차례에서 보이는 피보나치 수에 대한 증거가 도대체 무슨 유익함이 있을까? 작은 숫자를 다룰 때 피보나치 수와 우연히 일치하기는 너무 쉬워서 그 영향을 간과할 수 없다. 이것이 정확히 수비학이 작동하는 원리이다. 쿡은 다음과 같이 말한다.

숫자 2, 3, 5(와 그들의 배수)는 어떤 주어진 과정에 피보나치수열이 개입되어 있음을 나타내는 것으로 자주 일컬어진다. 왜냐면 이런 숫자가 다른 '비(非)피보나치 수'와 대조적인 독특한 피보나치 수를 표현하기 위해 취해졌기 때문이다. 이런 주장은 사람의 손가락이나 장미꽃의 꽃잎처럼 5개가 하나의 그룹으로 보이는 어떠한 구조도 피보나치수열의 발현으로 해석할 수 있게 된다. 하지만 처음 6개의 양의 정수들은 원(原)피보나치수열(primary Fibonacci series, 0, 1, 1, 2, 3, 5, 8, 13, …)의 원소이거나 배수들이다. 따라서 작은 그룹은 원피보나치수열과 무관한 것처럼 보이기 전에 최소한 7개의 단위로 구성되어야 한다.

21까지 숫자들을 고려해 보더라도 단지 4개의 숫자(7, 11, 17, 19)만이 피보나치 수나 그 배수가 아니다. 따라서 우리가 피보나치 수를 도처에서 보는 것이 전혀 놀랍지 않다! 사실 **모든** 양수를 어떤 점에서 피보나치수열의 일부로 볼 수 있다. 예를 들어 1과 1이 아닌 1과 4로 시작해서 그러한 수열을 만들 수 있다.

$$1, 4, 5, 9, 14, 23, \cdots$$

톰프슨이 지적한 대로 **모든** 이런 수열의 연속적인 비가 황금 분할, ϕ로 수렴하는 것을 인식하기 전에는 이것은 평범해 보일지 모른다. 그것을 믿지 않는다고 해 보자. 톰프슨이 말한 대로 "피보나치 수가 황금비와 어떤 **양립할 수 없는** 관계가 있다고 가정해서는 안 된다." 오히려 이 수(황금비)는 앞의 두 숫자를 더해 수열을 만드는 피보나치 **과정**을 더 유용하게 생각하는 데서 출현한다. 톰프슨에게 생물학에서 등장하는 피보나치수열의 신비는, 그것에 너무 오래 머물면 신비주의적인 피타고라스학파의 신봉자가 될 위험에 처한다는 데 있었다.

그러면 잎차례에 대한 논의에 피보나치수열과 황금 분할을 끌어들이는 것이 정당한가? 먼저 예를 들어 식물 줄기 주변에 나타나는 (꽃잎을 포함해서) 잎과 유사한 요소들의 수가 피보나치 수에 얼마나 설득력 있게 부합하는 경우인지 물어보자. 2, 3, 5개의 꽃잎을 가진 돌려나기 집합체는 꽃이 피는 모든 육지 식물(angiosperms, 속씨식물) 가운데 흔히 볼 수 있다. 장미와 작약 같은 미나리아재빗과의 꽃들은 전형적으로 5장의 꽃잎이 있는 반면, 백합은 3개 또는 6개를 갖는 경향이 있다. 이 수들이 피보나치 수(혹은 그것의 배수)일지라도 금방 언급했던 것을 고려해 볼 때 그 자체로 '피보나치' 성장 과정과 어떤 연관성을 내포하고 있다고 가정할 이유는 없다. 더 많은 꽃잎을 가진 꽃들의 경우 그 증거는 훨씬 더 설득력이 없어 보인다. 국화과의 식물들은 아마도 가장 큰 개화 식물군을 이루며, 여기에는 국화, 데이지, 아티초크, 해바라기 등을 포함하며, 종종 8, 13, 21, 34, 55, 89개의 꽃잎이나 작은 꽃을 갖고 있다고 한다. 하지만 쿡은 단순히 그의 집 뒤뜰에서 데이지 같은 다년생 삼잎국화(*Rudbeckia fulgida*)를 보았고, 10개와 15개 사이의 평균 12.8개의 꽃잎처럼 생긴 작은 꽃이 있는 것을 발견했다. 이것은 피보나치 수 13에 가깝다. 하지만 이 수가 유달리 특별한 경우라는 것을 강조하지 못한다. 또 쿡은 동네 꽃집에서 사 온 다양한 국화에서 작은 꽃들의 수가 20에서 36개에 걸쳐 있었고, 그 평균은 원래 피보나치수열의 어떤 수와도 특별히 가까워 보이지 않는 25.7개임을 발견했다.

식물이 정말 피보나치 과정의 지배를 받고 있는지 알아보기 위해 더욱 설득력 있는 검증은 아마도 하나의 줄기를 따라 잎과 유사한 특징을 가진 것들의 수가 어떻게 변하는지 살펴보는 것이다. 지금껏 보아 온 대로 돌려나기 잎차례를 보이는 식물은 줄기 위로 규칙적인 간

그림 6.6
쇠뜨기말의 돌려나기

격으로 순환하는 잎의 고리를 갖고 있다. 그리고 그것들이 형성되기 시작할 때 줄기가 얼마나 넓은지에 따라 돌려나기 집합체마다 잎의 수가 변한다. 쇠뜨기말(*Hippuris vulgaris*)이 그 전형적인 예이다. (그림 6.6 참조) 만약 이러한 돌려나기 집합체가 피보나치 과정으로 형성되고 있었다면 피보나치 수 또는 적어도 그 배수로 각 돌려나기 집합체에서 잎의 수가 될 것을 기대할 것이다. 그러나 히푸리스속에 속한 한 종에 관한 연구는 잎의 수가 단순히 하나씩 증가한다는 것을 보여 주었는데 즉 5, 6, 7, 8, 9개의 잎을 가진 돌려나기 집합체를 발견하게 된다. 게다가 이러한 숫자들은 돌려나기 집합체가 형성될 때 분열 조직의 지름과 단순히 관련이 있어 보인다. 줄기가 넓으면 넓을수록, 잎을 위한 공간은 더욱 커진다. 여기에 피보나치 수를 특별히 좋아할 이유는 없어 보인다.

그런데 나선형 잎차례는 어떨까? 주장해 온 대로 피보나치 수를 보여 줄까? 이 부분에서 좀 더 견고한 기초 위에 있는 것 같다. 예를 들어 후지타(T. Fujita)라는 이름의 한 식물학자는 1938년에 많은 속씨식물을 연구했고 나선형 잎 배열을 보여 주는 대다수 속씨식물이 (2,3)의 패턴을 따른다는 것을 발견했다. 나머지 중 대부분은 (1,2) 또는 (3,5)의 패턴을 가졌고 4개는 (5,6)의 패턴을 가지며 단 1개만 (8,13)의 배열을 가졌다.[30] 두상 꽃차례의 (식물학자들은 이것을 잎이 많은 식물 줄기의 생장순과 대조적으로 그 식물의 생식 기관을 포함하는 생식순으로 부른다.) 경우가 아마도 훨씬 더 설득력이 있다. (1,2)에서 (34,55)에 이르는 피보나치 나선 배열이 모두 발견된다. 가령 일본목련(*Magnolia obovata*)의 수술과 암술잎의 (13,21) 패턴처럼. (34,55)의 잎차례는 드문 특별한 경우인데 해바라기(*Heliathus annuus*)의 작은 꽃에서 발견된다. 사실 어떤 특별히 큰 해바라기는 (144,233) 패턴도 관찰되었다. (8,13)과 (13,21)의 피보나치 나선은 또한 파인애플 표면 조각들의 배열에서도 보인다.

게다가 이런 나선형 패턴이 변화를 겪을 때, 예를 들면 더 많이 성장한 식물이 더 큰 속도로 식물 줄기에 잎 원기가 발아해서 보통 하나의 피보나치 쌍에서 수열의 다음 수로 도약하게 되므로 쿡의 피보나치 테스트를 통과한다. 다시 말해 꽃잎 또는 돌려나기 집합체의 잎들이 가지는 피보나치 수에서 특별한 중요성을 찾는 것은 잘못일 수 있지만, 잎과 잎 유사 기관의 나선형 잎차례를 이끄는 성장 과정이 원피보나치수열을 선호하는 패턴 형성 메커니즘의 지배를 받는다고 생각하기에 충분한 이유가 있어 보인다. 그러면 그런 산술적인 메커니즘이 어떻게 생길까?

나선 만들기

1868년에 독일의 식물학자 빌헬름 호프마이스터(Wilhelm Hofmeister, 1824~1877년)는 각각의 새로운 원기가 앞선 원기가 남긴 가장 큰 간격에 대응하는 위치인, 줄기의 꼭지 경계에 주기적으로 나타난다고 제안했다. 원기는 마치 고체 결정 속의 원자들처럼 효과적으로 채우려고만 한다. 1904년에 영국의 식물학자 아서 해리 처치(Arthur Harry Church, 1865~1937년)는 『잎차례와 역학 법칙의 관계에 대하여(On the Relation of Phyllotaxis to Mechanical Laws)』라는 책에서 이 발상을 한층 더 발전시켰다. 다만 그의 주장이 명확하게 논의하지 않은 것을 반드시 짚고 넘어가야 하는데, 유체의 흐름에서 보이는 나선형 소용돌이와 자기(磁氣)를 모호하게 비교하며 일부 결론을 도출하고 '생명 에너지'와 전기 에너지의 유사성을 제시하기도 한다. 분명 처치는 과학자라기보다는 예술가에 가까웠다. 그의 식물학 삽화는 정말 아름답다. 하지만 잎차례 이론에 대하여 톰프슨은 "물리적 유사성(physical analogy)이 동떨어져 있어 그 추론을 따라갈 수 없다."라면서 당당하게 코웃음을 쳤다.

여느 때처럼 톰프슨은 그런 종류의 생물의 신비를 연구할 시간이 없었다. 하지만 나선형이 한 방향으로 성장하며 구성 요소를 질서 있게 채울(packing) 때 그것은 전적으로 예측할 수 있는 결과임을 지적했다. "벽돌공이 공장 굴뚝을 지을 때, 어떤 일정하고 질서 정연한 방식으로 벽돌을 한 장 한 장 놓는다. 이런 질서 있는 일련의 작업이 필연적으로 나선 패턴을 만들게 될지는 생각하지 못하면서 말이다." 그럼에도 호프마이스터와 처치는 새로운 잎이 분열 조직에서 어떻게 채워질 수 있는지가 잎차례와 관련이 있다는 아이디어를 세우는 데 일조했다. 이것의 중심 개념이 잎차례 현상에 대한 가장 현대적인 생각을 정의한다. 그 '채움' 논문은 1979년 뮌헨 공과 대학교의 헬무트 포겔(Helmut Vogel, 1929~1997년)이 수행한 컴퓨터 계산으로 분명하게 뒷받침되었다. 계산 결과 137.5도의 선호 각이 나선을 따라 연속적으로 원기를 배치할 때 결국 많이 낭비되는 공간 없이 최적의 채움을 가능하게 한다는 것이다.

이 각은 특별한 점이 있다. 앞에서 직선에 대해 만든 것과 같은 '황금' 구조를 원에 대해 만들어 보자. 원을 나눠 그 나눈 부분의 둘레(B)와 나머지 원 부분의 둘레(A)에 대한 비가, 나머지 원 부분의 둘레

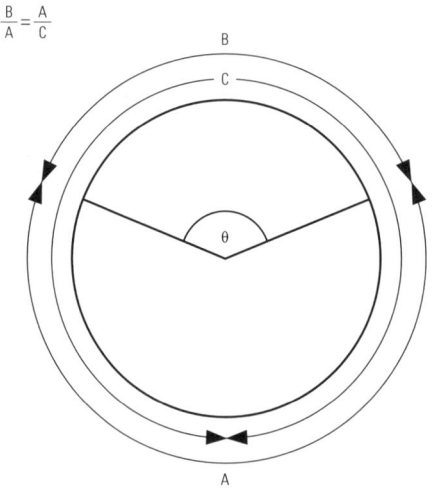

그림 6.7
황금 분할로 원주를 나누면 약 137.5도의 각도('황금각')를 훑는 호가 만들어진다.

(A)와 나누지 않은 원래 원의 원주(C)에 대한 비와 같게 해 보자. (그림 6.7 참조) 더 짧은 부분에 대한 각도는 (그것의 꼭지에서) 황금각으로 불린다. 이 각도를 알아맞혀 보라. 그 각이 바로 137.5도 이다.

가장 흔히 볼 수 있는 잎차례의 발산각(divergence angle)과 황금각의 일치를 수학자 루이 프랑수아 브라베(Louis François Bravais, 1801~1843년)와 오귀스트 브라베(Auguste Bravais, 1811~1863년) 형제가 1837년 처음 확인했다. 하지만 사실상 이미 언급한 피보나치 예측에 더해진 것이 없다. 잎들이 황금각으로 어긋나면서 줄기에 나선형을 그린다는 말은 이미 피보나치수열과 잎차례의 관계를 내포하고 있다. 만약 중심에서부터 측정한 각도가 137.5도로 나뉜 촘촘하게 감긴 나선을 골라내면, 사람 눈은 항상 결과적인 점들의 배열에서 2개의 대치된 나선형 세트를 보게 될 것이다. 각 세트에 속한 숫자들은 연속적인 피보나치 수에 대응된다. (이러한 숫자 쌍이 피보나치수열에서 얼마나 멀리까지 가는가는 발생 나선이 얼마나 촘촘한가에 달려 있다.) 이 사실을 1907년 네덜란드의 식물학자 게리트 반 이터슨(Gerrit van Iterson, 1878~1972년)이 지적했다. 그리고 수학자 이언 스튜어트(Ian Stewart, 1945년~)가 그의 책 『자연의 패턴(Nature's Numbers)』에서 알기 쉽게 설명했다. 스튜어트는 말한다. "모든 것은 연속적인 원기가 왜 황금각으로 나뉘는가를 설명하는 것으로 집약된다." "그러면 나머지 사실들도 설명이 된다."

비록 각도가 채움 효과로 설명될 수 있더라도 미스터리는 전혀 풀리지 않았다. 1982년 남아프리카에 있는 위트워터스랜드 대학교의 수학자 리들리(J. N. Ridley)는 포겔의 컴퓨터 모형으로 137.5도에서 약간 다른 발산각을 가지는 잎차례 나선을 만들었다. 그가 발견한 것은 각이 겨우 0.1도만 달라도, 결과적으로 나타나는 요소들의 채움은 그 패

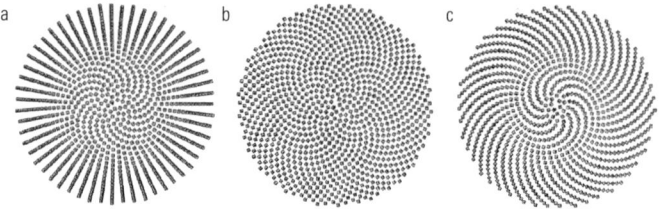

그림 6.8
약 137.5도의 황금각에서 발산각이 조금만 달라도, 잎차례 나선에서 사물의 채움은 다소 느슨한 배열로 빠르게 발전한다. 여기서 발산각은 각각 (a) 137.45도, (b) 황금각, (c) 137.92도이다.

턴이 점점 더 커지며 다소 엉성하고 낭비되는 공간이 증가한다는 것이다. (그림 6.8 참조) 하지만 쿡이 지적한 대로 이러한 정확도로 스스로를 조직화할 수 있는 생물학적 시스템을 상상하기는 어렵다. 그리고 사실 식물은 그렇게 하지 않는다. 나선형 잎차례를 갖는 잎들의 발산각은 식물마다 그리고 같은 식물에서도 잎마다 상당히 다르다. 흔한 우엉(*Xanthium pensylvanicum*)을 분석해 보면 그 각이 124도에서 150도까지의 범위를 갖는 것을 볼 수 있었다.

그렇다면 채움 효과는 잎차례에서 나타나는 피보나치 패턴을 충분히 설명할 수 없다. 황금각에서 수학적으로 매우 작은 편차가 피보나치 나선을 구성하는 쌍을 무너뜨리는데 반해, 실제 식물에서는 여전히 그것을 충분히 명확하게 볼 수 있다. 그래서 쿡은 잎차례 메커니즘이 다른 기준에 지배를 받아야만 한다고 제안한다. 하지만 그것은 정확히 최적 채움에 가까운 잎 배열을 일어나게 하는 것이다.

그러한 메커니즘이 무엇인지에 대해 여러 아이디어가 제안되었다. 가장 주목할 만한 아이디어 중 하나는 1992년 프랑스의 물리학자

스테판 두아디(Stephane Douady)와 이브 쿠더(Yves Couder)가 제안한 것이다. 그들은 식물학과 조금도 관련이 없어 보이는 실험을 수행했다. 먼저 기름의 얇은 막으로 덮인 원판 위에 작은 자기 유체 방울을 떨어뜨렸다. 그 방울들은 기름층 위에 떠 있었다. 이 실험 장치는 자기장 안에 놓여서 자기 방울이 극성을 띄게 하고 서로를 밀어내게 한다. 또한 이 연구자들은 원판의 중심보다 바깥쪽에 더 강한 수평 자기장을 걸어 주었다. 이것은 방울들을 가장자리를 향해 바깥쪽으로 밀어냈다. 따라서 방울이 하나씩 떨어지면서 방울들은 서로 반발하며 디스크의 가장자리로 밀려났다. 연구자들은 이것이 분열 조직의 끝에서 새로운 원기가 형성되는 것과 대략 유사하다고 주장했다. 각각의 원기는 그다음 형성될 원기 때문에 옮겨져 중심에서 벗어난다.

많은 식물학자들이 이것이 식물 생장을 특별히 잘 흉내 내는 것이라는 데 설득될 것 같지 않다. 하지만 놀라운 일이 일어났다. 방울이 충분히 빠른 속도로 유입될 때 방울은 바깥을 향해 움직이고 연속적인 방울이 137.5도에 가까운 각도로 벌어지면서 (1,2)에서 (13,21)의 범위를 가지는 피보나치 이중 나선 패턴을 형성했다. (그림 6.9 참조) 방울의 유입 속도가 더 낮아지면 연속적인 방울은 대신 마주나기 잎차례에 대응하는 패턴을 형성하며 180도로 벌어졌다. 이런 유사성을 토대로 잎차례에서 정확한 나선 패턴은 단순히 줄기의 신장 속도 대비 연속적인 원기의 발아 간격으로 결정된다. 성장하는 식물이 실제로 자기 방울이 아니라는 점을 제외하면 모든 것이 매우 좋다! 왜 원기는 서로 반발할까?

튜링으로 다시 돌아갈 때다. 앞서 살펴본 화학적인 튜링 구조가 갖는 패턴의 특징들은 (구성 요소들은) 서로를 피한다는 것이다. (사실상

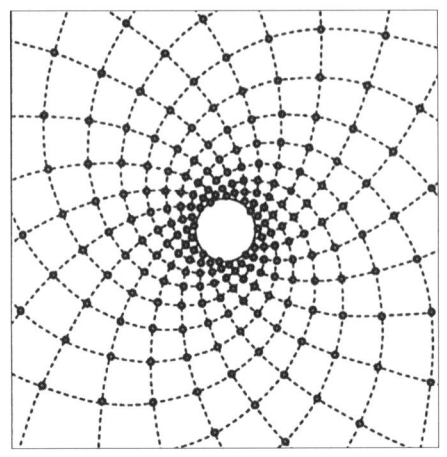

그림 6.9
서로 밀어내며 원형 접시의 중심에서 가장자리로 움직이는 자기 방울들은 잎차례에서 발견되는 것과 같은 종류의 나선을 그린다. 하지만 여기서는 분명 물리적인 힘만 작용한다.

서로 반발한다.) 이것은 튜링의 패턴 형성 메커니즘의 결정적인 부분을 구성하는 긴 범위 억제 때문이다. 같은 종류의 억제 효과가 잎차례의 원기 발아 과정 사이에 작용할 수 있을까?

튜링 자신도 그럴 수 있을지 의심했다. 그는 4장에서 보았던 형태 형성에 대한 그의 발상이 잎차례에서도 빛을 발할 수 있을지 오랜 기간 의심했다. 결국 잎차례는 단지 형태 형성의 특이한 수학적인 유형이다. 하여간 잎차례는 전시에 블레칠리 파크에서 암호 해독자로 일한 튜링을 매혹시켰다. 그래서 그가 근무 시간 외에 데이지와 솔방울을 연구한 기록이 남아 있다. 1951년에 튜링은 영국의 동물학자 존 재커리 영(John Zachary Young, 1907~1997년)에게 쓴 편지에서 이듬해 그의 고전적 논문에서 밝힐 형태 형성의 이론에 대해 다음과 같이 썼다. "제가 보기에는 잎차례에 대해 …… 만족스러운 설명을 줄 것입니다. 특히 피보나치수열이 개입되는 방식에 대해서 말입니다." 하지만 바로 그 논문에서 그는 감질나게 모호한 채로 그 주제를 남겨 두었다. 그는 자신의 이론이, 어떻게 줄기 또는 말미잘 같은 원통형 몸체의 원형 대칭성이 자발적으로 깨져 잎의 돌려나기 집합체와 꽃잎 또는 촉수의 나선을 형성하는지 설명할 수 있다고 말했지만, 그것이 패턴의 특징에서 어떤 특정한 수를 선호하지는 않는다. 그렇지만 튜링이 썼듯이 자연에서 "숫자 5는 매우 흔한 반면 숫자 7은 드물다." 튜링은 "필자의 견해로는 그러한 사실을 형태 형성소 이론의 토대 위에서 설명할 수 있을 것입니다 …… 하지만 여기서 그것을 자세히 고려할 수 없습니다."라고 덧붙이고 있다. 튜링이 약속했던 내용이 이후 논문에 등장한다. 하지만 「잎차례의 형태 형성소 이론(Morphogen theory of phyllotaxis)」이라는 제목의 이 논문은 그가 자살했을 때 여전히 초고 수준에 불과했다.[31]

튜링이 접근할 수 있었던 그 단계에, 잎차례의 억제 측면에 대한 매혹적인 증거가 있었기 때문에 그의 자살이 더욱 안타깝다. 1930년대 옥스퍼드 대학교의 식물학자 메리 스노(Mary Snow)와 로빈 스노(Robin Snow)는 새로운 잎의 원기가 형성되기 전에, 원뿔꼴의 분열 조직 측면에 최소한의 일정한 공간이 필요하다는 것을 보였다. 다시 말해 줄기의 꼭지가 충분히 자라났을 때만 새로운 싹이 그 아래 경사에서 나타날 수 있다는 것이다. 꼭지는 일정 거리 안에 있는 원기 형성을 **억제한다**. 이것은 억제 효과를 만드는 줄기 꼭지에 원기 형성과 관련된 어떤 확산하는 형태 형성소가 있을지 모른다고 암시한다.

1977년 영국의 식물학자 손리(J. H. M. Thornley)는 잎차례가 튜링의 이론 체계 내에서 **활성** 형태 형성소로 간주될 수 있는 것에 지배받을 것이라고 가정했다. 그는 그런 형태 형성 물질은 원기 형성이 시작될 수 있기 전에 어떤 문턱값 수준으로 줄기 꼭지에 축적되어야 한다고 제안했다. 사실 스노는 식물 호르몬 옥신을 포함한 풀(paste)을 루편(lupin, 콩과의 다년생 식물)의 분열 조직에 바를 때 새로운 잎의 싹이 성장하기 시작한다는 발견으로, 1930년대에 그런 후보 물질을 확인했다. 잎차례에 대한 이와 같은 조작은 심지어 십자 마주나기를(그림 6.1c 참조) 나선으로 바꾸는 등 패턴을 정성적으로 바꿀 수도 있다. 이후에 옥신을 방해하는, 예를 들면 식물 조직을 통한 옥신의 확산 속도를 늦추게 하는 다른 화학 화합물 또한 잎차례 패턴을 바꿀 수 있음이 밝혀졌다. 어쩌면 옥신은 원기 성장의 활성제이고 일부 흡입원에 의한 옥신의 고갈은 성장의 억제를 야기하는 것일까?[32]

이러한 발상을 유럽의 생물학자들로 구성된 한 연구팀이 2003년에 확인했다. 이들은 분열 조직의 바깥쪽 '표피'를 통해 옥신을 위로, 꼭지를 향해 수송하는 단백질로 잎차례가 조절된다는 사실을 보였다. 그들은 이미 존재하는 잎의 원기가 옥신을 흡수해서 근처에 새로운 싹의 형성을 억제하는 흡입구 역할을 하는 것을 발견했다. 하지만 이들이 내린 결론만으로는 새로운 원기는 항상 이전 원기와 가능한 멀리 떨어져 줄기의 맞은편에서 나타나는 마주나기 패턴을 선호할 것으로 보인다. 그렇다면 어떻게 나선형 발산각이 생기는 것일까?

이것이야말로 튜링이 본래 설명하려던 것처럼 보인다. 이제 마인하르트와 그의 동료 코흐가 대신 그 일을 해냈다. 그들이 제안한 반응-확산 모형은 특정 호르몬들이 줄기의 주어진 영역에서 원기 형성을 억제하는 억제제로 작용하고 줄기 끝이 충분히 성장하면 거기서 그 호르몬들의 농도가 문턱값 아래로 떨어진다. 일단 이런 긴 범위 억제가 충분히 약해지면 어떤 부분 활성제 분자들이 원기의 발아를 유도하기 위해 세포 증식을 일으킨다는 것이다.

이들의 모형에서 2차 활성-억제 메커니즘이 잇따른 원기 사이의

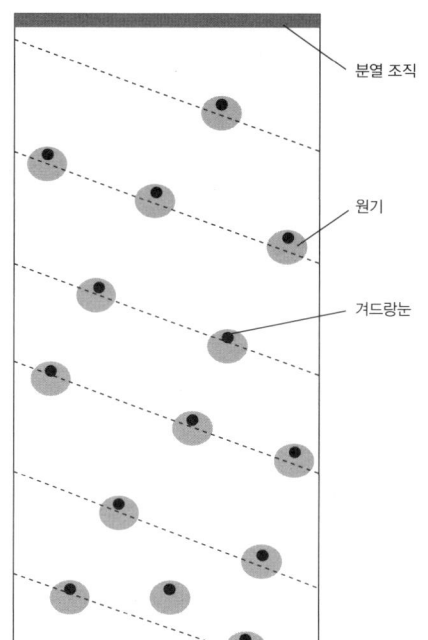

그림 6.10
나선형 잎차례는 원통형 식물 줄기의 패턴 형성에 관한 반응–확산 모형으로 생성될 수 있다. 여기서는 평평한 판에 펼친 모습이다. 원기의 나선형 순서는 점선으로 표시했다. 새 원기는 원통형 꼭대기에 위치한 분열 조직 아래에서 발생한다.

각도를 조절한다. 마인하르트와 코흐는 좁고 속이 빈 원통으로 모형화한 이상적인 식물의 줄기에서 발생하는 원기 패턴을 계산했다. 그들은 원기가 (2,3) 나선형 잎차례 패턴으로 줄기를 따라 위치하게 된다는 사실을 발견했다. (그림 6.10 참조) 마인하르트와 코흐는 몇 가지 단순하고 합리적인 가정으로 어떻게 세포들이 원기 주변에서 분화하는지 설명한다. 나아가서 실제 식물의 줄기에 합류하는 발생 중인 잎 바로 위의, 겨드랑눈(axillary bud)으로 불리는 작은 '2차' 구조의 형성도 설명할 수 있었다. 하지만 이 모형이 고차 피보나치 나선을 발생시킬 수 있는지 분명하지 않고, 또 그런 이중 활성-억제 과정이 식물에서 실제로 작동한다는 어떤 증거도 아직 없다. 이 모형은 반응-확산이 정말 그와 같은 일을 할 수 있다고 시사하지만 그것이 전부다.

압력을 받을 때

따라서 잎차례를 설명하는 튜링 메커니즘은 식물 생화학에 대해 우리가 아는 바에 따르면 꽤 그럴듯해 보인다. 그러나 튜링 메커니즘이 이 분야의 전부는 아니다. 일부 과학자들은 잎차례 패턴이 줄기 꼭지에서 '역학적'으로 형성될 수 있다고 생각한다. 미국 캘리포니아 스탠포드 대학교의 식물 생물학자인 자크 두마이스(Jacques Dumais)와 기계 공학자인 찰스 스틸(Charles Steele)은 2000년에 새로운 원기의 개시는 원기가 생장할 때 겪는 압축으로 인한 분열 조직 표면의 껍질(skin) 또는 외피(tunica)의 버클링(buckling, 좌굴, 돌출 변형, 우그러짐) 결과로 볼 수 있다는 제안을 했다. 외피는 줄기 꼭지에서 부드럽고 느적거리지만 가장자리로 향할수록 점점 단단해져서 새로운 성장이 그것을 변형시킬 때 버클링이 일어나기 쉽다. 이런 아이디어를 지지하며 미국 투손에 위치한 애리조나 대학교의 패트릭 다니엘 시프먼(Patrick Daniel Shipman)과 앨런 뉴웰(Allen Newell, 1927~1992년)은 버클링 현상이 그런 구조를 가진 간단한 껍질에서 어떻게 보일지 계산했다. 그들은 가장 낮은 에너지를 갖는 패턴, 즉 가장 쉽게 형성된 패턴에서 서로 교차하는 주름이, 외피를 피보나치 나선에 해당하는 위치에 자리한 일련의 작은 봉우리들로 나눈다는 사실을 발견했다. (그림 6.11a, c 참조) 어떤 환경에서는 버클링이 대신 십자 마주나기 패턴을 만들 수 있다. (그림 6.11b, d 참조)

중국 과학원(The Chinese Academy of Science)의 물리학자 카오 저시엔(Cao Zexian, 1966년~)과 동료들은 이렇게 응력(stress)으로 유도되는

그림 6.11
잎차례 패턴이 분열 조직을 탄성 껍질 혹은 탄성 외피로 보는 버클링 모형으로 재현될 수 있다. 여기서 보는 것은 (a) 선인장의 나선형과 (b) 십자 마주나기 패턴과 (c), (d) 그에 대응하는 버클링 모형으로 얻어진 구조이다.

피보나치 패턴 형성에 대한 놀랄 만한 시연을 했다. 그들은 실리콘 산화물로 코팅된 뜨거운 미세 은방울을 만들었고 이 은방울이 식을 때 그 딱딱한 껍데기에서 무슨 일이 일어나는지 관찰했다. 은으로 된 중심은 빠르게 수축하므로 껍데기는 압축되고 응력선이 생겼다. 이런 응력선으로 연결된 망은 껍데기 표면에 새로 생기는 보다 작은 구상체들이 응축하면서 나타나는데 왜냐하면 이렇게 더 작은 구조들은 높은 에너지 상태에 있는, 즉 응력을 받는 위치에서 더 쉽게 성장했기 때문이다. 거의 구에 가까운 방울에 대해 작은 구상체들은 규칙적인 6방 배열로 짜인다. 하지만 만약 방울이 약간 원뿔 모양이라면(식물 분열 조직과 다소 비슷하게) 구상체들은 (13,21)과 같은 피보나치 나선을 형성

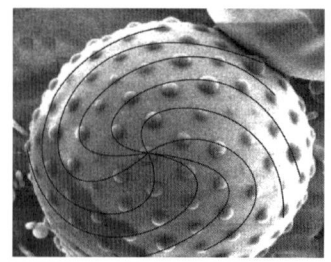 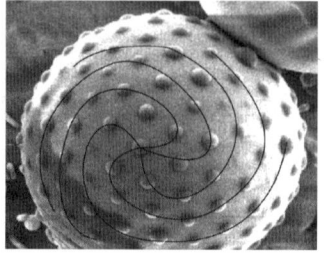

그림 6.12
잎차례에서 보는 것과 동일한 피보나치 나선 패턴이 소구체로 형성되는데 이 소구체들은 식물의 분열 조직처럼 보이는 둥근 끝을 가진 원뿔형 은방울을 코팅하는 실리콘 산화물 껍데기에서 형성된다. 여기서 패턴은 뜨거운 끝 부분이 식을 때 표면에 유도된 응력 때문에 생긴다. 응력은 소구체 형성을 선호하는 부위를 만든다. 여기서 보는 끝 부분은 (13,21)의 나선 패턴을 가진다.

하는 경향이 있었다. (그림 6.12 참조)

아직 잎차례 패턴을 가장 잘 설명하는 것이 튜링의 메커니즘인지 응력 메커니즘인지 분명하지 않다. 더욱 분명해 보이는 점은 성장하는 식물 조직에서 응력은 식물의 패턴 모양의 또 다른 측면, 즉 일부 잎과 꽃에서 보이는 엽상체 같은 주름을 좌우한다는 사실이다. 예를 들면 난초의 작은 꽃잎과 상추와 꽃양배추의 잎, 해초의 엽상체에서 발견할 수 있다. (그림 6.13a~b 참조) 나팔수선화에서 이런 주름은 꽃 중앙 나팔의 가장자리를 주름지게 한다. (그림 6.13c 참조) 이 물결 모양은 어디서 왔을까?

이것은 휴지통 안에 대는 한 장의 플라스틱 시트를 찢어 봄으로써 간단히 모사할 수 있다. (그림 6.14 참조) 여기서 패턴을 만드는 역학적인 과정은 매우 단순한데 반해 그 모양은 매우 복잡하다는 점이 매우 인상적이다. 사실 어떤 경우에는 배율이 커질수록 물결 위에 있는

그림 6.13

(a) 난초의 꽃잎, (b) 꽃양배추 잎, (c) 나팔수선화의 머리처럼 많은 식물 구조의 가장자리 부분은 물결 같은 모양의 잎으로 장식되어 있다.

물결 위의 물결 모양을 볼 수 있는데, 이런 패턴은 프랙탈(fractal)로 알려진 형태의 고유한 성질이며, 『가지』에서 살펴볼 것이다.

찢어진 플라스틱 시트에 물결 만들기는 이런 모양이 어디서 나오는지 알아내는 데 도움을 준다. 시트를 찢는 데 있어서 우선 시트를 잡아당겨 영구적으로 플라스틱을 변형시킨다. 뻗침(stretching)은 찢어진 가장자리 주위에서만 일어난다. 다른 곳에서 시트는 늘어나지 않는다. 이것은 늘어난 부분이 그 길이가 증가하는 동안 그냥 평평하게 있

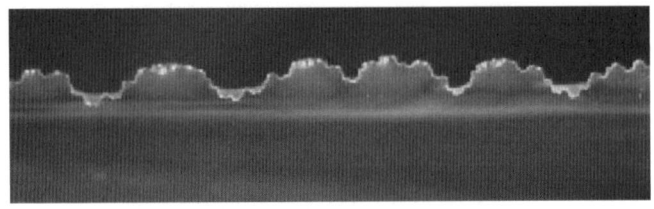

그림 6.14
찢긴 플라스틱의 주름은 여러 크기 척도에서 고유한 물결 구조가 있다.

을 수 없음을 의미한다. '더해진' 길이는 어떤 다른 방식, 즉 시트의 평평한 면이 바깥으로 돌출함으로써(버클링) 수용되어야 한다. 따라서 주름은 찢어진 영역에서 시트가 '너무 길어져' 제한된 공간의 끝과 끝을 부드럽게 맞추지 못할 때 일어나는 시트의 반응이다. 이것이 의미하는 바는 시트의 모양이 더 이상 작용하는 힘의 대칭성을 반영하지 않는다는 것이다. 단지 시트의 평면 위에 놓인 플라스틱을 잡아당겼지만 시트는 평면 **밖의** 비대칭적인 모양을 채택한다. 이런 점에서 이 과정은 다시금 대칭성 깨짐을 수반한다.

오스틴 텍사스 주립 대학교의 마이클 머더(Michael P. Marder)와 동료들은 잎과 꽃의 주름진 가장자리도 마찬가지로 식물 조직이 자신의 경계 안에 포함되기에는 '너무 길다고' 가정함으로써 이해할 수 있음을 보였다. 이것은 뻗침 그 자체에 기인하는 것은 아니며, 처음에는 단지 판판했던 구조의 서로 다른 부분에서 조직의 성장 속도가 불균일하기 때문이다. 머더 팀은 보통은 판판한 가지 잎의 가장자리를 따라 옥신을 투여해서 가장자리에 물결 모양을 유도할 수 있었다. 지금껏 본 바와 같이 옥신은 식물 성장을 조절하는 호르몬이다. 이 경우에 옥신은 단지 잎 조직의 성장 속도를 빠르게 했다. 며칠 후 처리된 잎들은

그림 6.15
옥신을 투여하면 정상적으로는 (가지의) 판판한 잎 가장자리에 주름이 유발된다. 옥신은 조직의 성장 속도를 바꾼다.

물결 모양의 가장자리를 발생시켰다. (그림 6.15 참조) 머더는 이렇게 말한다. "만약 잎이 굴곡져 있고 다소 복잡한 모양이라면 많은 잎의 가장자리에 주름이 **없는** 것이 (잎이 판판하기 위해 조직의 성장 속도를 어떻게든 조절한다는 사실이) 더욱 놀라울 것이다."라고. 이것은 유전적인 조절로, 즉 유전자가 성장 속도를 미세 조정하는 역할을 해서 잎의 일부분이 다른 부분을 앞지르지 않도록 하는 듯 보인다. 그렇다면 식물이 병에 걸렸다는 숨길 수 없는 증거는 주름진 잎이며 이것을 성장에 대한 정상적인 유전적 조절이 붕괴되었다는 신호로 보는 것은 당연하다고 하겠다.

머더와 동료들은 얇은 띠의 버클링 패턴이 무엇인지 계산했다. 한쪽 가장자리에서 다른 쪽 가장자리까지 총길이를 점차적으로 변화시키면서 얇고 길쭉한 조각의 버클링 패턴을 조사했다.[33] 이들은 계산으

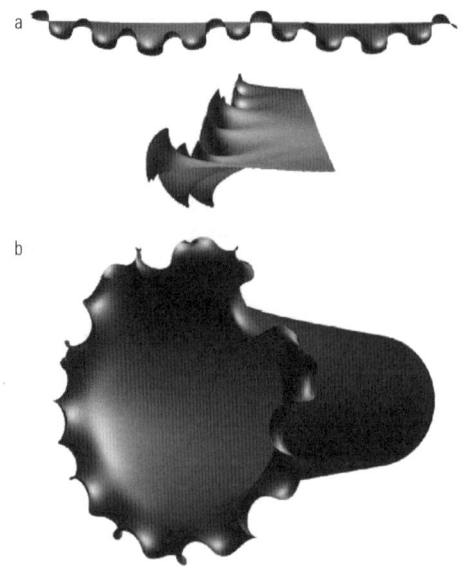

그림 6.16
(a) 얇고 긴 조각과 (b) 원뿔 탄성 시트의 가장자리에서 버클링 모형으로 예측한 물결 패턴. 후자는 나팔수선화의 머리와 닮았다.

로 얻은 물결 모양이 정말로 식물에서 보이는 계층적인 '물결 위 물결' 패턴을 보일 수 있음을 발견했다. (그림 6.16a 참조) 원기둥 가장자리에 적용하면 이러한 변형은 나팔수선화와 닮은 정교하면서 아름답기까지 한 패턴을 만든다. (그림 6.16b 참조)

생각건대 버클링은 또한 호박, 조롱박, 멜론, 토마토 등과 같은 과일과 야채 표면의 패턴 형성도 설명할 수 있을지 모른다. 이것들은 강하고 딱딱한 껍질에 부드럽고 연한 과육을 가두고 있다. 일부 과일은 성장할 때 단순히 풍선처럼 부푼 부드러운 표면을 가진다. 하지만 어떤 과일들은 표면을 조각들로 나누는 잎맥, 마루, 돌출부로 특징지어진다. 베이징의 카오 저시엔(Cao Zexian) 및 여러 사람들과 공동 연구를 하는 뉴욕 소재 컬럼비아 대학교의 첸 시(Chen Xi)에 따르면 이러한 모양은 버클링의 결과일 수 있다.

이것은 다른 강도(stiffness)를 가진 껍질과 핵으로 구성된 적층판에서 흔히 볼 수 있는 과정이다. 예를 들어 나무에 칠한 페인트 칠이 나무가 수축과 팽창을 반복하면서 우는 것을 생각해 보라. 이러한 과정은 조심스럽게 조절된 상태에서 인상적인 규칙성을 보이는 패턴을 만들 수 있다. (그림 6.18 참조)

챈 시와 동료들은 만약 버클링이 평평한 표면이 아닌 구나 타원체 표면에서 일어난다면 어떤 일이 일어날지 예측하기 위해 일련의 계산을 수행했다. 이들은 물체의 표면을 덮고 있는 얇고 딱딱한 껍질에서 잘 정의된, 대칭적인 주름 패턴을 발견했다. 이것은 세 가지 핵심 요인에 의존하는데, 즉 타원체의 너비에 대한 껍질 두께의 비율, 핵과 껍질의 강도 차이, 타원체의 모양(쉽게 말해 멜론이나 오이처럼 길쭉한지 혹은 호박처럼 넓적한지)이다.

계산 결과 과일과 비교할 만한 값에 대해서, 패턴은 일반적으로 갈비뼈 무늬(위에서 바닥까지 길게 늘어진 홈이 나 있는)거나 그물 무늬(골프

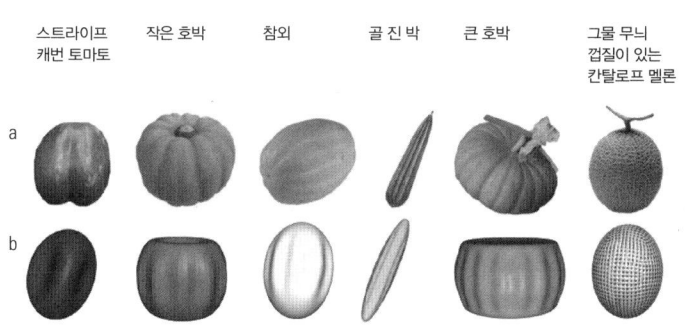

그림 6.17
(a) 많은 과일이 갈비뼈 모양의 몸체를 가진다. (b) 이것은 바깥 껍질의 역학적인 버클링으로 설명될 수 있는데 버클링은 타원체 껍질에 뚜렷한 패턴을 만든다.

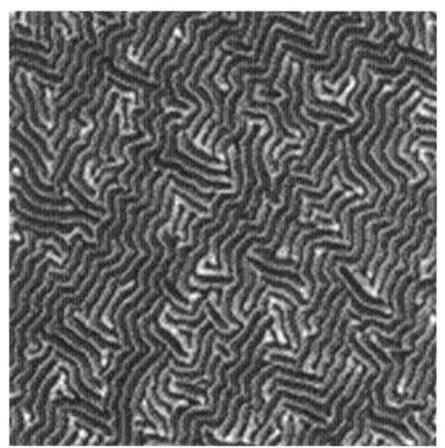

그림 6.18
아래 놓인 기판의 수축으로 압축된 유연한 필름에서 보이는 주름은 놀랄 만한 질서를 가질 수 있다. 여기서 보는 것은 고무 같은 고분자 판의 표면을 코팅한 얇은 금속 필름에서 나타나는 주름이다.

공처럼 오목하게 파인 홈의 규칙적인 배열로 나눠진)거나 혹은 드문 경우로 원주를 둘러싸는 줄무늬가 있다. (그림 6.19 참조) 조각난 돌출부를 가르는 갈비뼈 무늬의 잎맥은 특히 과일에서 흔히 보인다. 호박, 멜론, 비프스테이크 또는 스트라이프 캐번과 같은 다양한 토마토 등에서 찾아볼 수 있다. 계산은 이러한 과일 모양의 타원체가 정확히 같은 수의 잎맥을 가질 수 있음을 보여 준다. (그림 6.17b 참조)

예를 들면 참외의 10줄 잎맥 패턴에서 우리는 자연이 가장 선호하는 여러 가지 타원체의 모습을 발견하게 된다. 이것이 과일의 모양은 성장 중에도(정확한 타원체 모양이 변함에 따라) 꽤 안정적인 반면에, 비슷한 타원체 형태를 갖는 과일들에서 껍질 두께가 서로 다르면 각각 다른 특징들이 생기는 이유다.

첸 시는 같은 원리로 씨앗 꼬투리의 분절된 모양, 아몬드 같은 땅콩류의 굴곡, 나비 알의 주름, 심지어 코끼리의 피부와 코의 주름까지도 설명할 수 있을 것이라고 제안했다. 하지만 지금까지 이 발상은 준비 단계에 머물러 있다. 일례로 과일 조직의 역학적 작용은 계산 결과와 비교할 수 있을 정도로 충분히 정확하게 측정되지 않고 있다. 그리고 이론도 과일 껍질의 탄성에 대해 비현실적인 가정을 한다. 따라서 그의 제안은 검증되지 않은 암시적인 주장이다. 게다가 첸 시와 동료들은 이러한 모양이 만들어지는 데 있어서 어느 정도 미묘한 생물학적 요인들, 가령 식물의 서로 다른 부분의 서로 다른 성장 속도 또는 방향에 의존하는 조직의 강도 등의 영향을 배제할 수 없다고 했다. 하지만 그들은 역학적인 버클링 패턴이 대략 기본적인 모양을 제공하고 식물

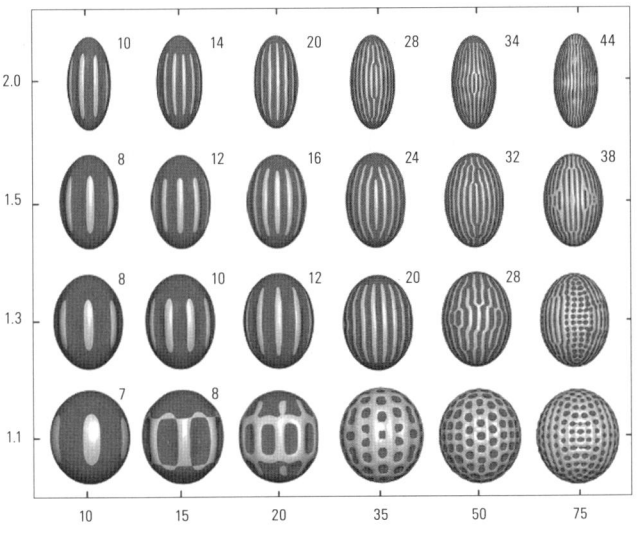

그림 6.19
타원체 껍질의 버클링 모양은 기하학적인 규칙성이 있다. 이 규칙은 길이와 너비의 비율(위에서부터 아래로 변하는)과 타원체의 지름 대 껍질 두께의 비율(왼쪽에서 오른쪽으로 변하는, 오른쪽이 껍질이 더 얇다.)에 의존한다. 각 모양 옆에 있는 숫자는 얼마나 많은 마루와 골이 있는지를 나타낸다.

은 이것을 변형한다고 주장한다. 이와 같이 이러한 패턴은 진화의 미세 조정에 어떤 의존도 하지 않으며, 단지 사막에 나타나는 물결 모양처럼 필연적일 수 있다.

이미 그림 6.18은 또 다른 친근한 패턴을 떠오르게 했을지 모르겠다. 물결 모양의 마루와 골이 손가락 끝의 그물 무늬를 떠오르게 하지 않는가? (그림 6.20 참조) 정말로 그렇다. 뉴웰은 이것 또한 연한 조직이 성장의 초기 단계에서 압축될 때 생기는 버클링의 결과로 볼 수 있다고 생각했다. 인간 태아가 발생한 후 약 10주에 접어들면 기저층으로 불리는 한 층의 피부가 바깥쪽 표피와 안쪽 진피의 두 층보다 더 빠르게 성장하기 시작해 그 사이에 끼게 된다. 이런 압착은 선택의 여지없이 그 층을 돌출시키고 마루를 형성하게 한다. 뉴웰과 동료 마이클 퀵켄(Michael Kücken)은 응력 패턴이 손가락 끝처럼 생긴 표면에 어떤 결과를 가져오는지 또 기저층은 응력을 최대한 해소하기 위해 어떻게 주름으로 솟아나는지를 알아보기 위한 계산을 수행했다.

버클링은 7주쯤 후에 태아의 손가락 끝 위치에서 성장하기 시작하는 볼라패드(volar pad)로 불리는 작은 혹 때문에 일어나고 유도된다. 볼라패드의 모양과 위치는 주로 유전적으로 정해지는 것처럼 보이는데 예를 들어 일란성 쌍둥이는 그것이 서로 비슷하다. 그러나 볼라패드가 만드는 버클링에는 우연의 요소가 있는데, 그것이 (특히 다른 것들 중에서도) 기저층이 갖는 약간의 비균일성에 의존하기 때문이다. 20세기 초 볼라패드를 연구한 미국의 해부학자 해럴드 커민스(Harold Cummins, 1894~1976년)는 볼라패드가 어떻게 전혀 예측할 수 없는 방식으로 주름 패턴에 영향을 주는지, 그리고 다른 보편적 패턴들과 상응하는지 다음과 같이 예견했다. "피부는 마루를 형성할 수 있는 능력이 있지만 이 마루들의 정렬은 바람이나 파도 때문에 휩쓸려 가는 모래가 정렬하는 것처럼 성장의 응력에 대한 반응과 같다." 뉴웰과 쿽켄은 볼라패드의 모양이 지문 패턴을 좌우한다는 것을 발견했다. 만약 볼라패드가 매우 둥글다면 버클링은 동심형의 나사선 또는 소용돌이를 만들고, 반면 납작하다면 아치형의 마루가 형성된다. (그림 6.20b, 그림 6.20c 참조) 둘 다 실제 지문에서 관찰된다.

자 여기서 다시, "여기에 물결 모양을 만들라."라고 말하는 어떤 종류의 유전적 부호화에도 의존하지 않고, 그 대신 톰프슨이 옹호할

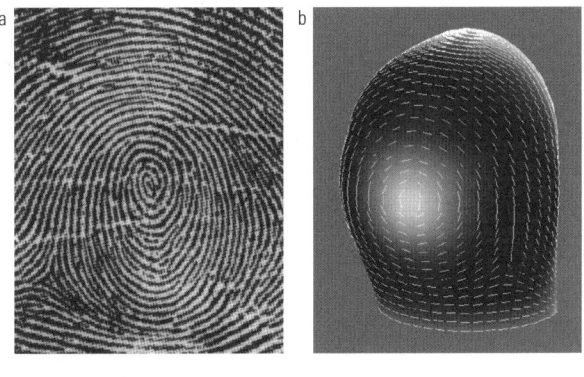

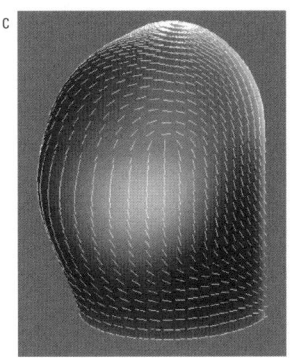

그림 6.20

(a) 지문 패턴은 손가락 끝 피부의 버클링 때문에 형성되는 것처럼 보인다. (b) 나선형 또는 (c) 아치형을 만드는 수학적 모형에서 보는 바와 같이 버클링 패턴(동심형이든지 또는 아치형이든지)은 분명히 볼라패드로 불리는 작은 혹들의 모양과 위치로 조절된다.

만한 과정인 일련의 물리적인 힘과 구속 조건에 대한 자발적인 반응으로 형성되는 패턴이 있다. 7장에서는 톰프슨의 논제를 넘어서 가장 중요하고 어려운 문제를 다룬다. 바로 "이런 자발적인 패턴 형성이 평범한 배아로부터 생명체 전체를 형성하는 데 과연 어디까지 영향을 미칠까?"하는 것이다.

배아의 전개: 생명 탄생의 패턴

이런 유전자는 형태 형성 물질의 기울기로
조절되는데 그것은 발달하는 배아를 격자로
나누고 그 격자 안에서 각 세포의 운명을 정한다.

7장

동물의 무늬와 잎차례에 관한 튜링의 고찰은 어떻게 균일한 공간이 자발적으로 대략 규칙적인 구조의 패턴이 되는가를 알아보는 이론의 자연스러운 귀결이었다. 한편으로는 (가장 초기 단계의) 훨씬 더 복잡한 형태의 발생을 설명하려는 튜링의 주된 목표에 따라오기 마련인 것이었다. 그는 다름 아닌 규칙성과 대칭성 그리고 보기에 임의의 형태가 섞여 있는 흥미로운 합체인 사람의 몸을 주목했음에 틀림없다. 순전히 기하학적으로 보면 사람의 몸은 특이하고 정체를 알 수 없는 대상이다. 규조류 껍데기의 결정 구조 같은 정밀성은 거의 없지만 무정형은 분명 아니다. 명백한 좌우 대칭성이 있으며 규칙성은 그것을 능가한다. 팔의 뼈 구조는 다리의 뼈 구조를 되풀이하는데, 각각은 일련의 5개가 완전히 같지는 않지만 거의 같은 손(발)가락으로 끝난다. 척추는 거의 동일한 마디로 나뉘어 있고, 갈비뼈는 여러 개의 버팀대로 된 선반이고, 머리카락은 같은 거리의 모낭에서 난다.

이것은 내가 앞서 패턴을 정의한 바에 따르면 사람의 몸에 **패턴**이 있음을 의미하는 것일까? 이에 대해 지나치게 의미론적으로 보지 말기로 하자. 적어도 규칙과 불규칙의 절묘한 균형이, 18세기 비교 동물학자부터 튜링과 같은 수학자에 걸친 과학자들을 붙잡은 사람의 형태가 가지는 매력에 기여했다고 분명히 말할 수 있다. 톰프슨은 "특이한 미적 쾌감으로, 어찌되었건 생물이 수학적인 규칙성에서 단단히 벗어나 있다."라고 간주하는 것은 생물학의 착오라고 생각했다. 비록 그런 일탈이야말로 생명의 보증서였지만 말이다. 그래도 그는 다음과 같이 인정하지 않고는 못 배겼다.

> 수학적인 용어로 어느 정도 정확하게 정의할 수 있고, 후에 계속해서 작용하는 힘의 관계로 설명하고 원인을 밝힐 수 있는 생물의 형태는 …… 자연의 거의 무한한 다양성과 비교했을 때 그 수가 극히 적다. …… 이런 저런 이유로 수학 용어로 설명할 수 없는 (아직도 명확히 정의되지 않은) 매우 많은 생물의 형태가 있다.

다시 말해 그것은 앵무조개 껍데기, 꽃자루, 또는 피낭동물의 이론을 개발하는 것이었다. 그런데 과연 톰프슨의 수학적 이론이 존재할 수 있을까?

톰프슨은 이렇게 명백히 수학적으로 다루기 힘든 복잡한 생물학적 형태의 문제를 해결하는 비상한 방법을 발견했다. 그는 서로 다른 물고기나 영장류의 두개골 모양처럼 비교될 만한 형태를 격자 위에 그린 다음 고무처럼 변형시켜서 서로 변환될 수 있는 것을 보였다. 그것은 동물학적으로 비교하기에는 매력적인 방법이지만 그 외에는 톰프슨 자신도 인정했듯이 서로 관련이 있는 종들은 단지 기관의 비율이 다를 뿐이라는 아리스토텔레스의 의견을 조금 더 정밀하게 표현하는 하나의 근사한 설명 도구일 뿐이었다. 톰프슨의 형태 본뜨기는 "왜 여러 종들은 이러한 특징을 공통적으로 공유할까? 이러한 형태는 어디서 왔고, 어떻게 진화의 시간이 흐르는 가운데 바뀌어서, 가령 물고기의 지느러미가 팔다리가 되고 더 나아가서 날개가 될까?"라는 핵심이 되는 근본적인 질문을 제기한다기보다 강조할 뿐이다.

비교적 최근까지도 생물학자들은 1930년대와 1940년대에 나온 이른바 유전학과 진화의 현대 종합설에 그 답이 있다고 생각했다. 어떤 종의 유전자 성질의 작은 무작위 변화는 물리적인 특성에 작은 변이를 가져왔으며, 그러한 토대 위에서 선택압은 유리한 돌연변이를 증폭시키는 역할을 한다는 것이다. 정확히 어떻게 유전자가 맨 처음에 그러한 특성을 만드는지에 대한 질문은 거의 전부 미해결로 남아 있지만, 유전학자와 분자 생물학자들은 때가 되면 답을 찾아낼 사소한 문제쯤으로 치부한다.

이제 우리는 그 원인이 되는 메커니즘(생명체를 만드는 유전 기계의 활동 방식)에 대한 사안이 전혀 사소하지 않다는 사실을 알고 있다. 1980년대 중반 이후의 발견은 현대 종합설이 어떤 측면에서 완전히 틀리지 않았다면 지나치게 단순화되었고, 생물학적 모양과 형태를 만드는 형태 형성 유전학은 이전의 추측보다 훨씬 더 주목할 만한 것임을 드러냈다.

튜링의 가설이 생체 분자와 생물학적 형태 사이에 빠진 연결 고리를 제공한다고 말할 수 있으면 만족스러울 것이다. 형태 형성에 대한 일부 현대적 설명은 그런 인상을 주는 듯하다. 하지만 그건 사실이 아니다. 이미 봐 온 대로 튜링의 이론은 의심의 여지없이 발생 생물학에서 한자리를 차지하지만, 그것이 그가 희망했던 배아 발생에서 형태의 출현을 이해하는 관건은 아니다. 그래도 튜링 이론의 일부 요소는 굉장한 선견지명이 있는 것으로 입증되었다. 또한 형태 형성에 대한 그 새로운 이해는 패턴 형성과 대칭성 깨짐의 질문에 주의를 환기시킨다고 말할 수 있다. 우리 몸은 정확히 자발적으로 머리부터 발끝까지, 한 덩어리의 마노 또는 나아가서 표범의 가죽이 따르는 방식으로 패턴을 만들지 않는다. 더구나 처음부터 각 세포에 위치와 기능을 부여하는 명령에 따라 만들지도 않는다. 그 대신 우리의 몸은 (놀랍게도 거의 정확하다는 점에서) 각각의 나비 날개에서 이미 접했던, 예정된 것과 우발적인 것의 섬세한 조합인 일종의 도구 상자 패턴의 한 예다.

무엇이 먼저일까?

물론 모든 생물이 자라며 다양하게 구체화 혹은 마무리되어서, 한참 젊을 때의 자기 자신이 커진 형태로 자라지는 않는다. 나비의 경우 무수한 어린이 동화 속에서 찬사를 받지만 성충이 유충과 거의 어떤 유사성도 없다는 사실이 아이들에게 얼마나 당혹스러울까?[34] 『자연 신학』에서 페일리는 바로 이 수수께끼에 대해 지적했다. 생명은 새 것이 이전 것과 관련이 있는 조직을 전달하기 위해 존재한다고 제안한 후 그는 다음의 내용을 인정한다.

특히 곤충의 분화 과정에서 이와 다른 경우가 있는데, 이 경우 잠복기의 조직은 그것을 에워싼 조직을 크게 닮지 않으며, 그 에워싼 몸이 놓인 곳의 상황에는 덜 적합하지만 그것이 처하게 될 다른 상황에는 적합하다. 물속에서 지속적으로 지내고, 그래도 오래 사는 대모잠자리의 애벌레에서, 2년 후 공기 중에 모습을 드러낼 잠자리의 날개를 발견한다.

페일리에게 이것은 단지 신의 예지하심과 "물질의 성질의 일부를 주조하고 만드는, 그래서 무엇이든지 그가 기뻐하시는 대로 정한 것을 성취하실 수 있는" 능력을 보여 주는 한 예였다. 이것은 가능하지만 불필요한 가설이며 과학과는 아무 관계가 없다. 유전학의 출현으로 이런 질문이 명확해졌는데 왜냐하면 애벌레에서 자라서 애벌레와 같은 유전자가 있는 나비가 어떻게 그렇게 완전히 다른 신체 형성 계획을 획득하는지 설명을 요구하기 때문이다.

18세기에는 '어떻게 아기가 배아에서부터 성장하는가?'라는 물음에 아무도 난처해하지 않았는데 왜냐하면 (가끔 예외가 있지만) 생명체가 성체의 축소판으로 시작하지만 성체의 모든 것이 온전히 형성되어 있고 단지 점점 커진다고 생각했기 때문이다. 사람은 자궁 안에 아주 작은 태아에서부터 자라는데, 태아는 (비록 볼 수 없더라도) 발달하는 팔, 다리, 눈, 손이 있다고 생각했다. 이런 생각이 가진 문제는 그것이 무한한 회귀를 수반하는 것인데, 즉 모양이 없는 배아가 어떤 단계에 이르러 패턴을 형성한다는 것을 받아들일 준비가 되어있지 않다면, 여자 태아는 그 작은 난소에 훨씬 더 작은 태아를 갖고 있으며 나가서 모든 미래 세대의 태아를 갖고 있다고 생각해야 할 것이다.

이런 '전성설(preformation)' 개념은 조롱받기 쉽지만, 미국의 생물학자 스티븐 제이 굴드(Stephen Jay Gould, 1941~2002년)가 지적하기를, 그것을 희화화로 단정하지 않는 한, 왜 그것이 18세기 과학자들에게 그럴듯하게 보였는지 타당한 이유가 충분히 있다고 했다. 또한 적어도 전성설은 형태에 대한 기계론적 해석을 제공하는 반면, 그 대안은 모양이 없는 생물에서 형태를 만드는 자연의 어떤 형태 형성론적인 힘에 호소하는 준신비주의처럼 보인다. 이런 관점에서 보자면 배아는 성숙한 생명체가 되면서 점차로 발현하게 될 보이지 않는 패턴을 갖고 있다.

이런 생각은 헤켈의 형태론의 지적인 토대가 되는 독일 낭만주의의 자연 철학과 잘 들어맞는다. 기억할지 모르겠지만 헤켈은 "고등" 생물의 배아 발생은 그것의 진화 역사를 (하등 생물은 "머물러 있는" 형태를 배아가 지나가면서) 되풀이한다고 제안했다. 18세기 프랑스 철학자 장밥티스트르네 로비네(Jean-Baptiste-René Robinet, 1735~1820년)는 그런 간단한 동물을 "사람을 만들기 위해 학습하는 자연의 도제(apprenticeship)"로 묘사하면서 설득력과 깊이가 있게 표현했다. 비록 "개체 발생이 계통 발생을 반복한다."라는 헤켈의 말이 이런 생각을 가장 분명히 드러내면서 영향력을 끼친 말이 되었지만 이것은 그 일부가 괴테로 거슬러 올라가는 독일 자연 철학의 피할 수 없는 결론이었다. 확실히 헤켈은 단지 한 오래된 생각을 세련되게 하고 있었다. 이 생각은 자연의 단일성에 대한 낭만주의적 신념에서 유래하는데, 이것에 따르면 사람은 다른 동물뿐 아니라 식물과 광물과도 연결된다. 이런 이미지는 오늘날 다시 크게 유행하고 있는데 비록 자연 철학의 다른 가정, 즉 인류가 가장 높은 위치에서 자연이 가진 창조적인 잠재력의 결정론적 목표임을 나타내는 생물의 계층 구조에는 더욱 불편해 하지만 말이다. 그런 신념이 있다면, 왜 헤켈과 그와 동시대를 살았던 사람들이 인류 **안에서도** 그러한 계층 구조를 부여하는 것을 정당하다고 생각했는지 어렵지 않게 알 수 있다. 이런 점에서 그들은 결코 고독하지 않았으며 너무 가혹하게 이들을 정죄한다면 몰역사적인 사람이 될 위험을 무릅써야 한다. 그러나 헤켈은 이제껏 살펴본 대로 대부분의 사람들보다 더 많이 나갔고, '진화론적 인종 차별주의'로 정당하게 비난받고 있다.

혹자는 헤켈의 유명한 '생물 발생 법칙(또는 계통 발생설)'이 실제로 아무것도 설명하지 않으면서, 단지 거의 이해되지 않은 과정들이 서로 닮았다고 주장한다고 생각할지 모르겠다. 그러나 헤켈 자신은 그것을 하나의 발생 기전으로 보았다. 그는 "계통 발생은 개체 발생의 역학적 원인이다."라고 썼다. 이 주장은 무엇을 의미할까? 헤켈을 역사 결정론자로 보는 입장이 있지만 그는 노골적인 생기론자는 아니다. 그는 어떻게 생물이 형태를 갖는가 하는 설명의 어딘가에서 분자 생리학이 역할을 해야 할 것으로 이해했다. 그리고 실제로 1866년에 그는 다음과 같이 기록했다.

> 계통 발생은 …… 생리학적 과정이다. 생물의 모든 생리적 기능이 그러하듯 그것은 역학적인 요인 때문에 절대적인 필요성과 함께 결정된다. 이런 요인들에는 유기물을 구성하는 원자와 분자의 운동이 있다. …… 계통 발생은 따라서 어떤 지능 있는 창조자가 예정한 의도된 결과도, 또 어떤 알 수 없는 자연의 신비적인 힘이 만든 것도 아니라, 다만 단순하고 필요한 여러 물리적, 화학적 과정의 …… 작용이다.

톰프슨이 이렇게 대단히 합리적인 주장에 많이 트집을 잡았으리라고 상상하기 어렵다. 그러나 이것은 헤켈이 무언가를 마음에 두고 있다고 예상하게 하는데, '원자와 분자'가 스스로 배열되어 사람을 만드는 어떤 과정 말이다. 그랬다면 그는 결코 그것이 무엇인지 드러내지 못한 것이다. 그렇기는커녕 오히려 그는 단지 같은 음을 반복해 연주했는데, 굴드는 이렇게 적었다. "인기 있는 그의 모든 연구에서 이런 주제가 정열적이면서 집요하게 다뤄지고 있는데, 깊이를 더해간다기보다 순전히 반복으로 동의를 강요한다." 다윈은 계통 발생 메커니즘을 설명하며 늘 "아마도 나는 그를 잘못 이해했다. …… 다윈의 견해는 나에게 어느 것도 더 명확히 해 주지 못하지만 이것은 아마도 나의 잘못일 것이다."라고 너그러이 고백하는 헤켈에 실망했던 사람들 중 하나였다.

물론 다윈도 진화를 설명하는 분자 메커니즘은 없었지만 그는 언제든지 그 부족함을 인정할 수 있었다. 헤켈은 과학자들이 '원자와 분자 운동'에 대한 그의 막연한 의견에 만족해야 한다고 생각한 것처럼 보였고, 배아의 모양과 형태의 진정한 역학적 기원을 찾는 사람들에게 비난을 쏟아 부었다. 헤켈의 가장 혹독한 비평가 중 하나인 독일의 생물학자 빌헬름 히스(Wilhelm His, 1831~1904년)는 생물의 발생 법칙 그 자체는 무엇에도 대답을 하지 못한다는 타당한 이유로 불평했다. "잇따른 일련의 형태에 정말 (이것은 반복해서 강조되고 있는 것이 틀림없지만) 아무 설명이 없다." 한편 히스는 못마땅한 듯 다음과 같이 말했다. 과거의 "작가들은 모든 자연의 세부 사항에서 세상의 창조자의 의도를 아는 체했고, 현대의 과학자들은 이따금 일어나는 모든 관찰에서 인류 역사의 단편을 끄집어내려는 열망이 있다."

히스는 배아 모양의 근인적, 역학적 원인을 찾는 일을 톰프슨보다 먼저 착수했다. 그는 조직 성장의 속도 차이가 물리적 압력을 만들고,

이전 장에서 설명했던 잎, 꽃잎, 손가락 끝의 경우처럼, 탄성이 있는 박판의 돌출 변형과 접힘을 가져온다고 주장했다. 그는 배아 기관과 변형된 고무관 사이의 유사점을 이끌어 냈다. 따라서 유전은 조직 성장의 차이를 설명할 수 있는 반면, 그 형태학적 결과는 단지 역학의 문제라는 것이다. 헤켈은 히스의 이론을 경멸했는데 그것에서 어떤 실제적인 결함을 찾을 수 있었기 때문이 아니라 (그의 생각에) 그것은 계통 발생을 무시했으므로 분명 잘못되었고 공학과 같이 저급한 데가 있었기 때문이었다. "그는 건설적인 자연을 일종의 숙련된 재봉사로 상상한다."라고 헤켈은 빈정댔다. "창의적인 조작자는 배아층을 다른 방식으로 자르고, 구부리고, 접고, 잡아당기고, 나눔으로써 모든 다양한 형태의 생물을 …… 성공적으로 생겨나게 한다." 이것은 "발생학의 재봉 이론이다."라고 그는 결론지었다.

이런 논쟁에 보다 폭넓은 교훈이 있다. 지금까지 살펴보면 진짜 논쟁은 분명 과학을 하는 접근 방식에 있다는 생각이 들기 때문이다. 사물 간의 관계에서 큰 그림을 찾는 사람들과 세부 사항이 완전히 이해될 때까지 만족하지 못하는 사람들이 있다. 전자는 **어떻게** 정확히 이 일이 다른 일을 가져오는지에 관한 환원주의자의 질문을 깔보는 경향이 있다. 그들은 전체 캔버스를 설계하고 세부 사항을 채우는 일은 견습생과 점원들에게 맡긴다. 후자는 기술자처럼 생각하는데 벽돌을 한 장 한 장 쌓아 올리지 않는 한 전체 건물이 세워질 것이라고 확신하지 못한다. 과학은 이 두 유형 모두 필요하지만 각각의 결점이 방해가 될 수 있다. 헤켈처럼 원대한 비전은 더 많은 연구를 자극하는 질문을 만들고 과학이 작은 사실들의 뒤범벅으로 조각나는 것을 막는 일종의 뼈대(비록 일시적이거나 불안정하더라도)를 제공한다. 그러나 옳은 길을 간다고 확신할 수 있는 것은 세부 사항에 주의를 기울일 때뿐이다. 물론 다윈은 원대한 비전을 가진 사람이었고, 그런 사람을 자주 괴롭히는 독단적인 확실성에 저항할 수 있었다. 톰프슨은 손으로 짜 맞춘 일반화를 경계하고 역학적 요인의 필요성을 고집한 공학자였다.

어떤 경우에도 헤켈의 생물 발생 법칙은 옳지 않은데, 성장하는 사람의 배아가 전 진화 역사에 걸친 인간 조상들의 다 자란 성인의 형태와 어떤 직접적인 관련이 있는 단계를 통과한다고 생각할 근거는 없고, 지금은 실제로 그런 생각을 부인할 엄청나게 많은 근거가 있다. 헤켈 당대에 계통 발생과 생리학적 배경에 근거한 이론들은 모두 많은 반대가 제기되었지만, 그 어느 것도 결정적으로 받아들여지지 않았고, 헤켈의 생물 발생설은 적어도 30년 동안 널리 받아들여지게 되었다. 한편 굴드는 헤켈 법칙의 종말은 그것이 가진 진정한 과학적 문제를 제기했던 유전학의 출현보다 발생학자들이 유추, 비교, 일반화에 의지하는 대신 실험적인 관점에서 형태 형성과 발생의 문제를 살펴보는 데 더 관심이 있게 된 과학 사조의 부침에 보다 많이 기인한다고 주장한다.

그럼에도 곰곰이 생각해 볼 가치가 있는 헤켈 비평의 한 측면이 있다. 헤켈은 우리가 이 책의 시작 부분에서 봤던 것처럼 주장을 뒷받침 하는 시각 자료에 큰 중요성을 두었다. 그는 과학자들이 그때도 그랬고 지금도 그런 것처럼, 그림을 단지 그의 생각을 지지하는 증거로만 이용하지 않았다. 그 대신 그는 자기의 주장이 시각적 용어로 표현될 수 있다고 생각했다. 생물 발생 법칙의 정당성을 입증하기 위해 그는 다양한 생물의 배아 단계를 서로 나란히 보여 주어 그들의 초기 유사성을 나타내고자 했다. (그림 7.1 참조) 이 삽화들은 헤켈 자신 및 다른 사람들의 현미경 관찰을 통해 만들어진 것이다. 그러나 히스를 포함한 헤켈에 대한 비평가들은 그가 유사성을 강조하기 위해 이 그림들을 왜곡했다고 비난했다. 오늘날 과학자들에게 이것은 데이터를 조작하는 이단자처럼 보이며 그림은 실제로 보일 수 있는 부분을 수정 또는 삭제했다고 생각하는 이들과 함께, 헤켈을 매우 좋지 않은 평가를 받게 할 것 같다. 어떤 사람들은 그를 변호하며 그 그림은 단지 계획도를 의미하며, 그 점에서 관찰자가 보려고 하는 부분을 강조하는 다른 과학적 그림과 전혀 다를 바 없다고 제안한다. 게다가 당시 과학자들

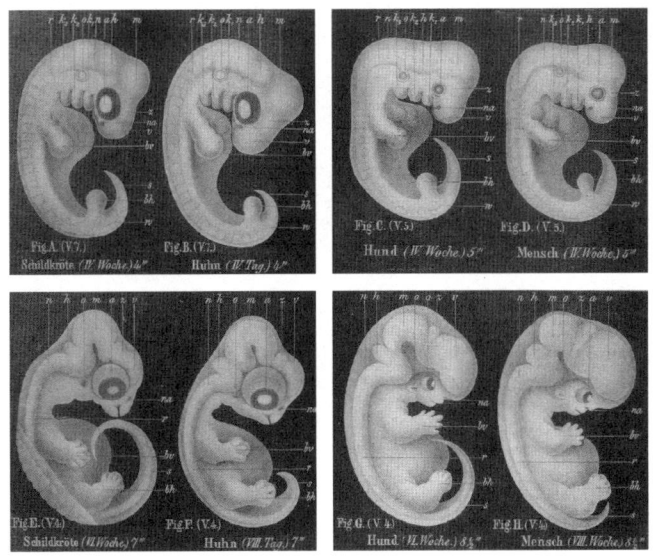

그림 7.1
헤켈은 그의 '생물 발생 법칙(배아 발생이 진화 역사를 되풀이한다는 생각)'의
근거를 그의 책 『창조의 자연사(Natural Hsitory of Creation)』(1870년)에서 보여
주듯이 배아 발생의 초기 단계에서 추정되는 다양한 종들 사이의 유사성에
두고 있다. 나중에 그의 그림의 진실성이 의심받는다.

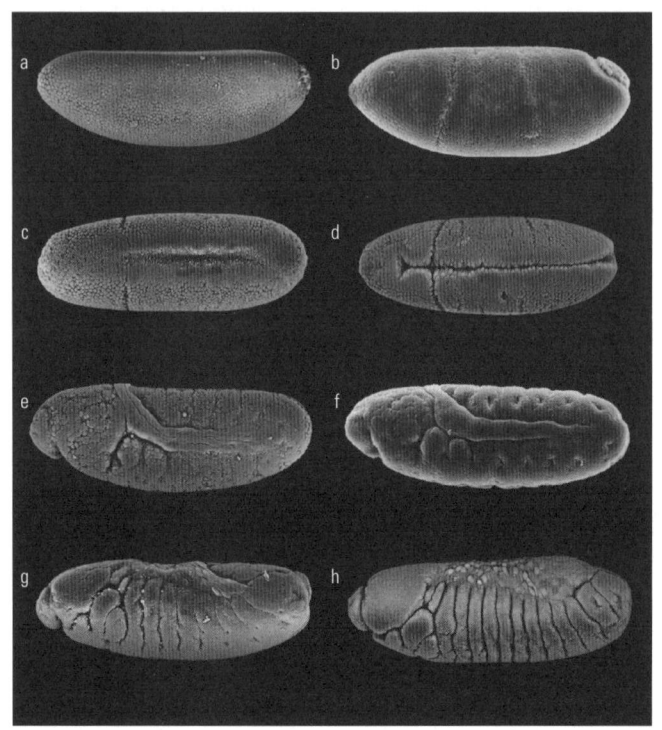

그림 7.2
초파리 배아는 체절의 구획이 되는 홈을 만든다. 여기서 순서는 단지 12시간을 보여 준다.

은 시각적 데이터를 약간 '정돈하는 것'을 그렇게까지 금하지 않았다. (히스도 일부 그림이 단정치 못해서 비난을 받았다.)

어떤 이는 그런 방어에 대해 자연주의 그림 스타일이 독자들에게 너무 문자 그대로 해석하지 않도록 하는 주의를 적게 준다는 비난으로 받아칠 수 있을 것이다. 그러나 그것도 넘어서, 정말 더욱 고의적인 조작으로 보이는 흔적이 있다. 예를 들면 헤켈이 동물학자 리하르트 볼프강 세몬(Richard Wolfgang Semon, 1859~1918년)이 1894년에 그린 삽화에 기초해 바늘두더지의 배아 발생을 그렸을 때 그는 초기 단계에서 팔다리를 제거해 다음과 같이 주장할 수 있었다. "이 발생 단계에서는 아직 팔다리 또는 사지를 볼 수 없다. …… (이것은) 더 오래된 척추동물은 발이 없음을 드러낸다."

헤켈의 데이터 조작을 어느 정도까지 과학적 사기로 간주해야 하는가는 오늘날까지 여전히 논쟁 가운데 있다. 하지만 생물 발생 법칙의 시각적 증거를 보이기 위해 그가 택한 방법 때문에 우리가 『자연의 예술적 형태(Art Forms in Nature)』에서 그린 자연 세계의 대칭성과 질서의 표현에 대해 좀 더 신중해야 한다는 사실은 분명하다.

배아의 줄무늬

배아의 발달은 이제 현대의 현미경으로 모호함 없이 자세히 살펴볼 수 있다. 그것은 체계적이고 예측 가능한 과정인데, 처음 특색 없이 단조로운 공 모양의 세포가 점차 홈과 다른 구조들로 나눠져서 마침내 체제의 기초가 나타나기 시작한다. 배아 발생은 특히 초파리 종인 노랑초파리(Drosophila melanogaster)에서 잘 연구되었다. 노랑초파리가 인간의 배아 발달에 직접 관련이 있다고 할 정도로 충분히 복잡하지만 또한 충분히 간단하고 실험실에서 조사하기에 적당히 짧은 수명을 가졌기 때문이다. 배아 성장의 첫 한나절 동안 달걀 모양의 배아의 장축과 나란히 그리고 수직인 방향으로 홈이 파여 나중에 체절(體節)이 될 구조를 만드는 것을 볼 수 있다. (그림 7.2 참조) 다시 말해 성체 파리의 형태는 단지 매끄러운 배아의 대략적인 윤곽에서 출현하지 않는다. 대신 그 대칭성이 점점 깨진다. 형태 형성은 점진적인 구체화의 문제이며 초기 단계에는 최종 종착지에 대해 몇 가지 단서만을 제공하는 것처럼 보인다.

그러나 이와 같은 현미경 이미지는 단지 이야기의 일부분만을 말한다. 조직이 접히고 홈이 파인다는 점에서 그것들의 발현을 보기 훨씬 전에 형성되는 패턴이 있는데, 이것은 특정 단백질에 붙는 염료 또는 형광 표지 분자를 배아에 넣어 주어 드러내 보일 수 있다.[35] 개별 염료가 나타나는 곳에서 그러한 단백질을 부호화하는 유전자가 활성화되었다는 것을 알게 된다. 그 결과는 의외이다. (그림 7.3 참조)

줄무늬였다! 만약 튜링이 이것이 수정 후 몇 시간 안에 초파리 배아에서 보이는 것이라는 사실을 알았더라면, 그가 형태 형성의 문제를 해결했다고 생각한 것을 용서 받을 수 있었을 것이다. 왜냐하면 이제껏 줄무늬 패턴이 튜링의 활성과 억제로 특징지어지는 반응-확산 과정의 두드러진 특징 중 하나라는 것이 분명해졌기 때문이다. 그렇다면 이것은 생물학의 패턴이 튜링 구조로 시작한다는 증거가 아닐까?

하지만 그렇지 않다. 파리의 줄무늬는 결국 튜링이 옳음을 입증하지 않는다. 우선 그것은 결코 튜링 스타일의 트레이드마크인 흔들거림과 쌍갈래질이 있는 줄무늬가 아니고 어느 정도 배아의 머리에서 꼬리를 잇는 축(앞-뒤 축)에 수직으로 뻗어 나가는 일정한 띠가 항상 있다. 또 그 띠는 서로 같지도 않은데 그것들은 말하자면 그저 대대적인 계획의 징후이다.

인간과 여러 다른 종에서 모양이 구형인 수정란으로 돌아가 보자. 수정란에서 갓난아기로 나가려면 많은 대칭성이 깨져야 한다. 튜링의 메커니즘은 그 방법을 제공하지만 그것이 유일하다고 가정할 이유는 없다. 오늘날의 형태 형성에 대한 이해에 따르면 이 부분에 대해 적어

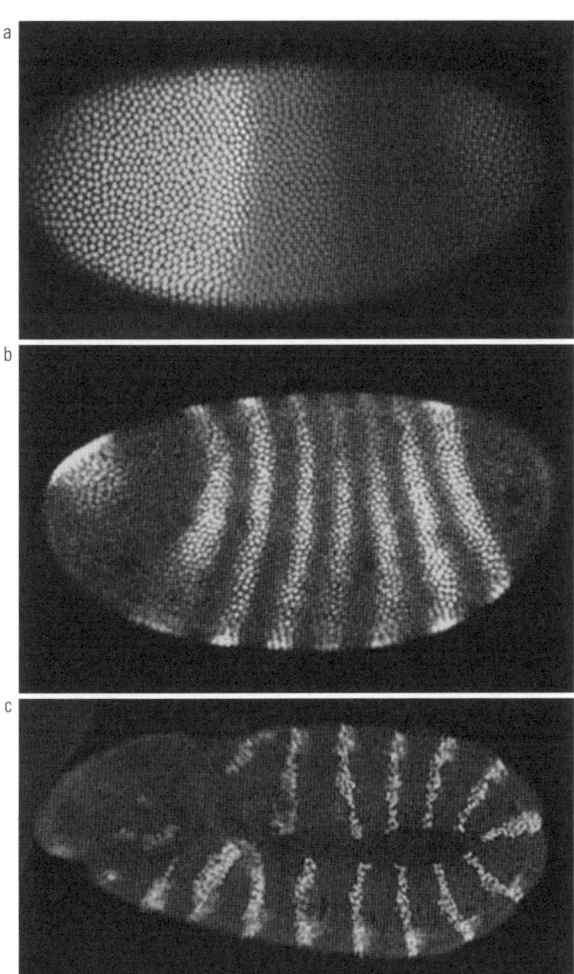

그림 7.3
초파리 배아 안의 유전자는 초기 성장 단계에서 줄무늬 패턴으로 '켜지는'데 여기서 그 유전자가 부호화한 단백질에서 색이 있는 빛이 방출되어 나타난다. (a) 처음에 두 단백질(헌치백(hunchback)과 크루펠(kruppel)이라고 불린다.)이 넓은 띠로 생성된다. (b) 이는 다른 유전자로 인해 좁은 띠로 바뀌고, (c) 이어서 진정한 분절이 시작된다.

도 자연은 튜링의 반응-확산 불안정성보다는 덜 복잡하고 우아하지만 동시에 더 세밀한 기교를 사용한다. 수정란은 하나의 전면적 메커니즘이 아니라 그 다중성(multiplicity)에 힘입어 목적을 달성하는 일련의 더욱 허술한 과정들로 패턴이 생기고 구획이 나뉘는 것처럼 보인다.

세포에게 장차 어디에 위치하게 될지, 즉 머리, 다리, 척추골 또는 무엇이든지를 말해 주는 수정란의 참조 격자는 분명 확산하는 생화학 물질로 그려진다. 그러나 이러한 물질은 단지 단조 농도 기울기를 그리는데, 즉 원천에 가까우면 크고 거리가 멀어질수록 작다. 이런 종류의 기울기는 그 기울기의 경사를 낮추는 방향을 가리키는 화살표를 제공하며 공간을 분화시킨다. 형태를 형성하는 화학 물질 각각은 그 자체로는 수정란에 구조를 만드는 데 한계가 있지만 그것들 중 서로 다른 원천에서 시작한 여럿은 확산 기울기를 교차시켜서 아래에서 위로, 왼쪽에서부터 오른쪽으로 만들어지는 방식의 성장 과정을 얻어내기에 충분하다. 달리 말해 그것들은 수정란의 대칭성을 깨고 체제 기초의 밑그림을 그린다.

형태 형성 1단계의 조정자로서 화학 농도의 기울기에 대한 생각은 튜링 이전으로 소급되어 독일의 생물학자 테오도어 보베리(Theodor Boveri, 1862~1915년)까지 거슬러 올라갈 수 있는데, 그는 1901년에 수정란의 한쪽 끝에서 다른 쪽 끝까지 일부 화학종의 농도 변화가 발생을 조절한다고 생각했다. 초기 배아에 세포를 이식하는 것과 관련된 실험이 영국의 생물학자 줄리언 소렐 헉슬리(Julian Sorell Huxley, 1887~1975년)와 더불어 발생학자 개빈 라이랜즈 드 비어(Gavin Rylands de Beer, 1899~1972년)로 하여금 1934년에 형성 센터 또는 형성체로 불리는 작은 그룹의 세포가 수정란의 첫 패턴 형성 단계를 책임지는 '발생 영역'을 만든다고 제안하도록 했다. 이러한 형성체가 수정란의 다른 부분에 이식되었다면 그것들은 뒤이은 발생 과정에서 새로운 패턴을 만들었을 것이고, 형성체가 그 주변 세포에 국소적인 영향을 끼친다고 제안되었을 것이다.

1969년에 영국의 생물학자 루이스 월퍼트(Lewis Wolpert, 1929년~)는 이러한 생각을 형태 형성론에 대한 초창기 현대적 관점에 집결시켰다. 그는 형성 센터로부터 형태 형성 물질의 확산 기울기는 위치 정보를 제공하며, 세포들이 체제의 어느 위치에 자리 잡는지를 알게 한다고 주장했다. 월퍼트는 형태 형성 물질이 이전에 분극 활동 구역 ZPAs(zones of polarizing activity)로 확인되고 명명된 세포 무더기에서 생성된다고 제안했다.

어떻게 형태 형성 물질의 기울기가 작동하는지는 초파리에서 가장 잘 이해할 수 있다. 초파리의 배아는 필수적인 체제가 대부분 준비되는, 성장 과정의 상대적으로 늦은 단계까지 막으로 분리된 많은 세포들로 구획이 나눠지지 않는다는 점에서 특이하다. 발생하는 모든 배아가 그러하듯 초파리 배아는 염색체의 유전자 보관 창고가 있는 중심핵을 복제한다. 그러나 대부분의 생물에서 이렇게 복제된 핵은 바로 개별 세포로 분리되는 데 비해 초파리 배아는 그것을 그냥 배아 주변에 축적한다. 배아에 약 6,000개의 핵이 있을 때만 핵은 그 고유의 막을 갖기 시작한다.

이런 이유로 초파리 배아 안의 형태 형성 물질은 그것이 형성된 후 처음 몇 시간은 자유롭게 배아 곳곳에 확산한다. 잠시 후 배아는 앞서 설명한 줄무늬를 발생한다. 이것은 일련의 더 가는 줄무늬로 발전하면서 궁극적으로 머리, 흉부, 복부 등등 서로 다른 체절이 될 지역을 표시한다.

첫 번째 대칭성 깨짐이 배아의 장(앞-뒤)축을 따라서 일어난다. 첫 분절화 과정은 3개의 유전적으로 부호화된 신호로 조절되는 것처럼 보인다. 하나는 머리와 흉부 구역, 다른 하나는 복부를 정의하고 마지막으로 머리와 꼬리의 끝부분에서 구조의 발생을 조절한다. 개별 유전자가 활성화될 때 그것들은 신호 전달 장소에서 배아의 나머지 전 영역으로 확산하는 형태 형성 물질을 만든다.

머리와 흉부의 형태 형성 물질은 비코이드(bicoid)라는 단백질이다. 비코이드 단백질의 생성은 배아의 맨 앞쪽 말단에서 일어나며 이 단백질은 세포를 통과해 확산하면서 농도 기울기가 완만하게 감소한다. (그림 7.4a 참조) 이 완만한 기울기를 급격한 구획의 경계(이후에 머리와 흉부 지역의 범위를 정의할 부분)로 바꾸기 위해 자연은 앞서 설명했던 것 같은 일종의 문턱 스위치를 이용한다. 특정 문턱 농도 아래서 비코이드는 수정란에 영향을 끼치지 못하지만 이 문턱값을 넘어서면 이 단백질은 DNA와 결합하고 또 다른 유전자를 활성화시키고 이 유전자에 대응하는 헌치백으로 불리는 단백질 생성물을 만든다. 이런 방법으로 한 분자(비코이드)의 원만한 기울기는 다른 분자(헌치백)에서 급격한 계단형 변화로 전환된다. (그림 7.4b, c 참조)

알아차렸는지 모르겠지만 이런 패턴 형성 메커니즘은 처음에 제기한 질문, 즉 처음에는 균일한 배아가 어떻게 그 대칭성을 깨는가에 대해 속임수를 쓰는 것처럼 보인다. 그렇다. 초파리 배아는 그다지 균일하지 않은데 그것은 이미 장축과 단축이 있다. 그런데 왜 비코이드는 다른 쪽 말단이 아니라 한쪽 말단에서 또는 다른 곳이 아니라 배아의 어느 한 곳에서 갑자기 생성되어야 할까? 배아가 비대칭적인 외부

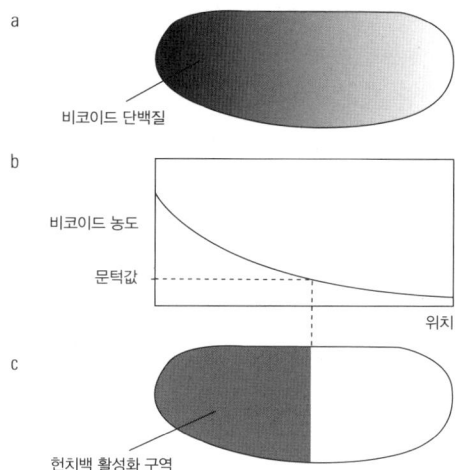

그림 7.4

(a) 초파리 배아에서 최초의 패턴 형성은 비코이드 단백질로 조절되는데 이 단백질은 앞쪽 말단에서부터 세포를 따라 확산해 농도 기울기를 만든다. (b), (c) 농도가 어떤 특정 문턱을 넘어서는 곳에서 비코이드 단백질은 이른바 헌치백 단백질 형성을 촉발시킨다. 따라서 비코이드의 완만한 기울기가 헌치백 발현에 갑작스러운 경계를 가져온다.

간섭을 받는다는 것이 답으로 생각된다. 비록 배아 그 자체는 처음에는 단세포지만 다세포로 된 몸의 한 부분으로서 발달을 시작한다. 배아로 자라게 될 하나의 '생식 세포'는 수정 전에 난포 세포에 들러붙고 이 조립체 안에서 난포 세포와 간호 세포로 불리는 다른 특화된 세포들은 배아 세포의 성장에 필요한 영양을 공급한다. 간호 세포는 서로 붙어 있는 동안 배아의 앞쪽 말단에서 비코이드 단백질을 부호화하는 분자를 축적[36]하는데 이렇게 해서 비코이드 단백질은 세포가 수정되자마자 형성된다. 따라서 여기에 튜링의 메커니즘에서도 그렇듯 놀라운 자발적인 대칭성 깨짐은 없다. 대신 깨진 대칭성이 대대로 전달된다.

초파리 배아의 뒤쪽 영역의 패턴 형성은 나노스 단백질로 불리는 형태 형성 물질로 조절된다. (나노스는 그리스 어로 난쟁이이고 헌치백도 그렇다. 따라서 이 유전자들의 기능 장애와 관련된 불행한 기형을 생각해 볼 수 있다.) 이러한 형태 형성 물질로 세로 방향의 분절이 유도된 후 어느 단계에서 배아는 (날개가 들어서게 될) 맨 위와 (다리와 배가 있는) 바닥 사이 대칭성이 깨져야 한다. 이것을 등배축이라 하고 그 방향은 등 단백질로 정의된다. 등 단백질이 일하는 메커니즘은 비코이드 또는 나노스가 일하는 메커니즘보다 훨씬 더 복잡하지만 말이다. 정점에서 바닥까지 기울기는 등 단백질 농도의 기울기가 아니라 (그것은 실제로 배아 전체에 어느 정도 균일하다.) 각 세포 안에서 이 단백질의 위치에 따른다. 바닥으로 갈수록 그것은 물이 많은 세포질보다 핵으로 더 많이 분리되며 한편 정점으로 갈수록 그 반대가 된다. 등 단백질이 배아의 많은 핵 안으로 들어갈 수 있는지 없는지를 결정하는 아직 불분명한 성질의 기본 신호가 있는 것 같은데, 이 신호는 배아의 바닥(배) 가장자리에서 활성화된다. (그림 7.5 참조) 또 이러한 대칭성 깨짐 신호의 처음 자극은 세포 밖에서부터, 다시 말해 세포막에서 일어나는 상호 작용으로 그 존재를 배아 내부에 전하는, 세포 밖 매질로 확산하는 어떤 단백질의 농도 기울기에서 나오는 것처럼 보인다. 이런 점에서 자연은 배아의 최초 대칭성을 깨는 데 다소 속임수를 쓴다고 말할 수 있다.

호메오박스 유전자의 등장

위와 같은 과정에서 형태 형성이 자발적인 패턴 형성의 과정과는 거리가 먼 대신 단순히 반복되는 일로 보일지도 모른다. 이것이 사실이라는 점에서 (하지만 단지 임의적이라는 의미는 아니다.) 모양은 그저 유전 다이얼을 돌리고 유전 스위치를 넣는 것으로 정의된다. 보아 온 대로 이런 모양들은 그림이 완성될 때까지 캔버스 여기저기에 한 줄 한 줄 그린 초상화와 같지 않다. 그 대신 **전면적**(global) 패턴 형성 신호의

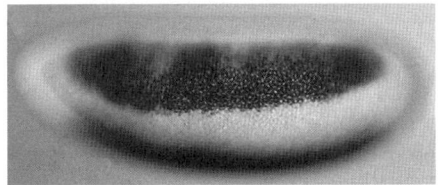

그림 7.5
초파리 배아의 '위도 방향' 띠는 바닥, 가운데, 정점 지역에서 활성화되는 유전자로 만들어진다.

중첩으로 야기된 순차적인 상세화 과정의 결과다. 인간의 몸은 엄격히 조절되지만 처음에는 다소 간단한 대칭성에 기초한 일종의 순정 패턴으로 간주할 수 있다는 점에서 그것은 누가 보더라도 제한적이다.

가령 초파리 몸 뒤쪽의 중간에 특정 세포에 한정된 적은 수의 점을 만들고 싶다 하자. 이것이 바로 사지(다리와 날개) 형성이 시작할 때 일어나는 일이다. 이미 배아가 줄들로 나뉘는 것을 보았다. 이제 정점과 바닥에서 나오는 형태 형성 물질은 몸의 가운데 줄을 따라서는 제외하고 모든 띠에서 특정 유전자의 활성을 억제할 수 있다. 그다음에 머리에서 시작된 비슷한 전환 과정은 그것이 초래하는 점들을 뒤쪽 몸의 절반에 가둔다. (그림 7.6a 참조) 바로 그런 과정이 결국 다리로 성장하게 될 지역을 만들기 위해서 일어난다. (그림 7.6b 참조)

오히려 이것은 앞서 나비 날개 위 패턴이 갖는 범위를 설명하기 위해 제기된 연장통 이론과 비슷한 것을 볼 수 있다. 예상 밖인 점은 이것이 단지 비유가 아니라는 것인데, 나비 날개의 눈꼴 무늬와 초파리의 다리는 완전히 똑같은 유전자인 말단 결여 유전자가 발생시킨다! 이 사례를 4장에서 다뤘지만 이것은 정말이지 명백히 기이하다. 나비에서 날개 비늘의 착색 패턴을 형성하는 유전자가 왜 파리에서 다리를 만드는 유전자와 관련이 있어야 하는가?

이 질문에 대한 답에 형태를 이루는 패턴 형성의 과정이 '보편적'이라고 보는 두 번째 이유가 있다. 튜링 패턴이 보편적인 것과 마찬가지가 아니라면 적어도 그것이 모든 생물의 공통적인 과정을 떠올리게 하는 한 보편적이다. 지난 20년간 파리부터 인간까지 다양한 종이 공유하는 상대적으로 적은 수의 유전자가 형태 형성을 조절한다는 것이 발견되었기 때문이다. 이런 유전자는 말단 결여 유전자의 경우처럼 다른 생물에서 매우 다른 역할을 할 수 있을 뿐만 아니라 한 생물 안에서 그것이 언제 어디서 활성화되는가에 따라 여러 가지로 꽤 독특한 기능을 수행할 수 있다. 이런 유전자는 형태 형성 물질의 기울기로 조절되는데 그것은 발달하는 배아를 격자로 나누고 그 격자 안에서 각 세포의 운명을 정한다.

생물 체제의 매우 일반적인 특징을 책임지는 유전자의 존재에 대한 단서는 몸의 일부분이 적절치 않은 위치에서 자라는 엽기적인 돌연변이에서 찾을 수 있다. 초파리에서 그런 돌연변이 형태 중 하나를 1915년에 뉴욕에 있는 컬럼비아 대학교의 생물학자 캐빈 블랙먼 브리지스(Calvin Blackman Bridges, 1889~1938년)가 확인했다. 그는 보통은 작은 뒷날개가 큰 앞날개를 닮아 성장하는 파리를 발견했다. 이어

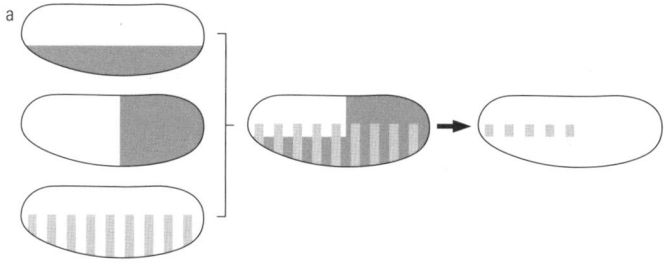

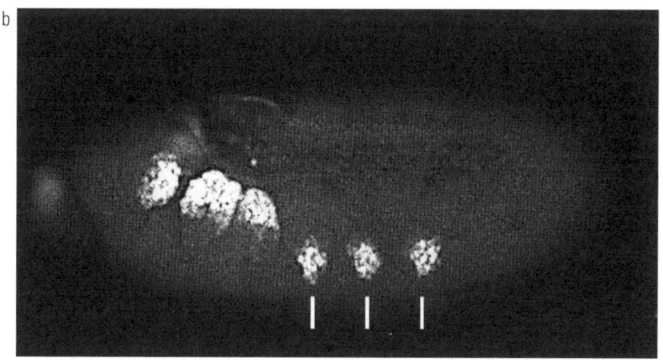

그림 7.6
줄무늬에서 점을 만드는 방법. (a) 단백질 발현의 세로 방향과 가로 방향 띠의 조합은 띠가 포개지는 (여기서는 앞쪽 적도 영역에서) 띄엄띄엄한 조각을 만든다. (b) 그런 점을 예를 들면 다리 형성(그림 아래쪽에 'I'로 표시된 3군데 밝은 영역)을 시작하는 유전자에서 볼 수 있다.

더욱 놀라운 예는 다리가 머리 위 더듬이 위치에서 자라는 파리였다. 1984년에 동물학자 그레고리 베이트슨(Gregory Bateson, 1904~1980년)은 몸의 한 부분이 다른 부분을 닮아 자라는 그런 돌연변이를 **호메오**(homeotic)라고 불렀다. 다리가 되는 더듬이는 매우 이상해 보이는데 왜냐하면 이런 부속지(마디로 연결된 다리) 각각의 성장은 독립적인 여러 벌의 유전자로 유도된다고 무리 없이 생각할 수 있기 때문이다. 그렇다면 그들은 왜 모두 함께 변덕스럽게 활동하기 시작할까?

그러나 유전학자들은 그런 호메오 돌연변이가 단지 하나의 유전자와 관련이 있다는 사실을 발견했는데 이른바 호메오 유전자(homeotic gene)이다. 더욱 놀랍게도 1980년대 초파리의 다양한 돌연변이를 일으키는 호메오 유전자의 DNA 서열 조사가 가능해졌을 때, 그들 모두가 동일한 DNA의 짧은 뻗침(a short stretch of DNA)을 가진다는 것을 발견했다. 이 분절을 호메오박스(homeobox)로 명명했고 이것을 가진 유전자는 호메오박스 또는 혹스(Hox) 유전자라는 별명으로 불렸다.

혹스 유전자는 사람과 다른 포유동물에서도 확인할 수 있고, 초파리의 호메오박스 DNA 서열과 거의 동일하다. 이것은 호메오박스가 체제를 결정하는 꽤 오래된 유전 요소임을 의미한다. 특정 혹스 유전자와 호메오박스[37]와 밀접한 관련이 있는 영역에 있는 다른 '패턴 형성' 유전자는 매우 다른 종에서 몸을 이루는 특정 기능과 관련이 있는 것처럼 보인다. 파리에서 장님(eyeless) 유전자(이것의 돌연변이는 눈이 없게 한다.)는 사람의 홍채를 줄이거나 제거하는 아니리디아(Aniridia)나 말 그대로 작은 눈(small eye)으로 불리는 쥐의 유전자와 동등하다. (전문 용어로는 상동 또는 동질이다.) 유전학자들이 파리의 다른 조직에서 이 장님 유전자를 활성화시켰을 때 미발달 눈 형성을 유발했다. 더더욱 놀라운 점은 쥐의 작은 눈 유전자를 그런 파리 조직에 이식해도 쥐의 눈이 아닌 파리의 겹눈이 형성되기 시작한다는 사실이다. PaX-6로 총칭하는 이 모든 상동 유전자가 분명 "너희 종에 맞는 눈을 만들도록 하라."라는 지시를 부호화한다고 말한다는 사실에 솔깃하다. 게다가 PaX-6는 포유류의 발달에도 여러 가지 다른 역할을 하는데, (여러 가지 중에서) 뇌, 코, 내장, 췌장의 발달에 관여한다. 앞서 언급한 대로 이것이 이 패턴 형성 유전자의 특성이다. 즉 패턴 형성 유전자는 어떤 구체적인 발달 결과를 부호화하지는 않고 철도 신호처럼 단지 **라우터**(router, 한 네트워크에서 다른 네트워크로 연결을 도와주는 장비—옮긴이) 역할을 하며 그 효과는 발달 과정에서 정확히 언제 어디서 활성화되는가에 달려 있다. 각각의 경우에 신호가 일단 주어지면 특정 방향으로 발달하게 하고 세부 사항(가령 눈의 각 구성 요소를 만드는)을 책임지는 다른 유전자들은 후에 그 과정에 개입한다.

    PaX-6의 포괄적인 역할 중의 하나가 눈을 만드는 것처럼, 말단 결여 유전자는 범용의 '부속지 유도' 유전자로 역할을 할 수 있다. 사지의 일부분을 만드는 곤충에서, 다리를 만드는 닭에서, 물고기 지느러미에서, 멍게의 암풀라라고 하는 질퍽질퍽한 구근에서 그렇다. 그러나 나비는 유별나게 이 유전자를 눈꼴 무늬를 그리는 완전히 다른 패턴 형성 기능을 위해 징발한다. 따라서 다시 이러한 유전자를 그 자체로 '사지 같은' 어떤 것을 가진 것으로 취급할 수 없으며 그것들은 그저 부속지를 만드는 유전 회로에 종종 들어가는 스위치이다. 이런 호메오 유전자 이용의 다중성은 호메오 유전자가 일반적으로 서로 다른 종류의 형태 형성 물질 신호에 반응할 수 있는 여러 '조절 장치'가 장착된다는 사실에 반영된다. 이 점은 호메오 유전자가 다소 복잡한 논리를 보이게 하는데, 예를 들면 어떤 것은 오직 두 형태 형성 물질 모두가 있을 때만 활성화된다. 가령 이런 방법으로 여러 형태 형성 물질의 영역이 겹쳐서, 다소 세밀한 패턴 형성 특징을 정의할 수 있다. 유전 스위치가 망가졌거나 제 기능을 수행하지 못할 때 호메오 돌연변이가 발생한다.

세포의 결과는 발생 직후에 배아에 정해지는데, 배아가 가령 다리 또는 날개 또는 눈 성장의 어떤 신호를 보내기 한참 전에 특정 세포에서 필요한 여러 벌의 유전자가 활성화되어 그러한 기능이 배정되는 것을 여러 실험이 보였다. 유전학자들은 배아의 서로 다른 목적지를 보여 주는 '결과 지도'를 만들었다. 그렇다면 몸의 패턴 형성 과정은 이 지도의 좌표를 정의하는 문제가 되고, 적시 적소에 적절한 호메오 유전자를 활성화하는 문제가 된다. 이런 일은 분명 세포 무더기의 최초 대칭성 깨짐 바로 전까지 더 이른 패턴 형성 단계에서 정의된 지역으로부터 방출된 비코이드 단백질 같은 확산하는 분자가 주도하게 된다. 이런 방법으로 허술한 격자가 점차로 더욱 세밀히 구획되고 분화된 격자로 바뀐다.

이렇게 격자를 나누는 과정이 초파리 형태 형성의 일부 세부 사항에 나타난다. 수정 후 몇 시간에 배아는 약 100개의 세포 정도 길이가 된다. 그것은 헌치백 단백질과 또 하나의 단백질인 크루펠의 발현으로 한쪽 끝과 중간(약간 겹친다.)에서 띠로 나뉜다. 그러면 이것들은 정확히 (각각이 3~4개 세포 너비 정도 되는) 7개 줄로 나뉘게 되는데 이들은 비슷한 너비를 가지는 '경계선'으로 분리된다. (그림 7.3a, 7.3b 참조) 결정적으로 튜링 방식 메커니즘으로 형성된 줄무늬 패턴과 관련해서 여기 줄무늬는 모두 동등하지 않은데, 즉 그 각각은 저마다의 위치에서 서로 차별된 패턴의 형태 형성 물질 신호로 생성되는 상이한 유전적 스위치의 설정으로 정해진다. 튜링의 방법이 같은 종류의 패턴처럼 보이는 패턴을 더 간단히 만드는 방법을 제공하지만, 분명 잇따른 패턴의 변화를 보증하는 충분한 정보를 계에 남기지는 않는다.

점차 이 줄무늬는 사라지고 앞-뒤축과 등배축을 따라 다른 줄무

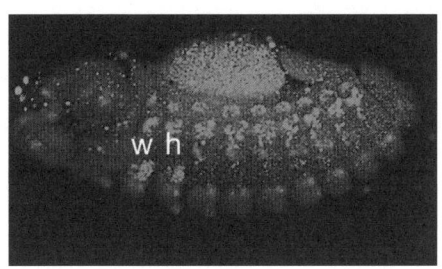

그림 7.7
몇 차례의 띠 패턴 형성 후 초파리의 체제가 등장하기 시작한다. 여기서 'w'와 'h'로 표시한 두 밝은 점은 미래의 앞날개와 뒷날개 자리를 나타낸다.

늬로 대체된다. 이것은 각각의 '줄무늬 단백질' 집합이 이전 패턴을 정교하게 하는 새로운 패턴이 있는 후속 단백질 집합의 생산 유전자를 활성화시키기 때문인데, 각각의 패턴은 다음 패턴의 씨앗을 갖고 있다. 이렇게 '위도와 경도 방향' 띠가 교차해서 연쇄적으로 복잡성이 증가하는 2차원 패턴 형성(그림 7.7 참조)을 가져오며, 파리의 도식적인 체제가 등장하기 시작하는 과정을 볼 수 있다.

오늘의 머리카락

이 모든 것이 튜링의 대담한 가설은 어쩌면 동물의 무늬 형성을 넘어서, 실제 형태 형성과 무관함을 의미할까? 잠시 그런 패턴 형성 문제는 제쳐 두고, 대신에 형태 형성 물질 역할을 하는 확산하는 화학 물질에 대한 튜링의 개념에 대해 가만히 생각해 보자. 이미 보았듯이 이런 생각은 이전 연구에 내재된 것이지만, 처음으로 구체적인 추측을 하고 그것이 어떻게 다소 정교한 패턴을 만들 수 있는지를 보인 사람이 바로 튜링이었다. 그런데 거기에 무엇이 있는가?

지금은 그렇게 생각할 충분한 이유가 있다. 1990년 런던 북서부 밀힐에 위치한 국립 의학 연구소의 연구원들은 아프리카발톱거북이에서 **액티빈**(activin)이라 불리는 단백질이 중배엽 세포로 불리는 배아 세포의 운명을 결정하며 형태 형성 물질의 역할을 하는 것으로 보인다고 보고했다. 높은 농도에서 액티빈은 중배엽 세포가 척색(脊索)이라고 하는 원시 등뼈로 발달하도록 유도하고 반면 액티빈의 농도가 낮으면 이 세포들은 근육 조직이 된다. 이 발견 직후 여러 그룹의 연구자들은 여러 단백질이 초파리에서 형태 형성 물질의 역할을 한다는 증거를 발견했다. 형태 형성 물질이 세포에 도달했을 때 그것은 세포 표면의 수용기로 부르는 분자에 결합하고, 특정 발달 경로 위에 놓인 세포 내에서 일련의 생화학적 사건을 유발한다.

그런 경우에 추정하는 형태 형성 물질이 각 방의 문을 두드리며 돌아다니는 영업 사원처럼 정말로 배아에 두루 확산한다고 확신하기 어렵다. 한 가지 대안은 패턴 형성 신호가 일종의 릴레이로 움직이는 것인데, 즉 표면에 도달한 형태 형성 물질로 활성화된 각 세포는 이웃 세포에 신호를 보낸다. 1994년에 영국 케임브리지에 있는 웰컴 암 연구 센터의 존 버트런드 거든(John Bertrand Gurdon, 1933년~)이 이끄는 한 연구팀은 개구리 배아의 액티빈이 정말로 물에서 퍼져 나가는 잉크처럼 단순한 확산으로 세포 사이의 공간을 이리저리 돌아다니는 것을 보였다. 그리고 7년 후 뉴욕 대학교 의과 대학의 첸 유(Chen Yu)와 알렉산더 쉬어(Alexander F. Schier)는 릴레이 메커니즘이라기보다 확산이 어떻게 **스퀸트**(squint)로 불리는 단백질이 배아 상태의 제브라피시(zebrafish)의 중배엽 세포의 운명을 결정하는지 설명했다. 액티빈과 스퀸트는 둘 다 전환 성장 인자 β(transforming growth factor β, TGFβ) 단백질과 관련된 단백질 군에 속하고 배아 발생에 핵심적인 중요성이 있다. 그렇다면 이 단백질의 일부가 먼 거리를 돌아다니며 패턴 형성 지침을 배달한다는 생각은 타당해 보인다.

그러나 형태 형성 물질은 항상 이렇게 활동하지는 않는다. 또 다른 형태의 TGFβ 단백질인 데카펜타플레직(Decapentaplegic, Dpp) 단백질을 보자. 초파리 배아에서 날개의 앞-뒤축을 따라 세포가 어디에 있는지를 '말해 주는', 이것의 국소 농도가 1996년에 발견되었는데, 그것 때문에 특정 유전자를 활성화시켜 세포가 다른 조직으로 성장하도록 유도한다. 여기서 Dpp는 다른 고전적인 형태 형성 물질처럼 활동하는 것처럼 보인다. 그러나 독일 드레스덴에 있는 막스 플랑크 분자 세포 생물학 및 유전학 연구소의 마르코스 곤잘레스게이턴(Marcos González-Gaitán)과 동료들이 한 실험은 Dpp가 세포 표면에 있는 단백질에 붙잡혀 세포 안쪽으로 운반되는 것을 보였다. (문을 두드린 영업 사원은 단지 응답 받을 뿐 아니라 들어오도록 초대받는다.) 따라서 세포 사이를 이리저리 임의로 돌아다닌다기보다(즉 진정으로 확산한다기보다) 형태 형성 물질은 세포막을 가로질러 자신을 안내하는 분자 유도체에 의존하는 것이다. 따라서 세포는 형태 형성 물질의 기울기에 따라 움직이는 수동적인 꼭두각시가 아니다. 대신 그것은 능동적으로 그 기울기를 만든다. 더욱이 Dpp는 다른 방법으로도 그 효과를 발휘한다. 즉 세포가 어느 발달 단계에서 국소적인 Dpp에 노출되면, 그 세포가 Dpp 원천에서 멀어졌을 때, 이후 단계에서 특정한 방법으로 발달하도록 프로그램할 수 있다. 다시 말해 세포는 Dpp와 접촉한 기억을 간직할 수 있고 따라서 이 단백질의 국소 농도는 세포가 그 이전 '프로그래밍'에 반응하기 시작하는 시기와 무관할지 모른다. 이 모든 것은 자유롭게 이리저리 돌아다니는 형태 형성 물질의 농도 기울기만이 위치 정보를 부호화하는 유일한 방법은 아니라는 사실을 보여 준다.

하지만 튜링이 마음에 둔 것은 단지 세포에게 이거 해라 저거 해라 말하는 한 벌의 메신저 분자가 아니었다. 그의 패턴은 활성과 억제 과정의 경쟁을 통해 나타났다. 이것은 특정 영역에서 특정한 발달 경로를 시작시키는 부분적인 사건에 지배를 받는다기보다 '전면적'인 현상이었다. 활성과 억제 신호의 확산은 규칙적이고 대강 동일하며 **스스로 짜인**(self-organized) 특징이 있는 마당을 만든다. 형태 형성에는 그런 종류의 것을 위한 공간이 있을까?

이제 착색과는 별개로 튜링 방식과 어느 정도 관계를 맺은 배아의 패턴 형성 과정에 적어도 하나의 일반형이 있는 것처럼 보인다. 생물의 많은 조직과 구성 성분은 지금까지 일반적으로 사용해 왔던 의미로, 즉 동일한 요소의 어느 정도 규칙적인 반복이라는 점에서 패턴을 보여 준다. 예를 들어 피부에 난 털 분포에서 그것을 볼 수 있는데, 손등을 보라. 그러면 모낭이 대략 같은 거리에 있을 뿐만 아니라 그것이 6방 채우기 모양인 것을 확인할 수 있다. (그림 7.8a 참조) 새의 깃털 간격도 마찬가지이며 한편 도마뱀과 나비 날개의 비늘은 그 배열이 분명히 훨씬 더 질서 정연하다. (그림 7.8b, c 참조) 병아리에서 깃털이 나는 깃싹(feather bud)은 **패치드**(patched)로 불리는 한 유전자(다른 생물에서는 다른 패턴 형성 역할을 하는데, 가령 초파리 분절에 관여한다.)가 구획한다. 튜링의 **억제** 개념은 패턴 특징의 규칙성을 만드는 데 중심적인 역할을 하는 것처럼 보인다. 발생기 피부 세포같이 균질한 집합체에서 세포는 깃털을 만드는 특화된 구조와 조직을 형성하기 위해 분화를 시작한다. 세포는 확산하는 분자 신호를 근처 세포에 내보내 분화를 억제하고 그런 두 조각이 서로 가까이 발달하지 못하게 한다. 따라서 세포가 자발적으로 분화에 참여하여 깃털 제조 기관이 될 수 있고 그 근처에서 같은 일이

그림 7.8
생물학에서의 규칙적인 점 패턴.
(a) 사람의 모낭, (b) 나비 날개 비늘,
(c) 뱀 비늘.

일어나는 것을 막는 긴 범위 억제에 관여한다는 점에서 국소 활성이 있다.

쥐의 모낭 형성에 비슷한 이야기가 적용된다. 여기서 Wnt로 불리는 단백질이 모낭 형성의 활성제로 기능하는 한편, 총칭해 Dkk로 알려진 한 부류의 단백질은 Wnt의 억제제 역할을 한다. 독일 프라이부르크 대학교의 토마스 쉬라케(Thomas Schlake)와 동료들은 2006년에 Dkk 단백질을 비정상적으로 많이 생산하는 유전적인 돌연변이 쥐가 Wnt와 Dkk의 확산과 상호 작용이 있는 튜링 유형의 활성-억제제 모형이 이론적으로 예측한 패턴과 일치하는 모낭 패턴을 만드는 것을 보였다.

따라서 튜링의 패턴은 아마도 너무 모호하고 균일해서 생물을 조성하는 데 일반적으로 큰 도움이 되지 못하지만, 어떤 규칙적이고 반복적인 패턴이 필요할 때는 적합한 것으로 보인다. 그런 경우에 핵심은 이런 구조에서 패턴의 특징이 (형태 형성 물질의 기울기로 '그릴 수 있는' 종류의) 어떤 전체 좌표계 위에 정확히 정의될 필요가 없다는 점이다. 단지 대강 같은 간격으로 놓이기만 해도 충분하다. 이것은 그 특징이 단지 전체적으로 적용할 수 있는, **국지적** 규칙으로 결정될 수 있음을 의미한다. 즉 패턴 형성 가능성이 있는 물질로 채워진 '활성' 바탕질 안에서 나타나는 패턴 특징들 사이의 상호 작용으로 말이다. **이것이** 진정한 의미에서 스스로 만드는 패턴 형성(요즘 과학자들은 이것을 떠오름 또는 창발(emergence)로 부르는 경향이 있다.)이다.

앞으로 일어날 모양

호메오 유전자 이야기의 가장 만족스러운 부분 중 하나는 마침내 헤켈이 추구했던 진화와 배아 발생이 (계통 발생과 개체 발생이) 통합을 이뤘다는 사실이다. '이보디보(Evo Devo, 진화와 발생의 병합)'라는 별명이 붙은 이 화해는 (배아 성장에서 서로 다른 시간에 활성화되기도 하는) 서로 다른 진화적 기능을 수행하도록 등록된 패턴 형성 유전자의 도구 상자 개념에 기초를 둔다. 분명 나비는 눈꼴 무늬를 만들기 위해 **새로운** 유전자가 필요하지 않다. 비록 원래 이런 종류의 것이 전혀 만들어지지 않았더라도 그런 역할은 선대(先代) 생물부터 이미 존재한 유전자로 충족될 수 있다.

형태 형성에 대한 이 새로운 시각은 진화론적 시간에서 갑자기 체제가 다양화되는 것처럼 보일 때의 몇 가지 에피소드를 이해하는 데 도움을 준다. 가장 두드러지게 동물 다양성의 폭발적인 증가가 약 5억

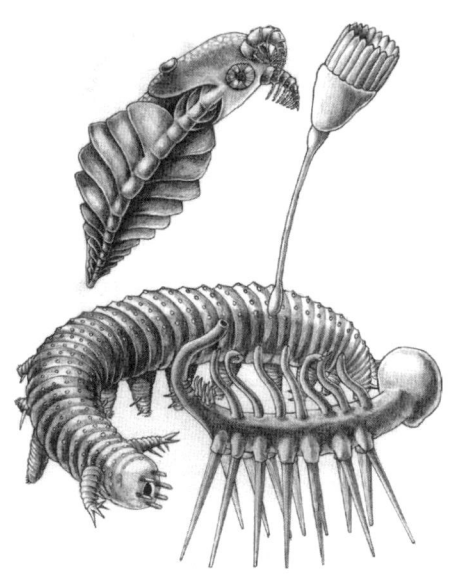

그림 7.9
캄브리아기는 체제에 대해 엄청난 실험을 한 시기였다. 여기서는 캐나다 록키 산맥의 버제스 셰일(Burgess Shale)에서 발견된 화석화된 잔해로 재구성한 단지 몇 개의 기괴한 생물을 보여 준다. 위 왼쪽부터 시계 방향으로 아노말로카리스(*Anomalocaris*), 아이셰아이아(*Aysheaia*), 할루시제니아(*Hallucigenia*), 디노미스쿠스(*Dinomischus*)이다.

4000만 년 전 캄브리아기(그림 7.9 참조)가 시작할 때 일어났는데, 이것을 이제는 많은 새로운 유전자를 신비스럽게 획득한 결과가 아니라 기존 유전자를 새롭게 프로그램화하는 메커니즘(유전적 스위치)이 나타난 결과로 이해할 수 있다. 생명계는 다양화(diversification)가 일어나기 전에 이미 도구를 가지고 있었고, 폭발적인 다양성은 자연이 그 도구를 사용하는 방법을 연습한 결과였다.

어떤 이는 이를 대강 음악 또는 문학의 창작 활동에 비유할 수 있을 것이다. 문법 규칙이 문장 하나하나의 완성 이상으로 훨씬 더 많은 것을 가능하게 한다는 사실을 겨우 이해했을 때 여러분은 이야기를 쓰기 시작할 수 있다.

여기서 신다윈주의자의 현대 종합설이 말을 더듬는다. 개별 생물은 그 자체로 이야기는 아닌듯하지만 모든 가능한 이야기(그것 중 일부가 기가 막힌 방법으로 연결된)를 포함하는 한 움큼의 웅대한 이야기가 구체화된 것이다. 아니면 아마도 다음의 비유를 날카롭게 하는 것인데, 즉 유전학의 문법과 구문론은 개별 종을 넘어선다는 것이다.

하지만 이것은 다윈 이후 떠오른 진화 과정의 그림을 약화시키는 것이 아니라 풍부하게 할 뿐이다. 실은 근본주의자 종교 비평가들이 제기하는 진화에 대한 일부 반대 의견을 침묵하게 만드는 방법이기도 하다. 새로운 기능, 가령 시력, 언어 또는 비행은 전체가 새로운 유전자 집합을 이용해 '맨 처음부터 발명'될 필요가 없었다. 그 대신 기존 유전자가 조절되고 활성화되는 방식의 작은 변화는 오래된 구조를 변형하지만 동시에 완전히 새로운 기능이 있는 구조를 낳았다. 자연은 공학자의 선견지명이 없으며 필요하지도 않다. 자연은 그 손에 있는 것을 무턱대고 주물럭거리는데, 운 좋게도 사소한 조정이 심오한 변화를 가져오는 매우 생산적인 배아의 패턴 형성 방법을 우연히 발견한다. 물론 이렇게 생물을 형성하는 방식에는 단점도 있는데 그중 가장 분명한 것은 하나의 패턴 형성 단계가 고장이 나면 다음 단계로 진행되며 심각한, 아니 재앙적인 영향을 가져올 수 있다는 것이다. 만약 처음의 오류가 간과되면 이후 단계는 완전히 부적절한 맥락에서 무작정 흘러 버린다. 이것이 이른바 '괴물'(형태가 극적으로 변한 생물)이 등장하는 방법이다. 이렇게 미세하게 균형을 잡은 일련의 단계에서 한번의 실수가 전 과정을 탈선시킬 수 있고 빈번히 치명적이지는 않은 성장 이상을 초래한다.

이것은 톰프슨이 격자를 구부려서 도출한 것과 매우 다른 진화의 그림이다. 바분원숭이의 두개골이 인간의 두개골로 변하는(생물학적으로가 아니라 그림으로!) 것을 볼지 모르지만 이보디보의 유전 패턴을 형성하는 도구는 몸의 모양에서 결코 추측할 수 없는 생물 사이의 연결 고리를 드러낸다. 더 일반적으로 말하면, 이보디보와 형태의 유전학은 과거에 비교 해부학을 이끌었던 다소 주관적인 형태의 유사성 문제에 의존하지 않으면서, 진화론적 질문을 탐구하는 방법을 제공한다.

형태의 필연성?

혹스 유전자의 존재가 헤켈과 톰프슨 둘 다 각자 다른 방식으로 직면했던 문제의 핵심으로 우리를 끌고 간다. 헤켈은 진화에 대해 어느 정도 헤겔 철학의 시각을 가진 것을 살펴보았는데 즉 생명의 형태는 잘 정의되지 않은 힘들의 요청을 따르며, 그런 힘 중 하나가 대칭성을 추구하는 일종의 관념적 경향이라는 것이다. 톰프슨은 다윈주의자들이 제공하는, 보기에 빈 종이는 사실 어느 정도 어떤 구조를 필연적으로 만드는 물리 법칙이 가지는 역학적 필요조건에 상당히 제한된다고 생각했다. 두 경우 모두 생명 형태의 진화에 어느 정도 결정성을 시사한다. 이러한 형태가 꽤 적은 수의 유전자로 조절된다면 이것은 다양한 치환을 둥근 공 모양의 세포에 적용하면 단지 한정된 수의 결과만 가능함을 의미하는 것일까? 다시 말해 톰프슨과 헤켈이 결국 패턴과 형태에 한정된 영역을 부여한 것은 옳았을까?

어쩌면 그럴 수도 있는데 그 치환의 수가 천문학적이다. 분명 알려진 혹스 유전자가 조절되고 활성화되는 방법은 어쩌면 진화가 탐험할 수 있었던 것보다 훨씬 더 많을 것이다.[38] 우리 세계는 오직 낮은 비율로 플라토닉한 생물의 집합을 수용할 수 있다. 이것은 우리가 되풀이해서 계속 진화했다면 그 결과가 전혀 다를 수 있음을 의미할까?

그것은 생물학자들이 가장 좋아하는 질문(생물학자들이 맹렬히 논쟁하는 주제) 중 하나이다. 생물학 전체가 가지는 본성은 어떤 결정성 개념에도 반대한다는 점에서 물리학의 특징에 반한다. 신다윈주의자들에게 무작위성은 생존을 위한 투쟁을 간결하게 정리한 말이다. 그 밖의 다른 것들은 일부 신의 생물학자들에게는 참 과학이 아닌 '지적 설계'로 들리며 환영을 받지 못한다. 이것은 안타까운 일인데, 왜냐하면 이와 같은 질문은 정말 중요하고 재미있으면서 동시에 이른바 진지한 과학이 추구해야 하는 것이기 때문이다.

한 예로 이제는 선택압이 독립적인 경로로 진화를 특정한 '형태해(morphological solution)'를 갖도록 이끌 수 있다는 것이 잘 알려져 있다. 이것은 수렴 진화로 알려진 현상이다. 물고기 몸, 곤충의 부속지, 육식성 포유동물의 이빨, 새의 날개 구조, 식물의 몸체 등 이 모든 것의 모양은 유사성을 보여 주는데, 이 모양은 공통의 혈통에서 기인한 것이 아니라 관련된 종의 독립적인 진화 과정 동안 훌륭한 공학적 설계라고 부를 수 있는 것을 개별적으로 '발견'한 데 기인할 것이다. 전통적으로 이런 우연의 일치는 자연이 가진 팔레트의 폭에 대해 아무 것도 얘기하지 않는다고 여겨졌는데 왜냐하면 수렴 진화는 단지 어떤 고정된 환경에서 '최선의' 아니면 적어도 더 나은 생존법이 있다고 제안하는 것처럼 보이기 때문이다. 즉 그런 형태의 공통점이 형태 형성의 기초 생물학이 아닌 외부에서 부여될 수도 있다는 것이다.

그러나 PaX-6와 말단 결여 유전자 같은 패턴 형성 유전자의 발견은 수렴 진화의 의미에 대해 열띤 토론을 일으켰다. 말하자면 곤충과 사람의 사지의 유사한 결합 특성은 이것들이 '최선의' 해결책이며 자연이 그것을 그렇게 찾아냈다는 것을 가리키는가? 아니면 단지 그것들은 이용할 수 있는 패턴 형성 유전자의 집합이 허락하는 해결책을 의미하는가? 이는 결코 대답하기 쉽지 않다. 그 자체가 시간에 따라 바뀌는 엄청나게 복잡한 상호 작용의 네트워크 속에서 나머지 유전체와 서로 연결된, 패턴 형성 유전자의 집합의 본질적인 한계가 실제로 무엇인지 정말 모르기 때문이다. 결국 이것들은 다리 또는 눈 또는 그 무엇을 만들기 '위한' 유전자가 아니다. 그들은 여러 기능이 있는 라우터다. 따라서 진화 생물학자인 사이먼 콘웨이 모리스(Simon Conway Morris, 1951년~)는 적어도 이런 유전자를 단지 수렴 진화의 경로를 따라 이동하는 히치하이커로 간주하는 것은 상당히 허용할 수 있을 것 같다고 지적한다. 가령 말단 결여 유전자의 조상 전구 물질은 감각 기관의 발달과 관련이 있을지 모른다. 그렇다면 말단 결여 유전자가 사지 발생에 개입되어 있다는 사실은, 유전자 네트워크 안에 속한 말단 결여 유전자가 패턴을 형성하는 경로에서 이용 가능한 특정 선택에 대해서는 아무것도 알려 줄 수 없을지 모른다. 하지만 감각 기관은 대개 몸에서 튀어나와 있으므로 말단 결여 유전자가 부속지의 형성을 조절하기에 편리한 스위치였으리라는 사실을 보여 주는 결과일 수 있다.

가능한 것과 실제

톰프슨이 보인 대로 왜 특정 생물학적 형태가 특정 환경에 영향을 끼치는 물리 법칙에 좌우되는지 그 이유를 제안하는 많은 주장이 있다. 거품과 폼이 그물 모양의 연결망을 만드는 데 사용된다면 그것들이 플라토가 밝힌 기하학적 구조를 보여 줄 것으로 예상할 수 있다. 만약 반응-확산 과정이 무늬와 기타 패턴을 만드는 데 이용된다면 우리는 튜링의 얼룩무늬와 줄무늬 및 그것의 다양하고 경이로운 정교화를 기대할 수 있다. 그만큼 생명계의 패턴 형성에서 어느 정도 보편성을 주장할 수 있을 것이다. 이런 일반성이 보다 복잡한 형태의 몸체와 구조에까지 확장될까? 비록 자연의 팔레트가 최소한 훨씬 더 다양하리라 확신할 수 있지만 우리는 그렇게 말할 수 없다.

그러나 이 정도는 더욱 확신할 수 있는데, 자연의 조직화하는 힘이 모든 형성의 근간이라는 헤켈과 자연 철학의 개념은 현대 생명 과학의 지지를 얻기에 너무 멀리 떨어져 있다는 것이다. 지금까지 우리는 살아 있는 자연이 만들어 내는 여러 가지 패턴 형성 과정을 살펴보았다. 그런데 이 패턴들은 어떤 보이지 않는 불가항력으로 좌지우지되는 것이 아니라, 어찌 보면 적절한 기회를 따라 만들어진 것 같다.

부록 1

비누 막 구조

철사 틀에 매달린 비누 막이 서로 만날 때 플래토 법칙으로 생겨나는 보기 좋은 대칭 도형을 조사해 볼 만하다. 나처럼 어설픈 납땜 기술로도 손쉽게 구리선으로 여러 가지 틀을 만들 수 있다. 그림 2.24에서 그중 몇 가지 가장 간단한 경우를 볼 수 있다. 나는 지름 1밀리미터의 구리선을 이용해서 변의 길이가 약 5센티미터인 다각형 틀을 만들었다. 모든 버팀대를 따로 결합하기보다 가능한 한 틀의 많은 부분을 끊지 않고 하나의 구리선을 구부려 만들면 일이 훨씬 쉬울 것이다. 그리고 손잡이를 추가로 달아 놓는 것을 명심하라.

 이 틀을 세제 용액에 잠깐 넣었다 꺼내는데, 이런 용액은 시간이 지나면서 막을 만드는 능력을 잃는다. 팔면체처럼 더욱 복잡한 틀의 경우, 막의 면이 서로 교차해서 생기는 패턴은 하나로 결정되지 않으며 부드럽게 바람을 불게 해 재배열시킬 수 있다. 만약 무관한 작은 거품이 꼭짓점에 달라붙었으면 조심스럽게 핀으로 찔러 제거할 수 있다.

그림 2.32의 현수면을 만들려면 양 끝에 2개의 원형 고리가 있는 집게 모양의 틀을 만들면 된다. 이 틀을 용액에 담갔다 빼내면 종종 사이에 원형 막이 있는 2개의 반쪽 현수면을 만들 것이다. 그리고 중심 막을 찔러서 이것을 하나의 현수면으로 바뀌게 할 수 있다. 이 막이 처음에 만들어졌을 때 놀라운 복원력이 있는 것을 보게 될 것이다.

좀 더 폭넓은 실험을 알기 원한다면, 찰스 버넌 보이스(Charles Vernon Boys, 1855~1944년)의 고전, 『비누 거품(*Soap Bubbles*)』(1959년)을 읽기를 강력히 추천한다.

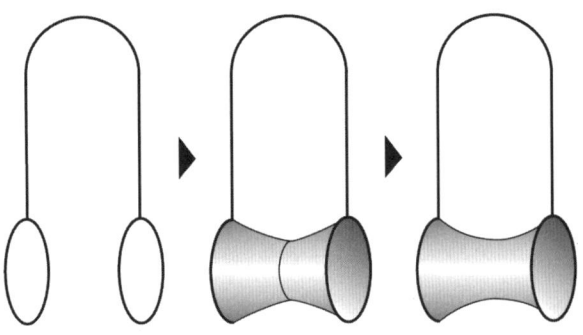

부록 2

진동하는 화학 반응

 신뢰할 만하며 다양한, 진동하는 화학 반응을 화학 문헌에서 볼 수 있는데, 여기에는 교육용 또는 비전문가 독자들을 위해 (아래와 같은) 몇 가지 제조법이 들어 있다. 가장 두드러진 색 변화 중 하나는 이른바 요오드산염, 요오드, 과산화물 발진기가 만드는 데, 내가 사용한 방법은 아래와 같다.

  용액 A: 요오드화칼륨(KIO_3) 42.8그램과 2몰 농도의 황산 80밀리리터를 증류수에 넣어서 전체 부피가 1리터가 되도록 만든 요오드화칼륨 용액 200밀리리터
  용액 B: 말론산 15.6그램과 황산망간($MnSO_4$) 4.45그램을 증류수에 넣어

서 전체 부피가 1리터가 되도록 만든 말론산, 황산 망간 용액 200밀리리터

용액 C: 끓는 물에 '녹는' 녹말 반죽을 넣어 만든 1퍼센트 농도의 녹말 용액 40밀리리터

용액 D: 100볼륨(vol)(약 30퍼센트)의 과산화수소(H_2O_2) 용액 200밀리리터

용액 A, B, C를 원뿔형 플라스크에 넣어 섞은 다음 용액 D를 넣어서 반응이 시작되게 한다. 자석 젓개를 이용해 잘 섞는다. 1~2분 후에 처음에는 푸른색(녹말과 반응해서 푸른색 화합물을 만드는 요오드가 형성되기 때문에 그렇다.)이었다가 옅은 노란색으로 바뀌고(요오드가 사라지면서) 다음에 갑자기 다시 푸른색으로 변해서 새로운 사이클이 시작된다. 이런 색 변화는 대략 15~20분간 계속되지만 결국 활력을 잃는데, 처음 시약의 일부를 매 사이클에서 다 써 버렸기 때문이다.

　몇 분 후 이 혼합액은 말론산이 산화되면서 이산화탄소 기체가 발생하기 때문에 거품이 발생하기 시작한다. 이 혼합액을 저어 주지 않으면 색 변화는 계속 일어나지만 용액 전체에 걸쳐 가는 실 같은 조각에서부터 성장한다. 말론산 용액을 미리 너무 많이 준비하지 않는 것이 중요한데 왜냐하면 말론산이 몇 주간의 과정을 걸쳐서 분해되기 때문이다. 가장 유명한 진동하는 반응은 벨로우소프-자보틴스키 반응인데, 여기에 이 반응을 위해 필자가 사용한 방법이 있다.

용액 A: 말론산 52.1그램을 물 1리터에 녹여서 만든 0.5몰 농도의 말론산 용액 400밀리리터

용액 B: 6몰 농도의 황산에 녹아 있는 0.01몰 농도의 황산세륨($Ce(SO_4)_2$)
용액 200밀리리터

용액 C: 물 1리터에 브롬산칼륨(KBrO3) 41.8그램을 넣어 만든 0.25M 브롬산칼륨 용액

용액 A와 B를 자석 젓개 원뿔형 플라스크 안에서 섞은 다음 용액 C를 넣어서 반응을 시작시킨다. 약 3분 후 용액은 무색과 노란색 사이를 왔다 갔다 한다. 이 진동은 10~15분 동안 지속된다.

이것이 벨로우소프가 맨 처음 본 색 변화인데, 푸른색과 보라색이 도는 붉은색 사이로 변화하게 하는 페로인(phenanthroline)이라는 지시약을 1밀리리터 넣어서 보다 극적인 효과를 낼 수 있다.

나는 런던에 있는 유니버시티 칼리지 화학과의 화학 시연 책자에서 이런 제조법을 얻었다. 이 실험을 하는 데 도움을 준 그렘 호가스(Graeme Hogarth)와 앤드리아 셀라(Andrea Sella), 그리고 다음 장의 부록에 있는 분들에게 깊이 감사드린다. 다른 진동하는 반응, 그리고 이 두 방법의 변형은 다음 문헌에서 찾아볼 수 있다.

Shakhashiri, B. Z., *Chemical Demonstrations: A Handbook for Teachers of Chemistry*, Vols 2 and 4 (Madison: University of Wisconsin Press, 1992).

Roesky, H. W., and Möckel, K., *Chemical Curiosities* (Weinhein: VCH, 1996).

Ford, L. A., *Chemical Magic* (New York: Dover, 1993).

부록 3

BZ 반응의 화학적 파동

휘젓지 않은 벨로우소프-자보틴스키 반응(BZ 반응)의 과녁 패턴은 필자에게는 늘 정말 놀라운 것이어서 그것이 쉽게 만들어지리라고 생각하기 어려웠다. 하지만 쉽게 만들 수 있다. 보통 교과서에 나오는 그림처럼 완벽한 원형 고리를 만드는 것은 또 다른 문제이겠지만 말이다. (이것은 일반적으로 분자들이 물이 아닌 겔 안을 통과해 나가므로 그 확산이 늦춰지는 것이 필요하다.) 이 방법은 매우 신뢰할 만해 보인다.

    용액 A: 황산 2밀리리터와 브롬산나트륨($NaBrO_3$) 5그램을 물 67밀리리터에 넣어 만든 용액
    용액 B: 물 10밀리리터에 브롬화나트륨(NaBr) 1그램을 넣어 만든 용액

용액 C: 물 10밀리리터에 말론산 1그램을 넣어 만든 용액

용액 D: 페로인 용액 1밀리리터(25 mM 농도의 페난트롤린 황산제일철)

용액 E: 물 1리터에 트리톤 X-100(세제의 일종) 1그램을 넣어 만든 용액

용액 A 6밀리리터를 지름이 약 3센티미터인 페트리 접시에 담고 용액 B 1~2밀리리터와 용액 C 1밀리리터를 넣으라. 브로민이 생기면서 용액은 갈색 빛을 띤다. 브로민은 몸에 해로우므로 접시 근처에서 숨을 깊이 들이마시지 않도록 주의하라. 1분쯤 후에 갈색은 사라질 것이다. 일단 용액이 투명해지면 (용액을 붉게 할) 용액 D 1밀리리터를 넣

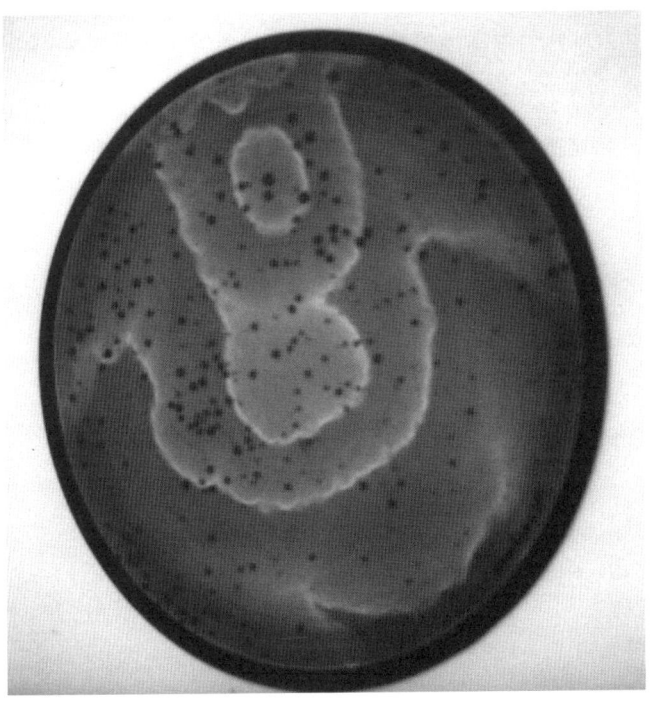

고 용액 E 1방울을 떨어뜨린다. 페트리 접시를 부드럽게 회전시켜서 용액을 섞는다. 그렇게 할 때 푸른색으로 바뀔 것이다. 하지만 곧 붉은색으로 되돌아간다. 그다음에는 그냥 세워 두라. 점점 푸른 점들이 잠잠했던 붉은 용액에서 나타나고 이 점들은 천천히 원형 파면으로 확장해 갈 것이다. 보통 12개 중에 1개쯤은 분리된 과녁파의 중심이 될 것이고 이 푸른 파면은 서로 충돌할 때 소멸된다.

접시를 OHP(OverHead Projector, 수평으로 놓은 투명 필름을 아래쪽에서 조명해 렌즈를 통한 상을 반사하여 투영하는 장치 — 옮긴이) 위에 놓아서 이런 반응을 청중에게 보여 줄 수 있다. 프로젝터의 열이 용액을 따뜻하게 해서 파면의 이동을 약간 더 빠르게 할 것이다. 얼마 후 이산화탄소 거품이 나타나기 시작할 것이다. 이것은 패턴을 불분명하게 하거나 망가뜨리지만 그것을 제거할 수 있고 용액을 부드럽게 회전시켜 반응 과정을 재개할 수 있다.

이 제조법은 런던에 있는 유니버시티 칼리지 화학과의 화학 시연 책자에서 얻었다.

부록 4

리제강 띠

이 실험은 근사하지만 며칠이 걸린다. 띠는 불용 화합물의 침전(석출) 구역인데 이것은 맨 위에서부터 시약 중 하나가 겔로 채워진 기둥을 통과해 확산하면서 간격을 두고 아래로 일어난다.

기둥 모양(약 1센티미터 지름)으로 눈금 없는 유리관이 가장 잘 볼 수 있어 이상적이지만, 뷰렛을 이용할 수 있다. 필자가 사용한 방법은 염화코발트와 수산화암모늄 사이의 반응을 수반하는데, 이 반응은 수산화코발트의 푸르스름한 띠를 침전시킨다. 염화코발트는 젤라틴 겔 안에 고루 퍼져 있는데, 입자가 고운 젤라틴 1.5그램과 함수 염화코발트($CoCl_2 \cdot 6H_2O$) 1그램에 증류수 25밀리리터를 섞고 5분간 끓는점까지 가열했다. 그다음에 이 혼합물을 곧바로 유리 기둥에 옮기고 플라스틱 필름으로 기둥의 맨 위를 덮고 겔이 되도록 상온(약 22도)에 24시간 놓아두라. 그러고 나서 농축된 암모니아 용액 1.5밀리리터를 피펫을 이용해서 굳어진 겔의 맨 위에 넣어 준다. 다시 관을 덮고 세워 둔다. 며칠 후 띠가 기둥 아래로 나타나기 시작한다. 이 띠는 일정하진 않지만(3장 참조) 약 1밀리미터 간격으로 가까이 위치한다. 띠와 눈높이를 맞춰야 분명하게 보이겠지만 띠는 뚜렷하게 잘 정의되어 있을 것이다.

이 방법의 출처는 다음과 같다.

Sultan, R., and Sadek, S., 'Patterning trend and chaotic, behaviour in Co^{2+}/NH_4OH Liesegang systems', *Journal of Physical Chemistry* 100 (1996): 16912.

Henisch, H. K., *Crystals in Gels and Liesegang Rings* (Cambridge University Press, 1988).

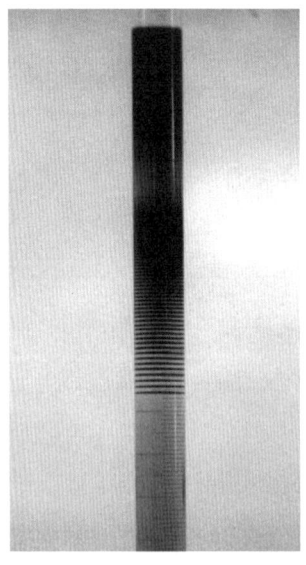

후주

1   SETI@Home(Search for Extra-Terrestrial Intelligence at Home)으로 불리는 이 프로젝트는 이른바 '집에서' 수행하는 분산 컴퓨팅의 한 예이다.

2   물론 여러분이 궁금해 하는 것을 잘 알겠다. 펜실베니아 대학교의 더그 두리안(Douglas J. Durian, 1962년~)과 그의 동료들에 따르면, 조약돌은 표면이 준(準)가우시안 분포의 곡률을 가지는 3차원의 둥근 물체이다. 이것은 들리는 것처럼 무시무시하지 않다. 표면의 어느 한 점에서 곡률은 여러분이 추측하는 바로 그것이다. 즉 얼마나 많이 굽었는지를 측정하는 것이다. 엄밀히 말하면 바로 그 점에 꼭 맞는 원의 반경의 역수에 비례한다. 평면은 0의 곡률을 가진다. 평면에 들어맞는 원의 반경이 무한대라는 것이다. 조약돌 표면의 여러 점들에서 곡률을 측정해 히스토그램으로 그리면 그 도표는 대략 가우시안 분포라고 불리는 종 모양의 곡선이 된다. 이 분포가 핵심이다. 이것은 '전형적인' 모양을 표현하는 기하학적 방법이다. 일종의 평균이라고 할 수 있다. 어느 두 조약돌도 표면의 모든 점에서 또는 더 나아가 대부분의 점에서 곡률이

같지 않을 것이다. 그럼에도 전반적인 곡률 분포는 같을 수 있다.

3 앵무조개는 자연의 수학적인 성질을 '대표하는 동물'이 되었지만 그 자신은 가엾게도 거의 주목을 받지 못한다. 우리의 관심은 앵무조개가 아니라 단지 앵무조개의 아름다운 텅 빈 껍데기에 있다. 이 연체동물은 기이한 점이 있다. 오징어, 문어와 친척뻘로 물을 빨아들이고 제트 수류(水流)를 분사하는 능력 덕분에 깊은 바다 속에서도 매우 활동성이 높다.

4 일원론은 모든 생명이 하나의 물질에서 유래한다는 사상이며, 육체와 영혼의 이원론을 부인한다. 헤켈은 이 사상을 전 생애에 걸쳐 추구했다. 이는 그를 반종교적 무신론자로 여겨지게 했다. 일원론과 나치 이데올로기 사이의 연결 고리는 아직도 논란의 대상이 되고 있다. 적어도 이 둘의 관계를 기술하는 방정식은 간단하지 않다고 말하지 않을 수 없다.

5 그 진위는 복잡하다. 가령 *Isis* 97 260~301쪽(2006년)에 실린 닉 홉우드(Nick Hopwood)의 분석을 보라.

6 역설적이게도 헤켈의 배시비우스 원형질이 거짓임을 드러낸 사람은 챌린저호의 화학자 존 영 뷰캐넌(John Young Buchanan, 1844~1928년)이었다.

7 뒤에서 이것에 대해 좀 더 자세히 다뤄야 한다. 계가 최소화하려는 **자유 에너지**로 불리는 물리량을 명확하게 다루게 될 것이다. 자유 에너지 최소화 원리가 모든 변화의 과정을 제어하는 것이다. 이것은 열역학 제2법칙(고립계에서 총엔트로피(무질서도)의 변화는 항상 증가하거나 일정하며 절대로 감소하지 않는다. 에너지 전달에는 방향이 있다는 의미다. — 옮긴이)에서 다른 식으로 표현되는데, 앞으로 패턴 형성 과정에 중추적인 역할을 하는 개념으로 보게 될 것이다. 지금은 이 최소화 원리를 어떤 '경향성'으로 설명하겠다. 왜냐하면 그 원리가 여러 장애물에 부딪혀 실패할 수도 있기 때문이다. 마치 아래로 흐르는 물이 댐에 가로막힐 수 있는 것처럼 말이다.

8 맥주 한 파인트 위에 올라온 거품(합쳐진 거품투성이)은 비누 분자들과 같은 역할을 하는 맥주 속의 유기 화합물로 안정화된다. 폭풍이 몰아친 바다의 해안선을 덮은 거품도 마찬가지로 해양 생물의 분비물로 안정화된다.

9 미국 일리노이 대학교 어바나 샴페인 분교의 존 설리번(John M. Sullivan)과 영국 바스 대학교의 루제로 가브레엘리(Ruggero Gabbrielli)는 톰프슨의 다면체를 개선하는, 다른 규칙성이 있는 다면체 밀집 방법을 차례로 발견했다.

10   민족적 자긍심에 상처를 입히면 안 되기에 셰르크와 슈바르츠 둘 다 지금은 폴란드의 일부가 된 독일의 주에서 태어났음을 밝힌다.
11   이런 구조 중 일부는 **일정한** 평균 곡률을 가지는 주기 곡면에 해당한다. 즉 모든 점에서 평균 곡률이 0은 아니지만 어느 곳에서나 똑같은 곡률을 가지는 표면을 의미한다.
12   사실 아리스토텔레스의 설명은 각각의 원소가 우주(cosmos, 질서와 조화가 있는 체계라고 생각된 우주)에서 자연스러운 자리를 가지는 원소들의 계층 구조를 떠올리게 한다. 땅과 물은 중심에 속하고 비는 아래로 떨어지는 반면 불은 하늘을 향해 솟아오른다. 공기는 그 중간에 자리한다.
13   지겨우리만큼 많은 각주 없이 열역학에 대해 쓰는 데 성공한 적이 없는 것 같다. 왜냐하면 열역학과 연결된 어떤 간단한 의견도 오해를 일으키거나 완전히 잘못된 것이 되지 않게 하려면 명확한 설명이 필요하기 때문이다. 이러한 경우에 제1법칙이 보통은 전체 우주가 아니라, 좀 비밀스럽지만 '닫힌계'에 대해 사용된다는 점을 지적하고 싶다. 닫힌계는 에너지가 빠져나갈 수 없으며 또한 밖에서 유입될 수도 없다. 이런 정의 때문에 에너지의 보존 여부에 대한 질문을 던지는 것에 반대하는 이도 있을 것이다. "만약 들어가고 나가는 것이 없다면 에너지가 그대로 유지되는 것 말고 어떻게 다른 일이 있을 수 있다는 말인가?"하고 말이다. 하지만 닫힌계의 총에너지가 자발적으로 줄지 않는다는 것은 마치 한 나라의 인구가 아무도 국경을 넘지 않아도 오르락내리락하는 것처럼 자명하지는 않다. 그럼에도 제1법칙은 총에너지가 줄어드는 경우는 일어날 수 없다고 말한다. 닫힌계의 총에너지는 변하지 않고 항상 일정해야 한다는 것이다. 우주의 어느 부분도 따로 완벽히 닫힌계를 구성하지 못한다. 항상 누출(leakage)이 있기 마련이다. 하지만 종종 이런 누출을 대수롭지 않게 만들 수 있다. 예를 들면 밀폐된 용기를 절연시켜서 그렇게 할 수 있다. 그리고 그렇게 해서 제1법칙을 적용할 수 있는 닫힌계에 대한 좋은 근사치를 도출할 수 있는 것이다.
14   제2법칙을 다른 방식으로 생각할 수 있다. 미시 상태의 확률에 대한 그림을 떠올리는 대신, **에너지**가 퍼지려는 경향성으로 설명하는 것이다. 집중된 에너지는 분산된 에너지가 된다. 한 덩어리 석탄에는 어마어마한 양의 에너지가 농축되어 있고, 다이너마이트 한 덩이는 그것보다 훨씬 더 큰 에너지가 농축되어 있다. 불꽃에 갖다 대거나 적절한 방법으로 촉발하면 응축된 에너지는 퍼지게 된다. 마찬가지로 열에너지는 항상 고온에서 저온으로 흐른다. 궁극적으로 그 마지막 결과는 물에 떨어뜨린 잉크처럼 열

은 균일하게 되고, 골고루 분산된다. 이것이 바로 19세기 중반에 물리학자 루돌프 율리우스 에마누엘 클라우지우스(Rudolf Julius Emanuel Clausius, 1822~1888년)로 하여금 우주의 종말이 피할 수 없음을 예측하게 했다. 우주는 유용한 과정을 구동시킬 수 있는 어떤 에너지의 집중이 더 이상 없게 될 때 결국 '열소멸(heat death)'로 끝날 것이다. 이것은 일종의 미지근한 상태의 아마겟돈(Armageddon)이다.

15 개별 분자 수준에서 화학 반응은 **정말** 양방향으로 일어난다. 만약 이 반응이 A분자가 B분자에 결합하며, 우리가 분자 수준의 묘사를 제공하는 현미경을 통해서 그 과정을 추적할 수 있다면, 심지어 평형 상태에서도 A와 B의 결합과 복합체 AB 분자의 분해를 **둘 다** 보게 될 것이다. 하지만 평형 상태에서는 이 두 과정의 속도가 같아서 A, B 그리고 AB의 평균 양은 일정하다. 전체 엔트로피의 변화 정도에 따라 이러한 평형 상태는 AB를 훨씬 더 높거나 낮은 비율로 포함할 수 있다. 이것은 분자 세계는 항상 동적이며 분자들이 끊임없이 움직인다는 사실을 보여 주는 한 예이다. 평형의 균형 상태는 미시 동역학에서 나온 불변하는 평균을 반영한다.

16 물론 토끼도 마찬가지다. 하지만 토끼는 매우 빠르게 번식하므로 이런 부분을 고려할 필요가 없다.

17 톰프슨 시대부터 우리 시대에 이르기까지 생물학자들이 흔히 보여 준 수학과 추상적 이론에 대한 반감을 생각해 보면, 이것은 이상해 보일지 모른다. 그러나 생태학자와 개체군 생물학자 그리고 어느 정도는 신경 과학자들도 세포와 분자를 연구하는 생물학자들이 하지 않은 방법으로 수학을 수용했다는 점에서 늘 예외적이었다. 로트카의 1924년도 저서 『물리 생물학의 요소들(Elements of Physical Biology)』은 후에 수리 생물학(1956년 재판에서는 이 용어가 사용된다.)으로 알려지게 될 것에 대해 처음으로 드러냈다. 한편 피셔는 개체군 유전학뿐 아니라 순수 통계학에 중요한 기여를 한다. 이후 여러 장에서 또한 이 시리즈의 다른 책에서, 물리학자 또는 자연 과학자들에 훨씬 앞서서 패턴 형성의 세계로 향하는 새로운 길을 여는 데 신념을 가진 여러 생물학자들의 예를 접하게 될 것이다.

18 BZ 계에 대한 실험에서, 시약은 일반적으로 한 층의 겔 안에 주입된다. 이것은 확산 속도를 줄이고 화학적 파동을 보다 안정시키며 교란에 덜 민감하게 해서 보다 매끄럽고 규칙적인 모양을 가져오게 한다.

19 그렇지만 딕티오스텔리움의 주화성에 기인한 패턴 형성 메커니즘은 다세포 기관들

의 배아 발생에서 발견되는 그것과는 꽤 다르다.

20 호기심 많은 사람과 화학에 관심이 있는 사람을 위해서 알려 주자면 이것은 고리형 아데노신 일인산이다.

21 얼룩말의 줄무늬가 위장에 얼마나 효과적인지는 아직 논란이 있다. 영국의 동물학자 휴 뱀퍼드 코트(Hugh Bamford Cott, 1900~1987년, 제2차 세계 대전 동안 군에 위장에 대해 조언할 만큼 위장에 대해 박식했다.)는 어느 관찰자의 말을 인용하여 다음과 같이 말했다. "그는 얇은 위장막으로 가장 보이지 않는 동물이 된다. 그의 흑백줄무늬와 위장막이 너무나 혼동되어서 아무리 가까운 거리에서 봐도 구별이 거의 불가능하다."

22 튜링의 방정식을 손으로 푸는 어려움과 그 때문에 그가 취해야 했던 근사치는 튜링을 불만스럽게 했다. 그는 그의 이론의 일부 특정한 경우를 보다 정확하게 조사할 수 있는 '디지털 컴퓨터'를 제안했다. 물론 이것은 튜링 자신이 개발하려 했던 바로 그런 장치였다.

23 실제로 튜링 방식의 반응-확산계 모형에서 줄무늬를 만들기는 그리 쉽지 않다. 줄무늬가 얼룩무늬로 나뉘는 경향이 있기 때문이다. 머리는 그의 모형에서 줄무늬가 견뎌 낼 수 있다고 가정했지만 보통 이것은 몇 가지 특별한 구속 조건이 필요하다. 가령 활성제의 자가 촉매적인 생산 속도가 상한치라면, 그 결과 무한정 계속해서 '되먹임' 할 수 없게 된다.

24 포식자를 속이기 위해, 독이 있는 나비 종의 날개 무늬를 해롭지 않은 종이 모방하는 것은 영국의 동물학자 헨리 월터 베이츠(Henry Walter Bates, 1825~1892년)의 연구 이후 베이츠 의태로 알려져 있다.

25 게다가 모든 패턴이 진화적인 면에서 **유용**해야 한다는 것은 분명하지 않다. 보아 온 대로 일부 생물학적인 형태와 패턴은 적응 가치 없이 **중립적**일 수 있다. 이 중립 진화 개념은 19세기 발생학자 카를 에른스트 폰 베어(Karl Ernst von Baer, 1792~1876년)가 처음으로 시사했다.

26 유전자 이름은 관례적으로 이탤릭체로 쓴다. 반면 유전자에서 파생된 단백질은 유전자와 이름은 같지만 정상 서체로 쓴다.

27 오랫동안 이것은 베이츠 의태의 고전적인 예로 여겨졌다. 그러나 1991년에 제왕나비와 총독나비가 똑같이 그들을 잡아먹는 새들에게 맛없게 보인다는 사실이 알려졌다.

그 대신 그들의 유사성은 1878년에 독일의 동물학자 요한 프리드리히 테오도어 프리츠 뮐러(Johann Friedrich Theodor Müller, 1821~1897년)가 확인한 이른바 뮐러 의태의 한 예인 것처럼 보인다. 뮐러 의태는 (포식자에게) 유해한 2개의 종이 서로 각각의 무늬를 모방함으로써 상호 억제력을 증가시키는 데 이득을 얻는다는 것이다. 나보코프는 실제로 그럴 것이라고 생각했는데, 직접 2종의 나비를 맛보는 어려움을 겪으며 둘 다 똑같이 맛이 쓴 것을 확인할 정도였다.

28 다윈에게 이러한 패턴을 설명하려는 시도는 "멀쩡한 사람을 미치게 만들었을지 모른다."

29 예를 들어 $1/\phi = \phi-1, \phi2 = \phi+1$

30 이런 계에서 그림 6.1b의 마주나기 구조는 (1,1) 배열에 해당된다. 후지타는 분명 이것을 전혀 살펴보지 않았다.

31 이 초고는 피터 티머시 손더스(Peter Timothy Saunders, 1939년~)가 편집한 튜링의 논문 모음집인 『형태 형성(*Morphogenesis*)』(North-Holland, 1992년) 『가지』에 포함되었다. 또 크리스토프 토이셔(Christof Teuscher)가 쓴 『앨런 튜링: 위대한 사상가의 삶과 유산(*Alan Turing: Life and Legacy of a Great Thinker*)』(Springer, 2004년)에서 조너선 스윈튼(Jonathan Swinton)은 그 초고에 대해 논의했다. 튜링의 기본적인 아이디어는 아래의 토의와 유사하다. 식물이 생장하는 끝부분에 위치한 반응-확산 계는 원통형 줄기 위에서 계속 발아하는 점을 가지고 있다. 튜링은 이 이론을 확장하여 또 하나의 초고,「데이지 생장의 개요(Outline of the development of a daisy)」를 썼고 이 원고는 같은 모음집에 실렸다.

32 옥신은 식물 생장을 촉진하고 옥신과 그것과 관련된 다양한 합성 화합물은 그런 목적으로 농업에 이용되고 있다. 그러나 과량의 옥신은 식물을 죽일 수 있으며, 그래서 이 화합물은 제초제로도 사용된다. 유명한 고엽제 에이전트 오렌지(Agent Orange, 베트남 전쟁 당시 미군이 베트남 정글을 초토화한 독성 제초제 중 하나 ― 옮긴이)도 그 제초제에 포함된다.

33 전문적으로 말해 이러한 변화는 얇고 긴 조각이 차지하는 공간의 이른바 **계량(metric)**을 바꿈으로써 야기된다. 이것은 공간이 마치 고무시트인 양 공간 자체를 비트는 것과 같다. 이와 같은 공간 계량의 변화를 알베르트 아인슈타인(Albert Einstein, 1879~1955년)이 중력의 효과를 이해하기 위해 일반 상대성 이론에서 이용

했다. 337쪽에서는 여러 종들의 해부학적인 비교를 위해 톰프슨이 이용한 공간의 탄성 일그러짐에 대해 논의할 것이다.

34 영국의 동화작가 줄리아 캐서린 도널드슨(Julia Catherine Donaldson, 1948년~)의 매력적인 책 『원숭이 퍼즐(Monkey Puzzle)』은 바로 그 당혹스러움을 바탕으로 써졌는데, 나비가 엄마와 떨어진 원숭이를 갖가지 어울리지 않은 생물들에게 안내한다. 대부분의 엄마는 자식과 전체적으로 같은 모양을 가진다는 것도 모르고 말이다.

35 일반적인 접근법은 유전 공학으로 개별 단백질의 유전자를 변형하는 것이다. 그래서 단백질이 만들어질 때 이미 형광 화학기가 단백질에 붙어 있게 한다. 형광빛이 나타나서 유전자가 활성화되었다는 신호를 보낸다.

36 이것들이 RNA 분자인데 염색체의 DNA를 단백질로 변환하는 중개자 역할을 한다. 염색체 안에 있는 단일 유전자가 가진 정보는 먼저 RNA에 전사되고 다음으로 RNA 분자는 리보솜으로 불리는 다분자 복합체가 단백질을 합성하기 위한 틀 역할을 한다.

37 호메오 도메인으로 불리는 그런 유전자 분절 중에서 24가지 다른 군이 현재 알려져 있다.

38 혹스 유전자가 처음으로 확인되었을 때, 진화 생물학자들은 진화 역사 내내 증가하는 신체 패턴의 복잡성은 단지 유전체에 복사하는 방법으로 이러한 '스위치'를 더 많이 획득한 결과라고 생각했다. 그러나 실은 매우 '원시적인' 생물도 혹스 유전자의 인상적인 배열을 보여 주며, 형태의 복잡성은 더 많은 패턴 형성 스위치가 있어서가 아니라 그것을 조절하고 구성하는 새로운 방법을 찾는 데서 나타나게 됨을 시사한다. 지금은 멸종된 지 오래인 조상 생물들에서 이런 유전자 중 어떤 것이 있었는지를 알아냄으로써 이 생물들이 어떤 모습이었을지 적절한 추측이 가능하게 된다. 예를 들면 눈이나 중추 신경계가 있었는지 없었는지 말이다.

참고 문헌

Agladze, K., Keener, J. P., Müller, S. C., and Panfilov, A. 'Rotating spiral waves created by geometry', *Science* 264 (1994): 1746.

Alexander, V. N., 'Neutral evolution and aesthetics: Vladimir Nabokov and insect mimicry', *Santa Fe Institute Working Paper* (2001), <http://www.santafe.edu/research/publications/wpabstract/200110057>.

Aubert, J. J., Kraynik, A. M., and Rand, P. B., 'Aqueous foams', *Scientific American* 254(5) (1986): 58.

Bascompte, J., and Solé, R. V., 'Habitat fragmentation and extinction thresholds in spatially explicit models', *Journal of Animal Ecology* 65 (1996): 465.

Ben-Jacob, E., Cohen, I., Shochet, O., Aranson, I., Levine, H., and Tsimring, L., 'Complex bacterial patterns', *Nature* 373 (1995): 566.

Boissonade, J., Dulos, E., and De Kepper, P., 'Turing patterns: from myth to reality', in

Kapral, R., and Showalter, K. (eds), *Chemical Waves and Patterns* (Dordrecht: Kluwer Academic, 1995).

Bonabeau, E., 'From classical models of morphogenesis to agent-based models of pattern formation', *Artificial Life* 3 (1997): 191.

Bonabeau, E., Theraulaz, G., Deneubourg, J.-L., Franks, N. R., Refelsberger, O., Joly J.-L., and Blanco, S., 'A model for the emergence of pillars, walls and royal chambers in termite nests', *Philosophical Transactions of the Royal Society of London B* 353 (1998): 1561.

Boys, C. V., *Soap Bubbles* (New York: Dover, 1959).

Brakefield, P. M., et al., 'Development, plasticity and evolution of butterfly eyespot patterns', *Nature* 384 (1996): 236.

Breidbach, O., *Visions of Nature. The Art and Science of Ernst Haeckel* (Munich: Prestel, 2006).

Brenner, M. P., Levitov, L. S., and Budrene, E. O., 'Physical mechanisms for chemotactic pattern formation in bacteria', *Biophysical Journal* 74 (1998): 1677.

Brunetti, C. R., Selegue, J. E., Monteiro, A., French, V., Brakefield, P. M., and Carroll S. B., 'The generation and diversification of butterfly eyespot color patterns', *Current Biology* II (2001): 1578.

Bub, G., Shrier, A., and Glass, L., 'Spiral wave generation in heterogeneous ecitable media', *Physical Review Letters* 88 (2002): 058101.

Buckley, P. A., and Buckley, F. G., 'Hexagonal packing of royal tern nests', *The Auk* 94 (1977): 36.

Budrene, E. O., and Berg, H., 'Dynamics of formation of symmetrical patterns by chemotactic bacteria', *Nature* 376 (1995): 49.

Camazine, S., *Self-Organized Biological Superstructures* (Princeton: Princeton University Press, 1998).

Camazine, S., Deneubourg, J.-L., Franks, N. R., Sneyd, J., Theraulaz, G., and Bonabeau, ،E., *Self-Organization in Biological Systems* (Princeton: Princeton University Press, 2001).

Campos, P. R. A., de Oliveira, V. M., Giro, R., and Galvão, D. S., 'Emergence of prime numbers as a result of evolutionary strategy', *Physical Review Letters* 93 (2004): 098107.

Carroll, S. B., *Endless Forms Most Beautiful* (London: Weidenfeld & Nicolson, 2006).

Castets, V., Dulos, E., Boissonade, J., and De Kepper, P., 'Experimental evidence of a sustained standing Turing-type nonequilibrium chemical pattern', *Physical Review Letters* 64 (1990): 2953.

Chen, Y., and Schier, A. F., 'The zebrafish Nodal signal Squint functions as a morphogen', *Nature* 411 (2001): 607.

Chopard, B., Luthi, P., and Droz, M., 'Reaction-diffusion cellular automata model for the formation of Liesegang Patterns', *Physical Review Letters* 72 (1994): 1384.

Church, A. H., *On the Relation of Phyllotaxis to Mechanical Laws* (London: Williams & Norgate, 1904).

Cohen, J., and Stewart, I., *The Collapse of Chaos* (London: Penguin 1994).

Conway Morris, S., *Life's Solution* (Cambridge: Cambridge University Press, 2003).

Cooke, T. J., 'Do Fibonacci numbers reveal the involvement of geometrical imperatives or biological interactions in phyllotaxis?', *Botanical Journal of the Linnean Society* 150 (2006): 3.

Copeland, B. J. (ed.), *The Essential Turing* (Oxford: Clarendon Press, 2004).

Coveney, P., and Highfield, R., *Frontiers of Complexity* (London: Faber & Faber, 1995).

Dawkins, R., *The Selfish Gene* (Oxford: Oxford University Press, 1990).

Dawkins, R., *The Blind Watchmaker* (New York: W. W. Norton, 1996).

Douady, S., and Couder Y., 'Phyllotasix as a physical self-organized growth process', *Physical Review Letters* 68 (1992): 2098.

Dumollard, R., Carroll, J., Dupont, G., and Sardet, C., 'Calcium wave pacemakers in eggs', *Journal of Cell Science* 115 (2002): 3557.

Durian, D. J., Bideaud, H., Duringer, P., Schröder, A., Thalmann, F., and Marques, C. M., 'What is in a pebble shape?', *Physical Review Letters* 97 (2006): 028001.

Durian, D. J., Bideaud, H., Duringer, P., Schröder, A., and Marques, C. M., 'Shape and erosion of pebbles', *Physical Review E* 75 (2007): 021301.

Emmer, M., *Bolle di Sapone* (Florence: La Nuova Italia, 1991).

Entchev, E. V., Schwabedissen, A., and González-Gaitán, M., 'Gradient Formation of the TGF-b Homolog Dpp', *Cell* 103 (2000): 981.

Epstein, I. R., and Showalter, K., 'Nonlinear chemical dynamics: oscillations, patterns, and chaos', *Journal of Physical Chemistry* 100 (1996): 13132.

Ertl, G., 'Oscillatory kinetics and spatio-temporal self-organization in reactions at solid surfaces', *Science* 254 (1991): 1750.

Erwin, D. H., 'The Developmental Origins of animal body plans', in Xiao, S. and Kaufman, A. J. (eds), *Neoproterozoic Geobiology and Paleobiology* (Berlin: Springer, 2006).

Fourcade, B., Mutz, M., and Bensimon, D., 'Experimental and theoretical study of toroidal vesicles', *Physical Review Letters* 68 (1992): 2551.

Ghiradella, H., and Radigan, W., 'Development of butterfly scales: II. Struts, lattices and surface tension', *Journal of Morphology* 150 (1976): 279.

Ghiradella, H., and Radigan, W., 'Structure of butterfly scales: patterning in an insect cuticle', *Microscopy Research and Technique* 27 (1994): 429.

Ghyka, M., *The Geometry and Art of Life* (New York: Dover, 1977).

Gierer, A., and Meinhardt, H., 'A theory of biological pattern formation', *Kybernetik* 12 (1972): 30.

Gilad, E., Hardenberg, J. von, Provenzale, A., Shackak, M., and Meron, E., 'Ecosystem engineers: from pattern formation to habitat creation', *Physical Review Letters* 93 (2004): 098105.

Glass, L., "Dynamics of cardiac arrhythmias', *Physics Today* (August 1996): 40.

———, 'Multistable spatiotemporal patterns of cardiac activity', *Proceedings of the National Academy of Sciences USA* 102 (2005): 10409.

Goethe, J. W. von, *The Collected Works*. Vol. 12: *Scientific Studies*, ed. and trans. Miller, D. (Princeton: Princeton University Press, 1995).

Goles, E., Schulz, O., and Markus, M., 'A biological generator of prime numbers', *Nonlinear Phenomena in Complex Systems* 3 (2000): 208.

Goodwin, B., *How the Leopard Changed Its Spots* (London: Weidenfeld & Nicolson, 1994).

Gorman, M., El-Hamdi, M., and Robbins, K. A., 'Experimental observation of ordered states of cellular flames', *Combustion Science and Technology* 98 (1994): 37.

Gould, S. J., *Wonderful Life* (London: Penguin, 1991).

———, *Ontogeny and Phylogeny* (Cambridge, Mass.: Belknap / Harvard University Press, 1977).

Gray, R. A., and Jalife, J., 'Spiral waves and the heart', *International Journal of Bifurcation and Chaos* 6 (1996): 415.

Gunning, B. E. S., 'The greening process in plastids. I. The Structure of the prolamellar body'. *Protoplasma* 60 (1965): III.

Gunning, B. E., and Steer, M. W., '*Ultrastructure and the Biology of Plant Cells*' (Edward Arnold, 1975).

Gurdon, J. B., Harger, P., Mitchell, A., and Lemaire, P., 'Activin signalling and response to a morphogen gradient', *Nature* 371 (1994): 487.

Haeckel, E., *Art Forms in Nature* (Munich: Prestel, 1998).

Hardenberg, J. von, Meron, E., Shachak, M., and Zarmi, Y., 'Diversity of vegetation patterns and desertification', *Physical Review Letter* 87 (2001): 198101.

Harting, P., 'On the artificial production of some of the principal organic calcareous formations', *Quarterly Journal of the Microscopy Society* 12 (1872): 118.

Hassell, M. P., Comins, H. N., and May, R. M., 'Spatial structure and chaos in insect populations', *Nature* 353 (1991): 255.

Hayashi, T., and Carthew, R. W., 'Surface mechanics mediate pattern formation in the developing retina', *Nature* 431 (2004): 647.

Heaney, P., and Davis, A., 'Observation and origin of self-organized textures in agates', *Science* 269 (1995): 1562.

Henisch, H. K., *Crystals in Gels and Liesegang Rings* (Cambridge: Cambridge University Press, 1988).

Higgins, K., Hastings, A., Sarvela, J. N., and Botsford, L. W., 'Stochastic dynamics and deterministic skeletons: population behavior of the Dungeness crab', *Science* 276 (1997): 1431.

Hildebrandt, S., and Tromba, A. *The Parsimonious Universe* (New York: Springer, 1996).

Hwang, S.-M., Kim, T. Y., and Lee, K. J., 'Complex-periodic spiral waves in confluent cardiac cell cultures induced by localized inhomogeneities', *Proceedings of the National Academy of Sciences USA* 102 (2005): 10363.

Hyde, S., Andersson, S., Larsson, K., Blum, Z., Landh, T., Lidin, S., and Ninham, B., *The Language of Shape* (Amsterdam: Elsevier, 1997).

Hyde, S. T., O'Keeffe, M., and Proserpio, D. M., 'A short history of an elusive yet ubiquitous structure in chemistry, materials, and mathematics', *Angewandte Chemie International Edition* 47 (2008): 7996.

Jakubith, S., Rothemund, H. H., Engel, W., Oertzen, A. von, and Ertl, G., 'Spatiotemporal concentration patterns in a surface reaction: propagating and standing waves, rotating spirals, and turbulence', *Physical Review Letters* 65 (1990): 3013.

Kaminaga, A., Vanag, V. K., and Epstein, I. R., 'A reaction-diffusion memory device, *Angewandte Chemie International Edition* 45 (2006): 3087.

Kapral, R., and Showalter, K. (eds), *Chemical Waves and Patterns* (Dordrecht: Kluwer Academic, 1995).

Kareiva, P., 'Stability from variability', *Nature* 344 (1990): III.

Kareiva, P., and Wennergren, U., 'Connecting landscape patterns to ecosystem and population processes', *Nature* 373 (1995): 299.

Kawczynski, A. L., and Legawiec, B., 'Two-dimensional model of a reaction-diffusion system as a typewriter', *Physical Review E* 64 (2001): 056202.

Kemp, M., *Visualizations* (Oxford: Oxford University Press, 2000).

———, 'Divine proportion and the Holy Grail', *Nature* 428 (2004): 370.

Klausmeier, C. A., 'Regular and irregular patterns in semiarid vegetation', *Science* 284 (1999): 1826.

Koch, A. J., and Meinhardt, H., 'Biological pattern formation: from basic mechanisms to complex structures', *Review of Modern Physics* 66 (1994): 1481.

Kondo, S., and Asai, R., 'A reaction-diffusion wave on the skin of the marine angelfish *Pomacanthus*', *Nature* 376 (1995): 765.

Lawrence, P. A., *The Making of a Fly* (Oxford: Blackwell Scientific, 1992).

Lechleiter, J., Girard, S., Peralta, E., and Clapham, D., 'Spiral calcium wave propagation and annihilation in *Xenopus laevis* oocytes', *Science* 252 (1991): 123.

Lee, K.-J., McCormick, W. D., Pearson, J. E., and Swinney, H. L., 'Experimental observation of self-replicating spots in a reaction-diffusion system', *Nature* 369 (1994): 215.

Lemons, D., and McGinnis, W., 'Genomic evolution of Hox gene clusters', *Science* 313 (2006): 1918.

Li, C., Zhang, X., and Cao, Z., 'Triangular and Fibonacci number patterns driven by stress on core/shell microstructures', *Science* 309 (2005): 909.

Liaw, S. S., Yang, C. C., Liu, R. T., and Hong, J. T., 'Turing model for the patterns of lady beetles', *Physical Review E* 64 (2001): 041909.

Lipowsky, R. 'The conformation of membranes', *Nature* 349 (1991): 475.

Liu, R. T., Liaw, S. S., and Maini, P. K., 'Two-stage Turing model for generating pigment patterns on the leopard and the jaguar', *Physical Review E* 74 (2006): 011914.

Lotka, A. J., 'Analytical note on certain rhythmic relations in organic systems', *Proceedings of the National Academy of Sciences USA* 6 (1920): 410.

―――, 'Natural selection as a physical principle', *Proceedings of the National Academy of Sciences USA* 6 (1922): 151.

McKay, D., et al., 'Search for past life on Mars: Possible relict biogenic activity in Martian meteorite ALH84001', *Science* 273 (1996): 924.

Mann, S., and Ozin, G., 'Synthesis of inorganic materials with complex form', *Nature* 382 (1996): 313.

Marder, M., Sharon, E., Smith. S., and Roman, B., 'Theory of edges of leaves', *Europhysics Letters* 62 (2003): 498.

Markus, M., and Hess, B., 'Isotropic cellular automaton for modelling excitble media', *Nature* 347 (1990): 56.

May, R., 'The chaotic rhythms of life', in Hall, N. (ed.), *Exploring Chaos. A Guide to the New Science of Disorder* (New York: W. W. Norton, 1991).

May, R. M., 'Simple mathematical models with very complicated dynamics', *Nature* 261 (1976): 459.

Mclean, R. J., and Pessoney, G. F., 'A large scale quasi-crystalline lamellar lattice in chloroplasts of the green alga Zygnema', *Journal of Cell Biology* 45 (1970): 522.

Meinhardt, H., *Models of Biological Pattern Formation* (London: Academic Press, 1982).

―――, 'Dynamics of stripe formation', *Nature* 376 (1995): 722.

Mertens, F., and Imbihl, R., 'Square chemical waves in the catalytic reaction NO+H2 on a rhodium (110) surface', *Nature* 370 (1994): 124.

Michalet, X., and Bensimon, D., 'Vesicles of toroidal topology: observed morphology and shape transformations', *Journal de Physique II* 5 (1995): 263.

Michielsen, K., and Stavenga, D. G., 'Gyroid cuticular structures in butterfly wing scales: biological photonic crystals', *Journal of the Royal Society Interface* 5 (2008): 85.

Murray, J. D., 'How the leopard gets its spots', *Scientific American* 258(3) (1988): 62.

―――, *Mathematical Biology* (Berlin: Springer, 1990).

Nijhout, H. F., *The Development and Evolution of Butterfly Wing Patterns* (Washington: Smithsonian Institution Press, 1991).

―――, 'Polymorphic mimicry in Papilio dardanus: mosaic dominance, big effects, and origins', *Evolution and Development* 5 (2003): 579.

Nüsslein-Volhard, C., 'Gradients that organize embryo development', *Scientific American* (August 1996): 54.

Ortoleva, P. J., *Geochemical Self-Organization* (Oxford: Oxford University Press, 1994).

Ouyang, Q., and Swinney, H. L., 'Transition from a uniform state to hexagonal and striped Turing patterns', *Nature* 352 (1991): 610.

Ouyang, Q., and Swinney, H. L., 'Onset and beyond Turing pattern formation', in Kapral, R., and Showalter, K. (eds), *Chemical Waves and Patterns* (Dordrecht: Kluwer Academic, 1995).

Ozin, G. A., and Oliver, S., 'Skeletons in a beaker: synthetic hierarchical inorganic materials', *Advanced Materials* 7 (1995): 943.

Pearlman, H. G., and Ronney, P. D., 'Self-organized spiral and circular waves in premixed gas flames', *Journal of Chemical Physics* 101 (1994): 2632.

Pirk, C. W. W., Hepburn, H. R., Radloff, S. E., and Tautz, J., 'Honeybee combs: construction through a liquid equilibrium process?', *Naturwissenschaften* 91 (2004): 350.

Pratt, S. C., 'Gravity-dependent orientation of honeycomb cells', *Naturwissenschaften* 87 (2000): 33.

Prost, J., and Rondelez, F., 'Structures in colloidal physical chemistry', *Nature* 350 (supplement) (1991): 11.

Richardson, M. K., and Kueck, G., 'A question of intent: when is "schematic" illustration a fraud?', *Nature* 410 (2001): 144.

Saunders, P. T. (ed.), *Morphogenesis: Collected Works of A. M. Turing*, vol. 3 (Amsterdam: North-Holland, 1992).

Schopf, W. (ed.), *Earth's Earliest Biosphere* (Princeton: Princeton University Press, 1991).

Scott, S., 'Clocks and chaos in chemistry', in Hall, N. (ed.), *Exploring Chaos, A Guide to the New Science of Disorder* (New York: W. W. Norton, 1991).

Scott, S. K., *Oscillatios, Waves, and Chaos in Chemical Kinetics* (Oxford: Oxford University Press, 1994).

Sharon, E., Marder, M., and Swinney, H. L., 'Leaves, flowers and garbage bags: making waves', *American Scientist* 92 (2004): 254.

Shipman, P., and Newell, A. C., 'Phyllotactic patterns on plants', *Physical Review Letters* 92 (2004): 168102.

Sick, S., Reinker, S., Timmer, J., and Schlake, T., 'WNT and DKK determine hair follicle spacing through a reaction-diffusion mechanism', *Science* 314 (2006): 1447.

Smolin, L., 'Galactic disks as reaction-diffusio systems', preprint <http://www.arxiv.org/abs/astro-ph/9612033> (1996).

Solé, R., and Goodwin, B., *Signs of Life* (New York: Basic Books, 2000).

Steinberg, B. E., Glass, L., Shrier, A., and Bub, G., 'The role of heterogeneities and intercellular coupling in wave propagation in cardiac tissue', *Philosophical Transactions of the Royal Society A* 364 (2006): 1299.

Stevens, P. S., *Patterns in Nature* (London: Penguin, 1974).

Stewart, I., *Nature's Numbers* (London: Weidenfeld & Nicolson, 1995).

―――, *Life's Other Secret. The New Mathematics of the Living World* (New York: Wiley, 1998).

―――, *What Shape is a Snowflake? Magical Numbers in Nature* (London: Weidenfeld & Nicolson, 2001).

Stewart, I., and Golubitsky, M., *Fearful Symmetry* (London: Penguin, 1993).

Suzuki, N., Hirata, M., and Kondo, S., 'Travelling stripes on the skin of a mutant mouse', *Proceedings of the National Academy of Sciences USA* 100 (2003): 9680.

Swinton, J., 'Watching the daisies grow: Turing and Fibonacci phyllotaxis', in Teuscher, C. A. (ed.), *Alan Turing: Life and Legacy of a Great Thinker* (Berlin: Springer, 2004): 477.

Theraulaz, G., Bonabeau, E., and Deneubourg, J.-L., 'The origin of nest complexity in social insects', *Complexity* 3 (1998): 15.

Thomas, E. L., Anderson, D. M., Henkee, C. S., and Hoffman, D. 'Periodic areaminimizing surfaces in block copolymers', *Nature* 334 (1988): 598.

Thompson, D'Arcy W., *On Growth and Form* (New York: Dover, 1992).

Turing, A., 'The chemical basic of morphogenesis', *Philosophical Transactions of the Royal Society B* 237 (1952): 37.

Vilar, J. M. G., Solé, R. V., and Rubí, J. M., 'On the origin of plankton patchiness', *Physica A* 317 (2003), 239.

Vincent, S., and Perrimon, N., 'Fishing for morphogens', *Nature* 411 (2001): 533.

Vogel, G., 'Auxin begins to give up its secrets', *Science* 313 (2006): 1230.

Waldrop, M. M., *Complexity* (London: Penguin, 1992).

Weaire, D., and Phelan, R., 'Optimal design of honeycombs', *Nature* 367 (1994): 123.

Weaire, D., and Phelan, R., *The Kelvin Problem* (London: Taylor & Francis, 1996).

Weaire, D., and Phelan, R., 'The structure of monodisperse foam', *Philosophical Magazine Letters* 70 (1994a): 345.

Weaire, D., Phelan, R., and Phelan, R., 'A counter-example to Kelvin's conjecture on minimal surfaces', *Philosophical Magazine Letters* 69 (1994b): 107.

Weyl, H., *Symmetry* (Princeton: Princeton University Press, 1969).

Whitfield, J., *In The Beat of a Heart: Life, Energy, and the Unity of Nature* (Washington, DC: Joseph Henry Press, 2006).

Whittaker, R. H., *Communities and Ecosystems*, 2nd edn (New York: Macmillan, 1975).

Winfree, A. T., *When Time Breaks Down* (Princeton: Princeton University Press, 1987).

Winter, A. and Siesser, W. G. (eds), *Coccolithophores* (Cambridge: Cambridge University Press, 1994).

Wintz, W., Dobereiner, H. G., and Seifert, U., 'Starfish vesicles', *Europhysics Letters* 33 (1996): 403.

Zhu, A. J., and Scott, M. P., 'Incredible journey: how do developmental signals travel through tissue?', *Genes & Development* 18 (2004): 2985.

옮긴이의 글

경이로운 자연의 패턴을
탐험하는 보물 지도

아직 돌이 안 된 딸 미래가 가지고 노는(?) 책 중에도 '모양'이 있다. 세모, 네모, 동그라미, 하트 모양 등이 그려진 그림책이다. 아마 어린 아이가 있는 집에는 한 권쯤 있을 법한 필독서이다. 우리는 태어나서부터 모양을 인식하고 구분하는 법을 배운다. 언제부터인가 미래는 엄마의 모양을 인식하게 되었는지 엄마가 눈에 보이지 않으면 아빠가 옆에 있어도 하염없이 운다.
 내가 필립 볼을 처음 알게 된 것은 대학원생 시절이었다. 그는 세계에서 가장 권위있는 과학 저널인 《네이처》의 편집자이면서 왕성한 저술 활동을 하는 과학 저술가라는 것을 알게 되었다. 어떤 논문을 직접 읽기보다 그가 해당 논문을 평론한 기사를 통해 그 의의와 가치를 알게 된 적이 적지 않았다. 과학의 여러 분야를 넘나드는 해박함, 핵심을 짚어 내는 통찰, 흐름을 읽는 혜안에, 남몰래 그의 글을 읽고 유식한 척을 하려던 때가 있었다.

나는 박사 과정 중에 나노 패턴 만들기(patterning)를 연구했다. 구체적으로 설명하면 높은 에너지의 이온 다발로 금속 표면을 때리면 금속 표면이 깎이는데, 이때 아무렇게나 깎이지 않고 나노 척도의 골과 마루가 규칙적으로 생기면서 나노 패턴이 발생하는 것이었다. 일일이 나노 골과 나노 마루를 만드는 것이 아니라 자발적으로 그러한 패턴이 생긴다는 것은 참으로 경이로운 일이다.

그런데 눈을 돌려 자연(생물과 그들을 둘러싼 무기환경)을 보니 자연에는 이미 도처에서 패턴이 형성되고 있었다. 그 결과로 생긴 패턴은 그 자체로 질서가 주는 아름다움이 있으며, 다른 한편으로는 나름대로 유용한 기능도 있다. 이렇게 아름답고 유용하기까지 한 자연의 패턴들이 도대체 어떻게 만들어진 것일까…… 편재하는(ubiquitous) 자연의 패턴을 지배하는, 보편적인(universal) 패턴 형성 원리를 찾을 수 있을까…… 이런 질문이 늘 옮긴이의 마음 한 구석에 있었다. 하지만 동시에 이 문제를 푸는 데 엄청난 지식의 폭과 깊이가 있어야 할 것이라고만 막연히 생각하고 있었다.

그러던 차에 필립 볼의 『모양』을 접하게 되었다. 마치 보물 지도라도 발견한 것 같았다. 제목만으로도 그가 이 심오한 질문에 답을 찾으려 했음을 직감했다. 역시 필립 볼답게 만만치 않은 주제를 담대하게 다루고 있었다. 마치 추리소설의 탐정처럼 이곳저곳에서 단서를 찾아 조금씩 본질에 근접해 간다. 그의 결론은 맨 마지막에 나오는데 끝까지 흥미진진하다.

현대는 모양 또는 흔히 말하는 디자인이 갈수록 모든 분야에서 위력을 떨치고 있는 시대이다. 이 책은 우리가 보는 자연의 무수한 모양과 패턴이 어떻게 '자연스럽게' 나타나는가 하는 의문에 대한 지적 탐험이며, 이 탐험을 위해 비단 과학의 여러 분야뿐만 아니라 인문학, 예술, 종교 등을 엮어 내고 있다. 그런 점에서 이 책은 다 큰 어른들이 한번쯤 읽어 봐야 할 '모양'책이다. 아무쪼록 이 책을 통해 우리를 둘러싸고 있는 자연의 모양과 패턴을 음미하는 눈이 생기고, 드러난 현상 이면에 감추어진 진리를 찾아보기를 바란다. Bon Voyage!

조민웅

도판 저작권

1.2 Photos: a, carolsgalaxy; b, Keenan Pepper; c, Sarah Nichols; d, twoblueday; e, Ed Schipul; F, Doug Bowman
1.3 Photo: NASA
1.4 Photos: a, Rex Lowe, Bowling Green State University, Ohio. b, Geoffrey Ozin, University of Toronto
1.5 Photo: Geoffrey Ozin, University of Toronto
1.6 Photos: a, Craig Nagy; b, McKay Savage, c, Ross Goodman; d, Digital Equipment Corporation
1.7 Photo: Brian Uhreen
1.8 Photo: Nick Lancaster, Desert Reserch Institute, Nevada
1.9 Photo: b, Ejdzej and Iric Zakwitnij
1.12 Photo: Manuel Velarde, Universidad Complutense, Madrid
1.14 Photo: Scott Camazine, Pennsylvania State University
1.15 Image b: Przemyslaw Prusinkiewicz, University of Calgary
2.8 Photos: a, Rex L. Lowe, University

of Hawaii; b, Kevin Mccartney, University of Maine at Presque Isle; c, Jeremy Young, National History Museum, London

2.10 Photo b: Tibor Tarnai, Technical University of Budapest

2.12 Photo: Copyright 1967 Allegra Fuller Snyder, courtesy of the Buckminster Fuller Institute, Santa Barbara

2.13 Photo: Karunaker Rayker

2.14 Photo: B. R. Miller

2.16 Photos: a, c, from Tritton, 1988. d, Olddanb

2.18 Photos: a, Duncan Rawlinson; b, Michele Emmer, University of Rome 'La Sapienza'

2.21 Photos: From Hayashi and Carthew, 2004.

2.22 Photos: Burkhard Prause, University of Notre Dame, Indiana

2.24 Photos: Michele Emmer, University of Rome 'La Sapienza'

2.26 Image: Denis Weaire and Robert Phelan, Trinity College, Dublin

2.27 Photos: Ben McMillan

2.28 Photo: Chris Bosse, PTW Architects, Sydney

2.29 Photo and image: Denis Weaire and Robert Phelan, Trinity College, Dublin

2.31 Photos: Denis Weaire and Robert Phelan, Trinity College, Dublin

2.32 Image: Matthias Weber, Indiana University

2.34 Image: Matthias Weber, Indiana University

2.35 Image b: Matthias Weber, Indiana University

2.36 Photos: a, Udo Seifert Max Planck Institute for Colloid Science, Teltow-Seehof. b, c, Xavier Michalet, David Bensimon, Ecole Normale Superieure, Paris

2.39 Photo: Don Fawcett

2.40 Photos: a, from Gunning, 1965; b, from McLean and Pessoney, 1970. All image kindly Provided by Tomas Landh, Lund University

2.41 Photo: from Ghiradella and Radigan, 1976.

2.44 Edwin Thomas, Massachusetts Institute of Technology

2.45 Photos: a, Michelle Kelly-Borges, National History Museum, London; b, Stephen Mann, University of Bristol

2.47 Hans-Udde Nissen, kindly supplied

by Michele Emmer

2.48 After Mann and Ozin, 1996.

2.49 After Harting, 1872.

2.50 Photo: Charles Kresge, Mobil Research Laboratories, Princeton

2.51 Photos: Scott Oliver and Geoffrey Ozin, University of Toronto

3.5 Photo: Stefan Muller, University of Magdeburg

3.6 Image: Mario Markus and Benno Hess, Max Planck Institute for Molecular Physiology, Dortmund

3.7 Image: Arthur Winfree, University of Arizona

3.8 Photos: Gerhard Ertl, Fritz Haber Institute, Berlin

3.9 Photo: Ronald Imbihl, University of Hannover

3.10 Photos: Michael Gorman, University of Houston

3.11 Photo: Rabih Sultan, American University of Beirut

3.12 Image: Bastien Chopard, University of Geneva

3.13 Photo: Peter Heaney, Princeton University

3.14 Photo: Manuel Velarde, Universidad Complutense, Madrid

3.18 Images: Richard Gray, University of

New York Health Science Center

3.19 Photos: Cornelis Weijer, University of Dundee

3.20 Photos: Elena Budrene, Harvard University

3.21 Images: Eshel Ben-Jacob, Tel Aviv University

3.22 Photo: David Clapham, Mayo Foundation, Rochester

3.23 Photo: European Southern Observatory

4.1 Photo: Michael and Sandra Ball

4.2 Images: Jacques Boissonade, University of Bordeaux

4.3 Photo: Jacques Boissonade, University of Bordeaux

4.4 Images: Irving Epstein, Brandeis University

4.5 Photos: James Murray, University of Washington, Seattle

4.7 After Murray, 1990.

4.8 Photo: a, Thiru Murugan

4.9 After Murray, 1989.

4.10 Photo and images: a, Michael and Simon Ball; b, After Murray, 1990; c, After Koch and Meinhardt, 1994.

4.11 Photos courtesy of Sy-Sang Liaw, National Chung-Hsing University, Taiwan, and Philip Maini,

University of Oxford; from Liu, Liaw and Maini, 2006.

4.12 Images: Sy-Sang Liaw, National Chung-Hsing University, Taiwan, and Philip Maini, University of Oxford; from Liu, Liaw and Maini, 2006.

4.13 Photos and images: Sy-Sang Liaw, National Chung-Hsing University, Taiwan; from Liaw *et al.*, 2001.

4.14 Photo: Hans Meinhardt, Max Planck Institute for Developmental Biology, Tübingen

4.15 Photos: Hans Meinhardt, Max Planck Institute for Developmental Biology, Tübingen

4.16 Images: Hans Meinhardt, Max Planck Institute for Developmental Biology, Tübingen

4.17 Photo: Hans Meinhardt

4.18 Image and Photo: Hans Meinhardt

4.19 Photo: Hans Meinhardt

4.20 Photo: Shigeru Kondo, Kyoto University

4.21 Photos and images: Shigeru Kondo

4.22 Photos and images: Shigeru Kondo

4.23 Photo: Shigeru Kondo, from Suzuki *et al.*, 2003. Copyright 2003 National Academy of Science

4.24 Photo: Tim Parkinson

4.25 Images: a~c, H. Frederik Nijhout, Duke University, North Carolina

4.27 After Nijhout, 1991.

4.28 Images: H. Frederik Nijhout

4.29 Photo: H. Frederik Nijhout

4.30 Photos: Sean Carroll, University of Wisconsin-Madison, from Carroll, 2005.

4.31 a, Copyright 2007 Kjell B. Sandved. b, from Kawczynski and Legawiec, 2001.

5.3 Images: Michael Hassell, Imperial College, London

5.4 Photos: Eric Bonabeau, Santa Fe Institute, New Mexico, from Theraulaz *et al.*, 2002. Copyright 2002 National Academy of Science

5.5 Photo: courtesy of Princeton University Press; from Barlow, 1974.

5.6 Photo: Ehud Meron, Ben Gurion University. From von Hardenberg *et al.*, 2001.

5.7 Photos: Ehud Meron, Ben Gurion University. From von Hardenberg *et al.*, 2001.

5.8 Photos: a, Daniel R. Blume; b, Myrmi; c, Matt Foster

5.9 Photos: a, Scott Turner, State

University of New York, Syracuse;
b, Rupert Soar, Loughborough
University

5.12 Images: Guy Theraulaz,
UniversitéPaul Sabatier, Toulouse

6.2 Photo: Charles Good, Ohio State
University at Lima

6.4 Photos: a, Esdras Calderan; b, Scott
Camazine, Pennsylvania State
University; c, Ben Dalton

6.6 Photo: Malcom Storey

6.8 Images: Todd Cooke, University of
Maryland, from Cooke, 2006.

6.9 After Douady and Couder, 1992.

6.10 After Koch and Meinhardt, 1994.

6.11 Photos and images: Patrick Shipman,
University of Maryland, and Alan
Newell, University of Arizona, from
Shipman and Newell, 2004.

6.12 Photos: Cao Zexian, Chinese
Academy of Sciences, Beijing. From
Li *et al.*, 2005.

6.13 Photos: a, Stef Yau; b, gemteck I ; c,
Peter Allen

6.14 Photo: Eran Sharon, kindly supplied
by Michael Marder, University of
Texas at Austin

6.15 Photo: Michael Marder, University
of Texas at Austin

6.16 Images: Michael Marder

6.17 Photos and images: Xi Chen,
Columbia University

6.18 Photo: George Whitesides, Harvard
University, from Bowden *et al.*, 1998.

6.19 Image: Xi Chen, Columbia
University, from Yin *et al.*, 2008.

6.20 Images: Michael Kücken, Technical
University of Dresden, and Alan
Newell, University of Arizona; from
Kücken and Newell, 2004.

7.2 Rudy Turner, Indiana University,
kindly provided by Sean Carroll,
University of Wisconsin-Madison,
From Carroll, 2005.

7.3 Photos: Jim Langeland and Steve
Paddock, kindly provided by Sean
Carroll, University of Wisconsin-
Madison, From Carroll, 2005.

7.5 Photos: Michael Levine, University
of California at Berkeley, kindly
provided by Sean Carroll, University
of Wisconsin-Madison, From
Carroll, 2005.

7.6 Photo: b, Scott Weatherbee, kindly
provided by Sean Carroll, University
of Wisconsin-Madison, From
Carroll, 2005.

7.7 Photo: Scott Weatherbee, kindly

provided by Sean Carroll, University of Wisconsin-Madison, From Carroll, 2005.

7.8 Photos: a, Martin Dohrn / Science Photo Library; b, Centre for Electon Optical Studies, University of Bath; c, Mohammed Al-Naser

7.9 After Marianne Collins

(화보)

1 Images: Matthais Weber, Indiana University

2 Photos: Arthur Winfree, University of Arizona

3 Photo: Peter Heaney, Princeton University

4 Photo: Elena Budrene, Harvard University

5 Photos: Harry Swinney, University of Texas at Austin

6 Photos: Harry Swinney, University of Texas at Austin

8 Photos: (A) Jenny Huang; (B) cadmonof50s

9 H. Frederik Nijhout, Duke University, North Carolina

찾아보기

가

가브리엘리, 루제로 388
가우시안 분포 387
가죽 패턴 223
간격 법칙 182
개미의 튜링 묘지 292
개스먼, 대니얼 64
개체 발생 69, 345
개체 수 성장 예측 270
거든, 존 버트런드 366
거품 뗏목 85, 97
거품 역학 114
거닝, 브라이언 에드거 스코스 125

건축가 67, 80~81, 93, 108
게브하르트 251
결정 구조 339
『결정체 영혼: 무기 생명에 대한 고찰』 63
겹되기 187
경쟁에 의한 베타 작용 279
계량 392
계면 활성제 89, 91, 124~125, 132, 141~143
계통 발생 345~346
고대 그리스 301, 308
『고대와 현대의 인구에 대한 고찰』 267
고대 이집트 301
고분자 129~130, 133, 152

고엽제 392
곡률 에너지 125
곤도 시게루 245, 247, 249
곤잘레스게이턴, 마르코스 367
골루비츠키, 마틴 45
과녁형 파 192
괴테, 요한 볼프강 폰 31, 61
교란 173
구상체 328
국소 활성 287
굴드, 스티븐 제이 344, 348
규조류 15~16, 339
규칙성 17, 19
규칙적 조각 상태 288
균일성 42, 260
그레이, 리처드 193
그루, 느헤미야 301
그리스 83, 308, 311, 357
그리스, 피에르폴 296
그리스, 후안 312
극소 곡면 117~118, 132
글래스, 레온 마크 195
금속 원자 175
긍정적 전염 효과 287
기계 공학자 25, 326
기어러, 알프레드 215~216, 258
기하학 31, 46, 303
기하학자 301
길잡이 페로몬 295
끌개 167, 194
끝돌이 166

나

나노스 357~358
나보코프, 블라디미르 블라디미로비치 254~255, 259, 263, 265
나비 260, 263
나선 204
나선 은하 204~205
나선형 잎차례 206, 316, 325
나선형 파 173, 192~193, 199, 218
나치 388
날개 패턴 252
남극 14
남아프리카 114, 319
낭만주의 57, 61, 344
낱칸 불꽃 176
낱칸 자동 기계 172, 182
네덜란드 127, 138, 319
노이스, 리처드 메이시 165
눈꼴 무늬 251, 261
눈송이 42
눈알 무늬 258, 261
뉴멕시코 주 220
뉴욕 360
뉴웰, 앨런 326, 336~337
뉴턴, 아이작 53, 112
니모이, 레너드 사이먼 11
니주트, 프레더릭 253, 256, 258, 264

다

다면체 밀집 방법 388
다시 머신 19

다윈, 찰스 로버트 22, 25~26, 62, 64, 69,
  75, 84, 269, 346, 372, 392
다윈주의 22~24, 28~29, 62, 209, 270
다윈주의자 25~26, 31, 237, 239, 271, 373
단백질 34, 95, 356, 365
단순 분산 품 104
단순화 52
닫힌계 389
대장균 200
대칭성 17, 19, 39, 41~42, 44, 330, 342
『대칭성』 45
대칭 패턴 201
더블린 106
Wnt 369
데뇌부르, 장루이 294
데이비스, 엔드루 183
「데이지 생장의 개요」 392
데카르트, 르네 47
데카펜타플레직(Dpp) 단백질 367
덴마크 84
도널드슨, 줄리아 캐서린 393
독일 57, 61~63, 67, 74, 92, 112, 114, 119,
  146, 167~169, 174, 185, 188, 211, 215,
  217, 251, 273, 303, 317, 344, 346, 354,
  367, 369, 392
돌려나기 집합체 315
돌려나기 패턴 303
돌연변이 173, 360
동결 129
동등 조작 40
동물학자 18, 26, 31, 102, 138, 145, 251,
  271, 296, 322, 350, 361, 391~392
동적인 정상 상태 164

되먹임 효과 289
『두려운 대칭』 45
두리안, 더그 387
두마이스, 자크 326
두상 꽃차례 305
두아디, 스테판 321
드레스덴 169, 367
DNA 138, 362, 393
디자이너 67
Dkk 369
딕티오스텔리움 390
떼 고리 202

라

라그랑주, 조제프 117
라르센, 코레 126
라마르크주의 62
라멜라 막 126
라멜라상 121, 142
라이프니츠, 고트프리트 빌헬름 112
라이니처, 프리드리히 리하르트 63
란자로테 57
래일리, 존 윌리엄 스트럿 88
랭랜즈, 로버트 펠란 105~110, 113
러바인, 허버트 201
러시아 154, 169
런던 280, 365
레가비에츠, 바르톨로미예 263
레비토프, 레오니트 203
레오나르도 다 빈치 301
레오뮈르, 르네 앙투안 페르숄 드 83, 111

레일리, 존 윌리엄 스트럿 88, 179, 183
레일리 불안정성 88~89, 222
로그 나선 47~48, 50
로비네, 장밥티스트르네 344
로제트 무늬 232, 236
로지스틱 곡선 270, 275~276
로트카, 알프레드 제임스 155~157,
　　160~161, 163, 165, 169, 267, 271, 390
로트카 모형 270
로트카-볼테라 모형 271, 273
로트카-볼테라 방식 272, 274, 278, 280
루, 빌헬름 188
루비, 호세 미구엘 284
루차티, 비토리오 123~124
루터, 로베르트 토마스 디트리히 169
르네상스 311
리들리 319
리아우씨쌩 236
리제강, 라파엘 에두아르트 146, 170, 177
리제강, 프리드리히 빌헬름 에두아르트 179
리제강 고리 146, 148, 182, 184
리제강 띠 177, 180, 184, 211, 251
린데, 구드룬 185
린데, 하르트무트 185
린치아치아오 204

마

마드리드 185
마르쿠스, 마리오 273~274
마르크스, 카를 268
마름모 십이면체 102, 104, 111
마빈 104

마이셀 91, 121, 141
『마이크로 지질학』 75
마인하르트, 한스 215~216, 231~232, 240,
　　242, 258, 324~325
마주나기 패턴 324
막벽 136
말단 결어 261
매사추세츠 주 221
매츠케, 에드윈 버나드 104, 108
맥윌리엄, 존 알렉산더 191
맬서스, 토머스 로버트 268~270
머더, 마이클 330~331
머리, 제임스 딕슨 224
머리, 조지 로버트 밀른 77
메더워, 피터 브라이언 30
메이, 로버트 매크리디 275, 277
메이니, 필립 쿠마르 236
뫼니에, 장 바티스트 마리 샤를 117
모래 입자 161
모리스, 사이먼 콘웨이 64, 375
모리스, 윌리엄 65
모프 264
몬트리올 81, 196
무질서도 42
문턱값 43, 181, 187~188, 200, 232,
　　258~259, 263, 275, 293, 323~324,
　　356~357
물 분자 86, 151
물결 패턴 270, 332
물리학 26, 30~32, 374
물리학자 29, 32, 47, 97, 106, 111~112, 150,
　　185, 188, 206, 279, 321, 327, 390
물리 화학자 168

뮐러, 요하네스 페터 58, 61
뮐러, 요한 프리드리히 테오도어 프리츠 392
뮐러 의태 392
미국 64, 80, 119, 140, 157, 181, 193, 201, 203, 218, 220~221, 261, 270, 284, 288, 326, 336
미국 항공 우주국 17
미시 상태 150
미적분학 112
미힐센, 크리스텔 128
밀턴 케인즈 217

바

바둑판 격자 175
바로크 311
바르톨린, 에라스무스 84
바스콤프테, 조르디 283
바일, 헤르만 클라우스 후고 45
바흐, 요한 제바스티안 312
박테리아 14~15
반사 39
반응-확산 계 221, 227~228, 251
반응-확산 과정 170, 190, 204, 216, 248, 289, 352, 375
반응-확산 모형 324, 391
반응-확산 방식 236, 242
발생학 94
발생학자 207, 348, 354, 391
방산충 142
『방산충에 대한 소고』 61
배아 발생 351

버그, 하워드 200, 202
버드런, 앨레나 200, 202
버르토크 벨러 빅토르 야노시 311
버크민스터 풀러린 81
버클링 330, 332~333, 335~336
벌집 82~83, 110~115, 289
베르그송, 앙리 루이 255
베르헐스트, 피에르 프랑수아 269~270
베를린 58, 174
베시비우스 헤켈리 76, 388
베어, 카를 에른스트 폰 391
베이징 332
베이츠, 헨리 월터 391
베이츠 의태 391
베이트슨, 그레고리 361
베트남 전쟁 392
벤야코브, 에셜 200, 202
벨기에 96, 268, 270, 294
벨라르데, 마누엘 185
벨로우소프, 보리스 파블로비치 153~155, 157~158, 160, 190, 214, 381
벨로우소프 용액 157
벨로우소프-자보틴스키 반응-(BZ 반응) 157~159, 161, 164~168, 170, 173, 186, 188~189, 191, 193, 215, 218, 221, 244, 248, 274~275, 278, 380, 382
벨로우소프-자보틴스키 혼합물 191, 204, 214, 218, 221, 277
변이성 285
별-생성 과정 205
병진 39
보나보, 에릭 297
보나치, 필리우스(피보나치, 피사의 레오나

르도) 307
보네, 샤를 301~302
보베리, 테오도어 354
보세, 크리스 108
보편 튜링 기계 212
복잡성 35
볼라패드 336~337
볼츠만, 루드비히 에두아르트 150
볼테라, 비토 156, 169, 271, 277
부세, 하인리히 167
분국 활동 구역(ZPAs) 355
분자 183, 345
분자 간 인력 87
분자 메커니즘 346
분자 생물학 32, 341
분자 유전학 29
불독호 75
불록 공중합체 130
불안정성 219
뷔르츠부르크 114
뷔퐁, 조르주루이 르클레르 드 102, 104
뷰캐넌, 존 영 388
브라베, 루이 프랑수아 319
브라베, 오귀스트 319
브레너, 마이클 203
브레이, 윌리엄 크로웰 157
브뤼셀레이터 219
브리지스, 캘빈 블랙먼 360
블랙먼, 버넌 허버트 77
블록 공중합체 131, 152
비교 동물학자 340
비네, 르네 67, 69~70
비누 89~90, 92

비누 거품 41, 89~91, 95~96
비누 막 92~93, 95, 100, 121, 123, 129, 149, 377
비등방성 175~176
비선형 275
비어, 개빈 라이랜즈 드 354
BZ 계 390
BZ 매질 170
BZ 유형 242
BZ 진동 218
BZ 혼합액 170~171, 173, 188, 195~196
비코이드 356~358
비평형 상태 189
빅토리아 시대 179
빈맥 191
빌, 윌리엄 제임스 307
빌라, 호세 284

사

사각형 43, 80, 83~84, 108
사이비 다윈주의 64
사회 물리학자 269
사회성 곤충 291~292
삼각형 84
삼중 블록 131
3차원 99, 124, 173
상호 간섭 127
색소 줄무늬 249
샌디에이고 201
생기론 31
생기론자 345
생리학 345, 348

생리학자 58
『생명의 곡선』 304
『생명이란 무엇인가?』 29
생무기물 138
생물 군집 270
생물 발생 법칙 345, 348, 351
생물학 26, 28~32, 34, 82, 340, 374
생물학자 11, 24, 32, 34, 64, 74, 245, 279, 283, 341, 346, 354~355, 360, 374~375
생성 곡선 49~51
생존 경쟁 24
생태학자 274, 277
생화학자 154, 157
서식지 형성 287
석회 소구 139
선택압 84, 112
설리번, 존 388
『성장과 형태』 18~19, 23, 26, 28~30, 82, 145, 156, 210~212
세균 196, 202, 203, 267
세몬, 리하르트 볼프강 351
세인트앤드루스 47
SETI@Home 387
세포막 95, 129
세포 생물학자 96, 312
셰르크, 하인리히 페르디난트 118~119, 132
소공포 137
소구체 328
소련 155, 158, 165, 214, 219
소르비, 헨리 클리프턴 76
소리 제자리파 217
소수성 90

소용돌이파 173
소포 121, 133
손더스, 피터 티머시 392
손리 323
솔레, 리카르도 비센테 279, 284~285
쇠라, 조르주 피에르 312
쇼파르, 바스티앙 182
수리 생물학자 215, 224
수비학 309, 312
수학 31, 45~46, 71, 301
수학자 83~84, 111~112, 117~119, 155, 169, 188, 307, 319, 340
숙주-기생충 상호 작용 280, 282
쉔, 앨런 휴 119
쉬라케, 토마스 369
쉬어, 알렉산더 366
슈, 프랭크 204
슈뢰딩거, 에르빈 29
슈바르츠, 카를 헤르만 아만두스 119
슈바르츠 주기 D-표면 126
슈바르츠 P-곡면 124
슈반비츠, 보리스 니콜라예비치 252~253, 256
슈팔트 262
스노, 로빈 323
스노, 메리 323
스몰린, 리 206
스미셀스, 아서 176
스웨덴 126~127
스위니, 해리 레너드 220
스위스 111, 182, 301
스윈튼, 조너선 392
스코틀랜드 18, 28, 62, 191, 267~268

스퀀트 366
스타벤가, 도켈레 헤르벤 128
「스타 트렉」 11
스튜어트, 이언 45, 319
스티그머지 296
스티어, 마틴 126
스틸, 찰스 326
스펀지 125, 134~135
스페인 57
스펜서, 허버트 271
스피큘 134
시드니 106, 108
시러큐스 193
시바신스키, 그레고리 177
시프먼, 패트릭 다니엘 326
식물 생물학자 125, 326
식물학자 63, 104, 126, 211, 301, 307, 316~317, 319, 323
식생 패치 288, 290
신경 충격 171
신다윈주의 210, 371
신비주의 313
신체 패턴 형성 304
실리카 73, 135~137, 141~142
실리카 별(침상체) 135
실리카 침상 구조 138
심장 전기 생리학 191
십자 마주나기 324, 326~327
쌍갈림 187
CIMA 반응 219~220
CSTR 164, 176, 188
cAMP 198

아

『아라비안 나이트』 82
아르누보 67, 69
RNA 분자 393
아리스토텔레스 149, 209, 301, 341, 389
아마겟돈 390
아사이 리히토 245, 247
아시아 20
아우로니아 헥사고나 77, 79, 82, 133
아인슈타인, 알베르트 392
아일랜드 106
아프리카 288
알고리듬 49, 51
알렉산더, 빅토리아 255
알렉산드리아 82
암호 해독 217
앞선 패턴 224
애덤 스미스 268
액정 63
액티빈 366
『앨런 튜링: 위대한 사상가의 삶과 유산』 392
앵무조개 47, 388
양친성 분자 90, 95
어긋나기 256
얼룩무늬 202, 231, 375
에렌베르크, 크리스찬 고트프리드 74~75, 77, 139
에르틀, 게르하르트 174
엔그레일드 262
엔드레, 코로스 165
엔트로피 150~153, 388, 390

엡스타인, 어빙 로버트 221
엥겔하르트 258, 267
역제곱 법칙 54
역학 26, 30, 97
연속 젓기-통 반응 장치(CSTR)159
연장통 264
열소멸 159, 390
열역학 152, 155, 389
열역학 제2법칙 152~153, 158, 388
영, 존 재커리 322
영국 22, 47, 75~77, 88, 102, 112, 169, 217, 268, 280, 293, 301, 304, 317, 322~323, 354~355, 366, 391
예나 69
예술사학자 311
오각형 79~82, 102, 106, 108
오리거네이터 165
오브리스트, 헤르만 67
오스터, 조지 프레더릭 275, 277
오스트레일리아 106, 125, 288
오스트리아 63, 150
오스트발트, 프리드리히 빌헬름 168, 181, 184
오스틴 220, 330
오우양치 220
오일러, 레온하르트 79, 117
오일러 공식 80~81
오일러 현수면 118
오진, 제프리 앨런 142
오토, 프라이 파울 92~93, 117
《왕립 학회 철학회보》 73
우주 389
『우주의 수수께끼』 63

운석 14, 15, 17
원뿔 세포 집합체 96
『원숭이 퍼즐』 393
원시 생명 물질 76
원자 345
원피보나치수열 313
월리스, 로버트 267
월리치, 조지 찰스 75
월퍼트, 루이스 355
웨이어, 데니스 로런스 105~110, 113
위스콘신 주 261
위장 패턴 270
윈프리, 아서 테일러 218
유기 결정학 71
유럽 파시즘 64
유비쿼터스 204
유용성 207
유전 공학 393
유전 원리 26
유전자 33, 210, 213, 274, 352, 358, 360, 391
유전학 32, 34, 341
유전학자 169, 341, 362
유클리드 82, 84
육각형 79, 80, 82~84, 108, 113~114
육각형 배열 114
육각형 벌집 84
6방 대칭성 43
6방 배열 85, 132, 141, 327
이바니츠키, 겐리흐 158
이보디보 37, 373
이스라엘 177, 200
이중 나선 패턴 305~306
이중 연속 119~120, 128

이중층 95
이중 펄스 187
이중 활성-억제 과정 326
이집트 82, 185
2차원 110, 243
2차원 패턴 형성 365
2차 활성-억제 메커니즘 325
이탈리아 123, 156, 271, 307
이터슨, 게리슨 반 219
인간 유전체 프로젝트 32~33
인공 생무기물화 139
인구 생태학자 270
『인구론』 268
인편모조류 73~75, 77
일반 상대성 이론 392
『일반 생물 형태학』 71
일본 245, 247
일원론 388
1차원 표범 무늬 242
입방 P-상 124, 126
잉겔, 헤리 176
잎 순서 매김 301
잎차례 339
『잎차례와 역학 법칙의 관계에 대하여』 317
「잎차례의 형태 형성소 이론」 323
잎차례 패턴 303~304, 307, 324, 326~328

자

자가 촉매 162~163, 167, 169~170, 176, 205, 216
자가 촉매성 161
자보틴스키, 아나톨리 마르코비치 157~158, 160, 168, 190, 214
자블로친스키 181~182
자연 과학 45, 145
자연 법칙 268
자연 선택 62, 84
자연 신학 22
『자연 신학』 342
『자연의 예술적 형태』 58, 62, 64, 351
『자연의 패턴』 319
자연주의자 75, 77, 269, 303
자연 철학 303, 344
자유 라디칼 176
자이로이드 120
자이킨, 알베르트 158, 168
『장식 도안』 69~70
적응주의자 25
적자 274
전면적 패턴 형성 359
전성설 343
전환 성장 인자 366
정사각형 83
정사각형 격자 39
정사면체 100
정삼각형 83
정상 진행파 195
정십이면체 102
정육각형 83
정팔면체 102
제2차 세계 대전 217
제올라이트 141
제트 수류 388
제트 흐름 222
조각 거품 108

종합주의자 61
주기 곡면 389
주기 극소 곡면 119, 129
주기 배가 187, 274, 276
주화성 197, 200, 390
준가우시안 분포 387
준신비주의 344
줄무늬 245, 375
줄무늬 패턴 352~353
중동 288
중력 42, 53, 61, 91, 98~99, 115, 149, 392
중립 진화 391
쥐페르트, 에른스트 252~253
지문 패턴 337
지오데식 돔 80~81
지질학 27
지질학자 76, 183
진주 만들기 현상 88
진행파 218, 232
진화 34, 341
진화론 22, 25~26, 370
진화론적 인종 차별주의 345

차

착색 무늬 251
착색 패턴 223, 241, 360
『창조의 자연사』 349
챌린저호 388
처치, 아서 해리 317~318
천문학자 269
철학자 255, 267, 344
첸 시 333~335

첸 유 366
챌린저호 67, 77
초현실주의자 58
촉매 작용 161
친수성 90
침링, 레프 201

카

카오 저시엔 327, 332
카튜, 리처드 96
캐나다 49, 195, 272
캐럴, 숀 261
캐리바, 피터 279
커민스, 해럴드 336
케브친스키 263
케틀레, 랑베르 아돌프 자크 269
케퍼, 페트릭 드 219
켈빈, 윌리엄 톰프슨 100, 102~106, 108
켐프, 마틴 311
켜짐-꺼짐 진동 242
코민스, 휴 280
코코스피어 75~76
코콜리스 75~77, 139
코트, 휴 뱀퍼드 391
코흐, 앙드레 231~232, 324~325
콜모고로프, 안드레이 니콜라예비치 169
쾨닉, 요한 사무엘 111
쿠더, 이브 321
쿡, 시어도어 안드레아 304
쿡, 토드 312, 316, 320
쿤, 알프레드 리하르트 빌헬름 257~258
퀴스터, 에른스트 211

퀵켄, 마이클 336~337
크루펠 353
크린스키, 발렌틴 158
클라우스마이어, 크리스토퍼 289
클라우스마이어 수학 모형 289
클라우지우스, 루돌프 율리우스 에마누엘 159, 390
키플링, 조지프 리디어드 207~208, 222

타

타우베, 헨리 157
타이완 236
탄소 원자 81
테로라스, 기 286, 297
테오프라스토스 301
텍사스 주 177
토이서, 크리스토프 392
톰프슨, 다시 웬트워스 18~20, 23, 25~31, 45, 47~49, 57, 61~62, 71, 77, 80~82, 84~85, 94~95, 114, 116, 133, 137, 140, 142, 145~146, 156, 179, 183, 207~208, 210~212, 237, 251, 254, 265, 301, 307, 312~313, 317, 337, 340~341, 345~346, 348, 372~373, 388, 390
퇴적암 75
투손 326
툴루즈 286
튀빙겐 215
튜링, 앨런 매시선 211, 213~214, 216~218, 222, 224, 245, 255, 265, 321~324, 326, 339~340, 342, 352, 364~365, 368, 370, 375, 391~392

튜링 과정 227, 275
튜링 구조 215, 219~221, 227, 281, 321
튜링 모형 236
튜링 스타일 224, 231, 352
튜링 유형 242, 249, 291, 369
튜링 패턴 218~219, 222, 226, 278, 286, 360
$TGF\beta$단백질 367
티파니, 루이 컴포트 67

파

파동 170
파리 만국 박람회 67, 69
파스칼, 블레즈 31
파울러, 데보라 49
파푸스 83
패터닝 20
패턴 15, 17~18, 20~21, 23, 34~38, 40, 42~45, 50~51, 54~55, 63, 71, 73~74, 82~83, 85, 88, 91, 96~97, 113~116, 123, 126, 129, 131~133, 136~143, 145, 148, 152, 160, 167~168, 172~178, 182, 184~186, 188, 190~191, 193~196, 198~204, 206~212, 214~233, 236~261, 263~265, 270, 275, 278, 281~291, 293, 299, 302~308, 310~329, 331~334, 336~344, 352~360, 362~370, 372~376, 378, 382, 384, 391~393
패턴 형성 147, 208, 356, 364~366, 375, 388, 390, 393
펄, 레이먼드 270
페로인 381

페예스토트 라슬로 112~113
페일리, 윌리엄 22~24, 28, 342~343
평형 상태 149
포겔, 헬무트 318~319
포식자 156, 161, 267, 271~272, 274~277, 391
포식자-피식자 274, 278~280, 283~284
폼 99~100, 106, 108~109, 133
퐁트넬, 베르나르 르 보비에 시외르 드 112
표면 극소화 125
표면 장력 86~87, 89~91, 125
표범의 얼룩무늬 232
표범 패턴 237
풀러, 리처드 버크민스터 80~81
프랑스 67, 83, 102, 111, 117, 188, 255, 286, 321, 344
프래거, 스티븐 181
프랙탈 329
프루신키윗츠, 프르제미슬라브 49
프리고진, 일리야 219
플라톤주의자 303
플래토, 조셉 안토니 퍼디난드 97, 100, 119, 375
플래토 경계 97, 99, 133
플래토 규칙 97, 100, 102~103, 377
플래토 접합 134
P-곡면 136
피보나치 과정 313~315
피보나치 나선 325, 328
피보나치 수 312, 314~316
피보나치수열 308~309, 311, 313~314, 319, 322
피보나치 쌍 316

피보나치 테스트 316
피사의 레오나르도(보나치, 필리우스) 307
피셔, 로널드 에일머 169, 201, 390
피식자 156, 161, 267, 277
피어슨, 존 220
피어크, 크리스찬 114
PaX-6 362~363, 374
피타고라스학파 313
필드, 리처드 165

하

하야시 다카시 96
하팅, 피터 138~140, 145~146
합리주의 62
합성 형태학 140
해부학자 336
해셀, 마이클 패트릭 280
해양 퇴적층 76
헉슬리, 줄리언 소렐 354
헉슬리, 토머스 헨리 75~76, 138
헌치백 353, 356~357
헝가리 112
헤겔, 게오르크 빌헬름 프리드리히 63
헤겔 철학 71
헤일스, 스티븐 102~104
헤켈, 에른스트 하인리히 필리프 아우구스트 57~58, 60~65, 69~72, 75, 78~81, 133, 135, 138, 143, 344~350, 370, 373, 388
헬리고란트 61
현대 종합설 341, 371
현수면 117

형태론 344
형태론자 31
형태학 15, 26, 32, 69, 237
형태 해 374
『형태 형성』 392
형태 형성 물질 215, 261, 367
형태 형성 유전학 341
「형태 형성의 화학적 기초」 255
「형태 형성의 화학적인 토대」 213
호메오 361~363, 370, 393
호프, 에버하르트 프리드리히 페르디난트 188
호프마이스터, 빌헬름 317~318
호프 쌍갈림 188, 271
혹스 유전자 362, 373, 393
혼돈 상태 189
혼성체 130
홉우드, 닉 388
홉킨스, 제라드 맨리 223
화석 142
화성 14~15
화학 145
화학자 63, 81, 123, 145~146, 157, 165, 169, 174, 181, 218
화학적 진동 163
화학적 튜링 패턴 221
화학적 파동 167, 174
확산 152
확산-반응 계 214
환원주의 35
환원주의자 34
활면 소포체 125
활성-억제제 216, 218, 225, 231, 245~246

황금 분할 309~311, 313~314, 318
황금각 318~319
황금비 311
황금파 311
회전 39
후지타 316
후파커, 칼 바턴 283, 286
흄, 데이비드 268
흰개미 295~296
히긴스, 케빈 284
히니, 피터 183
히스, 빌헬름 346~347, 349

조민웅

건국 대학교 물리학과를 졸업하고 서울 대학교 대학원에서 물리학 석사, 박사 학위를 받았다. 숙명 여자 대학교, 한국 과학 기술 연구원, 동국 대학교에서 '나노 패턴 만들기', '다이아몬드상 탄소', '리튬 2차 전지 음극재' 등을 연구했고, 현재는 성균관 대학교 기계 공학과에서 연구 교수로 있으면서 '2차원 물질'을 연구하고 있다. 옮긴 책으로 『자연의 패턴』이 있다.

모양

1판 1쇄 펴냄 2014년 4월 11일
1판 6쇄 펴냄 2024년 7월 31일

지은이 필립 볼
옮긴이 조민웅
펴낸이 박상준
펴낸곳 (주)사이언스북스

출판등록 1997. 3. 24.(제16-1444호)
(06027) 서울특별시 강남구 도산대로1길 62
대표전화 515-2000, 팩시밀리 515-2007
편집부 517-4263, 팩시밀리 514-2329
www.sciencebooks.co.kr

한국어판 ⓒ (주)사이언스북스, 2014. Printed in Seoul, Korea.

ISBN 978-89-8371-651-4 04400
ISBN 978-89-8371-650-7 (전3권)